普通高等教育"十一五"国家级规划教材

大学物理

(第 3 版)

(上)

主　编　罗益民　余　燕
副主编　曾卫东　成　运
主　审　叶善专

北京邮电大学出版社
·北京·

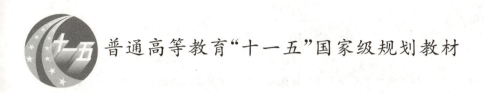

内 容 简 介

本书依据教育部颁布的《理工科非物理类专业大学物理课程教学基本要求》，并结合编者多年的教学经验编写而成，本书为普通高等教育"十一五"国家级规划教材.

全书分上、下两册. 上册内容有质点运动学、质点动力学、刚体的转动、静电场、静电场中的导体和电介质、稳恒磁场、电磁感应和电磁场；下册内容包括振动、波动、光学、气体动理论、热力学基础、狭义相对论、量子力学基础、原子核物理和粒子物理简介. 此外，为开阔学生的视野，书中选编了若干篇阅读材料，内容涉及物理学研究前沿、物理学最新研究成果及物理学应用等方面的知识. 考虑到非物理专业的实际情况，全书着重于物理学基本概念、基本知识及思维方式介绍，尽量避免一些繁琐的数学运算，力求使用通俗化的语言. 书中插图由专业人员利用最新计算机软件绘制而成，表达准确、图像精美，因而可读性强.

本书可作为高等学校各专业大学物理课程教材.

图书在版编目(CIP)数据

大学物理. 上/罗益民，余燕主编. —3 版. -- 北京：北京邮电大学出版社，2015. 1

ISBN 978－7－5635－4277－2

Ⅰ. ①大…　Ⅱ. ①罗…　②余…　Ⅲ. ①物理学—高等学校—教材　Ⅳ. ①O4

中国版本图书馆 CIP 数据核字(2014)第 304417 号

书　　名　大学物理(第 3 版)(上)
主　　编　罗益民　余　燕
责任编辑　唐咸荣
出版发行　北京邮电大学出版社
社　　址　北京市海淀区西土城路 10 号(100876)
电话传真　010－82333010　62282185(发行部)　010－82333009　62283578(传真)
网　　址　www. buptpress3. com
电子信箱　ctrd@buptpress. com
经　　销　各地新华书店
印　　刷　北京联兴华印刷厂
开　　本　787 mm×1 092 mm　1/16
印　　张　17. 5
字　　数　459 千字
版　　次　2015 年 1 月第 3 版　2015 年 1 月第 1 次印刷

ISBN 978－7－5635－4277－2　　定价：36. 00 元

序

物理学是研究物质的组成、性质、运动和相互作用，并以此阐明物质运动规律的科学．它是自然科学中最重要的基础学科之一．物理学的基本概念、方法和知识已被应用到所有的自然科学领域，因此，大学物理是一门不可替代的基础课．

大学生培养从应试教育向素质教育的转变，对大学物理课程提出了新的要求：在传授物理知识的同时，应特别注重向学生传授有关物理学的研究方法和思维方式，以提高学生的科学素质．

物理学内容广泛，难度不一．作为一名工科大学生，学习大学物理的时间和精力有限，要想在较短的时间内掌握尽可能多的物理知识，选择一本好的教材尤为重要．

这套教材将传统编写思路发扬光大，兼顾了科学发现的历史顺序和科学本身的逻辑关系．教材由浅入深地讲述了物理学基本概念，形象地描绘了物理模型，适当地介绍了物理学在其他学科和新技术领域的应用，特别是用普通物理的语言讲述了近代物理的内容，使得整套教材的可接受性突出；教材淡化了复杂的数学运算，突出了物理概念的重要性；阅读材料的选择兼顾了物理知识的应用，也反映了物理学发展的前沿动态．全套教材的编写紧扣教学大纲，密切联系了工科专业大学物理教学的实际，富有创意和特色．教材选材合理，理论严谨，内容深入浅出，语言通俗易懂，很适合于初学者阅读．

中南大学是全国工科物理教学基地之一，参加本书编写的教师多年来一直从事大学物理教学工作，有着丰富的教学经验，为基地建设作出过很大的贡献，对大学物理课程教学有深刻的认识．该套教材也是编者们对基地建设经验的总结，凝聚了编者多年的心血，是一本难得的好书．

本人有感于他们对物理教材建设和工科专业大学物理教育所作的努力和贡献，特为之序．

钱列加　谨识

于上海交通大学

第 3 版前言

随着近年来教学改革的不断深入，大学基础物理课程的重要性更加突出，很多文科类专业都开设了大学物理课程，这不仅体现了大学物理课程是学习相关专业知识的基础，更是培养学生树立科学世界观、增强分析和解决问题的能力、建立探索和创新意识的一门素质教育课程，而且还是现代信息化社会背景下应该掌握的基本知识. 为适应“高等教育面向 21 世纪教学内容和课程体系改革计划”的需要，根据教育部颁布的《理工科非物理类专业大学物理课程教学基本要求》，编者结合自己多年的教学实践经验以及国家工科物理教学基地和国家精品课程建设的体会编写成了这套教材. 至今，本书已改版了三次，力求精益求精，与时俱进.

本书融合了国内外众多优秀教材的优点，以现代教育理念和现代物理思想为指导，以基础教育和素质教育为双重目标构建教材的结构体系. 整套教材既继承了传统教学内容的框架，又增加了反映现代科技发展方向的前沿内容，除介绍物理学基本内容外，还适当穿插了物理学发展历史及研究方法的介绍，内容由浅入深，重点、难点突出. 既能满足大学物理教学的需要，又能为素质教育作出一定的贡献是编写本书的出发点；语言通俗易懂、读起来生动有趣是编者追求的目标.

教材第 1 版自 2004 年出版以来，受到了任课教师和学生的普遍好评，本书为普通高等教育“十一五”国家级规划教材. 根据多年来各高校使用情况的反馈意见和教学改革的需要，编者对第 2 版教材进行了适当的修改，并作为第 3 版推出，具体修改内容如下：

1. 为了适应各使用学校在教学内容和教学课时变化的实际情况，对第 2 版的体系结构进行了调整，使之更加符合教学规律，框架更加紧凑，结构更加简单. 尤其是狭义相对论部分，考虑到学生学习时应该遵循物理学发展历程的认识，把这部分内容结合广义相对论一起放到了第五篇近代物理基础中.

2. 随着当代社会科学技术的飞速发展，人们对高科技领域的关注越来越多，为了激发学生强烈的求知欲和好奇心，满足不同学校对近代物理知识的需求，教材对近代物理的介绍增加了大量的篇幅，以便让学生对整个近代物理知识框架有一个完整的了解. 这是本书的一大特色.

3. 根据使用该书的兄弟院校的反馈，重点对一些表述不够严谨，讲述不够清楚或者不恰当的地方进行了改进. 同时考虑到当前中学物理课程改革的情况和高校教学情况的变化，教材借鉴了国内外教材改革的成果，博采众长，使之更具人性化、更符合教师讲授，便于学生自学和阅读.

4. 对本书中的习题进行了改进，并增加了大量习题，主要是填空题和选择题。新的题型满足当下教学实际的需要，更加适合学生通过练习掌握物理知识.

5. 对原书中所有的插图进行了重新绘制，大部分采用实物体现，更加直观，贴近生活. 而且，在篇和章的开头增加了科学插图，这些插图经过了仔细挑选，与后面讲述的内容密切相关. 整体上，本书第 3 版更加美观实用、赏心悦目，更能吸引学生的学习兴趣，也从生活的角度加深学生对物理知识的理解和运用.

6. 对书的版式进行了精心设计，使整个版面看起来一目了然，层次分明，分类清晰，便于教学. 同时，全书采用双色印刷，不但突出重点，而且美观大方.

全书分上、下两册. 上册内容有质点运动学、质点动力学、刚体的转动、静电场、静电场中的导体和电介质、稳恒磁场、电磁感应和电磁场；下册内容包括振动、波动、光学、气体动理论、热力学基础、狭义相对论、量子力学基础、原子核物理和粒子物理简介. 此外，为开阔学生的视野，书中选编了若干篇阅读材料，内容涉及物理学研究前沿、物理学最新研究成果及物理学应用等方面的知识. 考虑到非物理专业的实际情况，全书着重于物理学基本概念、基本知识及思维方式介绍，尽量避免一些繁琐的数学运算，力求使用通俗化的语言.

本书由罗益民、余燕任主编，曾卫东、成运任副主编. 参与编写和讨论的有罗益民、余燕、蔡建国、廖红、唐英、周一平、胡义嘎、雷杰、吴烨、曾卫东、成运、郑文礼、杨瑞、曹丰慧、谌雄文、张鑫、王松伟、姚青荣、成丽春、马双武、范军怀、唐咸荣、韩霞、苏文刚、赵梅、苏国强等. 全书最后由罗益民、余燕负责统稿和定稿. 东南大学叶善专教授认真审查了全书，提出了宝贵的指导性意见；上海交通大学钱列加教授审查了本书并为本书作序；中南大学的郑小娟老师制作了本书的电子教案并提供了全部习题答案；北京邮电大学出版社为本书的出版、发行和推广做了大量的工作. 在此一并致谢.

由于编者水平有限，加之时间仓促，疏漏和不妥之处在所难免，恳请广大读者批评指正.

编　者
2014 年 11 月

第 2 版前言

为适应“高等教育面向 21 世纪教学内容和课程体系改革计划”的需要，根据教育部颁布的《非物理类理工学科大学物理课程教学基本要求》，编者结合自己多年的教学实践经验以及国家工科物理教学基地和国家精品课程建设的体会编写成了这套教材.

本书融合了国内外众多优秀教材的优点，以现代教育理念和现代物理思想为指导，以基础教育和素质教育为双重目标来构建了教材的结构体系. 整套教材既继承了传统教学内容的框架，又增加了反映现代科技发展方向的前沿内容，除介绍物理学基本内容外，还适当穿插了物理学发展历史及研究方法的介绍，内容由浅入深，重点、难点突出. 既能满足大学物理教学的需要，又能为素质教育作出一定的贡献是编写本书的出发点；语言通俗易懂、读来生动有趣是编者追求的目标.

全套教材分为《大学物理》(上、下册）和《大学物理学习指导》，共三册并配有电子教案.

本书由中南大学和武汉理工大学的老师们共同编写，中南大学是全国工科物理教学基地之一，其大学物理课程是国家精品课程. 参加本书编写工作的教师多年来一直从事大学物理教学工作，对基地建设和国家精品课程建设作出了很大的贡献，对工科物理教学积累了丰富的经验并有许多独到的见解，这些经验和体会已被融入教材之中.

教材第 1 版自 2004 年出版以来，受到了任课教师和学生的普遍好评，本书为普通高等教育“十一五”国家级规划教材。现将第 1 版加以修改后作为第 2 版推出，主要将第 1 版的部分章节作了调整，使之更符合大多数学校的教学安排。

本书由罗益民、余燕主编. 蔡建国编写第 1、2、3 章；雷杰编写第 4 章；罗益民编写第 5、6、7 章；廖红编写第 8、9 章；周一平编写第 10、11 章；唐英编写第 12 章；吴烨编写第 13、14 章. 全套书最后由罗益民、余燕负责统稿和定稿. 东南大学叶善专教授认真审查了全书，提出了宝贵的指导性意见；复旦大学钱列加教授审查了本书并为本书作序；中南大学的郑小娟老师制作了本书的电子教案并提供了全部习题答案；北京邮电大学出版社为本书的出版、发行和推广做了大量的工作. 在此一并致谢.

由于编者水平有限，加之时间仓促，疏漏和不妥之处在所难免，恳请广大读者批评指正.

编　者

2008 年 4 月

目　　录

第3章 刚体的转动 73

第二篇 电磁学

第4章 静电场 109

第 5 章　静电场中的导体和电介质　141

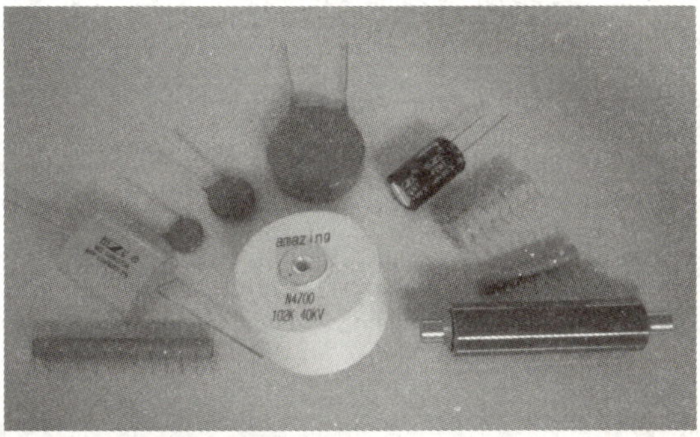

第 6 章　稳恒磁场　169

第7章 电磁感应 电磁场 217

附录Ⅰ 251

附录Ⅱ 253

附录Ⅲ 254

附录Ⅳ 257

附录Ⅴ 258

习题答案 266

绪　论

1. 物理学的起源和发展

追溯物理学的起源就像寻找大江长河的源头一样十分困难. 细小的溪流渐渐汇成小河，小河又汇成真正的“河流”，其间不断有支流加入，河床越变越宽，最后变成汹涌澎湃的洪流注入大洋之中.

使物理学大河诞生的小溪遍布于人类居住的地球表面，但其中多数似乎集中在巴尔干半岛南端，那里居住的人们我们今天称之为“古希腊人”. 如果从古希腊的自然哲学算起，物理学的发展已有 2600 多年的历史，物理学一词正是从希腊文“自然(φύσιζ)”一词推演而来，是古希腊哲学家亚里士多德对物理学的重要贡献. 在古代欧洲，物理学一词是自然科学的总称，随着科学的发展，它的各部分才逐渐形成独立的学科，如天文学、生物学、地质学等.

物理学真正成为一门精密学科，是从 1687 年牛顿发表《自然哲学之数学原理》开始的. 牛顿在许多科学家，特别是在伽利略、笛卡儿、惠更斯等人工作的基础上，提出了著名的牛顿运动三定律，奠定了经典力学的基础.

牛顿通过对重力的研究，得出了地心引力与物体到地心距离平方成反比的结论，并由此得出万有引力定律. 他把这个定律应用到行星绕日的运动，从数学上导出了 17 世纪初由开普勒发现，但半个世纪以来未能得到解释的开普勒行星运动三定律. 18 世纪和 19 世纪的伟大数学家们发展了牛顿的工作，导致天文学中一个重要分支——天体力学的诞生，它使人们能以很高精确度算出太阳系中行星在万有引力作用下的运动. 天体力学的最大成就之一，是分别于 1846 年和 1930 年根据理论预言发现了海王星和冥王星.

牛顿对光学研究也做出了很大贡献，基本上证明了白光实际上是从红到紫的不同颜色的光线的混合. 他还发现了不同颜色的光具有不同的折射本领，从而解释了“虹”这一自然现象. 但是，在光的本性问题上，牛顿遇到了一位对手的挑战，他就是惠更斯. 牛顿坚持光的微粒说，而惠更斯主张光的波动说. 两种学说都能解释光的直线传播、反射、折射等现象，但光的波动说认为光在光密媒质中的传播速度小于光在光疏媒质中的传播速度，而光的粒子学说却得到相反的结论，因为光线从光疏媒质进入光密媒质发生折射时要向法线方向偏转，这需要假设光线通过界面时，受到一个垂直于界面的力因而产生加速度. 由于当时无法对光速进行测量，基于牛顿的巨大权威，同时也由于惠更斯未能用严密的数学方法来发展他的学说，在长达一个世纪之久的时间里，牛顿的微粒说一直占了上风. 直到 1800 年，英国物理学家托马斯·杨发现了光的干涉现象，这是微粒学说无法解释的，这样光的波动学说才最终取得了胜利.

热力学发展的历史记载着物理学家为解决能源问题而不懈努力的壮丽史诗. 人类始终面临着能源问题的困扰，因而曾一度梦想能一劳永逸地解决能源问题. 在很长一段时间内，人们试图制造一种机器(后被称为第一类永动机)，这种机器能不断地对外做功而不需外界补充任何能量.

19 世纪中叶，德国人迈尔、德国人赫尔姆霍兹、英国人焦耳各自独立地提出了能量守恒定律，包括热现象在内的能量守恒定律称为热力学第一定律．虽然热力学第一定律否定了制造第一类永动机的可能，但人类寻求解决能源问题的努力并未就此止步．人们又设想能否制造一种机械（后被称为第二类永动机），能将来自单一热源的热量百分之百地转化为机械能，如果可行的话，我们就可利用海水蕴藏的巨大热能做功，但制造第二类永动机的努力始终没有成功，原因何在？德国人克劳修斯发现的热力学第二定律对此作出了回答．由此结束了人们制造第二类永动机的幻想．永动机虽然不可能制造，想办法提高热机效率却是可能的，但提高热机效率的途径何在？其效率的提高是否有个限度？1824 年，由法国工程师卡诺提出的卡诺定理，从理论上解决了上述问题，从而为提高热机效率指明了方向．

电学在 18 世纪还处于混沌初开的阶段，其研究是从摩擦起电、天电、电火这样一些实验和观察开始的．1731 年，英国人格雷发现：由摩擦产生的电，在玻璃或丝绸这类物体上可被保留下来而不流动．而金属一类物体不能由摩擦而产生电，但它们却可以把电从一处传到另一处，他第一个分清了导体和绝缘体．1733 年，法国人杜菲经过实验首次区分了阳电和阴电，并提出了同电相斥、异电相吸的概念．美国的富兰克林从 1746 年起开始研究电的性质，他第一个认识到两种不同的电相接触时会产生电火花，并于 1753 年发明了避雷针，使电学首次获得了应用．法国人库仑发明了一种“扭秤”可用以测量很弱的力，并于 1785 年建立了库仑定律．电学从此走上了定量研究的科学道路．

人类对磁现象的认识最早来源于磁铁，磁铁具有吸铁的性质，自由状态时总是指向南北方向，因而磁铁可用来确认方向，指南针就是我国古代的四大发明之一．然而电和磁之间的联系人们一直未能确定，电荷对磁铁丝毫没有影响，磁铁对静止电荷也没有丝毫影响．发现电和磁之间的联系，要归功于丹麦物理学家奥斯特．1820 年，他首次发现通电导线能使小磁针发生偏转，并将原来互相独立的电学和磁学统称为“电磁学”．奥斯特的发现传到巴黎，引起了安培的注意．他很快就发现：不仅电流对磁针有作用，且两个电流之间彼此也有作用；一个载流线圈就相当于一块磁铁．安培还首次明确表述了电流是电荷沿导线运动的思想．

在奥斯特发现电能产生磁后，英国以法拉第为代表，致力于寻找奥斯特电磁效应的逆效应——由磁来产生电．法拉第在 1824 年，就萌发了一个信念，电与磁既然如此密切相关，电流可以产生磁，则磁也应当可以逆变为电．但后者显然比前者复杂，因为电流的周围存在磁场，但磁铁的周围并没有电流．因此，法拉第初期的实验并不顺利，直到 1831 年，法拉第才发现只有变化的磁场才能产生电的“电磁感应定律”．关于电与磁的相互转化，从奥斯特开始到法拉第为止基本告一段落．这些重大发现导致技术上产生了电磁铁，产生了电动机，最终西门子于 1867 年制成了发电机，打开了人类进入电气化时代的大门．

就在法拉第发现电磁感应定律那一年，麦克斯韦出生于苏格兰的爱丁堡．后来他成了一位优秀的数学家和物理学家．麦克斯韦由法拉第电磁感应定律联想到，既然变化的磁场可以激发电场，那么反过来，变化的电场就一定能激发磁场，并于 1862 年提出了“位移电流”假说．1864 年，麦克斯韦高度概括了电磁场的规律，总结出被后人称为麦克斯韦方程组的一组方程，于 1865 年预言了电磁波并断定光也是一种电磁波．1888 年德国物理学家赫兹从实验证实了电磁波的存在，从而导致了无线电通信技术的发展，将人类带进了电信时代．

从 17 世纪末到 19 世纪末，人类经过近 200 年的努力，对物理学的研究取得了巨大的成功，建立了一套完整的经典物理理论体系，几乎能解释自然界的一切物理现象及所有实验事实．大部分物理学家乐观地认为：经典物理学的宏伟大厦已基本建成．

然而，19 世纪末、20 世纪初涌现出来的许多新的实验事实，是经典物理学无法解释的，这些实验事实从根本上动摇了经典物理学大厦的基础. 例如：19 世纪末，人们发现固体热容量只在高温时与经典热力学理论相符，温度越低与经典理论的偏离就越远；氢光谱谱线的规律也无法用经典理论来解释；此外，20 世纪初发现的光电效应、康普顿效应以及为实验所证实的原子有核模型，都是经典理论无法解释的.

在所有与经典理论相矛盾的实验中，最突出的有两个，一是试图测定“以太”存在的迈克耳孙-莫雷实验，二是关于黑体辐射的所谓“紫外灾变”.

按照光的波动说及麦克斯韦的电磁场理论，光波、电磁波是在一个绝对静止的“以太海”里扰动着、传播着，以太充满了整个宇宙空间，又绝对静止. 迈克耳孙-莫雷试图用光的干涉的方法证实以太的存在，从而确定一个绝对静止的参考系. 尽管根据经典理论，该方法从实验原理到实验装置无懈可击，然后实验结果却与他们的预想完全相反，于是只有一种可能：该实验的前提是错误的，即根本就不存在“以太”这样一种物质.

19 世纪末，实验物理学家已测得黑体在一定温度下发出的辐射强度曲线，即辐射强度与波长的关系. 为了解释这一辐射曲线，许多物理学家付出了巨大的努力. 维恩从热力学普遍理论及实验数据分析，得出的辐射强度公式只在高频范围与实验相符；瑞利和金斯根据经典电动力学得出的公式，与维恩公式正好相反，只在低频范围与实验结果相符，在频率较高时与实验产生明显的歧离. 并且得出辐射频率越高，强度越大，随着辐射频率向高频方向移动，强度将无止境增大的结论. 当时，有人将这一矛盾称为“紫外灾变”. 一来表示由该公式将得出荒谬的结论，高频（紫外）辐射突然夺走辐射体的全部能量，使之冷却到绝对零度；二来借喻经典理论在新实验事实面前遇到的困境.

由于当时大多数物理学家对出现这些理论与实验的矛盾缺乏思想准备，因而对经典理论，既抱固守根基的信念，又有恐其破灭的疑惧. 许多物理学家惊叹：我们必须等待第二个牛顿出现，建立一种新的以太理论. 1900 年，汤姆孙在《遮盖在热和光的动力理论上的 19 世纪乌云》的演说中，留下了这样的名言：“19 世纪末的物理学上空，犹有两朵乌云，一是迈克耳孙的否定‘以太’实验，一是黑体辐射，这两朵乌云定会在未来卷起漫天风暴.”

1905 年，爱因斯坦彻底挣脱经典物理学的束缚，抛开绝对时间和绝对空间的概念，把革命的时空观引入物理学，成功地解释了迈克耳孙-莫雷实验，爱因斯坦对时空观的革命最终导致了相对论的建立.

1900 年，普朗克对黑体辐射的维恩公式和瑞利-金斯公式进行了修改，其中做出了一个大胆而有决定意义的假设：即谐振子的能量不能连续取值，只能取一些分立值. 所得公式与实验曲线符合得很好. 普朗克对经典物理学中能量连续的观念进行了革命，提出了能量“量子化”的概念，圆满地解决了黑体辐射中“紫外灾变”的难题. 爱因斯坦、康普顿、玻尔、德布罗意等物理学家将“量子化”的概念加以推广和应用，解释了许多经典物理学无法解释的实验现象. 最终薛定谔和海森堡完成了数学表述，这样，一门新的学科——量子力学诞生了.

伴随着相对论和量子力学的创立，19 世纪末漂浮在物理学晴朗天空中的两朵乌云，在 20 世纪初终被驱散，近代物理的两大支柱得以形成. 更为神奇的是，相对论和量子力学并没有否定经典物理学，只是在更深层次上描述了物质世界的客观规律. 至此，人类历经 200 多年的努力，通过许多物理学家开创性的工作，凝聚了无数无名英雄默默无闻的奉献，物理学终于发展成为一门十分完美的学科，并以此为起点，向着更高、更深的层次延伸，向着更宽广的应用领域拓展.

2. 物理学概述

物理学是关于自然界最基本形态的科学.它研究物质的结构和相互作用以及它们的运动规律.其研究领域十分广泛,尺度从比质子(10^{-15} m)更小的粒子(夸克),直到目前可探测到的最远距离(10^{26} m)的类星体;时间从短到 10^{-25} s 的最不稳定的粒子寿命,直到长达 10^{39} s 的质子寿命.其空间尺度跨越 42 个数量级,时间范围跨越 65 个数量级;涉及的温度从接近绝对零度的低温到热核反应的几亿度高温;速度从静止到运动速度的极限——光速.除研究物质的气、液、固三态外,还研究等离子体态、中子态等等.

从微观粒子到巨大的星体,从细菌到人,物质如何聚集起来? 这是物理学要回答的另一问题.物理学的研究表明:物质世界千变万化的现象,归根结底只受四种基本相互作用的支配.这四种基本相互作用是:

① 引力相互作用;② 电磁相互作用;③ 强相互作用;④ 弱相互作用.

引力相互作用支配着宇宙天体的运动规律,电磁相互作用是原子得以存在的基础,强相互作用使原子核不会解体,弱相互作用引起粒子间的某些过程(如衰变等).

进一步研究这四种相互作用的机理和统一,是物理学的另一努力方向.

3. 物理学和其他自然科学及技术科学的关系

物理学是其他自然科学的基础.运动形式由低级到高级可分为机械运动—物理运动—化学运动—生命运动—社会运动五个层次,高级运动包含着低级运动.例如化学反应既包含分子、原子的机械运动,又包含发热、发光等物理运动;生命运动既包含血液流动,心脏跳动等机械运动,也包含热能转换等物理运动,还包含食物消化、营养吸收等化学运动;社会运动更为复杂,已不属于自然科学的研究范围,但它必然包含其余四种较为低级的运动.由此可见,自然界的一切运动都包含机械运动、物理运动等运动形式,这正是物理学的研究范围.另一方面,物理学所研究的粒子和原子构成了蛋白质、基因、器官、生物体,乃至一切人造的和天然的物质,构成了陆地、海洋和大气等,因此可以说物理学构成了其他自然科学的基础.物理学的基本概念和技术已被应用到了所有自然科学领域,甚至于某些社会科学领域.

1765 年,经瓦特的重大改进,出现了现代水平的蒸汽机,并导致了第一次工业革命.此后的 200 多年,科学技术获得了突飞猛进的发展,我们的生活也因此经历了翻天覆地的变化,其成果之巨已无法用“丰厚”、“辉煌”等词汇来形容.机器延伸了人类的体力,电脑延伸了人类的脑力,很多过去人力所不能及的事情现在变得轻而易举.航天技术使人类挣脱了地球的巨大引力进入太空,人类的足迹已踏上月球,正在向火星进发;信息科技的发展使几十亿人居住的地球变成了一个“村”……科学技术的每一次重大突破,大多植根于物理学这片沃土.三次工业革命的浪潮,使我们经历了机械化—电气化—信息化的重大变革,彻底改变了人类的生活方式,这三次工业革命均无一例外地起源于物理学的重大突破.可以毫不夸张地说,物理学是许多科学与技术的基础和发源地,没有物理学的发展,就不可能有今天的科学和技术.

4. 物理学和素质教育

现代科学技术的飞速发展导致知识急剧膨胀,更新速度空前加快,院校教育时间的有限性和知识增长的无限性的矛盾,决定了任何人不可能一劳永逸地仅凭学校几年所学受用终生,而是需要不断充实、更新.另外,社会对人才的需求已越来越由“专才”向“通才”转变,所谓通才,并非样样都通,在知识大爆炸的时代,任何人也没有这个本事,而是要求人们应具有不断获取新知识的能力.素质教育就是要培养学生这种能力.

大学物理不仅仅是一门重要的基础理论课程，而且在素质教育中有着特殊的地位和作用.

物理学家在创立和发展物理学的过程中，不仅发现和创立了物理学概念、规律和理论，它们构成其他自然科学的基础，而且总结和发展了许多极其精彩的具体研究方法. 如观察和实验、假说、类比、归纳和演绎、分析和综合、证明和反驳等. 一方面，这些研究方法不仅为物理学家所使用，而且实际上构成了科学研究方法的主体，对其他学科的研究起着指导作用. 另一方面，物理学的研究方法也有其独有的特点，如严密的逻辑推理，理论与实验的紧密结合等等. 可见，物理学研究方法既具普遍性，又有典型性，通过物理课程的学习，掌握这些研究方法，十分有利于学生科学素质的提高.

在物理学发展的历史长河中，一代又一代的物理学精英们，站在巨人的肩膀上，向着物理学的一个个高峰奋勇攀登. 具有真知灼见、勇于破旧立新的勇敢战士，不畏艰难、孜孜以求的学者、大师不断涌现，他们的辉煌业绩，他们的开拓精神，永远值得我们铭记和学习，是素质教育不可多得的题材.

5. 怎样学好物理学

怎样学好物理学？每个人都应有自己的经验和体会，很难有一个共同的答案，因为每个人都有一套适合于自己的学习方法. 笔者仅根据个人体会提出几点建议：

(1)正确认识物理学的作用

学习大学物理课程的同学，绝大部分都不是物理专业的学生，在学习过程中，特别是碰到困难的时候，难免会提出这样一个很难准确回答的问题：物理学和我的专业究竟有何关系？

如前所述，物理学是其他自然科学的基础，物理学的研究方法对其他学科起着指导作用. 但并不等同于物理学就是其他自然科学，物理学的研究方法可以照搬至其他学科的研究之中. 物理学的研究成果转变为技术上的实际应用，有一个酝酿期，短则几年，长则上百年，中间仍需经过许多艰苦的努力. 物理学也并非无所不包，物理学的丰富内涵更是一门大学物理课程无法涵盖的. 那种认为学完物理课马上就能收到立竿见影的效果的急功近利的想法是不切实际的. 当然，认为物理课可有可无的另外一个极端也是错误的. 不管物理课与你今后从事的专业有无直接关系，物理学的基础理论、思维方式及研究方法都将使你受益终生.

(2)重视课堂学习

作为一名大学生，经过十余年的读书学习，已经有了一定的自学能力，加之考试的难度比中学要小，因此部分同学忽略了课堂学习，这是完全错误的. 学习物理学，最重要的无疑是要学习其物理思想、思维方式及研究方法，这些内容必然融汇于教师的课堂讲授之中，因此平时认真听课是非常重要的. 如果只满足于考前背几个死公式，做几道习题，考后忘得一干二净，即便考试及格，甚至得到了高分，也达不到学习物理学的真正目的.

(3)认真做作业

作业很容易和应试教育相联系而成为“减负”的对象. 当然，片面追求难题、怪题，陷学生于题海之中的做法确需改进，但课后完成数量适中、难度适当的习题，不仅有助于巩固课堂学习内容，而且有利于素质教育. 因为每道习题都是要学生思考或解决一个或几个问题，思考的问题多了，学生的逻辑思维能力、解决问题的能力自然得到了提高.

在科学的道路上没有平坦的大道可走，只有那在崎岖小路的攀登上不畏劳苦的人，才有希望到达光辉的顶点. 让我们牢记革命导师的教诲，开始踏上学习大学物理的征程吧！

第一篇　力　学

物理学是其他自然科学的基础,而力学则是物理学的基础.

力学是研究机械运动规律的科学,所谓机械运动指的是物体之间或物体各部分之间的相对位置随时间变化,它是自然界中最普遍、最基本的运动形式,所有其他的物体运动形式几乎都包含机械运动.

力学的创立和发展经历了漫长的时期。早在公元前三百多年,古希腊哲学家和科学家亚里士多德(Aristotle)发展了最早的运动理论,他认为物体下落的快慢由它们的重量决定,必须有力的作用才能维持物体的运动等,由于他的这些论断符合人们的日常观察,因而统治了学术界长达两千年之久;16 世纪末,伽利略(G. Galileo)通过大量的实验,得出了重物与轻物下落得同样快的结论;牛顿(I. Newton)在总结了伽利略、笛卡儿(R. Descartes)等人研究成果的基础上,于 1687 年提出了著名的牛顿运动三定律及万有引力定律,并从数学上导出了由开普勒(J. Kepler)发现,但半个世纪以来未能得到解释的开普勒行星运动三定律、海王星和冥王星的发现,正是万有引力定律的杰作. 以牛顿运动定律为基础发展而来的力学理论称为牛顿力学,又称经典力学,牛顿力学研究宏观低速物体的运动规律.

随着科学技术的发展,新的实验事实不断出现,牛顿力学的局限性也随之突显,它不适用于高速运动物体及微观粒子的运动规律. 于是人们在牛顿力学的基础上创立了相对论和量子力学,但相对论和量子力学并未否定牛顿力学,相反,它们都包含了牛顿力学.

本篇主要内容包括质点运动学和动力学,刚体定轴转动运动学和动力学等.

第 1 章 质点运动学

自然界中一切物质都处在永恒不息的运动中，运动是物质的基本属性，这种运动的普遍性和永恒性称为运动的**绝对性**. 而运动的形式又是多种多样、千变万化的，其中最简单、最普遍而又最基本的一种运动形式是一个物体在空间相对于另一物体的位置（或者一物体的某一部分相对于其他部分的位置）随时间而变化的运动，这种运动称为**机械运动**. 例如，行星绕太阳的运动，汽车的奔驰，货物的升降，战士的冲锋等等，都是机械运动. **力学**（mechanics）就是研究机械运动规律及其应用的科学. 为了研究，首先要描述. 对于一个物体运动情况的描述是与观察者相关的，例如，火车是否已经开动了，车上的观察者和站台上的观察者得出的结论是不相同的，这就是运动描述的**相对性**. 从被研究的运动对象而言，力学可分为质点力学和刚体力学，我们首先要对它们的运动作出描述，这就是**运动学**（kinematics）.

运动学中相当一部分概念和公式在中学物理课程中已学习过了，这里重提不是简单重复，而是更科学、更严格、更全面也更系统化了，特别是有关数学概念和运算，如矢量、微分、积分等，它们是理解和掌握本章基本概念必备的数学基础，初学者应特别注重这一点.

本章首先定义描述质点运动的物理量，如位置矢量、位移、速度和加速度等，进而讨论这些量随时间变化的关系. 然后以圆周运动为例讨论曲线运动中的法向加速度和切向加速度. 最后将介绍相对运动以及相对运动中的速度叠加原理.

位移、**速度**和**加速度**是运动学中的重要物理量，它们都具有矢量性，反映了物体运动的基本特性. 只有掌握了这些特性，才能正确理解这些物理量的意义.

§1.1 质点运动的描述

1.1.1 质点 参考系 坐标系 时间和空间

一、质点

如果在某些运动中,物体上的各部分具有相同的运动规律,或物体的大小、形状对所研究的问题影响不大,可以忽略,这时用一个集中质量的几何点——**质点**(particle)来替代物体. 质点是力学研究中的一个理想模型. 质点具有相对意义,如讨论地球绕太阳公转时,地球上各点相对于太阳的运动可认为近似相同,地球可以看作质点;但讨论地球自转时显然就不可以看作质点了.

二、参考系

运动是绝对的,但运动的描述却是相对的. 因此,在确定研究对象的位置时,必须先选定一个标准物体(或相对静止的几个物体)作为基准,那么这个被选作标准的物体或物体群,就称为**参考系**(reference frame).

同一物体的运动,由于我们所选参考系不同,对其运动的描述就会不同. 例如在匀速直线运动的车厢中,物体的自由下落,相对于车厢是作直线运动;相对于地面,却是作抛物线运动;相对于太阳或其他天体,运动的描述则更为复杂. 这一事实充分说明了运动的描述是相对的.

从运动学的角度讲,参考系的选择是任意的,通常以对问题的研究最方便最简单为原则. 研究地球上物体的运动,在大多数情况下,以地球为参考系最为方便(以后如不作特别说明,研究地面上物体的运动,都是以地球为参考系). 但是,当我们在地球上发射人造"宇宙小天体"时,则应以太阳为参考系.

在后续章节中,物理定律中用的一些物理量必须是对同一参考系而言的. 所以处理问题一定要明确各物体运动所选择的参考系,各物理量需经过变换统一到同一参考系才能求解有关问题.

三、坐标系

要想定量地描述物体的运动,就必须在参考系上建立适当的**坐标系**(coordinate system). 在力学中常用的有直角坐标系. 根据需要,我们也可选用极坐标系、自然坐标系、球面坐标系或柱面坐标系等.

总的说来,当参考系选定后,无论选择何种坐标系,物体的运动性质都不会改变.然而,坐标系选择得当,可使计算简化.

四、时间和空间

时间和空间是客观存在的.时间反映物质运动过程的持续性和顺序性;空间反映了物质存在的广延性.时间和空间是运动着的物质的存在形式.没有脱离物质的时间和空间,也没有不在空间和时间中运动的物质.时间和空间彼此不是独立的,物质的运动是时间和空间联系的纽带.

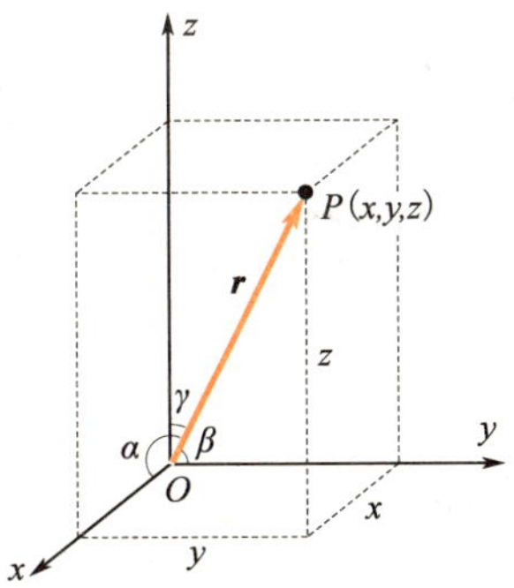

图 1－1　位置矢量

1.1.2　位置矢量与运动方程

在选定的坐标系里,用一个由原点指向质点的矢量表示质点在空间的位置,该矢量称**位置矢量**(position vector),简称**位矢**,如图 1－1 所示.有向线段$\overrightarrow{OP}$记为 $\boldsymbol{r}$.引入位置矢量是为了更方便、有效、准确地描述质点的运动.质点运动时,位置不断变化,位矢是时间的函数

$$\boldsymbol{r}=\boldsymbol{r}(t) \tag{1-1}$$

这个函数描述了质点空间位置随时间变化的过程,称之为**运动方程**.

在直角坐标系中,运动方程可用分量表示为

$$\boldsymbol{r}=x\boldsymbol{i}+y\boldsymbol{j}+z\boldsymbol{k} \tag{1-2}$$

或

$$\begin{cases} x=x(t) \\ y=y(t) \\ z=z(t) \end{cases} \tag{1-3}$$

位矢的大小、方向分别为

$$r=|\boldsymbol{r}|=\sqrt{x^2+y^2+z^2} \tag{1-4}$$

$$\cos\alpha=\frac{x}{r},\quad \cos\beta=\frac{y}{r},\quad \cos\gamma=\frac{z}{r} \tag{1-5}$$

质点运动的空间轨迹(径迹)称为**轨道**(orbit),由(1－3)式消去 t,得到**轨道方程**

$$F(x,y,z)=0 \tag{1-6}$$

质点运动的轨迹若为直线称为直线运动,若为曲线则称为曲线运动.

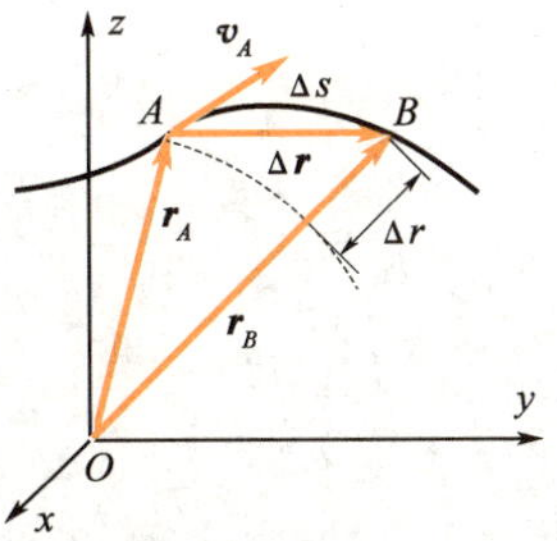

图 1－2　位移与路程

1.1.3　位移与路程

如图 1－2 所示,t 时刻质点位于 A 处,位矢 $\boldsymbol{r}_A$,经过 Δt 时间间隔质点运动到 B 处,位矢 $\boldsymbol{r}_B$.在 Δt 时间内位矢的增量称为**位移矢**

量，简称**位移**(displacement). 即

$$\Delta \boldsymbol{r}=\boldsymbol{r}_B-\boldsymbol{r}_A \tag{1-7}$$

在直角坐标系中

$$\begin{aligned}\Delta \boldsymbol{r}&=\boldsymbol{r}_B-\boldsymbol{r}_A=(x_B\boldsymbol{i}+y_B\boldsymbol{j}+z_B\boldsymbol{k})-(x_A\boldsymbol{i}+y_A\boldsymbol{j}+z_A\boldsymbol{k})\\&=\Delta x\boldsymbol{i}+\Delta y\boldsymbol{j}+\Delta z\boldsymbol{k}\end{aligned} \tag{1-8}$$

位移的大小为：$|\Delta \boldsymbol{r}|=\sqrt{\Delta x^2+\Delta y^2+\Delta z^2}$，位移的方向：从 A 指向 B.

要注意，$\Delta r=r_B-r_A=\sqrt{x_B{}^2+y_B{}^2+z_B{}^2}-\sqrt{x_A{}^2+y_A{}^2+z_A{}^2}$，所以一般情况下 $|\Delta \boldsymbol{r}|\neq\Delta r$.

路程(Δs)是质点运动的路径长度，是个标量. 而位移是既有大小又有方向的矢量. 位移并不反映质点真实的运动路径长度，只反映位置变化的实际效果. 一般路程 Δs 与位移大小 $|\Delta \boldsymbol{r}|$ 之间没有确定的关系，只有当 Δt 趋近于零或单向直线运动时，两者才相等，$\lim\limits_{\Delta t\to 0}\Delta s=\lim\limits_{\Delta t\to 0}|\Delta \boldsymbol{r}|$，即 $\mathrm{d}s=|\mathrm{d}\boldsymbol{r}|$.

1.1.4 速度和速率

速度是描述质点运动快慢和方向的物理量. 质点在 t 到 $t+\Delta t$ 时间间隔内位矢的平均变化率称质点在该时间间隔内的**平均速度**(average velocity).

$$\overline{\boldsymbol{v}}=\frac{\Delta \boldsymbol{r}}{\Delta t} \tag{1-9}$$

它的方向与 $\Delta \boldsymbol{r}$ 相同.

平均速度只能反映一段时间内质点位置变化快慢的平均情况，而不能反映质点在某一时刻(或某一位置)的瞬时变化，如质点运动一个圆周，其平均速度为 0，但并不意味着该质点静止不动.

当 $\Delta t\to 0$ 时，平均速度的极限称为质点在 t 时刻的**瞬时速度**(instantaneous velocity)，简称**速度**(velocity).

$$\boldsymbol{v}=\lim_{\Delta t\to 0}\frac{\Delta \boldsymbol{r}}{\Delta t}=\frac{\mathrm{d}\boldsymbol{r}}{\mathrm{d}t} \tag{1-10}$$

由图 1-2 可见，$\Delta t\to 0$ 时，$\boldsymbol{r}_B$ 趋近 $\boldsymbol{r}_A$，$\Delta \boldsymbol{r}$ 的方向趋近于 A 点的切线方向，即 A 点处的速度方向为 A 点的切线方向指向质点前进的一侧.

因此，**速度等于位置矢量对时间的一阶导数**，显然，只有瞬时速度才能精确地描述质点在某一时刻(或某一位置)运动的快慢及方向.

在国际单位制(SI)中，速度单位为米・秒$^{-1}$($\mathrm{m\cdot s^{-1}}$).

在直角坐标系里

$$\boldsymbol{v}=\frac{\mathrm{d}\boldsymbol{r}}{\mathrm{d}t}=\frac{\mathrm{d}x}{\mathrm{d}t}\boldsymbol{i}+\frac{\mathrm{d}y}{\mathrm{d}t}\boldsymbol{j}+\frac{\mathrm{d}z}{\mathrm{d}t}\boldsymbol{k}$$

$$=v_x\boldsymbol{i}+v_y\boldsymbol{j}+v_z\boldsymbol{k} \tag{1-11}$$

其中
$$v_x=\frac{\mathrm{d}x}{\mathrm{d}t},\quad v_y=\frac{\mathrm{d}y}{\mathrm{d}t},\quad v_z=\frac{\mathrm{d}z}{\mathrm{d}t}$$

分别为速度$\boldsymbol{v}$沿三个坐标轴的投影，即各坐标轴方向上的分速度等于各位置坐标对时间的一阶导数. 速度的大小为

$$v=\sqrt{v_x^2+v_y^2+v_z^2}$$

其方向由三个方向余弦

$$\cos x=\frac{v_x}{v},\quad \cos\beta=\frac{v_y}{v},\quad \cos\gamma=\frac{v_z}{v}$$

确定.

质点所经过的路程 Δs 与完成这段路程所需时间 Δt 之比称为质点在该段时间内的**平均速率**(average speed)，即

$$\bar{v}=\frac{\Delta s}{\Delta t} \tag{1-12}$$

描述质点瞬时运动快慢的物理量称为**瞬间速率**，简称**速率**(speed)，它是当 $\Delta t\to 0$ 时平均速率的极限值，即

$$\bar{v}=\lim_{\Delta t\to 0}\frac{\Delta s}{\Delta t}=\frac{\mathrm{d}s}{\mathrm{d}t} \tag{1-13}$$

显然，平均速率和瞬时速率均为标量，一般情况下，平均速度的大小并不等于平均速率，但瞬时速度的大小与瞬时速率相等.

表 1.1 列出了一些物体运动速率的数量级.

表 1.1　某些物体运动速率的数量级　　单位：$\mathrm{m\cdot s^{-1}}$

大陆板块移动	约 1×10^{-9}
人百米跑步(最快时)	1.0×10
猎豹(最快动物)	2.8×10
机动赛车(最大)	1.0×10^2
空气中声速(0℃)	3.4×10^2
空气分子热运动的平均速率(0℃)	4.5×10^2
地球赤道上某点的自转速率	4.6×10^2
步枪子弹离开枪口时	约 7×10^2
现代歼击机	约 9×10^2
人造地球卫星	7.9×10^3
地球公转	3.0×10^4
太阳在银河系中绕银河系中心的运动	3.0×10^5
类星体的运行(最快的)	2.7×10^8
北京正负电子对撞机中的电子	光速×99.999 998%
光在真空中	3.0×10^8

1.1.5 加速度

加速度是描述质点速度矢量(大小、方向)变化的物理量,如图 1-3 所示,t 时刻质点位于 A 处,速度为$\boldsymbol{v}_A$;$t+\Delta t$ 时刻质点运动到 B 处,速度为$\boldsymbol{v}_B$,Δt 时间间隔内速度增量为 $\Delta\boldsymbol{v}=\boldsymbol{v}_B-\boldsymbol{v}_A$,$\Delta t$ 时间内的**平均加速度**(average acceleration)为

$$\overline{\boldsymbol{a}}=\frac{\Delta\boldsymbol{v}}{\Delta t} \tag{1-14}$$

平均加速度只能反映某一段时间内速度变化的平均快慢情况,当 $\Delta t\to 0$ 时,其极限值称为 t 时刻该质点的**瞬时加速度**(acceleration),简称**加速度**(acceleration),即

$$\boldsymbol{a}=\lim_{\Delta t\to 0}\frac{\Delta\boldsymbol{v}}{\Delta t}=\frac{\mathrm{d}\boldsymbol{v}}{\mathrm{d}t} \tag{1-15}$$

将(1-10)式代入上式得

$$\boldsymbol{a}=\frac{\mathrm{d}\boldsymbol{v}}{\mathrm{d}t}=\frac{\mathrm{d}^2\boldsymbol{r}}{\mathrm{d}t^2} \tag{1-16}$$

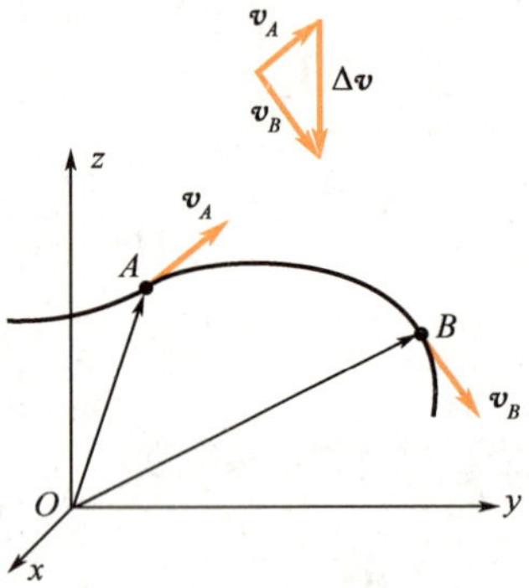

图 1-3 速度的增量

可见,**加速度等于速度对时间的一阶导数,或位置矢量对时间的二阶导数**.加速度是一个矢量,其方向是 $\Delta\boldsymbol{v}$ 的极限方向,一般与$\boldsymbol{v}$ 的方向不同.在直角坐标系中,加速度可表示为

$$\boldsymbol{a}=a_x\boldsymbol{i}+a_y\boldsymbol{j}+a_z\boldsymbol{k} \tag{1-17}$$

其中
$$\begin{cases} a_x=\dfrac{\mathrm{d}v_x}{\mathrm{d}t}=\dfrac{\mathrm{d}^2x}{\mathrm{d}t^2} \\ a_y=\dfrac{\mathrm{d}v_y}{\mathrm{d}t}=\dfrac{\mathrm{d}^2y}{\mathrm{d}t^2} \\ a_z=\dfrac{\mathrm{d}v_z}{\mathrm{d}t}=\dfrac{\mathrm{d}^2z}{\mathrm{d}t^2} \end{cases}$$

分别为加速度 $\boldsymbol{a}$ 在三个坐标轴上的投影.

加速度 $\boldsymbol{a}$ 的大小为

$$a=|\boldsymbol{a}|=\sqrt{a_x{}^2+a_y{}^2+a_z{}^2}$$

方向由三个方向余弦

$$\cos\alpha=\frac{a_x}{a},\quad \cos\beta=\frac{a_y}{a},\quad \cos\gamma=\frac{a_z}{a}$$

确定.在国际单位制中,加速度的单位是米·秒$^{-2}$($\mathrm{m\cdot s^{-2}}$).表 1.2 给出了几种运动物体加速度的量级.

表 1.2 几种运动物体加速度的量级 单位:$\mathrm{m\cdot s^{-2}}$

超速离心机中粒子的加速度	3×10^6
步枪子弹在枪膛中的加速度	约 5×10^5
使汽车撞坏(以 $27\mathrm{m\cdot s^{-1}}$ 车速撞到墙上)的加速度	约 1×10^3
使人发晕的加速度	约 7×10
地球表面的重力加速度	9.8

续表

汽车制动的加速度	约 8
月球表面的重力加速度	1.7
地球赤道上一点的自转加速度	3.4×10^{-2}
地球公转的加速度	6×10^{-3}
太阳绕银河系中心转动的加速度	约 3×10^{-10}

质点运动状态通常用位矢 $\boldsymbol{r}$ 和速度 $\boldsymbol{v}$ 来描述，所以 $\boldsymbol{r}$，$\boldsymbol{v}$ 称为质点的**运动状态量**. 而 $\Delta\boldsymbol{r}$，$\boldsymbol{a}$ 是描述质点运动状态变化的物理量，称为**状态变化量**.

1.1.6 质点运动学的两类问题

在质点运动学中，主要有以下两种类型的运动学问题：

(1) 已知运动方程，求质点的速度和加速度. 这类问题只需按公式

$$\boldsymbol{v}=\frac{\mathrm{d}\boldsymbol{r}}{\mathrm{d}t}\quad 和 \quad \boldsymbol{a}=\frac{\mathrm{d}\boldsymbol{v}}{\mathrm{d}t}=\frac{\mathrm{d}^2\boldsymbol{r}}{\mathrm{d}t^2}$$

将已知的位矢函数 $\boldsymbol{r}(t)$ 对时间 t 求导即可求解. 这就是微分法.

(2) 已知速度函数（或加速度函数）及初始条件（即 $t=0$ 时的初位置、初速度）求质点的运动方程. 这类问题需用积分法来解决. 下面将用具体实例来说明以上两类问题的求解方法.

例 1-1

一个质点的运动方程为 $x=t^3-3t^2-9t+5$ (m). (1) 试分析质点的运动；(2) 求质点沿 x 轴正向运动的时间间隔和沿 x 轴逆向运动的时间间隔；(3) 从 $t_1=1$ s 到 $t_2=4$ s 时间间隔内质点的位移、路程、平均速度和平均速率.

解　(1) 由题意可知，质点只有 x 轴方向的运动分量，故运动轨道为一条与 x 轴平行（或重合）的直线，其瞬时速度 v 和瞬时加速度 a 的大小分别为

$$v=\frac{\mathrm{d}x}{\mathrm{d}t}=3t^2-6t-9\ (\mathrm{m\cdot s^{-1}})$$

$$a=\frac{\mathrm{d}v}{\mathrm{d}t}=6t-6\ (\mathrm{m\cdot s^{-2}})$$

可见质点作变加速直线运动.

应当注意：在直线运动中，各物理(矢)量不必用矢量表示，代数表示中的正、负号即表明了方向.

(2) 运动方向取决于速度方向. 设质点从 $t=0$ 时开始计时，此时 $x_0=5.0$ m，$v_0=-9\ \mathrm{m\cdot s^{-1}}$，质点沿 x 轴负方向运动. 因

$$v=3t^2-6t-9=3(t+1)(t-3)\quad (\mathrm{m\cdot s^{-1}})$$

故当 $t=3$ s 时，$v=0$，结合其运动方程可得到质点的速度正反向时间间隔

$$0<t<3\ \mathrm{s},\quad v<0;$$

$$t>3\ \mathrm{s},\quad v>0$$

即从 $t=0$ 时开始到 $t=3$ s 为止，质点沿 x 轴反向运动；从 $t=3$ s 后质点沿 x 轴正向作单向直线运动. 当 $t=-1$ s 时，v 亦为 0，这被看

作计时起点以前的运动，没有特别说明时，一般不作讨论.

(3) 位移为质点位置之差，故有

$$\Delta x = x_2 - x_1 = x(t_2) - x(t_1)$$
$$= (4^3 - 3\times4^2 - 9\times4 + 5) - (1^3 - 3\times1^2 - 9\times1 + 5)$$
$$= -15 - (-6) = -9.0\ \text{m}$$

路程是质点实际走过的轨道的长度，利用(2)中的分析结果，得

$$\Delta s = \int_{t_1}^{t_2} |v|\, dt$$
$$= -\int_1^3 (3t^2 - 6t - 9)\,dt + \int_3^4 (3t^2 - 6t - 9)\,dt$$
$$= (t^3 - 3t^2 - 9t)\Big|_3^4 + (t^3 - 3t^2 - 9t)\Big|_3^1$$
$$= 7.0 + 16.0 = 23.0\ \text{m}$$

由(1-9)式，得平均速度

$$\bar{v}_x = \frac{\Delta x}{\Delta t} = \frac{x_2 - x_1}{t_2 - t_1} = \frac{-9}{3} = -3\ \text{m}\cdot\text{s}^{-1}$$

"−"号表示平均速度的方向与 x 轴正向相反.

由平均速率的概念可得

$$\bar{v} = \frac{\Delta s}{\Delta t} = \frac{23}{3} = 7.7\ \text{m}\cdot\text{s}^{-1}$$

以上计算表明：一般情况下，平均速度在量值上小于平均速率.

例 1-2

已知质点的运动方程为 $\boldsymbol{r} = 2t\,\boldsymbol{i} + (6 - 2t^2)\,\boldsymbol{j}$ (m). 求：(1) 质点的轨道方程，画出轨迹图；(2) 第2 s内的位移 $\Delta\boldsymbol{r}$ 及平均速度 $\bar{\boldsymbol{v}}$；(3) 第 2 s末的速度和加速度；(4) 速度 $\boldsymbol{v}$ 与位矢 $\boldsymbol{r}$ 相互正交的时刻和坐标.

解　(1) 由题设可知质点作二维平面运动，运动方程分量式为

$$\begin{cases} x = 2t \\ y = 6 - 2t^2 \end{cases}$$

消去 t，得轨道方程

$$y = 6 - \frac{1}{2}x^2$$

轨道为一抛物线，如图 1-4 所示.

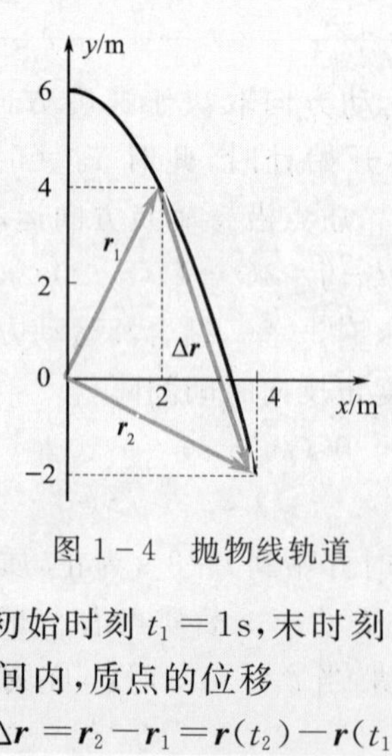

图 1-4　抛物线轨道

(2) 初始时刻 $t_1 = 1$s，末时刻 $t_2 = 2$s，则在这段时间内，质点的位移

$$\Delta\boldsymbol{r} = \boldsymbol{r}_2 - \boldsymbol{r}_1 = \boldsymbol{r}(t_2) - \boldsymbol{r}(t_1)$$
$$= (x_2 - x_1)\boldsymbol{i} + (y_2 - y_1)\boldsymbol{j}$$
$$= 2\boldsymbol{i} - 6\boldsymbol{j}\ (\text{m})$$

质点的平均速度

$$\bar{\boldsymbol{v}} = \frac{\Delta\boldsymbol{r}}{\Delta t} = 2\boldsymbol{i} - 6\boldsymbol{j}\ (\text{m}\cdot\text{s}^{-1})$$

(3) 2s 末的瞬时速度为

$$\boldsymbol{v} = \frac{d\boldsymbol{r}}{dt}\Big|_{t=2} = (2\boldsymbol{i} - 4t\boldsymbol{j})\Big|_{t=2}$$
$$= 2\boldsymbol{i} - 8\boldsymbol{j}\ (\text{m}\cdot\text{s}^{-1})$$

瞬时加速度为

$$\boldsymbol{a} = \frac{d^2\boldsymbol{r}}{dt^2}\Big|_{t=2} = -4\boldsymbol{j}\Big|_{t=2} = -4\boldsymbol{j}\ \text{m}\cdot\text{s}^{-2}$$

显然，质点在平面内作恒定加速度的曲线运动.

(4) $\boldsymbol{v}$ 与 $\boldsymbol{r}$ 正交时应满足条件 $\boldsymbol{v}\cdot\boldsymbol{r} = 0$，即

$$\boldsymbol{v}\cdot\boldsymbol{r} = xv_x + yv_y = 4t - 4t(6 - 2t^2) = 0$$

解得 $t_1 = 0$，$t_2 = 1.58$($t_3 = -1.58$ 舍去)，将 t_1，t_2 代入位矢 $\boldsymbol{r}$ 的表达式可得对应坐标为(0,6)，(3.16,1)，即质点在时刻 $t_1 = 0$ s，坐标为(0,6)及时刻 $t_2 = 1.58$，坐标为(3.16,1)两处的速度与位矢正交.

例 1-3

在离水面高为 h 的岸上，有人用绳跨过一定滑轮拉船靠岸，当绳子以速度 $\boldsymbol{v}_0$（常量）通过滑轮时，如图 1-5 所示，试求船的速度和加速度.

解　本题属于第一类问题，没有明显地给出船的运动方程，需要根据已知条件建立船的位置和其他变量的关系，进而求出船的速度和加速度.

以岸为参考系，建立的二维坐标系如图 1-5 所示. 此题实际上是个一维问题，因为船在 y 方向无运动，所以，任一时刻船的 x 坐标为 $x=\sqrt{l^2-h^2}$，其中 l 为任一时刻的绳长，在人拉船靠岸的过程中，l 随时间变短，因而是时间 t 的函数，利用隐函数的求导方法来求船靠岸的速度，并利用 $\frac{\mathrm{d}l}{\mathrm{d}t}=-v_0$，得

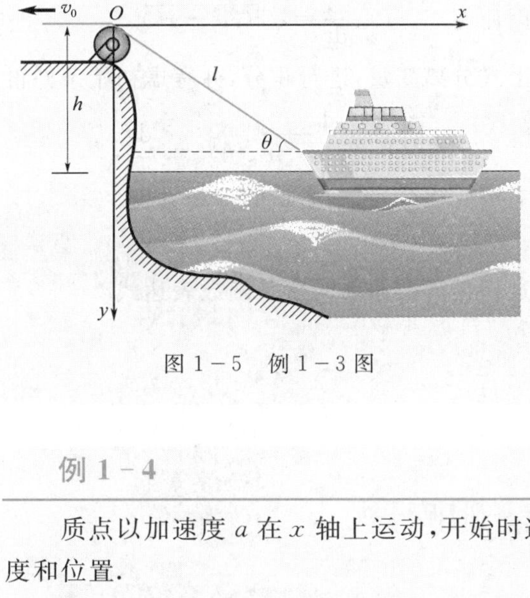

图 1-5　例 1-3 图

$$v=v_x=\frac{\mathrm{d}x}{\mathrm{d}t}=\frac{\mathrm{d}x}{\mathrm{d}l}\frac{\mathrm{d}l}{\mathrm{d}t}=-\frac{l}{\sqrt{l^2-h^2}}v_0$$

$$=-\frac{\sqrt{x^2+h^2}}{x}v_0$$

因为 $x>0$，可见 $v_x<0$，这表明船的速度方向与选定的 x 轴正方向相反. 上式对时间 t 再求一次导数，得船靠岸的加速度为

$$a=a_x=\frac{\mathrm{d}v_x}{\mathrm{d}t}=\frac{\mathrm{d}v_x}{\mathrm{d}x}\frac{\mathrm{d}x}{\mathrm{d}t}=v_x\ \frac{\mathrm{d}v_x}{\mathrm{d}x}$$

$$=v_x\frac{-\frac{x^2}{\sqrt{x^2+h^2}}+\sqrt{x^2+h^2}}{x^2}v_0$$

$$=-v_0^2\ \frac{h^2}{x^3}$$

同理，$a_x<0$，船的加速度也与 x 轴方向相反. v 与 a 同方向，表示船作变加速直线运动，由已知结果可知，船的速度和加速度的大小均随水平距离 x 的减小而增大.

例 1-4

质点以加速度 a 在 x 轴上运动，开始时速度为 v_0，们于 $x=x_0$ 处，求质点在任意时刻的速度和位置.

解　由 $a=\frac{\mathrm{d}v}{\mathrm{d}t}$，　得 $\mathrm{d}v=a\mathrm{d}t$.

于是，在 $0\sim t$ 时间内，速度的总增量为

$$v-v_0=\int_{v_0}^{v}\mathrm{d}v=\int_0^t a\mathrm{d}t$$

即 t 时刻速度为

$$v=v_0+\int_0^t a\mathrm{d}t \qquad ①$$

同理，由 $v=\frac{\mathrm{d}x}{\mathrm{d}t}$，得 $\mathrm{d}x=v\mathrm{d}t$，于是得 $0\sim t$ 时间内的位移为

$$x-x_0=\int_{x_0}^{x}\mathrm{d}x=\int_0^t v\mathrm{d}t$$

即 t 时刻的位置坐标为

$$x=x_0+\int_0^t v\mathrm{d}t \qquad ②$$

作为特例,在匀加速直线运动中,a 为常量,依次对①、②两式求积分,可得

$$v=v_0+at \quad ③$$

$$x=x_0+v_0t+\frac{1}{2}at^2 \quad ④$$

将 $a=\frac{dv}{dt}$ 变形为

$$a=\frac{dv}{dt}=\frac{dv}{dx}\frac{dx}{dt}=v\frac{dv}{dx}$$

$$vdv=adx$$

两边积分,并以初始条件作为积分下限可得

$$\int_{v_0}^{v} vdv=\int_{x_0}^{x} adx$$

即

$$v^2-v_0{}^2=2a(x-x_0) \quad ⑤$$

式③、④、⑤便是读者早就熟悉的匀变速直线运动公式.

例 1-5

一质点沿轴运动,其加速度为 $a=-cx$. 设当 $t=0$ 时,质点静止不动,离原点的距离为 A,求质点的运动方程.

解　当加速度是位置的函数,要求速度或运动方程时,因为方程中有三个变量,不可直接分离变量进行积分,而应先利用某种关系进行变量变换,把其中的一个变量消除,然后再进行分离变量积分. 由加速度的定义有

$$a=\frac{dv}{dt}=-cx$$

为求解这一方程,利用速度的定义式 $v=\frac{dx}{dt}$,可将其改写成

$$\frac{dv}{dt}=\frac{dv}{dx}\frac{dx}{dt}=v\frac{dv}{dx}$$

于是原方程可写为　$vdv=-cxdx$

对上式积分,并考虑初始条件

$$\int_0^v vdv=-c\int_A^x a\,dx$$

因而有　$v=\frac{dx}{dt}=\sqrt{c(A^2-x^2)}$

上式分离变量,进行积分,并考虑初始条件得

$$\int_A^x \frac{dx}{\sqrt{A^2-x^2}}=\int_0^v \sqrt{c}\,dt$$

完成此积分,得到质点的运动方程

$$x=A\cos(\sqrt{c}\,t)$$

这正是简谐振动的余弦函数表达式.

§1.2　运动叠加原理

1.2.1　运动叠加原理

图 1-6　百发百中实验示意

运动的可叠加性是运动的一个重要特性. 这一特性可用一个“百发百中”实验来说明. 如图 1-6 所示,一手枪对准处于同一水平线上的小球,在扣动扳机的同时,小球开始自由下落,忽略空气阻力等因素的影响,不管枪距小球多远(在子弹射程之内),子弹总能击中小球. 在扣动扳机到小球被击中这段时间内,该系统中运动物体

有两个，即子弹和小球，且它们在竖直方向上的初速度相同（均为零），加速度相同（均为重力加速度）. 小球做竖直方向的自由落体运动，而子弹做抛物线运动，它是水平方向的匀速直线运动和竖直方向的自由落体运动的合成. 百发百中实验表明，在相等的时间内，小球和子弹在竖直方向运动的距离相等. 也就是说，小球竖直方向的运动没有受到水平方向运动的影响，即水平方向的运动与竖直方向的运动是相互独立的.

无数的实验事实表明：**当物体同时参与两个或多个运动时，其总的运动乃是各个独立运动的叠加，这个结论称为运动叠加原理或运动独立性原理**. 它是物理学中的重要原理之一. 例如，奔驰的汽车轮胎边缘上某点相对于地面的运动可看成是车轮轴线的直线运动与绕该轴线的圆周运动的叠加. 运动的叠加原理实际上包含运动的独立性和可叠加性两个方面. 下面根据运动叠加原理分析抛体运动和一般曲线运动的合成与分解.

如图 1－7(a)所示，一质点以初速度 $\boldsymbol{v}_0$ 斜抛，$\boldsymbol{v}_0$ 与水平方向的夹角为 θ，该质点的运动可以视为沿初速度方向的匀速直线运动与竖直方向自由落体运动叠加的结果，因而质点在任一时刻的位置矢量为

$$\boldsymbol{r}=\boldsymbol{v}_0 t+\frac{1}{2}\boldsymbol{g}t^2 \qquad (1-18)$$

可见，$\boldsymbol{r}$ 为两个矢量 $\boldsymbol{v}_0 t$ 及 $\frac{1}{2}\boldsymbol{g}t^2$ 的矢量和. 同理如图 1－7(b)所示，质点在任一时刻 t 的速度为

$$\boldsymbol{v}=\boldsymbol{v}_0+\boldsymbol{g}t \qquad (1-19)$$

(1－18)式和(1－19)式表明：质点的抛体运动是由两个运动合成的.

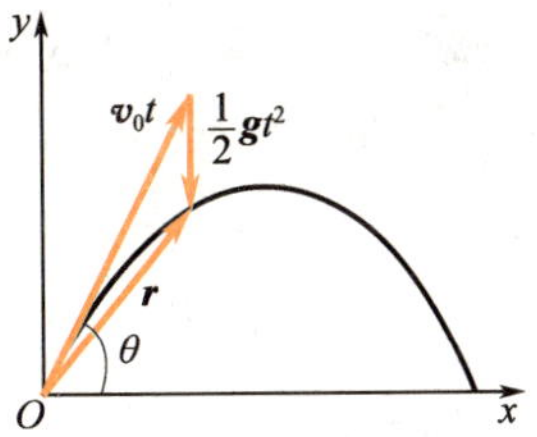

(a) 矢量方法求位矢

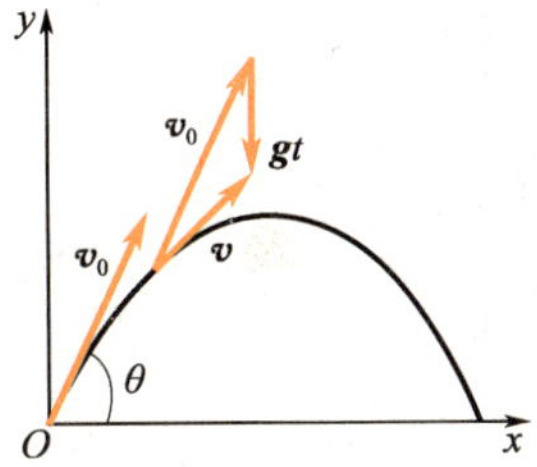

(b) 矢量方法求合成速度

图 1－7　抛体运动

例 1－6

一物体以初速度 $\boldsymbol{v}_0$，沿与水平面上 Ox 轴的正向夹角为 θ 的方向抛出，如图 1－7(a)所示. 若略去运动过程中的阻力作用，求该物体的运动轨迹方程，总的飞行时间及总射程.

解　斜抛运动可以看成是 x 方向的匀速直线运动和 y 方向的竖直上抛运动的叠加，t 时刻 x、y 方向上的速度分量分别为

$$v_x=v_0\cos\theta,\quad v_y=v_0\sin\theta-gt \qquad ①$$

x、y 坐标分别为

$$x=v_0\cos\theta t,\quad y=v_0\sin\theta t-\frac{1}{2}gt^2 \qquad ②$$

①式中消去 t，可得物体的轨迹方程为

$$y=\tan\theta x-\frac{g}{2v_0^2\cos^2\theta}x^2 \qquad ③$$

可见斜抛物体的运动轨迹为一抛物线.

②式中，令 $y=0$，可得总的飞行时间为

$$T=\frac{2v_0\sin\theta}{g} \qquad ④$$

③式中，令 $y=0$，可得总射程为

$$R=\frac{v_0^2\sin 2\theta}{g} \qquad ⑤$$

由⑤式不难看出，在一定初速下，要使射程最大，应令抛射角 $\theta=\frac{\pi}{4}$，这时最大射程为

$$R_m=\frac{v_0^2}{g}$$

当然，若考虑阻力作用，实际射程要比上述理论计算值小很多.

1.2.2 平面曲线运动 切向加速度 法向加速度

自然坐标系 直角坐标系是最常用的坐标系，但并不一定是最方便的坐标系. 在轨迹已知的条件下，可以选定质点轨迹上的一点 O 为原点，用轨道长度 s（弧坐标）来描写质点的位置. 这样，我们可以规定两个依赖于质点位置的单位矢量：一个沿该点轨迹的切线方向，用 $\boldsymbol{e}_t$ 表示，一个与该点的切线方向正交，并指向凹的一侧的法向方向，用 $\boldsymbol{e}_n$ 表示. 显然与直角系中单位矢量不同，$\boldsymbol{e}_t$ 和 $\boldsymbol{e}_n$ 都不是常矢量，一般情况下，它们的方向都随时间而变化. 这种沿着已知轨道建立的坐标系称为自然坐标系.

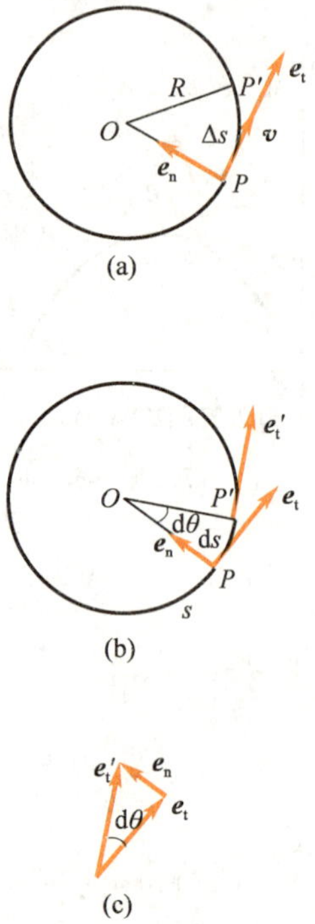

图 1－8 变速圆周运动中的 $\boldsymbol{v}$，$\boldsymbol{a}$ 及 $d\boldsymbol{e}_t$

变速率圆周运动 速度是矢量，无论其大小或方向发生改变，都应该具有加速度. 用自然坐标系来分析圆周运动，能较直观地反映其运动的特点. 如图 1－8 所示，设质点在 t 时刻位于 P 点，其弧坐标为 $s(t)$；在 $t+\Delta t$ 时刻，质点运动至 P' 点，其弧坐标为 $s(t+\Delta t)$，则在 Δt 时间内所经过的弧长为弧坐标增量 Δs，而与此对应的角度为 $\Delta\theta$，根据几何学的知识有

$$\Delta\theta=\frac{\Delta s}{R} \quad (\Delta\theta \text{ 以 rad 为单位})$$

根据速度的定义，质点在 P 点的速度为

$$\boldsymbol{v}=v(t)\boldsymbol{e}_t=\frac{ds}{dt}\boldsymbol{e}_t \tag{1-20}$$

式中 $v(t)$ 为 t 时刻质点的速率.

质点的加速度可由 $\boldsymbol{v}$ 对时间求导而得，但应注意 $\boldsymbol{e}_t$ 的方向也随时间变化，故

$$\boldsymbol{a}=\frac{d\boldsymbol{v}}{dt}=\frac{d(v\boldsymbol{e}_t)}{dt}=\frac{dv}{dt}\boldsymbol{e}_t+v\frac{d\boldsymbol{e}_t}{dt}$$

式中的第一项 $\frac{dv}{dt}\boldsymbol{e}_t$ 表示速度的大小随时间的变化率，方向仍沿 $\boldsymbol{e}_t$ 方向；而第二项中，$d\boldsymbol{e}_t$ 的方向垂直于 $\boldsymbol{e}_t$，如图 1－8(c) 所示. 由于 $\boldsymbol{e}_t$ 沿切向，和 $\boldsymbol{e}_t$ 垂直的方向为法向，因而 $d\boldsymbol{e}_t$ 沿 $\boldsymbol{e}_n$ 方向，于是有

$$\frac{d\boldsymbol{e}_t}{dt}=\frac{|\boldsymbol{e}_t|d\theta\boldsymbol{e}_n}{dt}=\boldsymbol{e}_n\frac{1\times d\theta}{dt}=\frac{\boldsymbol{e}_n}{R}\frac{R\,d\theta}{dt}=\frac{\boldsymbol{e}_n}{R}\frac{ds}{dt}=\boldsymbol{e}_n\frac{v}{R}$$

式中 ds 为质点在 dt 时间内弧坐标的增量，由此可将加速度写成

$$\boldsymbol{a}=\frac{dv}{dt}\boldsymbol{e}_t+\frac{v^2}{R}\boldsymbol{e}_n=\boldsymbol{a}_t+\boldsymbol{a}_n \tag{1-21}$$

式中 $\boldsymbol{a}_t=\frac{dv}{dt}\boldsymbol{e}_t$ 称为**切向加速度，描述质点速度大小的变化**；而 $\boldsymbol{a}_n=\frac{v^2}{R}\boldsymbol{e}_n$ 称为**法向加速度，描述速度方向的变化**. 由此可以看到，采用自然坐标系后，加速度 $\boldsymbol{a}_t$ 和 $\boldsymbol{a}_n$ 的物理意义更加明确. 上式表明，质点做变速圆周运动时，其加速度等于切向加速度和法向加速度的矢量和. 由于 $\boldsymbol{a}_t$ 与 $\boldsymbol{a}_n$ 是相互垂直的，所以加速度的大小和方向分别为

$$a=|\boldsymbol{a}|=\sqrt{a_t^2+a_n^2},\quad \theta=\arctan\frac{a_n}{a_t}$$

其中 θ 为总加速度 $\boldsymbol{a}$ 与切线方向之间的夹角.

一般曲线运动　质点做曲线运动时，若速度方向有变化，则法向加速度不为零；若速度大小有变化，则切向加速度不为零.

可以把上述切向加速度和法向加速度的概念推广至一般的曲线运动. 如图 1－9 所示，曲线上任一点 P 附近的一段曲线，可视为与它相切的以该点曲率半径 ρ 为半径的圆上的一段弧，所以只要将(1－21)式中的 R 换成 ρ，就可以得到一般曲线运动的切向加速度、法向加速度表示式：

$$a_t=\frac{dv}{dt},\quad a_n=\frac{v^2}{\rho}\tag{1-22}$$

式中曲率半径 ρ 是一个反映曲线弯曲程度的量. ρ 越小，则曲线弯曲程度越高. 质点运动时，若法向加速度为零，则质点做直线运动；若曲率半径 ρ 为常量，则质点做圆周运动，此时若切向加速度为零，质点做匀速率圆周运动. 直线运动和圆周运动都可视为曲线运动的特例.

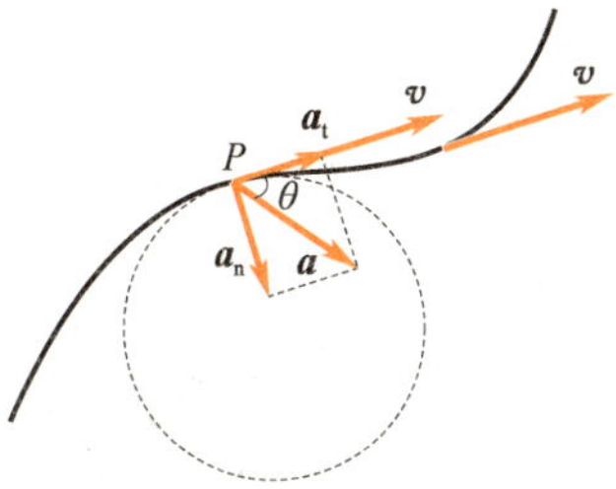

图 1－9　一般曲线运动

例 1－7

一质点在 Oxy 平面内做曲线运动，已知 $a_x=2, a_y=12t^2$（单位：m・s^{-2}）. 设质点在 $t=0$ 时，$\boldsymbol{r}_0=0$，$\boldsymbol{v}_0=0$. 求质点的：(1)运动方程；(2)轨迹方程；(3)切向加速度.

解　(1) 根据加速度与时间的关系，可分别求出速度与位置矢量.

$$a_x=\frac{dv_x}{dt}=2,\quad a_y=\frac{dv_y}{dt}=12t^2 \qquad ①$$

则有　$dv_x=2dt,\quad dv_y=12t^2dt$

将上式分别积分，并应用初始条件得

$$\int_0^{v_x}dv_x=\int_0^t 2dt,\quad \int_0^{v_y}dv_y=\int_0^t 12t^2dt$$

由　$v_x=\frac{dx}{dt}=2t,\quad v_y=\frac{dy}{dt}=4t^3 \qquad ②$

则有　$dx=2tdt,\quad dy=4t^3dt$

再对时间积分并利用初始条件得

$$\int_0^x dx=\int_0^t 2tdt,\quad \int_0^y dy=\int_0^t 4t^3dt$$

则质点的运动方程为

$$x=t^2,\quad y=t^4 \qquad ③$$

(2) 消去运动方程中的时间 t，即得质点的轨迹方程

$$y=x^2 \qquad ④$$

轨迹是抛物线.

(3) 为求切向加速度，应先求速率 v 与时间的关系式. 由式②得

$$v=\sqrt{v_x^2+v_y^2}=\sqrt{4t^2+16t^6}$$

所以

$$a_t=\frac{dv}{dt}=\frac{d}{dt}(\sqrt{4t^2+16t^6})=\frac{4t+48t^5}{\sqrt{4t^2+16t^6}} \quad ⑤$$

讨论：式⑤表明切向加速度随时间变化的关系比较复杂. 欲求法向加速度，有两种方法：一是利用 $a_n=\frac{v^2}{\rho}$，不过要先知道曲率半径；二是通过总加速度与切向加速度来求，即 $a_n=\sqrt{a^2-a_t^2}=\sqrt{a_x^2+a_y^2-a_t^2}$.

1.2.3 径向速度 横向速度 圆周运动的角量描述

平面极坐标系 在平面极坐标中有两个变量(即 r 和 θ)，r 是位矢 $\boldsymbol{r}$ 的长度，θ 为位矢 $\boldsymbol{r}$ 与极轴间的夹角，称为极角. 只要 r 和 θ 确定，A 点的位置就完全确定了(见图 1-10). 与这两个变量相对应的单位矢量 $\boldsymbol{e}_r$ 和 $\boldsymbol{e}_\theta$，分别沿着 $\boldsymbol{r}$ 和与 $\boldsymbol{r}$ 垂直并指向极角增加的方向. 与 $\boldsymbol{e}_t$ 和 $\boldsymbol{e}_n$ 一样，这里的 $\boldsymbol{e}_r$ 和 $\boldsymbol{e}_\theta$ 也不是常矢量，它们与质点所在的位置有关.

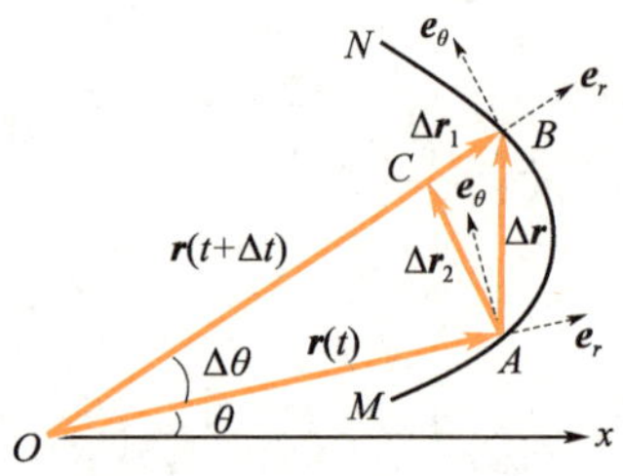

图 1-10 平面极坐标系中的位移

径向速度与横向速度 在平面极坐标系中，质点在 A 点处时，位矢可表示为

$$\boldsymbol{r}=r\boldsymbol{e}_r \tag{1-23}$$

而在时间间隔 Δt 内的位移 $\Delta\boldsymbol{r}$ 可分解成沿 $\boldsymbol{e}_r$ 方向的反映质点离原点远近变化的径向位移 $\Delta\boldsymbol{r}_1$ 和沿 $\boldsymbol{e}_\theta$ 方向的反映质点方位变化的横向位移 $\Delta\boldsymbol{r}_2$ 两部分，即

$$\Delta\boldsymbol{r}=\Delta\boldsymbol{r}_1+\Delta\boldsymbol{r}_2$$

由于

$$OA=OC=r,\quad OB-OC=\Delta r_1$$

当 Δt 很小时，有

$$\Delta\boldsymbol{r}_1=\Delta r\boldsymbol{e}_r,\quad \Delta\boldsymbol{r}_2\approx r\Delta\theta\boldsymbol{e}_\theta$$

因此，质点的速度可表示为

$$\begin{aligned}\boldsymbol{v}&=\lim_{\Delta t\to 0}\frac{\Delta\boldsymbol{r}}{\Delta t}=\lim_{\Delta t\to 0}\frac{\Delta r}{\Delta t}\boldsymbol{e}_r+\lim_{\Delta t\to 0}\frac{r\Delta\theta}{\Delta t}\boldsymbol{e}_\theta\\&=\dot{r}\boldsymbol{e}_r+r\dot{\theta}\boldsymbol{e}_\theta=v_r\boldsymbol{e}_r+v_\theta\boldsymbol{e}_\theta\end{aligned} \tag{1-24}$$

$v_r=\dot{r}=\frac{dr}{dt}$ 和 $v_\theta=r\dot{\theta}=r\frac{d\theta}{dt}$ 分别称为速度的径向分量和横向分量，$v_r\boldsymbol{e}_r$ 和 $v_\theta\boldsymbol{e}_\theta$ 分别称为径向速度和横向速度. **径向速度描写位矢大小的变化，横向速度描写位矢方位的变化.** 式(1-24)表明：在平面极坐标系中，速度可以看成是径向速度和横向速度的叠加.

例 1－8

一艘海关缉私艇静候于某海港，忽然收到一侦察员报告，在海港正西方海岸 12.5 km 处，一走私船以 $12.5\ \text{km}\cdot\text{h}^{-1}$ 的速度逃跑，由于雾大，逃离方向不明。据此，艇长制定了如下方案：他先在原地静候 1 h，然后以 $48.5\ \text{km}\cdot\text{h}^{-1}$ 的速度绕逃跑地点 P 盘旋，并使艇速在背离 P 的方向上的分量为 $12.5\ \text{km}\cdot\text{h}^{-1}$，试求缉私艇在收到情报后，最多多长时间就能逮住走私船？

解　若走私船向东逃跑，1 h 后将到达海港，必被原地守候的缉私艇逮住。此后，由于采用盘旋兜捕，缉私艇的速度既有横向分量，又有 $12.5\ \text{km}\cdot\text{h}^{-1}$ 的径向分量。取 P 点为极坐标原点，如图 1－11 所示。由题意，缉私艇的横向速度为

$$v_\theta=\sqrt{v^2-v_r^2}=\sqrt{(48.5)^2-(12.5)^2}\ \text{km}\cdot\text{h}^{-1}=46.86\ \text{km}\cdot\text{h}^{-1}$$

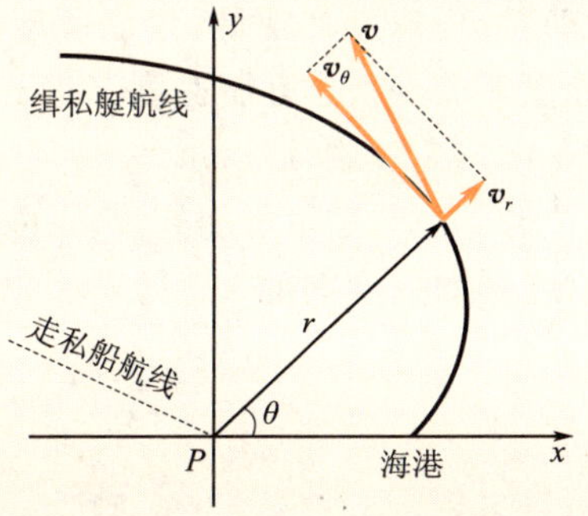

图 1－11　例 1－8 图

因为 $v_r=\dfrac{\mathrm{d}r}{\mathrm{d}t}$，考虑到 $t=1$ h，$r=12.5$ km 的初始条件，则有

$$\int_{12.5}^{r}\mathrm{d}r=\int_1^t v_r\mathrm{d}t=\int_1^t 12.5\mathrm{d}t$$

可求得　　$r=12.5t(t\geqslant1)$

为求得 θ 与 t 的关系，利用关系 $r\mathrm{d}\theta=v_\theta\mathrm{d}t$，并考虑初始条件：$t=1$ 时，$\theta=0$，则有

$$\int_0^\theta\mathrm{d}\theta=\int_1^t\frac{v_\theta}{r}\mathrm{d}t=\int_1^t\frac{46.86}{12.5t}\mathrm{d}t$$

完成积分得

$$\theta=3.75\ln t$$

由于走私船的运动方程中 r 与 t 的关系与缉私艇相同，所以艇必然在第一个回旋周期内逮住走私船，逮住的条件就是极角相同。设逮住走私船的时刻为 T，则 $t=T$ 时，应有 $\theta\leqslant2\pi$，由

$$\theta=3.75\ln T\leqslant2\pi$$

得　　$T\leqslant\mathrm{e}^{2\pi/3.75}\approx5.34$ h

圆周运动的角量描述　若质点运动的径向速度为零，则位矢大小不变，即 $r=R$ 为常量，质点做圆周运动。原来描写平面运动需要两个变量，此时就只有 θ 这一个变量了。θ 可以用来表示质点在 t 时刻的位置，称为角坐标(或角位置)，如图 1－12 所示。当质点在平面内运动时，通常规定沿逆时针方向转过的角度为正，反之为负。当质点在圆周上运动时，角坐标 θ 随时间 t 而变化，是时间 t 的函数：

$$\theta=\theta(t)\tag{1-25}$$

式(1－25)就是质点作圆周运动时以角坐标表示的运动方程。角位置的单位为 rad。

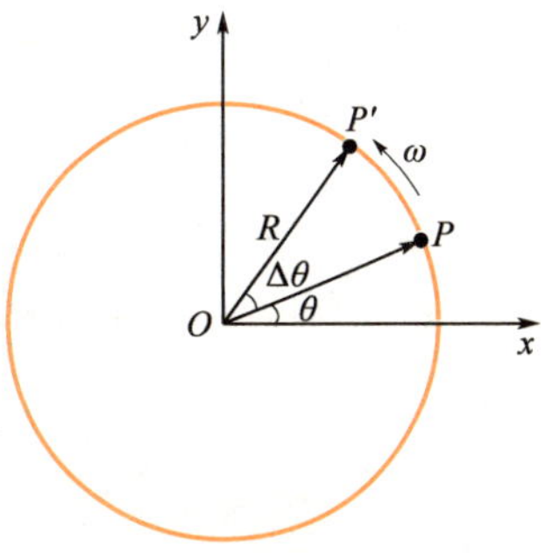

图 1－12　角速度和角位移

若在 Δt 时间内，质点由 P 点运动到 P' 点，角位置由 θ 变到 $\theta+\Delta\theta$，$\Delta\theta$ 就是质点在 Δt 时间内的**角位移**(angular displacement)。质点在 Δt 时间内的平均角速度定义为

$$\bar{\omega}=\frac{\Delta\theta}{\Delta t}\tag{1-26}$$

当 $\Delta t\to 0$ 时，上式的极限定义为质点在 t 时刻的**瞬时角速度**，简称**角速度**(angular velocity)，即

$$\omega=\lim_{\Delta t\to 0}\frac{\Delta\theta}{\Delta t}=\frac{d\theta}{dt} \tag{1-27}$$

因此，角速度等于角位置对时间的一阶导数. 在 SI 中，角速度 ω 的单位为 $rad\cdot s^{-1}$.

设质点在 $t\to t+\Delta t$ 时间内，角速度由 ω 变化到 $\omega+\Delta\omega$，则质点在 Δt 时间内的平均角加速度定义为

$$\bar{\alpha}=\frac{\Delta\omega}{\Delta t} \tag{1-28}$$

当 $\Delta t\to 0$ 时，平均角加速度的极限值就是质点在 t 时刻的**瞬时角加速度**，简称**角加速度**(angular acceleration)，即

$$\alpha=\lim_{\Delta t\to 0}\frac{\Delta\omega}{\Delta t}=\frac{d\omega}{dt}=\frac{d^2\theta}{dt^2} \tag{1-29}$$

角加速度等于角速度对时间的一阶导数，也等于角位置对时间的二阶导数. 角加速度的 SI 单位是 $rad\cdot s^{-2}$.

当质点作匀速率圆周运动时，角速度是常量，角加速度为零；质点做变速率圆周运动时，角速度不是常量，角加速度一般也不是常量. 当角加速度是常量时，质点作匀变速圆周运动.

匀变速圆周运动中的角位移、角速度和角加速度间的关系，与匀变速直线运动中的位移、速度和加速度间的关系在形式上是完全类似的，可以写为

$$\begin{cases}\omega=\omega_0+\alpha t\\ \theta=\theta_0+\omega_0 t+\dfrac{1}{2}\alpha t^2\\ \omega^2=\omega_0^2+2\alpha(\theta-\theta_0)\end{cases} \tag{1-30}$$

式中 θ_0，ω_0 表示 $t=0$ 时的初始角位置和角速度.

角量与线量之间的关系 质点作圆周运动时，既可用线量(路程 Δs，速度 $\boldsymbol{v}$ 和加速度 $\boldsymbol{a}$ 等)，也可用角量(角位置 θ，角速度 ω，角加速度 α 等)来描写，因而线量和角量之间一定存在某种关联.

由图 1-13 可知

$$\Delta s=r\Delta\theta$$

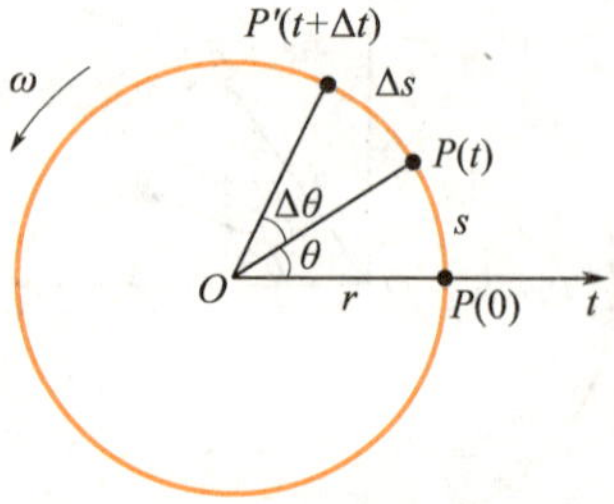

图 1-13 角量与线量的关系

因而，质点的速率可以表示为

$$v=\lim_{\Delta t\to 0}\frac{\Delta s}{\Delta t}=\lim_{\Delta t\to 0}\frac{r\Delta\theta}{\Delta t}=r\frac{d\theta}{dt}=r\omega \tag{1-31}$$

则切向加速度和法向加速度的大小为

$$a_t=\frac{dv}{dt}=r\frac{d\omega}{dt}=r\alpha \tag{1-32}$$

$$a_n=\frac{v^2}{r}=r\omega^2 \tag{1-33}$$

(1-31)式，(1-32)式和(1-33)式表述了质点作圆周运动时的线量与角量之间的关系.

角速度也可表示为矢量，如图 1－14 所示，规定角速度矢量的方向垂直质点运动的平面，指向由右手螺旋法则确定，即当四指沿质点运动方向弯曲时，大拇指的指向就是角速度的方向. 由图 1－14 可知，$R=r\sin\theta$，则速度的大小为

$$v=\omega r\sin\theta$$

式中 θ 为 $\boldsymbol{r}$ 与 $\boldsymbol{\omega}$ 间的夹角，写成矢量式得

$$\boldsymbol{v}=\boldsymbol{\omega}\times\boldsymbol{r} \tag{1-34}$$

联想日常生活中的实例，有助于我们对角速度矢量的理解. 以开关水龙头为例，当我们要打开水龙头，即要水龙头向上运动时，不是往上拉水龙头，而是逆时针旋转水龙头；同样，要关上水龙头，不是将水龙头下压，而是将其顺时针旋转，即水龙头的开和关可由右手螺旋法则判断.

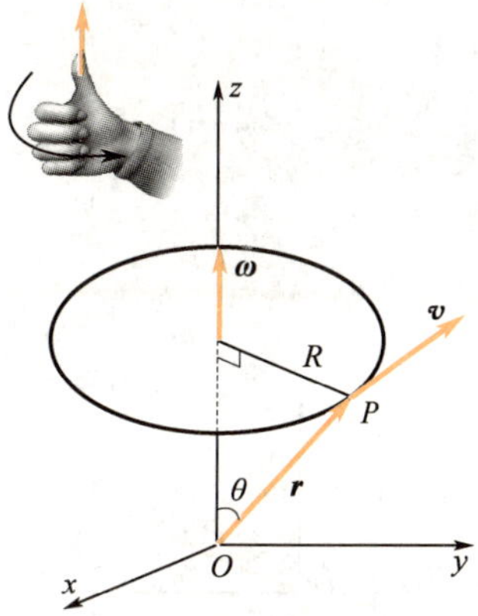

图 1－14　角速度矢量

同理，角加速度 $\boldsymbol{\alpha}$ 也可看作矢量，当 $\boldsymbol{\omega}$ 数值增大时，$\boldsymbol{\alpha}$ 与 $\boldsymbol{\omega}$ 同向；反之，当 $\boldsymbol{\omega}$ 数值减小时，$\boldsymbol{\alpha}$ 与 $\boldsymbol{\omega}$ 反向.

最后应当指出，自然界中，绕定轴转动的物体中的任一点均作圆周运动，而许多天体甚至原子中的电子，都可近似看成在作圆周运动，所以对圆周运动的研究具有实际意义.

例 1－9

一同步人造地球卫星在地球赤道上空 3.56×10^4 km 的高处，其绕地球运转的周期与地球的自转周期相同，因此能够始终“停留”在地球上空的某一定点上. 试求该卫星的速度和加速度.

解　地球自转的角速度为

$$\omega=\frac{2\pi}{24\times3\,600}\ \text{rad}\cdot\text{s}^{-1}=7.27\times10^{-5}\ \text{rad}\cdot\text{s}^{-1}$$

同步卫星的轨迹半径为

$$R=3.56\times10^4+6.4\times10^3\ (\text{km})=4.20\times10^4\ \text{km}$$

所以同步卫星的速度为

$$v=R\omega=4.20\times10^4\times10^3\times7.27\times10^{-5}\ \text{m}\cdot\text{s}^{-1}=3.05\times10^3\ \text{m}\cdot\text{s}^{-1}$$

同步卫星的加速度为

$$a=a_n=R\omega^2=4.20\times10^7\times(7.27\times10^{-5})^2\ \text{m}\cdot\text{s}^{-2}=0.222\ \text{m}\cdot\text{s}^{-2}$$

§1.3　相对运动

在同一参考系中质点的位置矢量与选用的坐标系相关，坐标系不同，位置矢量也不同，但质点的位移矢量是位置矢量间的相对变化，所以位移矢量与坐标系的选择无关，因而速度的表示也与坐标

系的选择无关.但是,如果两个参考系之间有相对运动,它们对同一质点的运动描述是不同的.

设两参考系 S 和 S' 之间存在相对平移(不存在相对转动),平移速度为 $\boldsymbol{u}$. 在两参考系中各建立空间直角坐标系 $Oxyz$ 和 $O'x'y'z'$,且使 x,x' 轴方向与 $\boldsymbol{u}$ 方向一致,如图 1-15 所示.

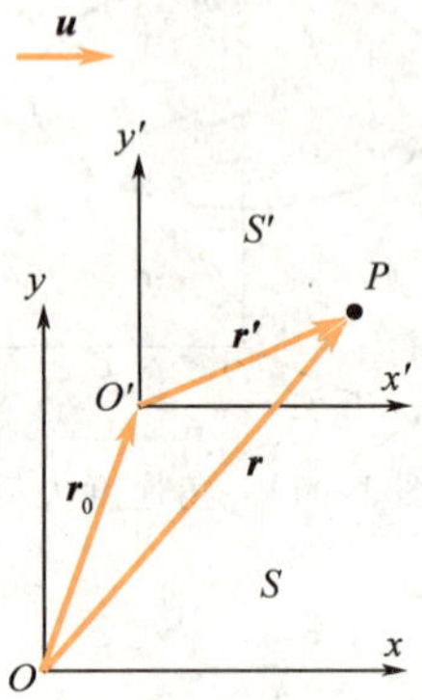

图 1-15 质点相对不同参考系的运动

设质点 P 在 S 系中的位置矢量为 $\boldsymbol{r}$,在 S' 系中的位置矢量为 $\boldsymbol{r}'$,S' 系原点 O' 相对于 S 系原点 O 的位置矢量为 $\boldsymbol{r}_0$. 从 S 系看,$\boldsymbol{r}$、$\boldsymbol{r}'$ 和 $\boldsymbol{r}_0$ 之间的关系为

$$\boldsymbol{r}=\boldsymbol{r}_0+\boldsymbol{r}' \tag{1-35}$$

当质点位置 P 随时间变化时,有

$$\Delta\boldsymbol{r}=\Delta\boldsymbol{r}_0+\Delta\boldsymbol{r}' \tag{1-36}$$

(1-35)式对时间求导可得

$$\frac{\mathrm{d}\boldsymbol{r}}{\mathrm{d}t}=\frac{\mathrm{d}\boldsymbol{r}_0}{\mathrm{d}t}+\frac{\mathrm{d}\boldsymbol{r}'}{\mathrm{d}t}$$

$\frac{\mathrm{d}\boldsymbol{r}}{\mathrm{d}t}$是质点 P 相对于 S 系的速度,称为**绝对速度**;$\frac{\mathrm{d}\boldsymbol{r}'}{\mathrm{d}t}$是质点 P 相对于 S' 系的速度,称为**相对速度**;$\frac{\mathrm{d}\boldsymbol{r}_0}{\mathrm{d}t}$是 S' 系相对于 S 系的速度,称为**牵连速度**,所以上式可用文字表述为

绝对速度=相对速度+牵连速度

其数学表达式为

$$\boldsymbol{v}_{PS}=\boldsymbol{v}_{PS'}+\boldsymbol{v}_{S'S} \tag{1-37}$$

或

$$\boldsymbol{v}=\boldsymbol{v}'+\boldsymbol{u} \tag{1-38}$$

同一质点相对于两个有相对运动的参考系的速度之间的这一关系叫作**伽利略速度变换**(Galileo velocity transformation).

上式再对时间求导,得

$$\frac{\mathrm{d}\boldsymbol{v}}{\mathrm{d}t}=\frac{\mathrm{d}\boldsymbol{u}}{\mathrm{d}t}+\frac{\mathrm{d}\boldsymbol{v}'}{\mathrm{d}t}$$

$\frac{\mathrm{d}\boldsymbol{v}}{\mathrm{d}t}$是质点相对于 S 系的加速度 $\boldsymbol{a}$,$\frac{\mathrm{d}\boldsymbol{v}'}{\mathrm{d}t}$是质点相对于 S' 系的加速度 $\boldsymbol{a}'$,$\frac{\mathrm{d}\boldsymbol{u}}{\mathrm{d}t}$是 S' 系相对于 S 系的加速度 $\boldsymbol{a}_0$,即

$$\boldsymbol{a}=\boldsymbol{a}'+\boldsymbol{a}_0 \tag{1-39}$$

当 S' 系相对于 S 系作匀速直线运动时,$\boldsymbol{a}_0=0$,则

$$\boldsymbol{a}=\boldsymbol{a}' \tag{1-40}$$

这就是说,在相对做匀速直线运动的参考系中观察同一质点运动时,所测得的加速度是相同的.

注意速度的**合成**和速度的**变换**是两个不同的概念. 速度的合成是指在同一参考系中一个质点的速度和它在各坐标轴上的分量之间的关系. 相对于任何参考系,它都可以表示为矢量合成的形式. 速度的变换涉及有相对运动的两个参考系,这个变换关系式与两个参

考系的相对速度的大小有关，伽利略速度变换只适用于相对速度较小的情形. 在相对论一章中，将看到，当相对速度较大时(与光速比较)，伽利略速度变换将被洛伦兹速度变换所取代.

处理相对运动的问题常有两种方法：(1)画出相应的速度矢量关系图，由图可以简捷地用三角函数关系求出结果；(2)先将速度分解，再由分量计算.

例 1-10

一汽车在雨中沿直线行驶，其速率为$\boldsymbol{v}_1$，下落雨滴的速度方向与竖直方向的夹角为θ，偏向汽车前进的方向，速度为$\boldsymbol{v}_2$，车后放一长方形物体 A，如图 1-16 所示. 问车速$\boldsymbol{v}_1$为多大时，此物体刚好不会被雨淋湿.

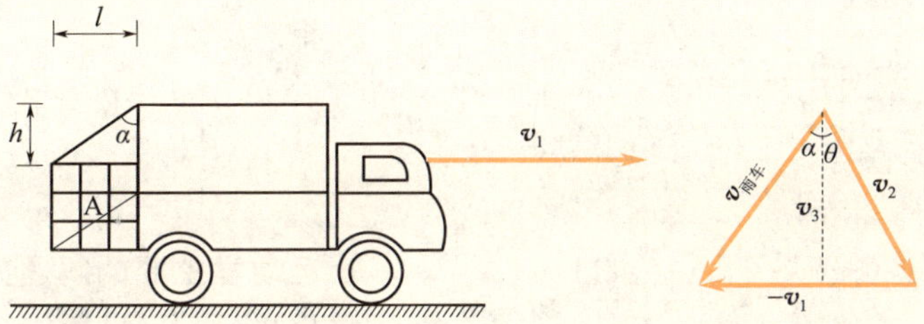

图 1-16　例 1-10 图

解　选雨滴为运动物体，汽车为运动参考系 S'，地面为参考系 S，由(1-37)式有

$$\boldsymbol{v}_{雨地}=\boldsymbol{v}_{雨车}+\boldsymbol{v}_{车地}$$

$$\boldsymbol{v}_{雨车}=\boldsymbol{v}_{雨地}-\boldsymbol{v}_{车地}=\boldsymbol{v}_2-\boldsymbol{v}_1$$

要使物体刚好不被雨淋湿，雨对车的速度必须与竖直方向的夹角为α，偏向于汽车后方，并且 $\tan\alpha=l/h$，由几何关系可算出

$$\begin{aligned}v_1&=v_2\sin\theta+v_3\tan\alpha\\&=v_2\sin\theta+v_2\cos\theta\tan\alpha\\&=v_2\sin\theta+v_2\cos\theta\,\frac{l}{h}\end{aligned}$$

本章提要

1. 空间——表征物质运动的广延性.

时间——表征物质运动的持续性和连贯性.

2. 运动方程

位矢(直角坐标系)

$$\boldsymbol{r}=\boldsymbol{r}(t)$$

$$\boldsymbol{r}(t)=x(t)\boldsymbol{i}+y(t)\boldsymbol{j}+z(t)\boldsymbol{k}$$

或
$$\begin{cases}x=x(t)\\y=y(t)\\z=z(t)\end{cases}$$

位移　$\Delta\boldsymbol{r}=\boldsymbol{r}(t)-\boldsymbol{r}(t_0)$

轨迹　由运动方程消去时间 t 得

$$F(x,y,z)=0$$

3. 速度

平均速度

$$\bar{\boldsymbol{v}}=\frac{\Delta\boldsymbol{r}}{\Delta t}=\frac{\Delta x}{\Delta t}\boldsymbol{i}+\frac{\Delta y}{\Delta t}\boldsymbol{j}+\frac{\Delta z}{\Delta t}\boldsymbol{k}$$

瞬时速度　$\boldsymbol{v}=\dfrac{\mathrm{d}\boldsymbol{r}}{\mathrm{d}t}=\dfrac{\mathrm{d}x}{\mathrm{d}t}\boldsymbol{i}+\dfrac{\mathrm{d}y}{\mathrm{d}t}\boldsymbol{j}+\dfrac{\mathrm{d}z}{\mathrm{d}t}\boldsymbol{k}$

速率　$v=\dfrac{\mathrm{d}s}{\mathrm{d}t}$

4. 加速度

平均加速度 $\bar{\boldsymbol{a}}=\dfrac{\Delta \boldsymbol{v}}{\Delta t}$

瞬时加速度 $\boldsymbol{a}=\dfrac{\mathrm{d}\boldsymbol{v}}{\mathrm{d}t}=\dfrac{\mathrm{d}^2\boldsymbol{r}}{\mathrm{d}t^2}$

切向加速度和法向加速度的大小

$$\begin{cases} a_{\mathrm{t}}=\dfrac{\mathrm{d}v}{\mathrm{d}t}=R\alpha \\ a_{\mathrm{n}}=v^2/R=R\omega^2 \end{cases}$$

5. 角量描述及角量与线量的关系

角坐标 $\theta=\theta(t)$

角速度 $\omega=\dfrac{\mathrm{d}\theta}{\mathrm{d}t}=v/R$

角加速度 $\alpha=\dfrac{\mathrm{d}\omega}{\mathrm{d}t}=\dfrac{\mathrm{d}^2\theta}{\mathrm{d}t^2}=a_{\mathrm{t}}/R$

角速度与线速度关系

$$\boldsymbol{v}=\boldsymbol{\omega}\times\boldsymbol{r}$$

6. 匀加速直线运动和匀加速圆周运动

$a=$常量　　　　$\alpha=$常量

$$\begin{cases} v=v_0+at \\ x=v_0t+\dfrac{1}{2}at^2+x_0 \\ v^2-v_0{}^2=2a(x-x_0) \end{cases} \qquad \begin{cases} \omega=\omega_0+\alpha t \\ \theta=\omega_0t+\dfrac{1}{2}\alpha t^2+\theta_0 \\ \omega^2-\omega_0{}^2=2\alpha(\theta-\theta_0) \end{cases}$$

7. 抛体运动

$$\begin{cases} a_x=0 \\ a_y=-g \end{cases} \qquad \begin{cases} v_x=v_0\cos\theta \\ v_y=v_0\sin\theta-gt \end{cases}$$

$$\begin{cases} x=v_0\cos\theta t \\ y=v_0\sin\theta t-\dfrac{1}{2}gt^2 \end{cases}$$

8. 相对运动

$$\begin{cases} \boldsymbol{v}=\boldsymbol{v}'+\boldsymbol{u} \\ \boldsymbol{v}_{\mathrm{A,B}}=\boldsymbol{v}_{\mathrm{A,C}}+\boldsymbol{v}_{\mathrm{C,B}} \\ \boldsymbol{a}=\boldsymbol{a}'+\boldsymbol{a}_0 \end{cases}$$

9. 运动学主要的解题方法

微分法、积分法

阅读材料(一)　时间和空间的本性

时间和空间的本性曾经是一个严肃的哲学命题，是哲学家们纯粹思辨性的争论对象．只有到了现代，它才完全演变成了科学的问题，即用观测(或实验)与理论相互比较以判断是非的方法来研究时间和空间的物理内涵．在康德(Immanuel Kant)的时代，宇宙在时间和空间上的有限或无限是一种典型的哲学命题，甚至把它当作哲学自然观的内容之一．尽管牛顿(Isaac Newton)早在康德之前就试图用自然科学的眼光来探索宇宙空间的大小，但总的说来，这一问题在那时仍是半哲学半自然科学的．在牛顿力学关于宇宙的概念中，物理空间遵从欧氏几何的平直空间，时间本质上是一个与运动无关的参量；空间是绝对的、均匀的、各向同性的，时间也是绝对的、均匀流逝着的；时间和空间彼此是毫无关联的，在一个无限宇宙静态模型中把时间和空间割裂开来．20 世纪的爱因斯坦(Albert Einstein)证明并建立了一种新的更符合观测的力学体系——狭义相对论和广义相对论，从宏观上对时间和空间给予了新的涵义，认为我们生活在一个弯曲的空间中，它并不遵从欧氏几何，其中的三角形三内角之和并不总是等于 180°；时间和空间都是相对的，彼此是有关系的．后来采用广义相对论建立起来的宇宙动态模型先后由勒梅特(G. Lemaitre)和爱丁顿(A. Eddington)证明并作了科学史上最大胆的预言：我们的宇宙必定是膨胀着或者收缩着. 1929年，哈勃(E. Hubble)对星系红移的精确观测有力地支持了宇宙膨胀的大胆预言. 20世纪40年代末至60年代，一批物理学家开始研究宇宙膨胀论中的早期密集状态，逐渐形成了热大爆炸宇宙学派，其理论不断被观测所证实. 时间和空间从宇观上来说都是有限的吗？如果宇宙在空间上有限，那么它有多大？它的周围又是什么？如果宇宙在时间上有限，那么它存在了多久？还将存在多久？宇宙是如何创生的？在宇宙创生之前是什么？这些过去完全是哲学的问题都成了现代物理学的一个重要分支——现代宇宙学的研究课题.

我们在这里简单介绍一下宇宙膨胀. 宇宙的结构和运动都是分层次的. 在结构方面，有行星及其卫星，有恒星，比较靠近的众多恒星又组成星系. 太阳位于银河系中. 银河系以外的星系称为河外星系. 在运动方面，卫星绕行星运动，行星绕太阳(恒星)运动，恒星又绕银河系的中心运动. 估计河外星系的内部也有这种分层次的旋转运动. 尽管星系很大(银河系直径约为9×10^{17} km)，但在更大的宇宙范围内，仍可看成质点，星系的运动仍可用质点的运动来描写. 天文观察表明，几乎所有的星系都相对我们(银河系)在后退，离我们越远的星系后退得越快. 似乎星系在向更大的范围分散，也就是说宇宙在膨胀.

究竟哪些天文观察能说明宇宙在膨胀？我们在这里举出两个观察事实. 一个是夜晚的天空除星星所在处外，大部分是黑暗的；另一个是几乎所有的外星系光谱都向红端移动. 后一事实是宇宙在膨胀的直接证明，前者则是间接证明.

如果宇宙是无限的，星系之间是相对静止的，那么，一个观察者的任一视线迟早会遇到一颗恒星或一星系，于是，夜晚的天空应该是光辉灿烂的. 但事实上夜晚的天空却是黑暗的. 这一矛盾首先由奥伯斯(H. Olbers)于1826年提出，常称奥伯斯佯谬. 对于奥伯斯的佯谬，可以有两种解释. 一是宇宙并不是无限的，而是有限的，因而每一视线不一定遇到恒星或星系. 有人从天空的黑暗程度与恒星的亮度比较，估计出宇宙的线度不大于9×10^{12}光年；二是宇宙中的星系并不是相对静止的，而是相对我们在后退，由于光的多普勒效应，使星系的光均向红端移动，而且越远的星系红移越大，这样，遥远星系所发出的光到达我们地球时，大多在红外，能量也变得很小，所以看不见了. 实际的光谱测量表明，的确几乎所有星系的光谱都向红端移动，因而奥伯斯佯谬得到解释. 至于宇宙是否有限，从目前的观察资料和现有的理论，尚无定论.

另一方面，几乎与相对论同时创立的量子论，从微观上也对时间和空间赋予了新的涵义. 由于不确定原理的限制，时间和空间两个概念在应用上是有界限的，将量子论应用到现代宇宙学中，形成了量子宇宙学，由此得到时间和空间的界限是普朗克时间 $t_p \approx 10^{-44}$ s 和普朗克长度 $l_p \approx 10^{-33}$ m，也就是说，我们不可能设计出一种钟，它能测准到 10^{-44} s 之内；也不可能设计出一种尺，它能测准到 10^{-33} m 之内；超过这个界限，时间和空间概念就失效了. 由此看来，时间和空间是否也存在量子化？关于时空的拓扑性质是否也具有量子效应？目前来说，按照量子宇宙学的观点，宇宙中的所有事物都是有起源的，时间和空间也是有起源的，时间和空间不是最基本的物理量！20 世纪 60 年代，以普里高津(I. Prigogine)为首的布鲁塞尔学派创立的耗散结构理论对时间作了更深层次的思考，把时间的描述大致分为三个层次：与运动有关的时间；与熵(不可逆性)有关的时间；与耗散结构有关的时间. 在他们看来，经典力学和量子力学描述的世界类似于一部自动机、一个机器人. 因为经典力学和量子力学的基本定律对时间是不变的，即当用负的时间($-t$)代替时间(t)时，或者说交换未来与过去时，定律的形式不发生变化，由于时间在这些定律中是完全可逆的，因而它们描述的世界过去和未来没有区别，从现在出发，沿着时间的轨迹，我们既可以走向未来，也可以回到过去. 换句话说，我们不能区别过去和未来，时间仅仅是系统运动的外界参数(几何参数)，这就是与运动有关的时间. 热力学第二定律将时间与不可逆过程联系起来，给了时间一个特殊的方向，熵在这个方向上总是增加的，时间的流逝与系统熵的增加相联系，过去和未来是有区别的. 还存在一类时间与相干性结构和结构的演化有关的现象，在这个水平上时间和"历史"相联系，与事物发展由简单到复杂、从无序到有序的发展方向有关，时间不再是系统运动的外界参数，而成了系统内部进化的度量. 这就是与耗散结构有关的时间.

思考题

1-1 雨点自高空相对于地面以匀速 v 直线下落，在下述参考系中观察时，雨点怎样运动？

(1) 在地面上；

(2) 在匀速行驶的车中；

(3) 在以加速度 $\boldsymbol{a}$ 行驶的车中；

(4) 在自由下落的升降机中.

1-2 回答下列问题：

(1) 位移和路程有何区别？

(2) 速度和速率有何区别？

(3) 瞬时速度和平均速度的区别和联系是什么？

1-3 回答下列问题并举出符合你的答案的实例：

(1) 物体能否有一不变的速率而仍有一变化的速度？

(2) 速度为零的时刻，加速度是否一定为零？加速度为零的时刻，速度是否一定为零？

(3) 物体的加速度不断减小，而速度却不断增大，可能吗？

(4) 当物体具有大小、方向不变的加速度时，物体的速度方向能否改变？

1－4　试问，$\frac{\mathrm{d}r}{\mathrm{d}t}$与$\frac{\mathrm{d}\boldsymbol{r}}{\mathrm{d}t}$有何区别？$\frac{\mathrm{d}\boldsymbol{v}}{\mathrm{d}t}$与$\frac{\mathrm{d}v}{\mathrm{d}t}$又有何区别？

1－5　下列表述有错误吗？如有错误，请更正.

(1) $\Delta\boldsymbol{r}=r_2-r_1$；　　(2) $\Delta\boldsymbol{r}=\boldsymbol{v}\mathrm{d}t$；

(3) $\mathrm{d}\boldsymbol{r}=v\mathrm{d}t$；　　(4) $\mathrm{d}r=\boldsymbol{r}_2-\boldsymbol{r}_1$；

(5) $\mathrm{d}\boldsymbol{r}=\int_{t_1}^{t_2}\boldsymbol{v}\mathrm{d}t$；　　(6) $x=v_x\mathrm{d}t$；

(7) $\Delta x=v_x\mathrm{d}t$；　　(8) $\mathrm{d}x=t\mathrm{d}v$.

1－6　作直线运动的质点，它的运动速度 v 与时间关系由思考题 1－6 图中曲线所示，问：

(1) t_1 时刻曲线的切线 AB 的斜率表示什么？

(2) t_1 与 t_2 之间曲线的割线的斜率表示什么？

(3) 从 $t=0$ 到 t_3 时间内质点的位移与路程分别由什么表示？

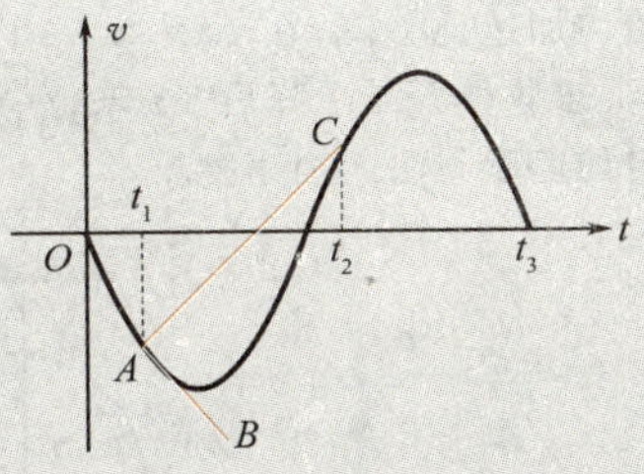

思考题 1－6 图

1－7　一质点作抛体运动（忽略空气阻力），如思考题 1－7 图所示. 请回答下列问题：

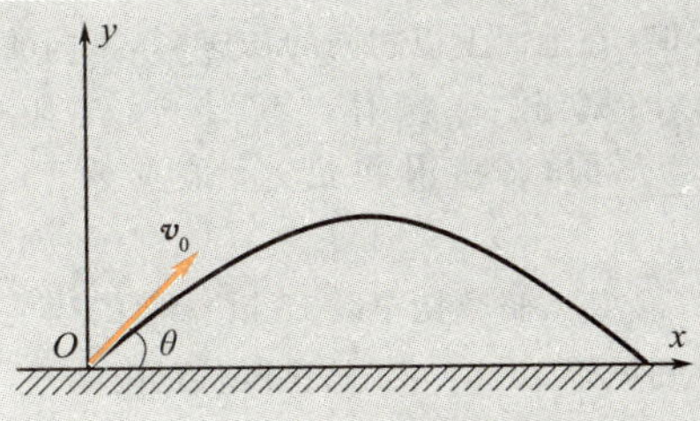

思考题 1－7 图

质点在运动过程中

(1) $\frac{\mathrm{d}v}{\mathrm{d}t}$是否变化？

(2) $\frac{\mathrm{d}\boldsymbol{v}}{\mathrm{d}t}$是否变化？

(3) 法向加速度是否变化？

(4) 轨道何处曲率半径最小？其数值是多少？

1－8　$\left|\frac{\mathrm{d}\boldsymbol{v}}{\mathrm{d}t}\right|=0$ 的运动是什么运动？$\frac{\mathrm{d}|\boldsymbol{v}|}{\mathrm{d}t}=0$ 的运动是什么运动？

1－9　圆周运动中质点的加速度是否一定和速度的方向垂直？

1－10　一质点作平抛运动，用 t_1 代表落地时间，A 为抛点位置，B 为落地点位置，试说明下面各组积分的物理意义：

(1) $\int_0^{t_1}v_x\mathrm{d}t$，　$\int_0^{t_1}v_y\mathrm{d}t$，　$\int_0^{t_1}\boldsymbol{v}\mathrm{d}t$

(2) $\int_A^B\mathrm{d}r$，　$\int_A^B|\mathrm{d}\boldsymbol{r}|$，　$\int_A^B\mathrm{d}\boldsymbol{r}$

习　题

1－1　一运动质点某一瞬时位于径矢 $\boldsymbol{r}(x,y)$ 的端点处，关于其速度的大小有四种不同的看法，即

(1) $\frac{\mathrm{d}r}{\mathrm{d}t}$；　　(2) $\frac{\mathrm{d}\boldsymbol{r}}{\mathrm{d}t}$；

(3) $\frac{\mathrm{d}s}{\mathrm{d}t}$；　　(4) $\sqrt{\left(\frac{\mathrm{d}x}{\mathrm{d}t}\right)^2+\left(\frac{\mathrm{d}y}{\mathrm{d}t}\right)^2}$.

下列判断正确的是（　　）.

(A) 只有(1)和(2)正确

(B) 只有(2)正确

(C) 只有(3)和(4)正确

(D) (1)(2)(3)(4)都正确

1－2　已知质点的运动方程为 $\begin{cases}x=At\cos\theta+Bt^2\cos\theta\\ y=At\sin\theta+Bt^2\sin\theta\end{cases}$，式中 A、B、θ 均为量值，且 $A>0$，$B>0$，则质点的运动为（　　）.

(A) 一般曲线运动　　(B) 匀速直线运动

(C) 匀减速直线运动　　(D) 匀加速直线运动

1－3　一质点沿半径为 R 的圆周运动，其角速度随时间的变化规律为 $\omega=2bt$，式中 b 为正常量. 如果 $t=0$ 时，$\theta_0=0$，那么当质点的加速度与半径成 45° 角时，θ 角的大小为（　　）(rad).

(A) $\frac{1}{2}$　　(B) 1　　(C) b　　(D) $\frac{b}{2}$

1－4　一人沿停靠的台阶式电梯走上楼需时 90 s，当他站在开动的电梯上上楼，需时 60 s. 如果此人沿开动的电梯走上楼，所需时间为（　　）.

(A) 24 s　　(B) 30 s　　(C) 36 s　　(D) 40 s

1－5　已知质点的加速度与位移的关系式为 $a=3x+2$，当 $t=0$ 时，$v_0=0$，$x_0=0$，则速度 v 与位移 x 的关系式为________.

1－6　在地面上以相同的初速 v_0，不同的抛射角 θ 斜向上抛出一物体，不计空气阻力．当 $\theta=$________时，水平射程最远，最远水平射程为________.

1－7　某人骑摩托车以 15 $m \cdot s^{-1}$ 的速度向东行驶，感觉到风以 15 $m \cdot s^{-1}$ 的速度从正南吹来，则风速的大小为________ $m \cdot s^{-1}$；方向沿________.

1－8　一质点作直线运动，加速度为 $a=\omega^2 A\sin \omega t$，已知 $t=0$ 时，$x_0=0$，$v_0=-\omega A$，则该质点的运动方程为________.

1－9　一质点在 xOy 平面上运动，运动方程为

$$x=3t+5,\ y=\frac{1}{2}t^2+3t-4$$

式中 t 以 s 计，x，y 以 m 计.

(1) 以时间 t 为变量，写出质点位置矢量的表示式；

(2) 计算第 1 秒内质点的位移；

(3) 计算 $t=0$ s 时刻到 $t=4$ s 时刻内的平均速度；

(4) 求出质点速度矢量表示式，计算 $t=4$ s 时质点的速度；

(5) 计算 $t=0$ s 到 $t=4$ s 内质点的平均加速度；

(6) 求出质点加速度矢量的表示式，计算 $t=4$ s 时质点的加速度(位置矢量、位移、平均速度、瞬时速度、平均加速度、瞬时加速度都表示成直角坐标系中的矢量式).

1－10　质点沿直线运动，速度 $v=t^3+3t^2+2$ $(m \cdot s^{-1})$，如果当 $t=2$ s 时，$x=4$ m，求：$t=3$ s 时质点的位置、速度和加速度.

1－11　质点的运动方程为 $\boldsymbol{r}=4t^2\boldsymbol{i}+(3+2t)\boldsymbol{j}$ (m)，t 以 s 计．求

(1) 质点的轨迹方程；

(2) $t=1$ s 时质点的坐标和位矢方向；

(3) 第 1 秒内质点的位移和平均速度；

(4) $t=1$ s 时质点的速度和加速度.

1－12　以速度 v_0 平抛一球，不计空气阻力，求：t 时刻小球的切向加速度 a_τ 和法向加速度 a_n 的量值.

1－13　一种喷气推进的实验车，从静止开始可在 1.80 s 内加速到 1 600 $km \cdot h^{-1}$ 的速率．按匀加速运动计算，它的加速度是否超过了人可以忍受的加速度 $25g$？这 1.80 s 内该车跑了多大距离？

1－14　在以初速率 $v=15.0$ $m \cdot s^{-1}$ 竖直向上扔一块石头后，

(1) 在 1.0 s 末又竖直向上扔出第二块石头，后者在 $h=11.0$ m 高度处击中前者，求第二块石头扔出时的速率；

(2) 若在 1.3 s 末竖直向上扔出第二块石头，它仍在 $h=11.0$ m 高度处击中前者，求这一次第二块石头扔出时的速率.

1－15　路灯距地面的高度为 h，一身高为 l 的人在路上以 $\boldsymbol{v}_0$ 的速度匀速运动，如习题 1－15 图所示，求：(1) 人影中头顶的移动速度；(2) 影子长度增长的速率.

1－16　在生物物理实验中用来分离不同种类分子的超级离心机的转速是 6×10^4 $r \cdot min^{-1}$．在这种离心机的转子内，离轴 10 cm 远的一个大分子的向心加速度是重力加速度的多少倍？

1－17　一个半径 $R=1.0$ m 的圆盘，可以绕一水平轴自由转动．一根轻绳绕在盘子的边缘，其自由端拴一物体 A(见习题1－17图)．在重力作用下，物体 A 从静止开始匀加速地下降，在 $\Delta t=2.0$ s 内下降的距离 $h=0.4$ m．求物体开始下降后 3 s 末，盘子边缘上任一点的切向加速度与法向加速度.

习题 1－15 图

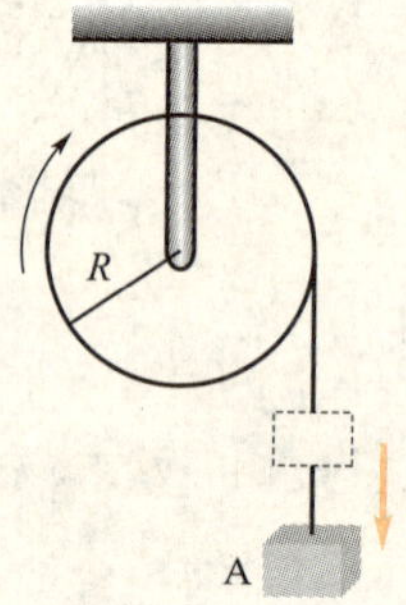

习题 1－17 图

1－18　一电梯以 1.2 $m \cdot s^{-2}$ 的加速度下降，其中一乘客在电梯开始下降后 0.5 s 时用手在离电梯底板 1.5 m 高处释放一小球．求此小球落到底板上所需的时间和它对地面下落的距离.

1－19　有人以 $v=3$ $m \cdot s^{-1}$ 的速率向东奔跑，他感到风从北方吹来，当奔跑的速率加倍时，则感到风从东北方向吹来，求风的速度.

1－20　一架飞机从 A 处向北飞到 B 处，然后又向南飞回到 A 处，已知飞机相对空气的速率为 v，空气相对于地面的速度为 u，AB 间的距离为 L，飞机相对空气速度保持不变，求：

(1) 如果空气静止，飞机来回飞行的时间；

(2) 如果空气的速度方向由南向北，飞机来回飞行的时间；

(3) 如果空气的速度方向是由东向西，试证飞机来回飞行的时间 $t=2L/v\sqrt{1-\frac{u^2}{v^2}}$.

第 2 章

质点动力学

运动是物质的固有属性，但物体如何运动则取决于它们之间的相互作用. 研究物体之间的相互作用，以及由于这种相互作用所引起的物体运动状态变化的规律，是**动力学**(Dynamics)的任务. 物体之间的**相互作用称为力**. 力是改变物体运动状态的原因. 质点动力学以牛顿三定律为基础，研究物体在力的作用下的运动规律，主要包括三个方面的内容. 首先，在已知力(或力函数)的情况下，直接应用牛顿定律求解物体的运动状态，这一方面主要描述力的瞬时效应. 其次是以牛顿定律为基础，平行对称"生长"的两个方面：对于一些特定的过程，从力对时间的累积效应(冲量)进行研究并得出动量守恒定律；对于另一些特定过程，从力对空间的累积效应(功)进行研究并得出机械能守恒定律. 应用它们来解决过程的动力学问题是非常简便的.

§2.1 牛顿运动定律

牛顿运动定律是牛顿力学的基础和核心,在此基础上发展的理论构成了质点动力学,它主要研究物体运动状态发生变化的原因和后果.我们已经知道,速度$\boldsymbol{v}$是描述质点运动状态的物理量,加速度$\boldsymbol{a}$则是描述质点运动状态变化的物理量.是什么原因引起质点的运动状态发生变化呢?牛顿早期的研究告诉我们,是力、是物体与物体之间的相互作用!早在1687年,牛顿就从大量的实验事实中归纳出了三条运动定律.

2.1.1 牛顿第一定律

任何物体都保持静止或匀速直线运动的状态,直到其他物体所作用的力迫使它改变这种状态为止.

这里涉及两个概念:惯性和力.

惯性(inertia)是物体保持其运动状态不变的特性,是物体的固有属性.惯性质量是物体惯性大小的量度.在物体运动速度远小于光速的情况下,惯性质量不随速度改变.在万有引力中还定义了引力质量$\left(F=G\dfrac{m_1m_2}{r^2}\right)$,它是表示物体间产生引力作用的"能力"的量度.**引力质量、惯性质量**反映了物体的两种不同属性,实验表明它们在数值上成正比,与物体成分、结构无关,选用适当单位可用同一数值表征这两种质量,因此以后不再区分引力质量和惯性质量.**质量**(mass)是物理学的基本物理量.

力(force)的观念很早就在人类历史中出现了.力的本质的探讨不仅是物理问题,更是哲学问题.恩格斯(Friedrich Engels)说:"如果运动从一个物体转移到另一个物体,如果它是自己转移的,是主动的,那么这种主动的运动叫作力."力的作用的效果是使物体运动状态改变或使物体形状发生变化,或两种变化兼有之.通常定义"**力**表示物体间的相互作用".这些相互作用,按其性质分为4类:①引力相互作用.即$F=G\dfrac{m_1m_2}{r^2}$,$G=6.67\times10^{-11}(\mathrm{N\cdot m^2\cdot kg^{-2}})$.②电磁相互作用.它是带电粒子或带电物体间的相互作用.摩擦力、弹性力、张力、支承力、浮力、黏滞力等都是物体分子间(或原子间)电磁相互作用的宏观表现.③强相互作用.在核子、介子和超子之间的短程力.④弱相互作用.基本粒子之间存在的另一种短程力.后两种相互作用在理论上还不完善.近代科学认为这四种相互作用都是靠“场”来传递的.

1964 年盖尔曼(M. Gell-Mann)提出夸克(quark)模型后，人们开始考虑特强相互作用. 而某些弱相互作用过程宇称守恒的破坏，使人们也开始考虑特弱相互作用的存在.

2.1.2 牛顿第二定律

物体所受的合外力等于物体动量的瞬时变化率.

动量是物体运动状态的描述，牛顿称之为“运动的量”. 动量是力学中最重要最基本的概念之一. 具有相同速度而质量不同的物体受相同力的作用，它们速度的变化是不同的，不能简单地用速度来表征物体运动量的变化，所以除了速度还应该把物体的质量一起考虑. 定义质点**动量**(momentum)为：**质点质量与其速度的乘积**. 它是一个矢量，方向与速度方向相同，记为

$$\boldsymbol{p}=m\boldsymbol{v} \tag{2-1}$$

在国际单位制中，动量单位是千克·米·秒$^{-1}$($\mathrm{kg\cdot m\cdot s^{-1}}$).

牛顿第二定律在数学上可表示为

$$\boldsymbol{F}=\frac{\mathrm{d}\boldsymbol{p}}{\mathrm{d}t}=\frac{\mathrm{d}(m\boldsymbol{v})}{\mathrm{d}t} \tag{2-2}$$

注意：

(1) 该式是一个瞬时关系式.

(2) 当运动过程中质量不变时，$\boldsymbol{F}=\frac{\mathrm{d}(m\boldsymbol{v})}{\mathrm{d}t}=\frac{\mathrm{d}m}{\mathrm{d}t}\boldsymbol{v}+\frac{\mathrm{d}\boldsymbol{v}}{\mathrm{d}t}m$. 其中$\frac{\mathrm{d}m}{\mathrm{d}t}=0$，所以得出

$$\boldsymbol{F}=m\boldsymbol{a} \tag{2-3}$$

(2-2)式较(2-3)式具有更广泛的意义.

(3) $\boldsymbol{F}$ 是质点所受外力的矢量和，质点加速度与合外力 $\boldsymbol{F}$ 方向相同，在直角坐标系中可用分量式表示

$$\begin{cases} F_x=ma_x=m\dfrac{\mathrm{d}v_x}{\mathrm{d}t} \\ F_y=ma_y=m\dfrac{\mathrm{d}v_y}{\mathrm{d}t} \\ F_z=ma_z=m\dfrac{\mathrm{d}v_z}{\mathrm{d}t} \end{cases}$$

在自然坐标系中分量式为

$$F_{\mathrm{t}}=ma_{\mathrm{t}}=m\frac{\mathrm{d}v}{\mathrm{d}t}$$

$$F_{\mathrm{n}}=ma_{\mathrm{n}}=m\frac{v^2}{\rho}$$

在国际单位制中力的单位是牛顿(N)，1 N=1 $\mathrm{kg\cdot m\cdot s^{-2}}$.

牛顿第一定律表明运动状态变化的原因是外力，第二定律给出

了相应的定量关系.

2.1.3 牛顿第三定律

两个物体间的相互作用力大小相等方向相反,且作用在同一直线上.

若物体 A 以 $\boldsymbol{F}_1$ 作用在物体 B 上,物体 B 必同时以 $\boldsymbol{F}_2$ 作用在物体 A 上,$\boldsymbol{F}_1$ 和 $\boldsymbol{F}_2$ 在同一直线上,且

$$\boldsymbol{F}_1=-\boldsymbol{F}_2 \tag{2-4}$$

注意:

(1) 作用力和反作用力总是同时存在、同时消失的.

(2) 作用力和反作用力分别作用在两个物体上,所以对任一物体来说,它们不是一对平衡力,不能抵消.

(3) 从力的性质分类来看,作用力和反作用力,属同种性质的力.

应该指出:尽管作用力和反作用力大小相等,但因相互作用的物体承受力的能力并不相同,因而效果也可能大相径庭.如鸡蛋碰石头,鸡蛋对石头的作用力也许对石头影响甚微,但石头对鸡蛋同样大小的反作用力却可能使鸡蛋粉身碎骨.

2.1.4 牛顿定律的应用

应用牛顿运动定律解题的步骤:

(1) 确定研究对象.在有关的问题中选定一个物体(当成质点)作为研究对象.如果问题涉及几个物体,那就把各个物体分别分离出来,加以分析,这种分析方法称为“隔离体法”.

(2) 分析力.从力学中常见的三种力即重力、弹性力、摩擦力等着手,对各隔离体进行受力分析,并画简单的示意图表示各隔离体的受力情况.这种图叫示力图.

(3) 分析物体的运动情况.先选定参考系,然后在各物体上标出它相对参考系的加速度.

(4) 列方程.根据题意建立合适的坐标系.分别建立各隔离体的牛顿方程式(分量式).

(5) 解方程.先进行符号运算,然后代入数据,统一单位进行数值运算并求得结果,必要时可作讨论.

我们可以根据问题中所涉及的力的特征将这类题分成恒力问题和变力问题,前者用初等数学求解代数方程(中学所涉及的一类)即可,后者一般要用高等数学方法求解微分方程.下面分别举例说明.

例 2-1

如图 2-1(a)所示，已知 $m_1=3\ \text{kg}$，$m_2=2\ \text{kg}$，m_1 与 m_2 间的静摩擦系数 $\mu_0=0.3$，m_1 与水平桌面间的滑动摩擦系数 $\mu=0.2$，m_1 受拉力 $\boldsymbol{F}$ 作用，$\boldsymbol{F}$ 与水平面的夹角为 30°. 求：(1)两物体不发生相对滑动时，拉力 $\boldsymbol{F}$ 与系统加速度 $\boldsymbol{a}$ 的关系；(2)两物体不发生相对滑动时，系统最大加速度多大？此时拉力 $\boldsymbol{F}$ 多大？

解　(1) m_1，m_2 之间无相对运动时，两者具有相同的加速度 $\boldsymbol{a}$，此时可把它们看成为一个整体，取这个整体作为研究对象. 分析其受力情况并画出示力图. 系统所受的力有：重力 $(m_1+m_2)\boldsymbol{g}$，外力 $\boldsymbol{F}$，桌面支承力 $\boldsymbol{N}_1$，摩擦力 $\boldsymbol{f}_r$，如图2-1(b)所示.

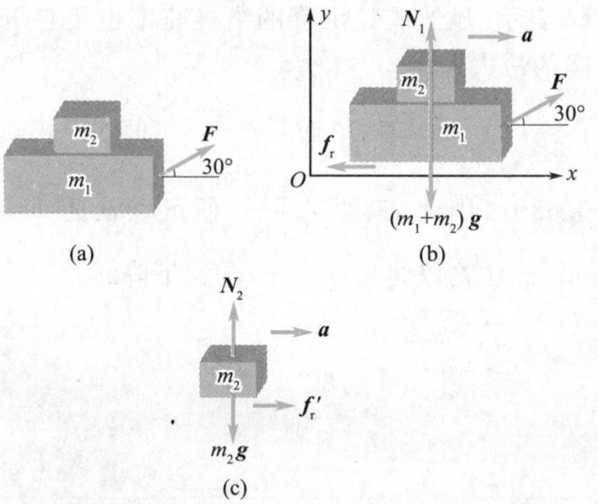

图 2-1　例 2-1 图

取直角坐标系 xOy，由牛顿第二定律得

x 方向：

$$F\cos 30°-f_r=(m_1+m_2)a \quad ①$$

y 方向：

$$F\sin 30°+N_1-(m_1+m_2)g=0 \quad ②$$

由②式得

$$N_1=(m_1+m_2)g-F\sin 30°$$

而

$$f_r=\mu N_1=\mu(m_1+m_2)g-\mu F\sin 30°$$

代入①式得

$$F\cos 30°+\mu F\sin 30°-\mu(m_1+m_2)g=(m_1+m_2)a$$

即

$$F=\frac{(m_1+m_2)(g\mu+a)}{\cos 30°+\mu\sin 30°}$$

(2) m_1，m_2 之间无相对运动时，m_2 受 m_1 的静摩擦力作用，当加速度为最大时，摩擦力为最大静摩擦力. 取物体 m_2 为研究对象，分析其受力情况并画出示力图. m_2 所受的力有：重力 $m_2\boldsymbol{g}$，m_1 的支承力 $\boldsymbol{N}_2$，m_1 的静摩擦力 $\boldsymbol{f}_r'$，当加速度为最大时，$f_r'=\mu_0 N_2$，$\boldsymbol{f}_r'$的方向与加速度 $\boldsymbol{a}$ 的方向一致，如图 2-1(c)所示.

由牛顿第二定律得

x 方向：

$$f_r'=m_2 a \quad ③$$

y 方向：

$$N_2-m_2 g=0 \quad ④$$

由④式得

$$N_2=m_2 g$$

而

$$f'_r=\mu_0 N_2=\mu_0 m_2 g$$

代入③式得

$$\mu_0 m_2 g=m_2 a$$

即

$$a=\mu_0 g$$

代入 F 与 a 的关系式得

$$F=\frac{(\mu+\mu_0)(m_1+m_2)g}{\cos 30°+\mu\sin 30°}$$

已知 $m_1=3\ \text{kg}$，$m_2=2\ \text{kg}$，$\mu=0.2$，$\mu_0=0.3$，代入以上两式得

$$a=0.3\times 9.8\ \text{m}\cdot\text{s}^{-2}=2.94\ \text{m}\cdot\text{s}^{-2}$$

$$F=\frac{(0.2+0.3)\times(2+3)\times 9.8}{0.866+0.2\times 0.5}\ \text{N}=25\ \text{N}$$

例 2-2

图 2-2 为浮力选矿示意图. 盛有矿浆液的槽中，质量为 m 的球形细矿粒在槽中由静止开始下沉，矿液对矿粒的黏滞阻力与其运动速度成正比，即 $f_r=kv$，k 为比例常数，设矿液对矿粒的浮力为 $\boldsymbol{B}$. 求矿粒在矿液中任意时刻的沉降速率.

解　矿粒的受力情况如图 2-2 所示，取 Oy 坐标轴垂直向下，液体表面为坐标原点. 设 $t=0$时矿粒位于坐标原点，且速率 $v_0=0$. 运用牛顿定律可得矿粒的运动微分方程为

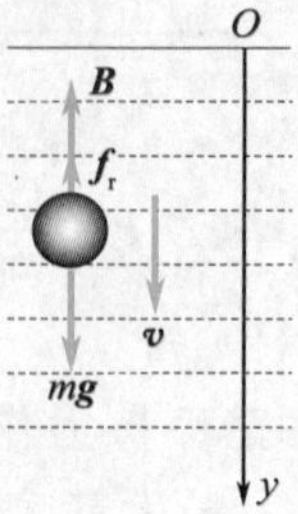

图 2-2　例 2-2 图

$$m\frac{\mathrm{d}v}{\mathrm{d}t}=mg-B-kv \quad ①$$

解此微分方程，可得矿粒的运动方程. 将式①分离变量得

$$\frac{\mathrm{d}v}{mg-B-kv}=\frac{\mathrm{d}t}{m}$$

上式两边取定积分

$$\int_0^v\frac{\mathrm{d}v}{mg-B-kv}=\int_0^t\frac{\mathrm{d}t}{m}$$

即
$$-\frac{1}{k}\ln\frac{mg-B-kv}{mg-B}=\frac{t}{m}$$

最后求得

$$v=\frac{mg-B}{k}(1-\mathrm{e}^{-\frac{k}{m}t})$$

讨论：(1) 当 $t\to\infty$时，$v\to\frac{mg-B}{k}$，矿粒沉降速率趋近一极限值，称为终极速率，用 v_∞表示. 显然矿粒沉降的终极速率也是它沉降的最大速率.

(2) 当 $t=\frac{m}{k}$ 时，$v=v_\infty\left(1-\frac{1}{\mathrm{e}}\right)=0.63v_\infty$. 因此，只要 $t\gg\frac{m}{k}$，便可以认为 $v\approx v_\infty$，矿粒将以终极速率 v_∞ 匀速下降.

例 2-3

一个质量为 m 的小球系在线的一端，线的另一端固定在墙上的钉子上，线长为 l. 先拉动小球使线保持水平静止，然后松手使小球下落. 求线摆下 θ 角时这个小球的速率和线的张力.

解　如图 2-3 所示，小球在线的拉力 $\boldsymbol{T}$ 和重力 $m\boldsymbol{g}$ 作用下作变速圆周运动. 在任意时刻，牛顿第二定律的切向分量式为

$$mg\cos\theta=ma_t=m\frac{\mathrm{d}v}{\mathrm{d}t}$$

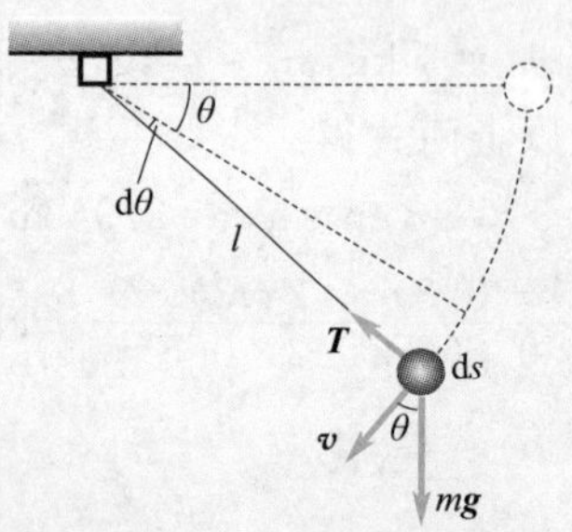

图 2-3　例 2-3 图

以 ds 乘此式两侧，可得

$$mg\cos\theta\mathrm{d}s=m\frac{\mathrm{d}v}{\mathrm{d}t}\mathrm{d}s=m\frac{\mathrm{d}s}{\mathrm{d}t}\mathrm{d}v$$

由于 $\mathrm{d}s=l\mathrm{d}\theta$，$\frac{\mathrm{d}s}{\mathrm{d}t}=v$，所以上式可写成

$$gl\cos\theta\mathrm{d}\theta=v\mathrm{d}v$$

两侧同时积分，由于摆角从 0 增大到 θ 时，速率从 0 增大到 v，所以有

$$\int_0^\theta gl\cos\theta\mathrm{d}\theta=\int_0^v v\mathrm{d}v$$

由此得，$gl\sin\theta=\frac{1}{2}v^2$，所以

$$v=\sqrt{2gl\sin\theta}$$

小球在任意时刻，牛顿第二定律的法向分量式为

$$T-mg\sin\theta=ma_n=m\frac{v^2}{l}$$

将上面的 v 值代入，可得线对小球的拉力

$$T=3mg\sin\theta$$

这在数值上等于线中的张力.

§2.2　惯性系与非惯性系力学

2.2.1　惯性系与非惯性系

在运动学中，研究物体运动必须选定参考系. 而参考系的选择视研究的方便，可以任意选择. 那么，在动力学中，应用牛顿定律时，参考系能不能任意选择呢？也就是说，牛顿定律是不是对任意参考系都适用呢？我们来分析下面两种情形就不难回答这个问题.

第一种情形：平动加速参考系

在一节以加速度 $\boldsymbol{a}$ 作直线运动的车厢内，有一个质量为 m 的小球放在光滑的桌面上，如图 2-4 所示. 这时，如果选地面为参考系（地面的观察者），得出的结论是：作用在小球上的合外力等于零，小球保持静止状态，符合牛顿运动定律. 但若取车厢为参考系（车上的观察者），这个小球虽然所受合外力仍为零，但它具有加速度 $-\boldsymbol{a}$，所以，对于车厢这个参考系来说，牛顿运动定律并不成立.

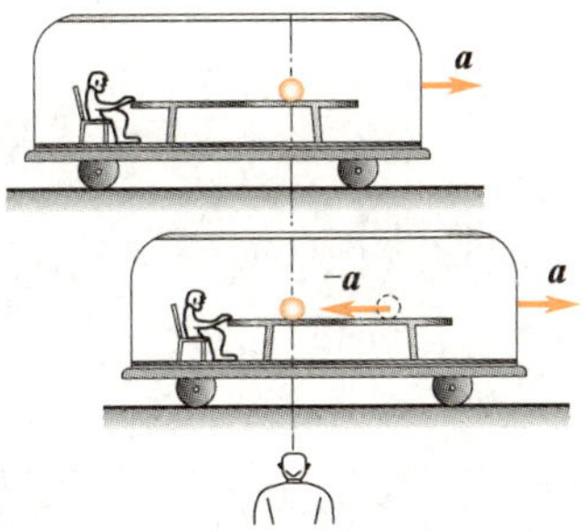

图 2-4　平动加速参考系

第二种情形：转动加速参考系

如图 2-5 中的水平转盘，从地面参考系来看，静止在盘上的铁块作圆周运动，有法向加速度. 这是因为它受到盘面的静摩擦力作用的缘故，这符合牛顿定律. 但是相对于转盘参考系来说，即站在转盘上观察，铁块总保持静止，因而加速度为零. 可是这时它依然受着静摩擦力的作用. 合力不为零，可是没有加速度，这也是违背牛顿定律的. 因此，相对于转盘参考系，牛顿定律也是不成立的.

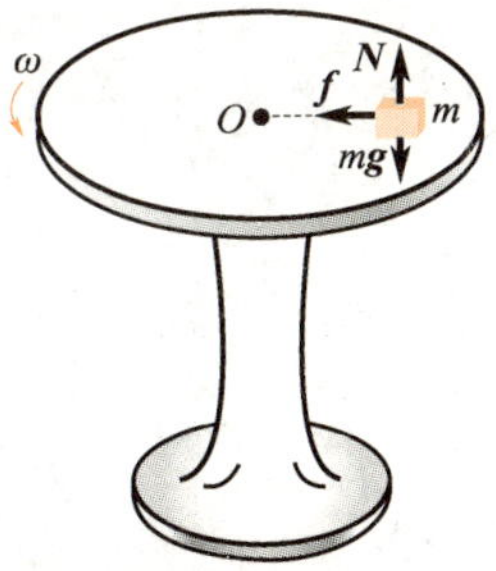

图 2-5　转动加速参考系

综上所述，对有些参考系牛顿定律成立，对另一些参考系牛顿定律不成立. 我们把牛顿定律适用的参考系叫惯性参考系，简称**惯性系**（inertial frame）. 反之，就叫**非惯性系**（non-inertial frame）.

惯性系有一个重要的性质，即：如果我们确认了某一参考系为惯性系，则相对于此参考系做匀速直线运动的任何其他参考系也一定是惯性系. 这是因为如果一个物体不受力作用时相对于那个原始惯性系静止或做匀速直线运动，则在任何相对于这“原始”惯性系做匀速直线运动的参考系中观测，该物体也必然作匀速直线运动（尽管速度不同）或静止. 这也是在不受力作用的情况下发生的. 因此根

据惯性系的定义，后者也是惯性系.

一个实际的参考系是不是惯性系，只能根据实验观察. 下面介绍几个常用的参考系.

太阳参考系是原点固定在太阳中心而各坐标轴指向固定方向(以恒星为基准)的参考系，是个很好的惯性系①. 这是因为通过天文观测或宇宙飞行器的发射与控制，人们知道了行星和宇宙飞行器的运动完全由牛顿定律支配的缘故.(这里的作用力主要是万有引力或火箭的推进力.)

地心参考系是原点固定在地球中心而坐标轴指向空间固定方向(以恒星为基准)的参考系. 由于地球绕太阳公转，所以这个参考系不是惯性系. 但地球相对于太阳参考系的法向加速度很小(约 $6\times10^{-3}\,\mathrm{m\cdot s^{-2}}$)，不到地球上重力加速度的 0.1%，所以地心参考系可以近似地作为惯性系看待. 粗略研究人造地球卫星运动时，就可以应用地心参考系.

地面参考系是坐标轴固定在地面上的参考系. 由于地球围绕自身的轴相对于地心参考系不断地自转，所以地面参考系也不是惯性系. 但由于地面上各处相对于地心参考系的法向加速度最大不超过 $3.40\times10^{-2}\,\mathrm{m\cdot s^{-2}}$(在赤道上)，所以地面参考系也可以近似地作为惯性系看待. 在一般工程技术问题中，相对于地面参考系来描述物体的运动和应用牛顿定律，得出的结论也都相当准确.

至于前面提到的加速运动的车厢或旋转的圆盘，由于它们相对于地面参考系有明显的加速度，所以不能再作为惯性系看待，相对于它们，也就不能直接运用牛顿定律了.

2.2.2 惯性力

在实际问题中常常需要在非惯性系中观察和处理物体的运动. 在这种参考系中，牛顿定律是不成立的. 但是为了方便起见，我们也常常在形式上利用牛顿第二定律分析问题，为此我们引入惯性力这一概念.

首先讨论加速平动(相对于某惯性系作加速直线运动)参考系的情况. 设有一质点，质量为 m，相对于某一惯性系 S，它在实际的外力 $\boldsymbol{F}$ 作用下产生加速度 $\boldsymbol{a}$，根据牛顿第二定律，有

$$\boldsymbol{F}=m\boldsymbol{a}$$

设想另一参考系 S'，相对于惯性系 S 以加速度 $\boldsymbol{a}_0$ 平动. 在 S' 参考系中，质点的加速度是 $\boldsymbol{a}'$. 由运动的相对性可知

$$\boldsymbol{a}=\boldsymbol{a}'+\boldsymbol{a}_0$$

代入上式可得

① 现代天文观测结果给出，太阳绕银河系中心公转的法向加速度约为 $1.8\times10^{-10}\,\mathrm{m\cdot s^{-2}}$.

$$\boldsymbol{F}=m(\boldsymbol{a}'+\boldsymbol{a}_0)=m\boldsymbol{a}'+m\boldsymbol{a}_0$$

或者写成

$$\boldsymbol{F}+(-m\boldsymbol{a}_0)=m\boldsymbol{a}' \tag{2-5}$$

此式说明,质点受的合外力 $\boldsymbol{F}$ 并不等于 $m\boldsymbol{a}'$,因此牛顿定律在参考系 S'中不成立.但是如果我们认为在 S'系中观察时,除了实际的外力 $\boldsymbol{F}$ 外,质点还受到一个大小和方向由$(-m\boldsymbol{a}_0)$表示的力,并将此力也计入合力之内,则(2-5)式就可以形式上理解为:在 S'系内观测,质点所受的合外力也等于它的质量和加速度的乘积.这样就可以在形式上应用牛顿第二定律了.

为了使非惯性系中牛顿第二定律形式上仍能成立而必须引入的力叫作**惯性力**(inertial force).由(2-5)式可知,在加速平动参考系中,它的大小等于质点的质量和此非惯性系相对惯性系的加速度的乘积,而方向与此加速度的方向相反.以 $\boldsymbol{F}_i$ 表示惯性力,则有

$$\boldsymbol{F}_i=-m\boldsymbol{a}_0 \tag{2-6}$$

引入惯性力后,在非惯性系中牛顿第二定律可写成如下形式:

$$\boldsymbol{F}+\boldsymbol{F}_i=m\boldsymbol{a}' \tag{2-7}$$

其中 $\boldsymbol{F}$ 是实际存在的各种力,即"真实力".它们体现了物体之间的相互作用.惯性力 $\boldsymbol{F}_i$ 只是描述了参考系的非惯性运动,或者说是物体的惯性在非惯性系中的表现.它不是物体间的相互作用,也没有反作用力.因此惯性力是一种**虚拟力**.

静止在地面参考系(视为惯性系)中的物体受到地球引力 $m\boldsymbol{g}$ 的作用[见图 2-6(a)],引力的大小和物体的质量成正比.今设想一个远离星体的太空船正以加速度(对某一惯性系)$\boldsymbol{a}'=-\boldsymbol{g}$ 运动,在船内观察一个质量为 m 的物体.由于太空船是非惯性系,依上分析,可以认为物体受到一个惯性力 $\boldsymbol{F}_i=-m\boldsymbol{a}'=m\boldsymbol{g}$ 的作用,这个惯性力和物体的质量成正比[见图 2-6(b)].但若只是在太空船内观察,我们也可以认为太空船是一静止的惯性系,而物体受到了一个引力 $m\boldsymbol{g}$.加速系中的惯性力和惯性系中的引力等效,这一思想是爱因斯坦首先提出的,称之为**等效原理**.它是爱因斯坦创立广义相对论的基础.(进一步的讨论请参考广义相对论简介.)

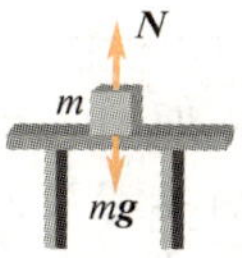

(a) 在地面上观察，物体受到引力（重力）mg的作用

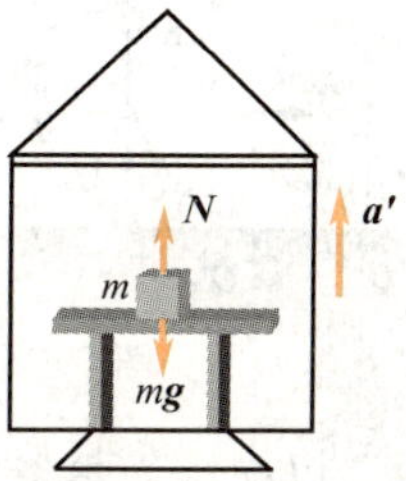

(b) 在太空船内观察，也可以认为物体受到引力mg的作用

图 2-6　等效原理

例 2-4

在水平轨道上有一节车厢以加速度 $\boldsymbol{a}_0$ 行进,在车厢中看到有一质量为 m 的小球静止地悬挂在天花板上,试以车厢为参考系求出悬线与竖直方向的夹角.

解　在车厢参考系内观察小球是静止的,即 $a'=0$.它受的力除重力和线的拉力外,还有一惯性力 $\boldsymbol{F}_i=-m\boldsymbol{a}_0$,如图 2-7 所示.

相对于车厢参考系,对小球用牛顿第二定律,则有

x'轴方向:$T\sin\theta-F_i=ma'_{x'}=0$

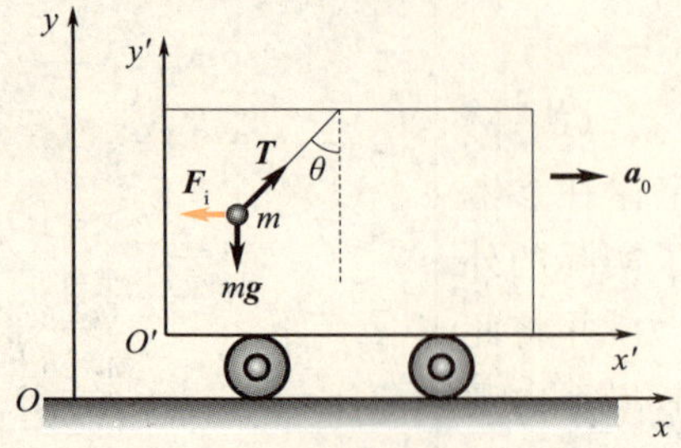

图 2-7 有加速度的车厢参考系

y'轴方向：$T\cos\theta - mg = ma'_{y'} = 0$

由于 $F_i = ma_0$，在上两式中消去 T，即可得

$$\theta = \arctan(a/g)$$

读者可以在地面参考系(惯性系)内再解这个问题，并与上面的解法相比较.

例 2-5

如图 2-8 所示，在光滑的水平地面上放一质量为 M 的楔块，楔块底角为 θ，斜面光滑. 今在其斜面上放一质量为 m 的物块，试用惯性力的概念求楔块的加速度.

解 如图 2-8 所示，以 $\boldsymbol{a}_0$ 表示楔块相对于地面参考系的加速度，方向和地面坐标系 x 轴方向相反.

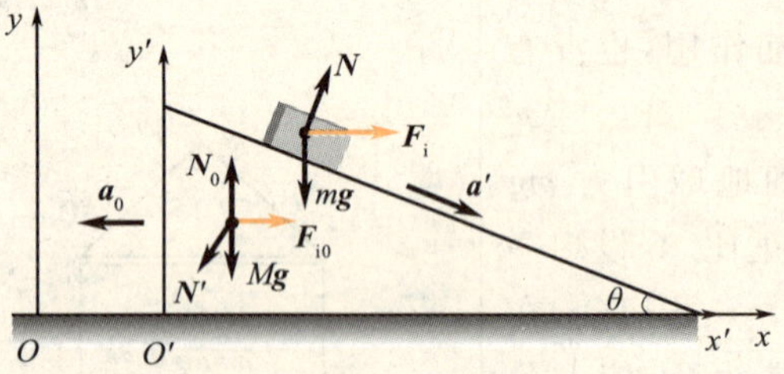

图 2-8 例 2-5 用图

以楔块为参考系，建立坐标系 $x'O'y'$. 在此加速参考系内，除真实力外，楔块和物块还分别受到惯性力 $\boldsymbol{F}_{i0} = -M\boldsymbol{a}_0$，$\boldsymbol{F}_i = -m\boldsymbol{a}_0$，二者方向均沿 x'轴正向. 对物块，由牛顿第二定律有

x'轴方向：

$$N\sin\theta + ma_0 = ma'\cos\theta \quad (1)$$

y'轴方向：

$$N\cos\theta - mg = -ma'\sin\theta \quad (2)$$

以楔块为参考系，楔块的加速度当然为零，注意 $N' = N$，有

x'轴方向： $N\sin\theta - Ma_0 = 0 \quad (3)$

联立 (1)，(2)，(3) 可解得 $a_0 = \dfrac{m\sin\theta\cos\theta}{M + m\sin^2\theta} g$.

读者可以证明：以地面为参考系，列出牛顿第二定律关系式，与以上三式(利用惯性力列出的牛顿第二定律关系式)在数学上完全相同. 所以，在非惯性系中利用惯性力概念也能解出正确的答案.

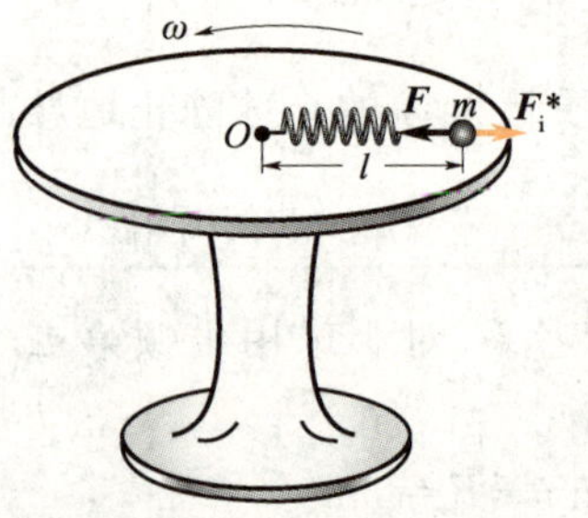

图 2-9 惯性离心力

下面我们来介绍惯性离心力的概念. 如图 2-9 所示，在水平放置的转台上，有一轻弹簧两端与细绳连接，细绳的一端系在转台中心，另一端系一质量为 m 的小球. 设转台平面非常光滑，它与小球和弹簧的摩擦力均可略去不计. 绳与弹簧的长度为 l，转台绕铅直轴转动. 有两个观察者，一个观察者站在地面上(即处在惯性系中)，另一个观察者相对转台静止并随转台一起转动(即处在非惯性系中). 当转台以角速率 ω 旋转时，站在地面上的观察者观察到弹簧被拉长. 这时，绳对小球作用一指向转台中心的向心力 $\boldsymbol{F}$. 力 $\boldsymbol{F}$ 的大小为 $ml\omega^2$. 这一点从牛顿定律是很好理解的，在向心力作用下，小球作匀

速率圆周运动. 而相对转台静止的另一个观察者,虽也观察到弹簧被拉长,有力 $\boldsymbol{F}$ 作用在小球上,但小球却和转台一起静止不动,这就不好理解了. 为什么有力作用在小球上,小球能静止不动呢? 于是,这个观察者认为要使小球保持平衡,必须想象一个与向心力方向相反、大小相等的力作用在小球上. 显然这个力是虚拟的. 这个虚拟的力叫作**惯性离心力**(inertial centrifugal force). 应当注意,向心力和惯性离心力都是作用在同一小球上的,它们不是作用力和反作用力,也就是说它们不服从牛顿第三定律. 向心力是真实的力,它可出现在惯性系和非惯性系中,而惯性离心力(或惯性力)则是虚拟的力,它只能出现在非惯性系中.

§2.3　冲量　动量守恒定律

从本节开始,我们将从力的时间和空间累积效应出发,根据牛顿运动定律,导出动量定理、动能定理和角动量定理,并进一步讨论动量守恒、能量守恒和角动量守恒. 对于求解力学问题,在一定条件下运用这三条运动定理和守恒定律,比直接运用牛顿运动定律往往更为方便.

动量守恒、能量守恒和角动量守恒这三条守恒定律,是整个物理学大厦的基石. 它们不仅在低速、宏观领域中成立,而且在高速、微观领域中依然成立(虽然存在差异). 这些守恒定律是比牛顿运动定律更基本的规律.

由于角动量定理、角动量守恒定律涉及转动问题,因此,这部分内容留待第 3 章(刚体的定轴转动)再进行讨论.

2.3.1　冲量　质点的动量定理

牛顿最初研究碰撞过程中所建立起来的牛顿第二定律并不是中学所学的 $\boldsymbol{F}=m\,\boldsymbol{a}$ 这种形式. 他所选择的是

$$\boldsymbol{F}=\frac{\mathrm{d}}{\mathrm{d}t}(m\boldsymbol{v}) \qquad (2-8)$$

只是因为在牛顿力学中,质量 m 是一个常数,$\boldsymbol{F}=m\boldsymbol{a}$ 在形式上与(2－8)式等价. 近代物理知识告诉我们,惯性质量与物体的运动状态有关,不能看成常数. 这就是说,从近代物理学观点来看,(2－8)式具有更广泛的适应性.

但是,牛顿本人将牛顿第二定律写成(2－8)式时并没有意识到 m 不是常数,他之所以采用(2－8)式,是因为他认为“$m\boldsymbol{v}$”是一个独立的物理量. 也就是说,乘积 $m\,\boldsymbol{v}$ 是由质量和速度联合确定,而不

是由 m 和$\boldsymbol{v}$ 分开确定的物理量. 这个物理量就是(2-1)式中所定义的动量 $\boldsymbol{p}$. 因此,(2-8)式可以写成

$$\boldsymbol{F}=\frac{\mathrm{d}\boldsymbol{p}}{\mathrm{d}t}$$

或

$$\boldsymbol{F}\mathrm{d}t=\mathrm{d}\boldsymbol{p}=\mathrm{d}(m\boldsymbol{v}) \qquad (2-9)$$

式中乘积 $\boldsymbol{F}\mathrm{d}t$ 表示力在时间 $\mathrm{d}t$ 内的积累量,叫作 $\mathrm{d}t$ 时间内质点所受合外力的**元冲量**,用 $\mathrm{d}\boldsymbol{I}$ 表示,即

$$\mathrm{d}\boldsymbol{I}=\boldsymbol{F}\mathrm{d}t$$

则(2-9)式可写成

$$\mathrm{d}\boldsymbol{I}=\mathrm{d}\boldsymbol{p} \qquad (2-10)$$

此式表明在 $\mathrm{d}t$ 时间内质点所受合外力的元冲量等于在同一时间内质点动量的增量. 这一关系叫作**质点动量定理的微分形式**. 实际上它是牛顿第二定律公式的数学变形.

将(2-9)式对 t_0 到 t 这段时间积分,即考虑力在该段时间间隔内的累积效果,则有

$$\int_{t_0}^{t}\boldsymbol{F}\mathrm{d}t=\int_{p_0}^{p}\mathrm{d}\boldsymbol{p}=\boldsymbol{p}-\boldsymbol{p}_0$$

左侧积分表示在 t_0 到 t 时间内合外力的**冲量**(impulse),用 $\boldsymbol{I}$ 表示,则上式可写成

$$\boldsymbol{I}=\int_{t_0}^{t}\boldsymbol{F}\mathrm{d}t=\boldsymbol{p}-\boldsymbol{p}_0 \qquad (2-11)$$

这就是**质点动量定理的积分形式**. 它表明质点在 t_0 到 t 这段时间内合外力的冲量等于质点在同一时间内动量的增量. 后者是效果,但它取决于力对时间的积累. 值得注意的是,要产生同样的效果,即同样的动量增量,力大力小都可以:力大,累积时间可短些;力小,累积时间需要长些. 只要力的时间积累(即冲量)一样,就产生同样的动量增量.

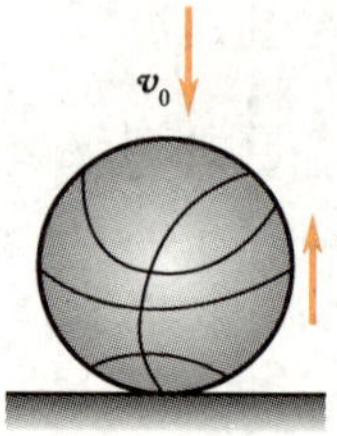

(a) 撞击过程图示

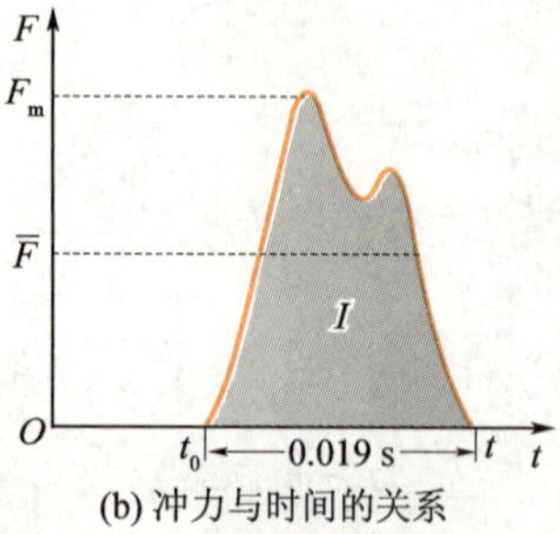

(b) 冲力与时间的关系

图 2-10 篮球撞击试验台面的冲力

动量定理在研究冲击和碰撞等问题中特别有用. 碰撞一般泛指物体间相互作用时间很短的过程. 在这一过程中,相互作用力往往很大而且随时间迅速变化,这种力通常叫**冲力**. 图2-10所示为一个重 0.58 kg 的篮球从 2 m 的高度竖直下落撞击到试验台面上时,显示仪记录的它对台面的冲力变化情况,可见篮球与台面的接触时间不过 0.019 s,而冲力的峰值则可达 $F_m=575$ N,这要比篮球自身的重力(5.7 N)大 100 倍.

为了对冲力大小有个估计,通常引入**平均冲力**的概念,它是冲力对碰撞时间的平均,以 $\overline{\boldsymbol{F}}$ 表示平均冲力,则

$$\overline{\boldsymbol{F}}=\frac{\int_{t_0}^{t}\boldsymbol{F}\mathrm{d}t}{t-t_0}=\frac{\boldsymbol{p}-\boldsymbol{p}_0}{t-t_0} \qquad (2-12)$$

应当指出,动量定理的微分形式(2-10)式和积分形式

(2-11)式都是矢量式，表明合外力的冲量的方向应和质点动量的**增量**的方向一致，但并不一定和初动量或末动量的方向相同. 此外，由于它们是矢量式，所以在应用动量定理时可以直接用作图法(矢量图)，按几何关系求解，也可以用沿坐标轴的分量式求解. 例如在直角坐标系中，沿各坐标轴的分量式是

$$\left.\begin{aligned} I_x &= \int_{t_0}^{t} F_x \mathrm{d}t = p_x - p_{x0} \\ I_y &= \int_{t_0}^{t} F_y \mathrm{d}t = p_y - p_{y0} \\ I_z &= \int_{t_0}^{t} F_z \mathrm{d}t = p_z - p_{z0} \end{aligned}\right\} \tag{2-13}$$

(2-13)式可表述为：质点所受合外力的冲量在某一方向上的分量等于质点的动量在该方向上分量的增量.

2.3.2　质点系的动量定理

如果研究的对象是多个质点，则称为**质点系**. 一个不能抽象为质点的物体也可认为是由多个(直至无限个)质点所组成. 从这种意义上讲，力学又可分为质点力学和质点系力学. 从现在开始我们将多次涉及质点系力学的某些内容.

当研究对象是质点系时，其受力就可分为"内力"和"外力". 凡质点系内各质点之间的作用力称为内力，质点系以外物体对质点系内质点的作用力称为外力(见图 2-11). 由牛顿第三定律可知，质点系内质点间相互作用的内力是成对出现的，且每对作用内力都必沿两质点连线的方向. 这些就是研究质点系力学的基本观点.

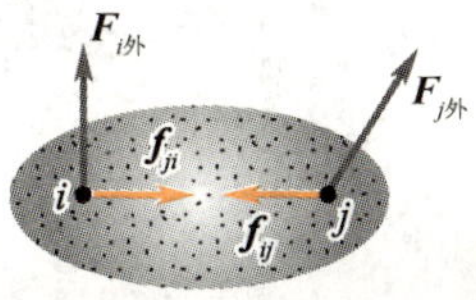

图 2-11　内力示意图

设质点系是由有相互作用力作用的 n 个质点所组成. 现考察第 i 个质点的受力情况. 首先考察其所受内力之矢量和. 设质点系内第 j 个质点对第 i 个质点的作用力为 $\boldsymbol{f}_{ji}$，则该质点所受合内力为

$$\sum_{i\neq j}{}' \boldsymbol{f}_{ji} = \boldsymbol{f}_{1i} + \cdots + \boldsymbol{f}_{(i-1)i} + \boldsymbol{f}_{(i+1)i} + \cdots + \boldsymbol{f}_{ni}$$

若第 i 个质点所受合外力为 $\boldsymbol{F}_{i外}$，则它所受合力为

$$\boldsymbol{F}_{i外} + \sum_{j\neq i}{}' \boldsymbol{f}_{ji}$$

对该质点运用动量定理有

$$\int_{t_0}^{t} \left(\boldsymbol{F}_{i外} + \sum_{j\neq i}{}' \boldsymbol{f}_{ji}\right) \mathrm{d}t = \boldsymbol{p}_i - \boldsymbol{p}_{i0} \tag{2-14}$$

考虑质点系内所有质点，在相同作用时间内都能得到与(2-14)式类似的式子，对这些式子两边分别求和即对 i 求和

$$\sum_{i=1}^{n}\left(\int_{t_0}^{t} \boldsymbol{F}_{i外} \cdot \mathrm{d}t\right) + \sum_{i=1}^{n}\int_{t_0}^{t} \sum_{j\neq i}{}' \boldsymbol{f}_{ji} \cdot \mathrm{d}t = \sum_{i=1}^{n} \boldsymbol{p}_i - \sum_{i=1}^{n} \boldsymbol{p}_{i0}$$

上式中的求和与积分两种运算互不相关，因此可交换运算顺序，于是有

$$\int_{t_0}^{t}\sum_{i=1}^{n}\boldsymbol{F}_{i外}\cdot \mathrm{d}t+\int_{t_0}^{t}\sum_{i=1}^{n}\sum_{j\neq i}{}'\boldsymbol{f}_{ji}\cdot \mathrm{d}t=\sum_{i=1}^{n}\boldsymbol{p}_i-\sum_{i=1}^{n}\boldsymbol{p}_{i0} \tag{2-15}$$

上式左侧第一项为质点系所受合外力的冲量，右侧两项分别为系统末态和初态的总动量. 再来分析左侧第二项. 为简单起见，先设系统由两个质点组成，则 $\sum_{i=1}^{n}\sum_{j\neq i}{}'\boldsymbol{f}_{ji}=\boldsymbol{f}_{12}+\boldsymbol{f}_{21}$. 由于 $\boldsymbol{f}_{12}$ 和 $\boldsymbol{f}_{21}$ 是两质点之间的作用力和反作用力，其矢量和必为零. 同理，当系统包含三个质点时，合内力 $\sum_{i=1}^{n}\sum_{j\neq i}{}'\boldsymbol{f}_{ij}=(\boldsymbol{f}_{12}+\boldsymbol{f}_{21})+(\boldsymbol{f}_{13}+\boldsymbol{f}_{31})+(\boldsymbol{f}_{23}+\boldsymbol{f}_{32})\equiv 0$.

由此类推，由于内力总是成对出现，且互为一对作用与反作用力，所以(2－15)式中

$$\int_{t_0}^{t}\sum_{i=1}^{n}\sum_{j\neq i}{}'\boldsymbol{f}_{ji}\cdot \mathrm{d}t=0 \tag{2-16}$$

因此(2－15)式可写成

$$\int_{t_0}^{t}\sum_{i}\boldsymbol{F}_{i外}\,\mathrm{d}t=\sum_{i}\boldsymbol{p}_i-\sum_{i}\boldsymbol{p}_{i0} \tag{2-17}$$

这就是**质点系动量定理**，即质点系总动量的增量等于作用于该系统上合外力的冲量. 这个结论说明内力不改变质点系的总动量，但由(2－14)式知，内力可以在质点系内部各质点间产生动量的传递和交换.

2.3.3 动量守恒定律

由(2－17)式可知，若 $\sum_{i}\boldsymbol{F}_{i外}=0$，则

$$\sum_{i}\boldsymbol{p}_i-\sum_{i}\boldsymbol{p}_{i0}=0$$

即

$$\sum_{i}\boldsymbol{p}_i=\sum_{i}\boldsymbol{p}_{i0}=常矢量 \tag{2-18}$$

或

$$\sum_{i}m_i\boldsymbol{v}_i=\sum_{i}m_i\boldsymbol{v}_{i0}$$

这就是说，一个孤立的力学系统(系统不受外力作用)或合外力为零的系统，在系统内各质点间动量可以交换，但系统的总动量保持不变，这就是质点系的**动量守恒定律**(law of conservation of momentum).

运用动量守恒定律分析解决问题时，应注意以下几点：

(1) 一定要区分清楚系统所受的内力和外力；当系统所受合外力的矢量和为零时，系统总动量保持不变，但由于内力的作用，系统内部各质点的动量是可以改变的.

(2) (2-18)式是矢量式. 因此,当 $\sum_i \boldsymbol{F}_{i外} = 0$ 时,质点系在任何一个方向上都满足动量守恒的条件. 在解决实际问题中,常应用其分量式,例如在直角坐标系中

$$\left.\begin{array}{l} 当\sum_i F_{ix} = 0 时,\sum_i p_{ix} = \sum_i p_{ix0} = 常量 \\ 当\sum_i F_{iy} = 0 时,\sum_i p_{iy} = \sum_i p_{iy0} = 常量 \\ 当\sum_i F_{iz} = 0 时,\sum_i p_{iz} = \sum_i p_{iz0} = 常量 \end{array}\right\} \quad (2-19)$$

由此可见,即使系统所受合外力不为零,系统总动量不守恒,但只要质点系沿某一坐标方向所受合外力为零,则总动量沿此方向的分量守恒. 例如,一个物体在空中爆炸后碎裂成几块,在忽略空气阻力的情况下,这些碎块受到的外力只有竖直向下的重力,因此它们的总动量在水平方向的分量守恒,但竖直方向的动量则不守恒.

(3) 系统动量守恒的条件是合外力为零,但在外力比内力小得多的情况下,外力对质点系的总动量变化影响甚小,这时可以认为近似满足动量守恒条件. 例如两物体的碰撞过程,由于相互撞击的内力往往很大,所以此时即使有摩擦力或重力等外力,也常可忽略不计,而认为系统的总动量守恒. 又如爆炸过程也属于内力远大于外力的过程,也可以认为在此过程中系统的总动量守恒.

(4) 动量守恒定律是由牛顿定律导出的,由于牛顿定律只适用于惯性系,所以动量守恒定律也仅在惯性系成立. 又由于动量是相对量,所以运用动量守恒定律时,必须将各质点的动量统一到同一惯性系中.

(5) 虽然我们在讨论动量守恒定律的过程中,是从牛顿第二定律出发,并运用了牛顿第三定律(即 $\sum_{i=1}^{n} \sum_{j\neq i}{}' \boldsymbol{f}_{ji} = 0$),但不能认为动量守恒定律只是牛顿定律的推论,相反,动量守恒定律是比牛顿定律更为普遍的规律. 在某些过程中,特别是微观领域中,牛顿定律不再成立,但只要计入场的动量,动量守恒定律依然成立.

例 2-6

设撑竿跳高运动员($m=50$ kg)越过 $h=5$ m 的高度后垂直落在垫子上. 若从人与垫子接触到相对静止的冲击过程历时 $\Delta t=1$ s,求垫子对运动员的平均冲力. 当 $\Delta t=0.01$ s 时,该冲力又为多少? (取 $g=10\ \mathrm{m\cdot s^{-2}}$)

解　运动员的下落过程为自由落体过程,下落 h 高度后的速度 $v=\sqrt{2gh}$,与垫子接触后受垫子的冲力和重力的共同作用直到相对静止,应用动量定理,假如忽略重力,有

$$\overline{F}\Delta t = 0-(-mv)$$

则

$$\bar{F}=mv/\Delta t=m\sqrt{2gh}/\Delta t$$

$$=50\times(2\times10\times5)^{1/2}/1\ \mathrm{N}=500\ \mathrm{N}$$

这样得出的 $\bar{F}$ 与运动员所受重力相等，可见与冲力相比重力是不能忽略的，因此我们再考虑重力的冲量进行计算：

$$(\bar{F}-mg)\Delta t=mv$$

$$\bar{F}=mv/\Delta t+mg=1\,000\ \mathrm{N}$$

平均冲力 $\bar{F}$ 的值仍不太大，这是由于冲击过程历时(Δt)较长，缓冲作用很强所致. 如果撤去垫子，Δt 将变得很小，这时有

$$(\bar{F}-mg)\Delta t=mv$$

$$\bar{F}=mv/\Delta t+mg=50\,000+500(\mathrm{N})$$

$$\approx 50000\ \mathrm{N}$$

显然，此时的重力比冲力小得多，可以忽略不计. 比较计算结果，便能理解为什么跳高时必须用垫子或沙坑. 可见在冲击、碰撞等过程中重力可否忽略，要看具体情况而定，不能一概而论.

例 2-7

一弹性球，质量 $m=0.20$ kg，速度 $v=5\ \mathrm{m\cdot s^{-1}}$，与墙碰撞后弹回，设弹回时速度大小不变，碰撞前后的运动方向和墙的法线所夹的角都是 α(见图 2-12)，设球和墙碰撞的时间 $\Delta t=0.05$ s，$\alpha=60°$，求在碰撞时间内，球和墙的平均相互作用力.

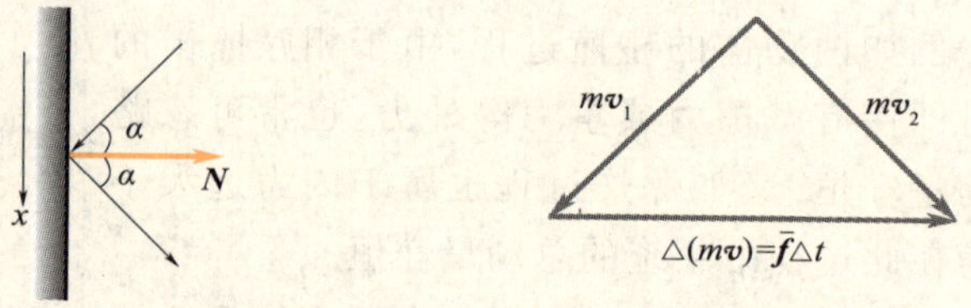

图 2-12　例 2-7 图

解　以球为研究对象. 设墙对球的平均作用力为 $\bar{\boldsymbol{f}}$，球在碰撞前后的速度为 $\boldsymbol{v}_1$ 和 $\boldsymbol{v}_2$，由动量定理可得

$$\bar{\boldsymbol{f}}\Delta t=m\boldsymbol{v}_2-m\boldsymbol{v}_1=m\Delta\boldsymbol{v}$$

将冲量和动量分别沿图中 $\boldsymbol{N}$ 和 x 两方向分解得

$$\bar{f}_x\Delta t=mv\sin\alpha-mv\sin\alpha=0$$

$$\bar{f}_N\Delta t=mv\cos\alpha-(-mv\cos\alpha)=2mv\cos\alpha$$

解方程得

$$\bar{f}_x=0$$

$$\bar{f}_N=\frac{2mv\cos\alpha}{\Delta t}=\frac{2\times0.2\times5\times0.5}{0.05}\ \mathrm{N}=20\ \mathrm{N}$$

按牛顿第三定律，球对墙的平均作用力和 $\bar{f}_N$ 的方向相反而等值，即垂直于墙面向里.

读者可从图 2-12 的矢量三角形用几何法求解以验证结果.

例 2-8

平静的河面上，一平底小船长为 $l=11$ m，质量 $M=500$ kg，以 $v_0=2\ \mathrm{m\cdot s^{-1}}$ 匀速率直线航行. 船内一人逆航行方向从船头经 $t=4$ s 到达船尾，人的质量 $m=50$ kg，忽略水对船的阻力. 求：(1)若人以匀速率相对船运动，他到达船尾时船的航行速率 v；(2)在 t 时间内船的航行路程 s；(3)如果人以变速率跑动，仍是在 $t=4$ s 内到达船尾，上述计算结果又如何？

解　(1) 以船和人为研究系统，取地面为参考系，x 正方向为航行方向，如图 2-13 所示. 由于水平方向系统不受外力，故沿航行方向系统动量守恒. 人静止站立在船头时系

统的动量为$(M+m)v_0$，设人以匀速率$u=\frac{l}{t}$相对行走，由题意知，当人到达船尾时系统的动量为$Mv+m(-u+v)$，由动量守恒定律可得

$$(M+m)v_0=Mv+m(-u+v)$$

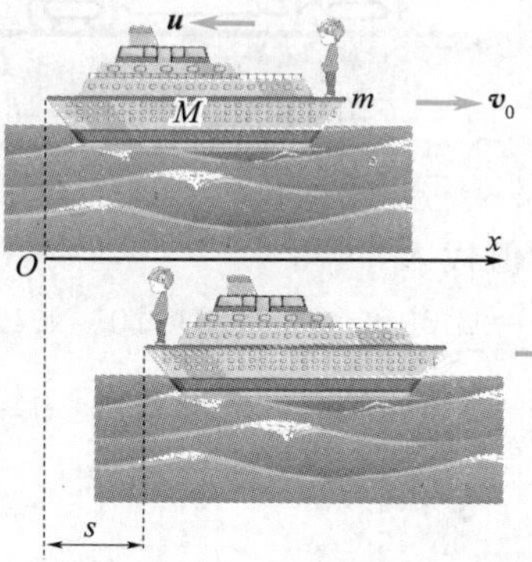

图 2-13　水平方向无摩擦阻力时动量守恒

解得

$$v=v_0+\frac{m}{M+m}u=v_0+\frac{m}{M+m}\frac{l}{t}$$
$$=2+\frac{50}{500+50}\frac{11}{4}(\mathrm{m\cdot s^{-1}})$$
$$=2.25\ \mathrm{m\cdot s^{-1}}$$

(2) 由于人逆航行方向行走时，船以匀速率v前进，故船在t时间内的航行路程为

$$s=vt=2.25\times4\ \mathrm{m}=9\ \mathrm{m}$$

(3) 当人在船上以变速率逆航行方向行走，经t时间到达船尾时，由前面的解得到此时船速为

$$v=v_0+\frac{m}{M+m}u$$

式中u为人相对于船的速率，故船速为变速，视瞬时速率u而定.

在t时间内船相对地面航行的路程为

$$s=\int_0^t v\mathrm{d}t=\int_0^t v_0\,\mathrm{d}t+\frac{m}{M+m}\int_0^t u\mathrm{d}t$$
$$=v_0t+\frac{m}{M+m}l$$
$$=2\times4+\frac{50}{550}\times11(\mathrm{m})=9\ \mathrm{m}$$

这个结果与前面的计算结果是相同的.

例 2-9

一根长为l，质量均匀分布的链条平直放在光滑桌面上，开始时链条静止地搭在桌边，其中一端下垂，下垂部分长度为a，释放后链条开始下落，求链条下落到任意位置处的速度.

解　设链条线密度为λ，质量为M，有

$$\lambda=M/l$$

若t时刻下垂部分长度为x，质量为$m=\lambda x$，其所受重力为

$$F=mg=\lambda gx$$

桌上部分长度为$l-x$，所受重力和支承力相互抵消，因此，整个链条在下垂部分所受重力的作用下运动，按动量定理

$$F\mathrm{d}t=\mathrm{d}p=\mathrm{d}(Mv)$$
$$\lambda gx\mathrm{d}t=M\mathrm{d}v$$
$$\lambda gx=M\mathrm{d}v/\mathrm{d}t$$

两边同乘以$\mathrm{d}x$，有

$$\lambda gx\mathrm{d}x=M\mathrm{d}v\frac{\mathrm{d}x}{\mathrm{d}t}=Mv\mathrm{d}v$$

$t=0$时，$x_0=a$，$v_0=0$，下垂长度为x时速度为v，所以有

$$\int_a^x\lambda gx\,\mathrm{d}x=\int_0^v Mv\mathrm{d}v$$

$$Mv^2=\lambda g(x^2-a^2)=\frac{M}{l}g(x^2-a^2)$$

所以　$$v=\left[\frac{g}{l}(x^2-a^2)\right]^{\frac{1}{2}}$$

例 2-10

如图 2-14 所示，一节装矿砂的车厢以 $v=4\ \mathrm{m\cdot s^{-1}}$ 的速率从漏斗下通过，每秒落入车厢的矿砂为 $K=2\ 000\ \mathrm{kg\cdot s^{-1}}$，如果车厢的速率保持不变，必须施予车厢多大的牵引力（忽略车厢与地面的摩擦）.

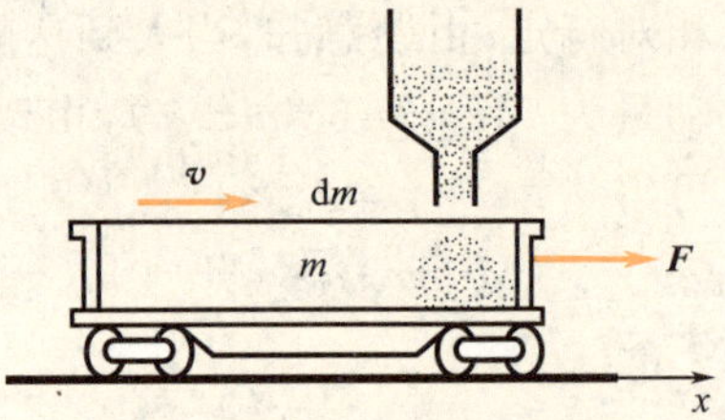

图 2-14 例 2-10 图

解 设 t 时刻已经落入车厢的矿砂质量为 m，经 $\mathrm{d}t$ 时刻后，又有 $\mathrm{d}m=K\mathrm{d}t$ 的矿砂落入车厢. 取 m 和 $\mathrm{d}m$ 为研究对象，则系统沿 x 方向的动量定理为

$$F\mathrm{d}t=(m+\mathrm{d}m)v-(mv+\mathrm{d}m\cdot 0)$$
$$=v\mathrm{d}m=Kv\mathrm{d}t$$

则

$$F=Kv$$

将 K,v 的值代入，可得

$$F=2\ 000\times 4\ \mathrm{N}=8\times 10^3\ \mathrm{N}$$

2.3.4 火箭发射原理

火箭是宇宙航行的运载工具. 火箭的飞行是质点系动量定理和动量守恒定律的应用实例. 竖立在发射架上的火箭在发射前总动量为零. 火箭在飞行时，燃料和氧化剂在燃烧室中燃烧后，从尾部喷管高速喷出，使火箭获得向上的动量，从而达到很大的飞行速度.

火箭推力的计算 设火箭在外层空间飞行，空气阻力和重力的影响忽略不计. 因为火箭是变质量系统，不同时刻的喷气相对于地面的速度不同，所以不能以过程的始末状态来考虑. 如图 2-15 所示，为计算推力，考察任一时刻 t 到 $t+\mathrm{d}t$ 之间的元过程. 设 t 时刻火箭的质量为 m，速度为 v. 经过 $\mathrm{d}t$ 时间，火箭向后喷出质量为 $\mathrm{d}m$ 的燃气，其喷出速度相对于火箭为 u. 在 $t+\mathrm{d}t$ 时刻，火箭的质量减为 $m-\mathrm{d}m$，速度增为 $v+\mathrm{d}v$，则燃气对地的速度为 $(v+\mathrm{d}v)-u$，所以燃气的动量变化为

$$(v+\mathrm{d}v-u)\mathrm{d}m-v\mathrm{d}m=-u\mathrm{d}m+\mathrm{d}m\mathrm{d}v\approx -u\mathrm{d}m$$

上式最后一个等式略去了二阶无穷小量 $\mathrm{d}m\mathrm{d}v$. 按动量定理，$-u\dfrac{\mathrm{d}m}{\mathrm{d}t}$ 就应等于燃气受到箭体的推力，而这个力的反作用力就是由于喷出燃气火箭受到的推力

$$F=u\frac{\mathrm{d}m}{\mathrm{d}t} \tag{2-20}$$

上式表明，火箭推力正比于喷气速度 u 和喷气质量流量 $\dfrac{\mathrm{d}m}{\mathrm{d}t}$. 例如，运载阿波罗登月飞船的火箭——土星 V 的第一级的 $u=2\ 500\ \mathrm{m\cdot s^{-1}}$，$\dfrac{\mathrm{d}m}{\mathrm{d}t}\approx 1.4\times 10^4\ \mathrm{kg\cdot s^{-1}}$，由上式可以算出推力为

$$F=3.5\times 10^7\ \mathrm{N}$$

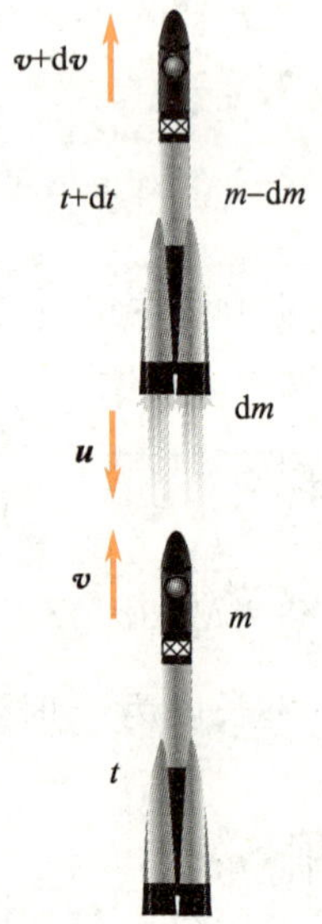

图 2-15 火箭发射原理

火箭的速度公式 由于忽略空气阻力和重力，火箭箭体和喷出的燃气组成的系统的动量守恒，因此有

$$mv=(m-\mathrm{d}m)(v+\mathrm{d}v)+\mathrm{d}m(v+\mathrm{d}v-u)$$

展开上式，可得

$$dv = u\frac{dm}{m}$$

设开始发射时，火箭质量为 m_0，初速为零，燃料烧完后火箭的质量为 m，达到的速度为 v，对上式积分，则有

$$\int_0^v dv = u\int_{m_0}^{m}\frac{dm}{m}$$

由此可得

$$v = -u\ln\frac{m_0}{m} \tag{2-21}$$

式中负号表示 v 与 u 方向相反.

上式表明，火箭在燃料烧完后所达到的速度与喷气速度成正比，也与火箭的始末质量比的自然对数成正比.

只有一个发动机的火箭叫单级火箭. 在目前技术条件下，一般火箭的喷气速度可达 2 500 $m \cdot s^{-1}$，要使火箭达到 7 900 $m \cdot s^{-1}$ 的第一宇宙速度，所需的质量比约为 24，而目前一般质量比只能达到 20. 为了克服技术上的困难，一般采用多级火箭技术. 当第一级火箭的燃料耗尽时，其壳体自动脱落，第二级接着点火，如此下去，直至最后一级，从而使被运载的卫星进入轨道. 设 $N_1, N_2, \cdots$ 为各级火箭的质量比，则各级火箭达到的速度大小应为

$$v_1 = u\ln N_1$$
$$v_2 - v_1 = u\ln N_2$$
$$v_3 - v_2 = u\ln N_3$$
$$\cdots\cdots$$

最后火箭达到的速度为

$$v = \sum_i u\ln N_i = u\ln(N_1 N_2 N_3 \cdots)$$

由于质量比大于 1，因而当火箭级数增加时，就可获得较高的速度. 例如，一个三级火箭的质量比 $N_1 = N_2 = N_3 = 5$，$u = 2\ 000\ m \cdot s^{-1}$，则火箭的最终速度可达到 9.66 $km \cdot s^{-1}$

中国是火箭的故乡，随着航天技术的发展，我国的运载火箭技术已达到世界先进水平. 图 2－16 是我国长征火箭系列中的一员，是捆绑式两级液体燃料火箭. 火箭长 49.68 m，直径为 3.35 m，总质量为 461 t，起飞质量为 600 t，能把 8.8～9.2 t 的有效载荷送入近地点轨道，适合于低轨道发射.

图 2－16　CZ－2E 火箭

§2.4　功和能　机械能守恒定律

上节中我们讨论了力的时间累积效应，得出了动量定理和动量守恒定律，为解决冲击、碰撞问题提供了便捷的途径. 这一节我们将讨论力的空间累积效应，并由此得出动能定理、功能原理和机械能守恒定律，它们同样能简捷地解决一些典型问题.

保守力的概念不仅在力学中广泛应用，而且在电磁学等其他领域也有重要的应用，读者应很好地掌握.

2.4.1 功　功率

一、恒力的功

在力学中，**功**(work)的最基本定义是恒力的功，如图 2-17 所示，一物体作直线运动，在恒力 $\boldsymbol{F}$ 作用下物体发生位移 $\Delta\boldsymbol{r}$，$\boldsymbol{F}$ 与 $\Delta\boldsymbol{r}$ 的夹角为 α，则定义**恒力 $\boldsymbol{F}$ 所做的功为：力在位移方向上的投影与该物体位移大小的乘积**. 若用 W 表示功，则有

$$W=F|\Delta\boldsymbol{r}|\cos\alpha$$

根据矢量标积的定义，上式可写为

$$W=\boldsymbol{F}\cdot\Delta\boldsymbol{r} \tag{2-22}$$

即**恒力的功等于力与物体位移的标积**.

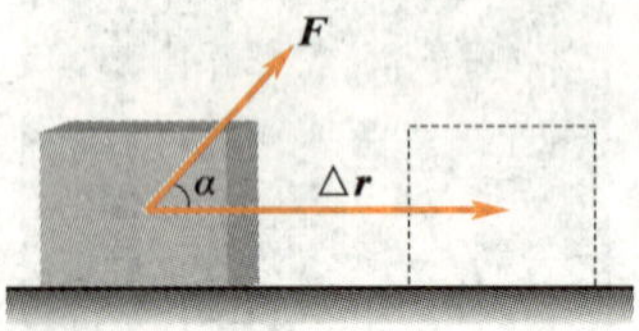

图 2-17　恒力的功

功是标量，其正负由 α 决定，当 $\alpha>\dfrac{\pi}{2}$ 时，功为负值，力对物体做负功，或说物体克服阻力做功；当 $\alpha<\dfrac{\pi}{2}$ 时，功为正值，力对物体做正功；当 $\alpha=\dfrac{\pi}{2}$ 时，功值为零，力对物体不做功，例如物体作曲线运动时法向力就不做功. 另外，因为位移的值与参考系有关，所以功值是个相对量.

二、变力的功

如果物体受到变力作用或作曲线运动，那么上面所讨论的功的定义式就不能直接套用. 但如果我们将运动的轨迹曲线分割成许许多多足够小的元位移 $\mathrm{d}\boldsymbol{r}$，使得每段元位移 $\mathrm{d}\boldsymbol{r}$ 中，作用在质点上的力 $\boldsymbol{F}$ 都能看成恒力(见图2-18)，则力 $\boldsymbol{F}$ 在这段元位移上所做的**元功** $\mathrm{d}W$ 为

$$\mathrm{d}W=\boldsymbol{F}\cdot\mathrm{d}\boldsymbol{r} \tag{2-23}$$

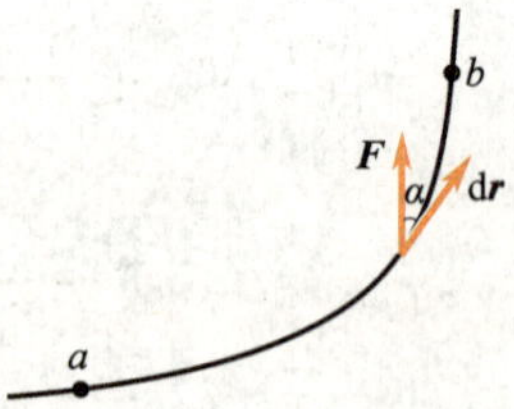

图 2-18　变力的功

力 $\boldsymbol{F}$ 在轨道 ab 上所做总功就等于所有元功的代数和，即

$$W=\int_a^b\boldsymbol{F}\cdot\mathrm{d}\boldsymbol{r}=\int_a^b F\cos\alpha\,|\mathrm{d}\boldsymbol{r}|$$
$$=\int_a^b F_t\mathrm{d}s$$

式中 $\mathrm{d}s=|\mathrm{d}\boldsymbol{r}|$，$F_t$ 是力 $\boldsymbol{F}$ 在元位移 $\mathrm{d}\boldsymbol{r}$ 方向上的投影. 这就是变力或所有力做功的定义式. 在直角坐标系中

$$\boldsymbol{F}=F_x\boldsymbol{i}+F_y\boldsymbol{j}+F_z\boldsymbol{k}$$
$$\mathrm{d}\boldsymbol{r}=\mathrm{d}x\boldsymbol{i}+\mathrm{d}y\boldsymbol{j}+\mathrm{d}z\boldsymbol{k}$$

(2-23)式可表示为

$$W=\int_a^b(F_x\mathrm{d}x+F_y\mathrm{d}y+F_z\mathrm{d}z)$$

$$=\int_{x_0}^{x}F_x\mathrm{d}x+\int_{y_0}^{y}F_y\mathrm{d}y+\int_{z_0}^{z}F_z\mathrm{d}z$$
$$=W_x+W_y+W_z \tag{2-24}$$

即力 $\boldsymbol{F}$ 对物体所做功等于各分力所做功的代数和.

若几个外力同时作用于物体时,合外力对物体所做的总功为各外力对物体做功的代数和,即

$$W=W_1+W_2+\cdots+W_n$$
$$=\int_{r_1}^{r_2}\boldsymbol{F}_1\cdot\mathrm{d}\boldsymbol{r}+\int_{r_1}^{r_2}\boldsymbol{F}_2\cdot\mathrm{d}\boldsymbol{r}+\cdots+\int_{r_1}^{r_2}\boldsymbol{F}_n\cdot\mathrm{d}\boldsymbol{r}$$
$$=\int_{r_1}^{r_2}(\boldsymbol{F}_1+\boldsymbol{F}_2+\cdots+\boldsymbol{F}_n)\cdot\mathrm{d}\boldsymbol{r}$$
$$=\int_{r_1}^{r_2}\boldsymbol{F}_{合}\cdot\mathrm{d}\boldsymbol{r} \tag{2-25}$$

功也可以用图解法计算.以路程 s 为横坐标,$F\cos\alpha$ 为纵坐标,根据 $\boldsymbol{F}$ 随路程的变化关系所描绘的曲线称为示功图.在图 2-19 中画有阴影的狭长矩形面积等于力 F 在 $\mathrm{d}s$ 上做的元功.曲线与边界线所围的面积就是变力 $\boldsymbol{F}$ 在整个路程上所做的总功.用示功图求功较直接方便,所以工程上常采用此方法.

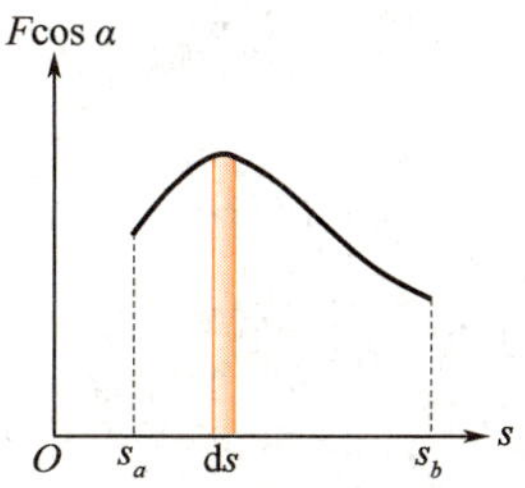

图 2-19　变力做功的示功图

三、功率

单位时间内的功称为功率(power).设 Δt 时间内完成功 ΔW,则这段时间的平均功率为

$$\overline{P}=\frac{\Delta W}{\Delta t} \tag{2-26}$$

当 $\Delta t\to 0$ 时,某一时刻的瞬时功率为

$$P=\lim_{\Delta t\to 0}\frac{\Delta W}{\Delta t}=\frac{\mathrm{d}W}{\mathrm{d}t}=\boldsymbol{F}\cdot\frac{\mathrm{d}\boldsymbol{r}}{\mathrm{d}t}=\boldsymbol{F}\cdot\boldsymbol{v} \tag{2-27}$$

即瞬时功率等于力和速度的标积(或称作点乘).

在国际单位制中,功的单位是焦耳(J),功率的单位是焦耳·秒$^{-1}$($\mathrm{J\cdot s^{-1}}$),称为瓦特(W).

四、一对相互作用力的功

下面我们来计算一对作用力与反作用力的功.

令 m_1,m_2 分别代表两个有相互作用的质点,它们相对于某一坐标系原点的位矢分别为 $\boldsymbol{r}_1$ 和 $\boldsymbol{r}_2$(见图 2-20).在某一段时间内,二者分别发生了位移 $\mathrm{d}\boldsymbol{r}_1$ 和 $\mathrm{d}\boldsymbol{r}_2$.以 $\boldsymbol{f}_1$ 和 $\boldsymbol{f}_2$ 分别表示 m_1 和 m_2 相互受对方的作用力,显然,$\boldsymbol{f}_1$ 和 $\boldsymbol{f}_2$ 是一对作用力与反作用力.在这段时间内,这一对力做功之和为

$$\mathrm{d}W=\boldsymbol{f}_1\cdot\mathrm{d}\boldsymbol{r}_1+\boldsymbol{f}_2\cdot\mathrm{d}\boldsymbol{r}_2$$

由于

$$\boldsymbol{f}_1=-\boldsymbol{f}_2$$

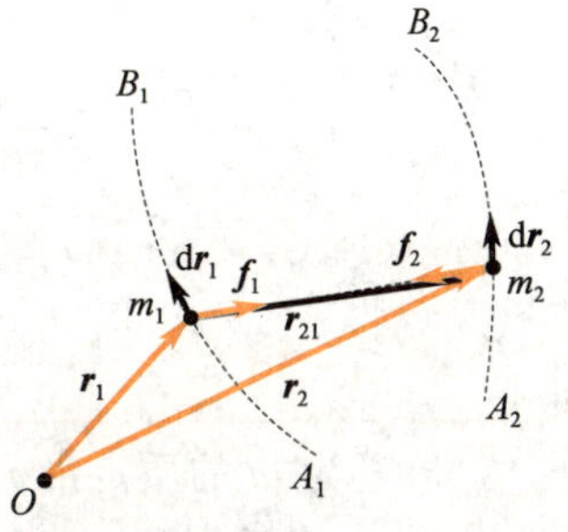

图 2-20　一对相互作用力的功

所以

$$dW=f_2\cdot(d\boldsymbol{r}_2-d\boldsymbol{r}_1)=\boldsymbol{f}_2\cdot d(\boldsymbol{r}_2-\boldsymbol{r}_1)$$

由于 $\boldsymbol{r}_2-\boldsymbol{r}_1=\boldsymbol{r}_{21}$ 是 m_2 相对于 m_1 的位矢，所以

$$dW=\boldsymbol{f}_2\cdot d\boldsymbol{r}_{21} \tag{2-28}$$

其中 $d\boldsymbol{r}_{21}$ 为 m_2 相对于 m_1 的元位移. 这一结果说明两个质点间的相互作用力所做的元功之和等于其中一个质点所受的力和此质点相对于另一质点的元位移的标积. 当 $|d\boldsymbol{r}_{21}|=0$（m_2 与 m_1 相对位移为零）或 $\boldsymbol{f}_2$ 与 $d\boldsymbol{r}_{21}$ 垂直时，这一对相互作用力所做的功为零；否则，当 $|d\boldsymbol{r}_{21}|\neq0$，即两质点间存在相对位移时，一对相互作用力做的功则不为零.

如果我们把上述两个质点的初始位置状态（m_1 在 A_1，m_2 在 A_2）记作初位形 A，经过一段时间以后二者的位置状态（m_1 在 B_1，m_2 在 B_2）记作末位形 B，则从初位形 A 运动到末位形 B 时，它们之间的相互作用力做的总功就是

$$W_{AB}=\int_A^B dW=\int_A^B f_2\cdot dr_{21} \tag{2-29}$$

这一结果说明，**两质点间的"一对力"所做功之和等于其中一个质点受的力沿着该质点相对于另一质点所移动的路径所做的功**. 这就是说，一对力所做的功只决定于两质点的相对路径，因而也就和确定两质点的位置时所选的参考系无关. 这是任何一对作用力和反作用力所做的功之和的重要特点.

根据这一特点，就可以按下述方法计算一对力的功：认为一个质点（如图中的 m_1）静止而以它所在的位置为坐标原点，再计算另一质点在此坐标系中运动时它所受的力所做的功. 这样用一个力计算出来的功，也就等于相应的一对力所做的功之和. 例如，质量为 m 的物体在地面以上下落高度 h 时，它受的重力与地球受它的引力这一对力做的功之和就等于 mgh. 又如一个物体沿斜面下滑时，它和斜面间相互作用的一对压力 $\boldsymbol{N}$ 和 $\boldsymbol{N}'$ 所做功之和恒等于零，一个物体在另一个物体表面滑动时，它们之间相互作用的一对摩擦力 $\boldsymbol{f}$ 和 $\boldsymbol{f}'$ 所做功之和就等于其中一个力和两物体相对位移的乘积而总为负值.

例 2-11

质量为 m 的质点沿 x 轴做直线运动，受力 $\boldsymbol{F}=bt\boldsymbol{i}$（式中 b 为正的常量），设 $t=0$ 时，$x=x_0$，$v=v_0=0$. 求质点从 x_0 运动到 x 处时 F 所做的功（用 x 的函数表示）.

解 由元功的定义式有

$$dW=\boldsymbol{F}\cdot d\boldsymbol{r}=bt\boldsymbol{i}\cdot dx\boldsymbol{i}=bt\,dx$$

注意到式中有两个自变量 x 和 t，因此，在具体计算之前应先统一变量，将 t 表成 x 的函数.

由牛顿第二定律得

$$a=\frac{dv}{dt}=\frac{b}{m}t$$

分离变量后积分得

$$\int_0^v dv=\int_0^t \frac{b}{m}t\,dt$$

得

$$v=\frac{1}{2m}bt^2$$

由 $v=\frac{dx}{dt}$，得

$$\int_0^x dx=\int_0^t v\,dt=\int_0^t \frac{1}{2m}bt^2\,dt$$

解之得

$$x-x_0=\frac{1}{6}\frac{b}{m}t^3$$

即

$$t=\left[\frac{6m}{b}(x-x_0)\right]^{1/3}$$

于是力的总功为

$$\begin{aligned}W&=\int dW=\int bt\,dx\\&=\int_{x_0}^{x} b\left[\frac{6m}{b}(x-x_0)\right]^{1/3}dx\\&=\frac{b^2}{8m}\left[\frac{6m(x-x_0)}{b}\right]^{4/3}\end{aligned}$$

例 2-12

一个质点的运动轨道为一抛物线 $x^2=4y$，作用在质点上的力为 $\boldsymbol{F}=2y\boldsymbol{i}+4\boldsymbol{j}$(N)，试求质点从 $x_1=-2$m 处运动到 $x_2=3$m 处力 $\boldsymbol{F}$ 所做的功.

解　由质点轨道方程知，对应于 x_1 和 x_2 的 y 坐标为 $y_1=1$m 和 $y_2=9/4$ m. 利用(2-23)式可得力 $\boldsymbol{F}$ 所做的功为

$$\begin{aligned}W&=\int_{x_1,y_1}^{x_2,y_2}(F_x dx+F_y dy)\\&=\int_{x_1}^{x_2}2y\,dx+\int_{y_1}^{y_2}4\,dy\\&=\int_{-2}^{3}\frac{x^2}{2}dx+\int_1^{9/4}4\,dy=10.8\ \text{J}\end{aligned}$$

2.4.2　质点的动能定理

质点质量为 m，速度为 v 时，它的**动能**(kinetic energy)为

$$E_k=\frac{1}{2}mv^2$$

物体的动能是一个相对量，由于运动的相对性，速度 v 只有相对的意义，故动能也只有相对的意义.

根据牛顿第二定律，作用在质点上的力 $\boldsymbol{F}$ 可以表示为

$$\boldsymbol{F}=m\boldsymbol{a}=m\frac{d\boldsymbol{v}}{dt}$$

将该式代入元功的定义(2-23)式得

$$dW=m\frac{d\boldsymbol{v}}{dt}\cdot d\boldsymbol{r}=m\,d\boldsymbol{v}\cdot\frac{d\boldsymbol{r}}{dt}=m\boldsymbol{v}\cdot d\boldsymbol{v}$$

又因

$$d(v^2)=d(\boldsymbol{v}\cdot\boldsymbol{v})=d\boldsymbol{v}\cdot\boldsymbol{v}+\boldsymbol{v}\cdot d\boldsymbol{v}=2\boldsymbol{v}\cdot d\boldsymbol{v}$$

故元功可以改写为

$$dW=\frac{1}{2}md(v^2)=d\left(\frac{1}{2}mv^2\right)$$

对上式积分，并设质点在位置 $\boldsymbol{r}_1$ 时对应的初速度为 $\boldsymbol{v}_1$，在位置 $\boldsymbol{r}_2$ 时对应的末速度为 $\boldsymbol{v}_2$，则可得

$$W=\int dW=\int_{v_1}^{v_2}d\left(\frac{1}{2}mv^2\right)=\frac{1}{2}mv_2^2-\frac{1}{2}mv_1^2$$

质点在初始时刻的动能 $E_{k1}=\frac{1}{2}mv_1{}^2$，称为初动能，在末了时刻的动能 $E_{k2}=\frac{1}{2}mv_2^2$，称为末动能. 因而上式可写为

$$W=E_{k2}-E_{k1} \tag{2-30}$$

即合力对质点所做的功等于质点动能的增量，这就是质点**动能定理**(theorem of kinetic energy). 它给出了合力对质点做功与质点运动状态变化的关系.

动能的单位与功的单位相同，但动能和功是两个不同的概念. 从动能定理的导出可以看出，动能是一个状态量，是运动质点自身所具有的量，而功则是一个过程作用量，与质点自身没有必然的联系，它不仅与力的大小和方向有关，还与质点运动的路径有关. 功和能由动能定理联系在一起，是质点与外界交换能量的桥梁. 当合力做正功时，质点的动能增加，合力做负功时，质点的动能减小，从这个意义上来说，**功是质点动能变化的量度**. 反过来看，**动能是运动物体对外做功能力的量度**. 因此，本质上来讲，**做功意味着物体之间发生能量转移**.

例 2 - 13

一质量为 10 kg 的物体沿 x 轴无摩擦地滑动，$t=0$ 时物体静止于原点，(1)若物体在力 $F=(3+4t)$ (N)的作用下运动了 3 s，它的速度增为多大？(2)物体在力 $F=(3+4x)$ (N)的作用下移动了3 m，它的速度增为多大？

解 (1) 由动量定理 $\int_0^t F dt = mv$，得

$$v=\int_0^t \frac{F}{m}dt=\int_0^3 \frac{3+4t}{10}dt$$
$$=2.7\ \mathrm{m\cdot s^{-1}}$$

(2) 由动能定理 $\int_0^x F dx=\frac{1}{2}mv^2$，得

$$v=\sqrt{\int_0^x \frac{2F}{m}dx}=\sqrt{\int_0^3 \frac{2(3+4x)}{10}dx}$$
$$=2.3\ \mathrm{m\cdot s^{-1}}$$

2.4.3 质点系的功能原理

对于质点系而言，也应有确定的功能关系. 但由于质点系既有内力，也有外力，因而力所做的功包括所有内力和外力的功. 在这些

力当中,有一类力——保守力——具有非常特殊的性质,它在质点系的功能关系中扮演着重要的角色,因此,我们首先引入保守力的概念.

一、保守力的功

1. 重力的功

质量为 m 的物体在地球表面附近(重力加速度 g 不变)从 a 经 c 到 b,如图2-21所示. 重力对物体的任一元位移所做元功为

$$\begin{aligned}\mathrm{d}W &= \boldsymbol{F}\cdot\mathrm{d}\boldsymbol{r} = -mg\boldsymbol{j}\cdot(\mathrm{d}x\boldsymbol{i}+\mathrm{d}y\boldsymbol{j}) \\ &= -mg\mathrm{d}y\end{aligned}$$

物体从 $a\to c\to b$,重力做的总功为

$$W = \int_{y_a}^{y_b} -mg\,\mathrm{d}y = -(mgy_b - mgy_a) \tag{2-31}$$

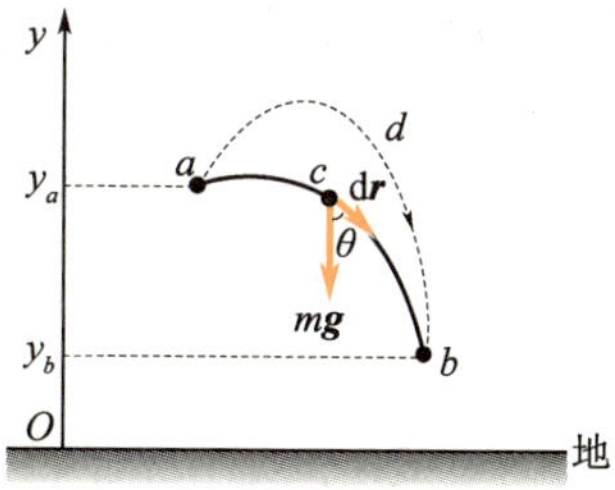

图 2-21　重力的功

不论物体从 $a\to c\to b$,还是从 $a\to d\to b$,或其他路径,只要始末位置不变,重力的功就都相同,也就是说重力做功与路径无关,只与始末位置有关.

2. 弹性力的功

如图 2-22 所示,劲度系数为 k 的轻质弹簧水平放置,一端固定,一端系一小球,以平衡位置为坐标原点. 小球在任一位置受弹簧弹性力

$$\boldsymbol{F} = -kx\boldsymbol{i}$$

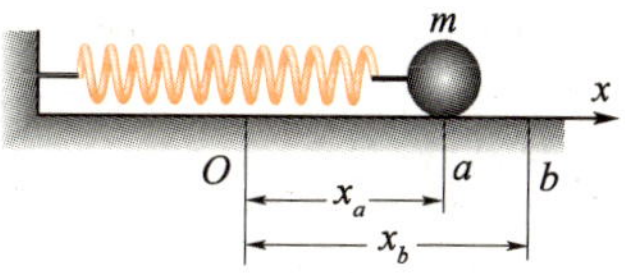

图 2-22　弹性力的功

对元位移的元功为

$$\mathrm{d}W = \boldsymbol{F}\cdot\mathrm{d}\boldsymbol{r} = -kx\boldsymbol{i}\cdot\mathrm{d}x\boldsymbol{i} = -kx\mathrm{d}x$$

小球从位置 a 到 b,弹性力做功为

$$W = \int \mathrm{d}W = \int_{x_a}^{x_b} -kx\,\mathrm{d}x = -\left(\frac{1}{2}kx_b^2 - \frac{1}{2}kx_a^2\right) \tag{2-32}$$

显然功 W 只与 a,b 位置有关,与小球运动路径无关.

3. 万有引力的功

两物体质量相差较悬殊时,可以看作一个运动质点受来自于固定质点(或以该质点为参考系)的万有引力作用.

如图 2-23 所示,m 受 M 的引力为

$$\boldsymbol{F} = -G\frac{Mm}{r^3}\boldsymbol{r}$$

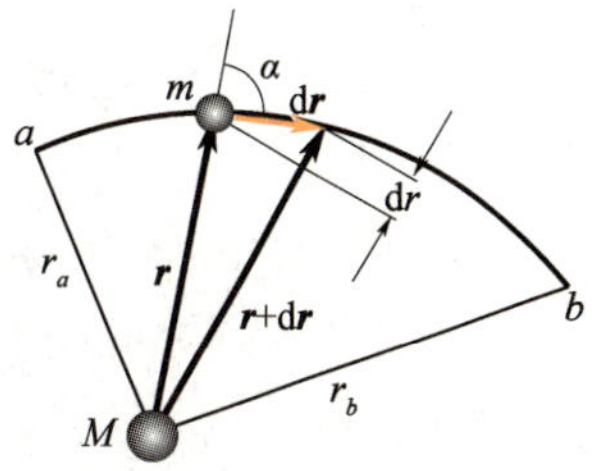

图 2-23　万有引力的功

m 位移 $\mathrm{d}\boldsymbol{r}$,引力所做元功为

$$\mathrm{d}W = \boldsymbol{F}\cdot\mathrm{d}\boldsymbol{r} = -G\frac{Mm}{r^3}\boldsymbol{r}\cdot\mathrm{d}\boldsymbol{r}$$

因为 $\boldsymbol{r}\cdot\mathrm{d}\boldsymbol{r} = r|\mathrm{d}\boldsymbol{r}|\cos\alpha = r\mathrm{d}r$(注意:$|\mathrm{d}\boldsymbol{r}| \neq \mathrm{d}r$),所以 m 从 a 运动到 b,万有引力对 m 做功为

$$W = \int \mathrm{d}W = \int_{r_a}^{r_b} -G\frac{Mm}{r^3}r\mathrm{d}r = -GMm\int_{r_a}^{r_b}\frac{\mathrm{d}r}{r^2}$$

$$=-\left[\left(-G\frac{Mm}{r_b}\right)-\left(-G\frac{Mm}{r_a}\right)\right] \tag{2-33}$$

同样看到万有引力做功与物体运动路径无关,只取决于物体的始末位置.

重力、弹性力、万有引力(还有静电力、分子力等)都有一个共同特点:**它们对物体所做的功与路径无关,只由物体始末位置所决定.**

若物体沿任一闭合路径运动一周力所做的功为零,即$\oint_L \boldsymbol{F}\cdot \mathrm{d}\boldsymbol{r}=0$(等价于做功与路径无关),则这类力称为**保守力**(conservative force).而那些做功与路径相关的力如摩擦力、黏滞力、流体阻力、爆炸力等,称为非保守力或耗散力.

二、势能

在第1章已指出,描述质点机械运动状态的参量是位矢 $\boldsymbol{r}$ 和速度$\boldsymbol{v}$.对应于状态参量$\boldsymbol{v}$我们引入了动能 $E_\mathrm{k}=E_\mathrm{k}(v)$,那么对应于状态参量 $\boldsymbol{r}$,我们能引入什么样的能量形式呢? 下面讨论这个问题.

在前面的讨论中已指出,保守力做功与质点运动的路径无关,仅取决于相互作用的两物体初态和终态的相对位置.如重力、弹性力、万有引力的功分别为

$$W_{重}=-(mgy_b-mgy_a)$$

$$W_{弹}=-\left(\frac{1}{2}kx_b^2-\frac{1}{2}kx_a^2\right)$$

$$W_{引}=-\left[\left(-G\frac{mM}{r_b}\right)-\left(-G\frac{mM}{r_a}\right)\right]$$

可以看出,保守力做功的结果总是等于一个由相对位置决定的函数增量的负值(或减少).而功总是与能量的改变量相联系的.因此,上述由相对位置决定的函数必定是某种能量的函数形式.我们将其称为**势能函数**,简称**势能**(potential energy),用 E_p 表示,即

$$\int_1^2 \boldsymbol{F}_{保}\cdot \mathrm{d}\boldsymbol{r}=-(E_{\mathrm{p}2}-E_{\mathrm{p}1})=-\Delta E_\mathrm{p} \tag{2-34}$$

(2-34)式定义的只是势能之差,而不是势能本身.为了定义势能,可以将(2-34)式的定积分改写为不定积分,即

$$E_\mathrm{p}=-\int \boldsymbol{F}_{保}\cdot \mathrm{d}\boldsymbol{r}+c \tag{2-35}$$

式中 c 是一个由系统零势能位置决定的积分常数.

(2-35)式表明只要已知一种保守力的力函数,即可求出与之相应的势能.例如,已知万有引力的力函数为

$$\boldsymbol{F}=-G\frac{mM}{r^2}\boldsymbol{r}_0$$

那么由(2-35)式知,与万有引力相对应的势能函数形式为

$$E_{\mathrm{p}引}=-\int -G\frac{mM}{r^2}\boldsymbol{r}_0\cdot \mathrm{d}\boldsymbol{r}+c=-G\frac{mM}{r}+c$$

如令 $r\to\infty$ 时 $E_{p引}=0$，则 $c=0$. 即取无穷远处为引力势能零点时，引力势能函数为

$$E_{p引}=-G\frac{mM}{r} \tag{2-36}$$

读者自己可以证明：若取离地面高度 $y=0$ 的点为重力势能零点(此时 $c=0$)，则重力势能函数为

$$E_{p重}=mgy \tag{2-37}$$

对于弹簧弹性力，若取弹簧自然伸长处为坐标原点和弹性势能零点(此时 $c=0$)，则弹性势能函数为

$$E_{p弹}=\frac{1}{2}kx^2 \tag{2-38}$$

有关势能的概念，要特别注意以下几点：

(1) 势能是相对量，其值与零势能参考点的选择有关. 势能零点选得不同，势能的值也不同，但两点间的势能差值仍不变. 由于保守力做功等于势能的改变，因而真正有意义的是势能之差而不是势能函数本身，因此势能的零点原则上可任选，以使势能函数的表达式最为简单.

(2) 势能为相互作用的物体所共有，例如重力势能属于物体和地球组成的系统；万有引力势能为两个以万有引力相互作用的物体所共有.

(3) 保守力做功等于势能的减少，因而保守力做功与势能的改变不能重复计算，例如计算了重力做功，就不要再计算重力势能的改变，考虑了弹性势能的变化，就不要再考虑弹性力做功.

(4) 只有保守力才能引入势能的概念，非保守力(如摩擦力，磁场力等)则不能引入势能的概念.

*三、势能曲线

将势能随相对位置变化的函数关系用一条曲线描绘出来，就是势能曲线. 图 2－24 中(a)、(b)、(c)分别给出的就是重力势能、弹性势能及引力势能的势能曲线.

势能曲线可给我们提供多种信息：

(1) 质点在轨道上任一位置时，系统所具有的势能值.

(2) 势能曲线上任一点的斜率($\mathrm{d}E_p/\mathrm{d}l$)的负值，表示质点在该处所受的保守力.

设有一保守系统，其中一质点沿 x 方向作一维运动，将(2－35)式两边微分，有

$$\mathrm{d}E_p=-F(x)\mathrm{d}x$$

则

$$F(x)=-\frac{\mathrm{d}E_p}{\mathrm{d}x} \tag{2-39}$$

(3) 势能曲线的极值点为平衡位置.

由(2－39)式可知，凡势能曲线有极值时，即曲线斜率为零处，其受力为

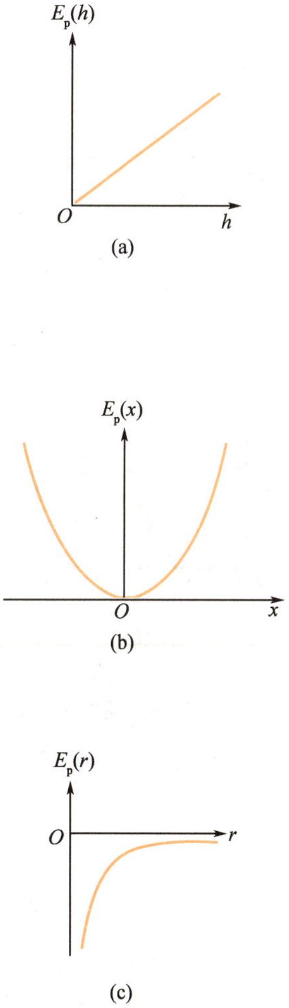

图 2－24　势能曲线

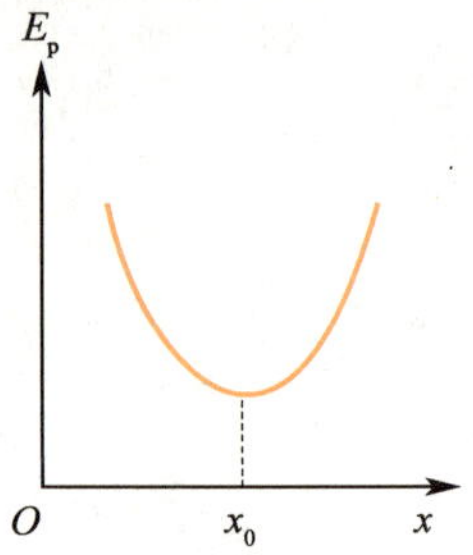

(a) 稳定

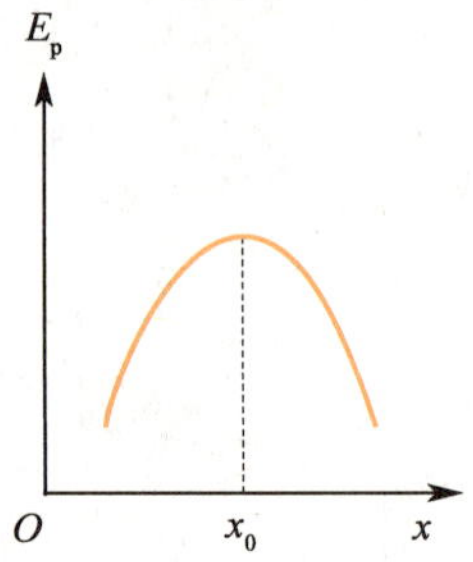

(b) 不稳定

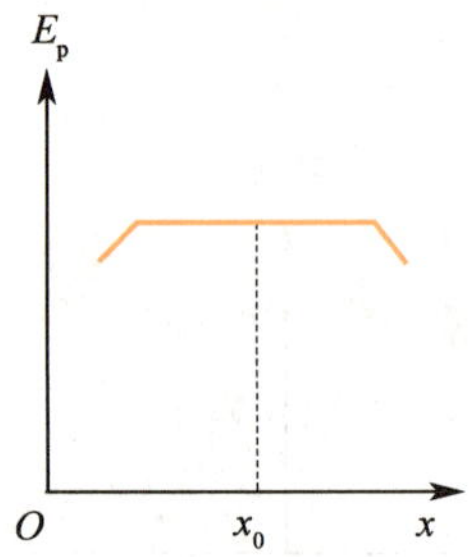

(c) 随遇

图 2－25　势能曲线的极值点与平衡位置的对应关系

零. 这些位置即为平衡位置. 进一步的理论指出，势能曲线极大值的位置对应非稳定平衡位置，势能曲线极小值的位置则对应稳定平衡位置，如图 2－25 所示.

若质点作三维运动，则有

$$\boldsymbol{F}=F_x\boldsymbol{i}+F_y\boldsymbol{j}+F_z\boldsymbol{k}=-\left(\frac{\partial E_p}{\partial x}\boldsymbol{i}+\frac{\partial E_p}{\partial y}\boldsymbol{j}+\frac{\partial E_p}{\partial z}\boldsymbol{k}\right) \tag{2-40}$$

这是直角坐标系中由势能函数求保守力的一般式.

四、质点系的功能原理

将几个相互作用的质点作为一个系统，第 i 个质点受的力既有内力也有外力，它们的合力所做的功为 W_i，根据质点动能定理有

$$W_i=E_{ki}-E_{ki0}$$

系统中所有质点所受力做的功为

$$\sum_{i=1}^{n}W_i=\sum_{i=1}^{n}E_{ki}-\sum_{i=1}^{n}E_{ki0}$$

$\sum\limits_{i=1}^{n}W_i$ 可以分为系统内力的功 $W_{内}$ 和系统外力的功 $W_{外}$. $\sum\limits_{i=1}^{n}E_{ki0}$，$\sum\limits_{i=1}^{n}E_{ki}$ 分别是系统初态动能 E_{k0} 和终态动能 E_k，则有

$$W_{外}+W_{内}=E_k-E_{k0} \tag{2-41}$$

即所有外力对系统做的功与系统内力对系统各质点所做的功之和等于系统总动能的增量. 这就是**质点系的动能定理**.

$W_{内}$ 可分解为保守内力的功和非保守内力的功，即 $W_{内}=W_{保内}+W_{非保内}$，由于保守力的功等于势能增量的负值，(2－41)式可写作

$$W_{外}+W_{非保内}+[-(E_p-E_{p0})]=E_k-E_{k0}$$

即

$$W_{外}+W_{非保内}=(E_k+E_p)-(E_{k0}+E_{p0})$$

动能 E_k 与势能 E_p 之和称为**机械能**(mechanical energy)E，故

$$W_{外}+W_{非保内}=E-E_0 \tag{2-42}$$

这就是质点系的**功能原理：质点系受到的所有外力的功和质点系非保守内力的功的总和等于质点系机械能的增量**.

2.4.4 机械能守恒定律与能量守恒定律

由(2－42)式，当质点系满足 $W_{外}+W_{非保内}=0$ 时

$$E=E_0$$

即

$$E_k+E_p=E_{k0}+E_{p0}=常量 \tag{2-43}$$

这就是**机械能守恒定律：在只有保守力做功的条件下，系统动能和势能可以互相转换，但其总和保持不变**.

机械能守恒定律只适用于惯性系，因为在非惯性系中惯性力可

能做功，并且由于位移与参考系的选择相关，对一个参考系 $W_{外}=0$，对另一参考系可能 $W_{外}\neq 0$，因此机械能是否守恒与参考系的选择有关.

如果系统与外界不发生物质和能量交换，这系统称为**孤立系统**. 大量事实证明，在孤立系统内，无论发生什么变化过程，各种形式的能量（如内能、电磁能、化学能、生物能及核能等）均可互相转化，但系统总能量保持不变. 非保守内力做功之所以导致机械能不守恒，是由于系统内部发生了机械能和其他形式的能量转换，如摩擦力做功使机械能变成了热能. 能量不可能创造，也不可能消灭，只能从一种形式转变为另一种形式或从系统内的一个物体传给另一物体.

在一个孤立系统内，无论发生何种变化过程，各种形式的能量之间无论怎样转换，系统的总能量将保持不变. 这就是**能量守恒定律**.

能量守恒定律是自然界中的普遍规律. 它不仅适用于物质的机械运动、热运动、电磁运动、核子运动等物理运动形式，而且也适用于化学运动、生物运动等其他运动形式. 由于运动是物质的存在形式，而能量又是物质运动的度量，因此，能量守恒定律有更深刻的含义，即**运动既不能消灭也不能创造，它只能由一种形式转换为另一种形式**. 能量的守恒在数量上体现了运动的守恒.

为了对能量有个量的概念，表 2.1 列出了一些典型的能量值.

表 2.1　一些典型的能量值　　单位:J

太阳的总核能	约 1×10^{45}
地球上矿物燃料总储能	约 2×10^{23}
1994 年彗木相撞释放总能量	约 1.8×10^{23}
1999 年我国全年发电量	4.1×10^{18}
1976 年唐山大地震	约 1×10^{18}
1 kg 物质-反物质湮灭	9.0×10^{16}
百万吨级氢弹爆炸	4.4×10^{15}
1 kg 铀裂变	8.2×10^{13}
一次闪电	约 1×10^{9}
1 kg 汽油燃烧	1.3×10^{8}
1 人每日需要	约 1.3×10^{7}
1 kgTNT 爆炸	4.6×10^{6}
1 个馒头提供	2×10^{6}
地球表面每平方米每秒接受太阳能	1×10^{3}
一次引体向上	约 3×10^{2}
一个电子的静止能量	8.2×10^{-14}
一个氢原子的电离能	2.2×10^{-18}
一个黄色光子	3.4×10^{-19}
HCl 分子的振动能	2.9×10^{-20}

例 2-14

如图 2-26 所示，一雪橇从一山顶上的 A 点沿积雪山坡下滑，A 点对谷底的高度 $h_1=25\ \text{m}$，雪橇与积雪的摩擦系数 $\mu=0.05$，如果该雪橇要达到另一山顶 B 点，其高度 $h_2=35\ \text{m}$，A,B 两点的水平距离 $s=50\ \text{m}$，问雪橇在 A 点至少必须具有多大的速度？

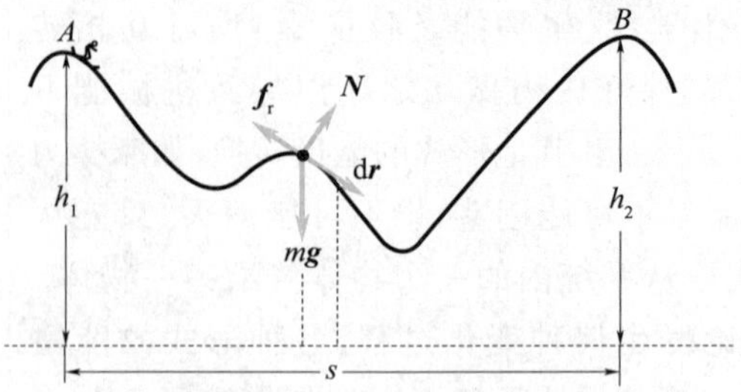

图 2-26　滑雪中的功能原理

解　把雪橇和地球视为一个系统，则重力和摩擦阻力是系统的内力，前者为保守力，后者为非保守力，支承力 N 也是系统的内力，但不做功. 设摩擦阻力做功为 W_r，按题意 $v_B=0$，利用功能原理，得雪橇在始末位置 A 点和 B 点的状态参量满足的关系

$$W_r=mgh_2-\left(\frac{1}{2}mv_A^2+mgh_1\right) \qquad ①$$

下滑过程中摩擦力做功为

$$W_r=\int \boldsymbol{f}\cdot \mathrm{d}\boldsymbol{r}=-\int_A^B f_r\mathrm{d}r=-\int_A^B \mu mg\sin\theta \mathrm{d}r$$

其中 θ 为 $\mathrm{d}\boldsymbol{r}$ 与重力 $m\boldsymbol{g}$ 之间的夹角，如图 2-26 所示，而 $\sin\theta\mathrm{d}r=\mathrm{d}s$，故有

$$W_r=-\int_0^s \mu mg\,\mathrm{d}s=-\mu mgs$$

把 W_r 代入①式，可得

$$-\mu mgs=mg(h_2-h_1)-\frac{1}{2}mv_A^2$$

$$v_A=\sqrt{2g(\mu s+h_2-h_1)}$$

将已知数据代入，可得雪橇在 A 点的最小速度的大小应为 $v_A=15.65\ \text{m}\cdot\text{s}^{-1}$.

例 2-15

试分析航天器的三种宇宙速度.

解　(1) 第一宇宙速度. 航天器绕地球运动所需的最小速度称为第一宇宙速度. 以地心为原点，航天器在距地心为 r 处绕地球作圆周运动的速度为 v_1，地球引力为航天器提供向心力，则有

$$G\frac{mM_{地}}{r^2}=m\frac{v_1^2}{r}$$

$$v_1=\sqrt{G\frac{M_{地}}{r}}=\sqrt{\frac{R^2}{r}g_0}$$

式中 $g_0=G\frac{M_{地}}{R^2}$ 为地球表面处的重力加速度. 若 $r=R$，则

$$v_1=\sqrt{Rg_0}\approx 7.9\ \text{km}\cdot\text{s}^{-1}$$

这就是第一宇宙速度.

(2) 第二宇宙速度. 在地球表面处的航天器要脱离地球引力范围而必须具有的最小速度，称为第二宇宙速度. 以地球和航天器为一系统，航天器在地球表面处的引力势能为 $-G\frac{mM_{地}}{R}$，动能为 $\frac{1}{2}mv_2^2$，航天器能脱离地球时，地球的引力可忽略不计，系统势能为

零，动能的最小量为零，由机械能守恒定律，有

$$\frac{1}{2}mv_2{}^2-G\frac{mM_{地}}{R}=0$$

$$v_2=\sqrt{2Rg_0}=\sqrt{2}v_1\approx 11.2\ \mathrm{km}\cdot\mathrm{s}^{-1}$$

这就是第二宇宙速度.

*(3) 第三宇宙速度. 在地球表面发射的航天器，能逃逸出太阳系所必需的最小速度，称为第三宇宙速度. 作为近似处理可分两步进行：第一步，从地球表面把航天器送出地球引力圈，在此过程中略去太阳引力，这一步的计算方法与分析第二宇宙速度类似，所不同的是航天器还必须有剩余动能 $\frac{1}{2}mv^2$，因此有

$$\frac{1}{2}mv_3{}^2-G\frac{mM_{地}}{R}=\frac{1}{2}mv^2$$

由前讨论知：$G\frac{mM_{地}}{R}=\frac{1}{2}mv_2{}^2$，代入上式有

$$v_3{}^2=v_2{}^2+v^2$$

第二步，航天器由脱离地球引力圈的地点(近似为地球相对于太阳的轨道上)出发，继续运动，逃离太阳系，在此过程中，忽略地球的引力. 以太阳为参考系，地球绕太阳的公转速度(相当于计算地球相对于太阳的第一宇宙速度)为

$$v_1{}'=\sqrt{G\frac{M_{太}}{r_0}}\approx 30\ \mathrm{km}\cdot\mathrm{s}^{-1}$$

式中 $M_{太}$ 为太阳的质量，r_0 为太阳中心到地球中心的距离. 以太阳参考系计算，逃离太阳引力范围所需的速度(相当于计算地球相对于太阳的第二宇宙速度)，即

$$\frac{1}{2}mv_2{}'^2-G\frac{mM_{太}}{r_0}=0$$

$$v_2{}'=\sqrt{\frac{2GM_{太}}{r_0}}=\sqrt{2}v_1{}'=42\ \mathrm{km}\cdot\mathrm{s}^{-1}$$

为了充分利用地球的公转速度，使航天器在第二步开始时的速度沿地球绕太阳公转方向，这样，在第二步开始时，航天器所需的相对地球速度为

$$v=v_2{}'-v_1{}'=12\ \mathrm{km}\cdot\mathrm{s}^{-1}$$

这就是第一步航天器所需的剩余动能所对应的速度. 因此

$$v_3{}^2=v_2{}^2+v^2=(11.2)^2+(12^2)=(16.4)^2$$

即

$$v_3=16.4\ \mathrm{km}\cdot\mathrm{s}^{-1}$$

这就是第三宇宙速度.

以上三种宇宙速度仅为理论上的最小速度，没有考虑空气阻力的影响.

本章提要

1. 牛顿运动定律

第一定律　惯性和力的概念

第二定律　$\boldsymbol{F}=\frac{\mathrm{d}\boldsymbol{p}}{\mathrm{d}t}$　　$\boldsymbol{p}=m\boldsymbol{v}$

当 m = 常量时　$\boldsymbol{F}=m\boldsymbol{a}$

第三定律　$\boldsymbol{F}_{12}=-\boldsymbol{F}_{21}$

2. 解题方法——隔离体法

隔离体⟶受力图⟶选坐标⟶列方程⟶文字解

3. *惯性力

在平动加速参考系中　$\boldsymbol{F}_i=-m\boldsymbol{a}$

在转动参考系中　惯性离心力

$$F_i=m\omega^2R$$

4. 动量定理及动量守恒定律

动量定理　　$\boldsymbol{F}\mathrm{d}t=\mathrm{d}\boldsymbol{p}$

$$\int_t\boldsymbol{F}\mathrm{d}t=\boldsymbol{p}-\boldsymbol{p}_0$$

动量守恒定律　当合外力 $\boldsymbol{F}=0$ 时，$\boldsymbol{p}=\boldsymbol{p}_0$ = 常矢量

注意：某方向合外力为零时，该方向上动量守恒.

5. 功和功率

功　$\mathrm{d}W=\boldsymbol{F}\cdot\mathrm{d}\boldsymbol{r}$　$W_{ab}=\int_a^b\boldsymbol{F}\cdot\mathrm{d}\boldsymbol{r}$

功率　　$P=\frac{dW}{dt}=\boldsymbol{F}\cdot\boldsymbol{v}$

6. 保守力及势能

保守力：做功与路经无关或沿闭合路径移动一周做功为零

势能：弹性势能　$E_p=\frac{1}{2}kx^2$

重力势能　$E_p=mgh$

引力势能　$E_p=-G\frac{m_1m_2}{r}$

保守力做功等于势能的减少

$$W_{保}=E_{p_1}-E_{p_2}$$

7. 功能关系

质点的动能定理

$$W=\frac{1}{2}mv_2{}^2-\frac{1}{2}mv_1{}^2$$

质点系的功能原理

$$W_{外}+W_{非保内}=E_2-E_1$$

其中　　$E=E_k+E_p$

当 $W_{外}+W_{非保内}=0$ 时，机械能守恒

$$E_2=E_1=常量$$

阅读材料(二)　混沌——确定论系统中的"随机行为"

一、线性系统与非线性系统

从 17 世纪开始，以牛顿运动定律为基础建立起来的经典力学体系，无论在自然科学还是工程技术领域都取得了巨大成功. 上至星移斗转，下至车船行驶，大至日月星辰，小至原子微粒，都有牛顿力学的用武之地. 然而，牛顿运动定律的魅力更在于它的"确定性". 即只要知道了物体的受力情况及它的初始条件，那么这个物体的"过去，现在，未来"等一切都在掌握之中. 1757 年哈雷彗星在预定的时间回归，1846 年海王星在预言的方位上被发现，都惊人地证明了这种认识的正确性. 以至于法国的大数学家拉普拉斯曾夸下海口：如果给定宇宙的初始条件，我们就能预言它的未来. 因此，牛顿力学被誉为"确定性理论".

与"确定性理论"完全对立的，是 19 世纪后半叶逐步建立起来的"随机性理论"(即"统计理论"). 玻耳兹曼、麦克斯韦等人，将"概率"的语言引入被"确定性理论"统治的物理学，是物理学史上的一场革命. 在这里，确定的轨道毫无意义. 已知的外界作用条件，给定的初值只能对物体(或体系)的状态作概率的描述. 长期以来，人们以为"确定论"和"随机论"之间有不可逾越的鸿沟.

在牛顿力学运用的范围内，任何系统果真都那样确定吗？20 世纪 60 年代以来，越来越多的研究结果表明：在一个没有外来随机干扰的"确定论系统"中，同样存在着"随机行为"——这就是**混沌**(chaos)现象.

问题出在何处？问题不在外部而在内部，在于某些系统内部的非线性特性.

“线性”和“非线性”二词源于数学.在数学中，将

$$y=ax+b \tag{2-44}$$

称为线性函数，意指依据这个函数在图中画出的是一条直线，其他高于变量 x 的一次方的多项式函数和其他函数，都是非线性函数.将这一概念延伸至微分方程，则是凡变量和变量的导数（可以是 n 阶导数）都是一次方的微分方程，都称为线性微分方程.在物理学中，则将能由线性微分方程或线性函数描述的系统称为线性系统，反之，称为非线性系统.

非线性微分方程除了极少部分有解析解外，其余都没有解析解.每一个具体问题似乎都要求发明特殊的算法，运用新颖的技巧.因而非线性问题曾被人们认为是个性极强，无从逾越的难题.所以在早期的研究中，人们总是用适合于线性微分方程描述的“理想化模型”来处理真实复杂的物理世界.尽管这种描述是不完全的，但这种方法常常能起到“抓本质”的作用，因而线性理论在科学发展史上是至关重要的，它正确解释了自然界的许多现象.然而世界本质上是非线性的.早在伽利略—牛顿时代，从有“精确”的自然科学开始，就遗留下许多非线性问题.例如19世纪经典力学中的两大难题：刚体的定点转动和三体作用问题，实质上就是非线性问题，只不过它们始终处于“支流”的地位.

随着现代科学、技术，特别是计算机技术的飞速发展，从20世纪60年代开始，非线性问题逐步成为一门新兴学科而崛起.在自然科学和工程技术领域，几乎都有各自的非线性问题.例如物理学中有非线性力学、非线性声学、非线性光学、非线性电路等.本节将要介绍的“混沌”就是一个典型的非线性问题（非线性问题有四大典型分支：混沌，分形，孤立波，斑图）.

二、混沌

混沌是确定论系统所表现出的随机行为的总称.它的根源是系统内的非线性相互作用.

所谓“确定论系统”是指描述该系统的数学模型中不包含任何随机因素而具有完全确定的解.例如，单摆的运动微分方程为

$$\frac{\mathrm{d}^2\theta}{\mathrm{d}t^2}+\omega^2\theta=0 \tag{2-45}$$

在没有外界的随机干扰时，它的解是完全确定的，即为

$$\theta(t)=\theta_m\cos(\omega t+\varphi_0)$$

式中 θ_m 和 φ_0 是由初值条件确定的两个积分常数，ω 则由系统的动力学特征决定，单摆的 $\omega=\sqrt{g/l}$. 对于单摆这样的确定论系统，只要给定了初值条件，它以后的运动状态就完全确定了. 任何时刻 t 的角位移和角速度都可以精确地预言. 如果初值条件发生微小的变化，只是使常数 θ_m 和 φ_0 发生一点微小变化，但它以后的运动依然可以精确预言. 换句话说. 确定论系统对于初值条件的细微变化并不敏感. 按传统的见解，一个确定论系统在确定性的激励下，其响应一定是确定性的，只有当系统本身是随机的，或是在外来随机性的激励下，运动才是随机的，然而 20 世纪后半叶近 20 年的研究结果表明：上述结论是有条件的，只有确定论系统本身并无任何非线性成分时，如(2－45)式所描述的系统，其解才是完全确定的. 若该系统虽然是确定论的，但内秉有非线性成分(例如大角度的受迫振动，其运动微分方程为 $\frac{d^2\theta}{dt^2}+2\beta\frac{d\theta}{dt}+\omega_0{}^2\sin\theta=f\cos pt$ 就是一个非线性系统)，即使在受到确定性的激励时，也可能出现"随机"的响应，即显出混沌行为.

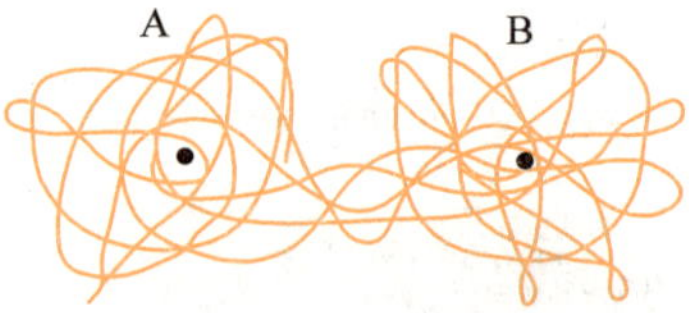

图 Y2－1　三体运动轨迹

比如，小行星围绕一对静止双星的运动就是一种混沌. 对于小行星的运动，我们运用牛顿定律可以列出它在双星引力作用下的运动微分方程，但这是一组非线性微分方程，只能用计算机数值方法求解，根据一定的初值条件，计算机给出的结果如图 Y2－1 所示.

这时小行星的运动就是"确定论系统"中的"随机性行为". 人们不可能预知小行星何时围绕 A 星或 B 星运动，也无法预知小行星何时由 A 星附近转向 B 星附近. 但为什么对太阳系中八大行星的运动没有观察到这种"混沌"现象呢？这是因为各行星受的引力主要是太阳的引力. 作为一级近似，它们都可被认为是单独在太阳引力下运动而不受其他行星的影响. 这样太阳系中八大行星的运动就可分别视为两体问题而有确定的解析解(水星的运动属广义相对论，不在此列). 但火星和木星之间的小行星带中的小行星的运动，就不能作上述简化，它们的运动必须同时考虑太阳的引力和木星的引力(因这些小行星离木星较近且木星为八大行星之最). 1985 年有人曾对小行星的轨道运动进行了计算机模拟，证明了小行星的运动的确可能变成混沌，其后果是被从原轨道中抛出，有的甚至可能抛入地球大气层而成为流星. 令人特别感兴趣的是美国的阿尔瓦莱兹曾提出一个理论：在 6 500 万年前曾有一颗大的小行星在混沌运动中脱离小行星带而以 $10^4\ \mathrm{m\cdot s^{-1}}$ 的速度撞上地球(墨西哥境内现存有撞击后形成的大坑). 撞击时产生的大量尘埃遮天蔽日，引起地球上的气候大变. 大量茂盛的植物品种消失，也导致了以植物为食的恐龙及其他动物品种的灭绝. 顺便指出：人造宇宙探测器的轨道不出现混沌，是因为随时有地面站或宇航员加以控制的缘故.

混沌的最显著特征就是系统的行为对初值的细微变化极其敏感. 美国气象学家洛伦兹提出的“蝴蝶效应”就是一典型例证. 为研究大气对流对天气的影响，洛伦兹抛弃了许多次要因素后，建立了一组仍然有 12 个变量的非线性微分方程组. 解这组非线性微分方程只能用数值解法——给定初值后一次一次地迭代. 他当时使用的计算机每秒钟大约只能作一次迭代，与现代计算机不可同日而语. 1961 年冬之某日，他在某一初值设定下已算出一系列气候演变的数据. 当他再次开机想考察这一系列更长期的演变时，他不想再等上几个小时从头算起，而是把记录下来的中间数据当作初值输入. 他本指望计算机重复给出上次计算的后半段结果，然后接下去计算新的. 却未料到经一段重复过程后，计算很快就偏离了原来的结果(见图 Y2－2)，他很快意识到，这并非是计算机出了毛病，问题是出在他输入的数据上. 计算机内原储存的是 6 位小数 0.506 127，但打印出来的却是 3 位小数 0.506. 他这次输入的就是这三位数字. 原来以为这不到千分之一的误差无关紧要，但就是这初值的细微差异导致了结果序列的逐渐分离，而达到两个完全不同的终态，洛伦兹意识到，他的方程不具有传统数学想象的那种行为，而是对初值高度敏感的. 他为这种现象取了一个名字，叫作“蝴蝶效应”. 意思是说：美洲的一只蝴蝶今天拍了一下翅膀，使大气的状态产生微小的变化，过一段时间，譬如一个月后，就有可能在巴西掀起一场风暴. 洛伦兹的结论是：长期的天气预报是不可能的.

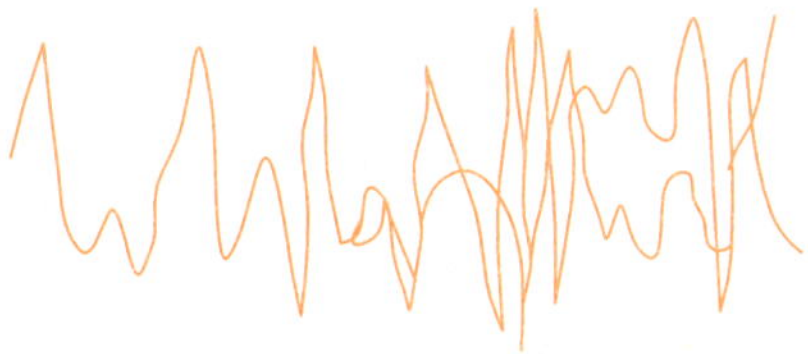

图 Y2－2　洛伦兹发现的蝴蝶效应

由确定性方程得到不确定的解并不违背数学理论. 动力学系统控制方程(即动力学方程)的解依赖于初值. 如前所述，在给定的初值下，解是确定的. 但是在某些非线性系统中，解对初值的依赖特别敏感，任何微小的改变都会引起解的长期性质起变化. 要把这种系统的解长期确定下来，需要无限精确的初值. 这在数学上可以做到，但是物理上，由于测量等原因，不可能无限精确. 因此，解在短期内的性质虽不会有定性的变化，但在长期内将不可预测，从而得到混沌的解. 非线性系统的混沌与随机系统的差别在于：混沌的解在短期内可以预测而在长期内不可预测；而真正的随机过程即使在短期内也是不可预测的(只能讨论其概率分布).即混沌现象是非线性系统的时间演化行为.

然而，混沌并非只是简单地代表一种混乱的无规运动.现在已发现在各类混沌内还存在一些共同的细微规则，例如都具有运动局域不稳定性和全局的稳定性；有些混沌区域还有内部自相嵌套的细微结构；都具有相同的费根鲍姆常数等等.因此可以说，在牛顿力学背后隐藏着奇异的混沌，而在混沌深处又隐藏着更奇异的“秩序”.同时，由于混沌的存在，使得对自然现象两对立的描述——确定论描述和概率论描述之间的鸿沟正在缩小.

混沌，由于其混乱，往往使人想到灾难.但也正是由于其混乱和多样性，它也提供了充分的选择机会，因此就有可能使得在走出混沌时得到最好的结果.生物的进化就是一个例子.

自然界创造了各种生物以适应各种自然环境，包括灾难性的气候突变.由于自然环境的演变不可预测，生物种族的产生和发展不可能有一个预先安排好的确定程序.自然界在这里利用了混乱来对抗不可预测的环境.它利用无序的突变产生出各种各样的生命形式来适应自然选择的需要.自然选择好像一种反馈，适者生存并得到发展，不适者被淘汰灭绝.可以说，生物进化就是具有反馈的混沌.

人的自体免疫反应也是有反馈的混沌.人体的这种反应是要对付各种各样的微生物病菌和病毒.一种理论认为，如果为此要建立一个确定的程序，那就不但要把现有的各种病菌和病毒都编入打击目录，而且还要列上将来可能出现的病菌和病毒的名字.这种包揽无余的确定程序是不可能建立的.自然界采取了以火攻火的办法，利用混沌为人体设计了一种十分经济的程序.在任何一种病菌或病毒入侵后，体内的生产器官就开始制造形状各种各样的分子并把它们运送到病菌入侵处.当发现某一号分子能完全包围入侵者时，就向生产器官发出一个反馈信息.于是生产器官就立即停止生产其他型号的分子而只大量生产这种对路的特定型号的分子.很快，所有入侵者都被这种分子所包围，并通过循环系统把它们带到排泄器官(如肠、肾)而被排出体外.最后，生产器官被通知关闭，一切又恢复正常.

在医学研究中，人们已发现猝死、癫痫、精神分裂症等疾病的根源可能与混沌有关.在神经生理测试中，已发现正常人的脑电波是混沌的，而神经病患者的往往简单有序.在所有这些领域，对混沌的研究都有十分重要的意义.

此外，在流体动力学领域还有一种常见的混沌现象. 在管道内流体的流速超过一定值时，或是在液流或气流中的障碍物后面，都会出现十分紊乱的流动. 这种流动叫**湍流**（或**涡流**）. 图 Y2－3 是在河流中岩石后面产生的水流涡流图像，图 Y2－4 是直升机旋翼尖后面的气流涡流图像. 这种湍流是流体动力学研究的重要问题，具有很大的实际意义，但至今没有比较满意的理论说明. 混沌的发现给这方面的研究提供了可能是非常重要的或必要的手段.

图 Y2－3　液体涡流图像

图 Y2－4　气体涡流图像

混沌目前还是一个很不完备且正在发展中的领域. 人们认为自然界存在着的许多极为复杂的运动可能大多与混沌有关. 现在发现，不仅在力学中，在电磁学、热学、量子物理中都有混沌存在，甚至在社会学、经济学及生命科学中也存在着许多混沌现象.

思考题

2－1　小力作用在一个静止的物体上，只能使它产生小的速度吗？大力作用在一个静止的物体上，一定能产生大的速度吗？

2－2　两个质量相同的物体从同一高度自由下落，与水平地面相碰，一个反弹回去，另一个却粘在地上，问哪一个物体给地面的冲量大？

2－3　指出在思考题 2－3 图所示的各种情况下，作用在物体 A 上的摩擦力的方向.

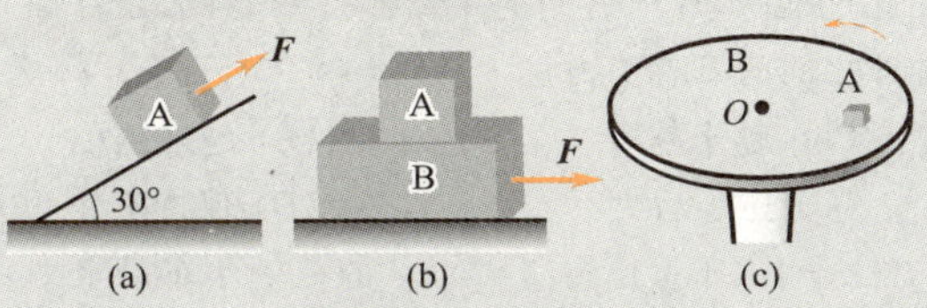

思考题 2－3 图

（1）如图(a)所示，拉而未动，但拉力 $\boldsymbol{F}$ 小于 A 物体重量的一半；或拉而未动，但拉力 $\boldsymbol{F}$ 大于 A 物体重量的一半.

（2）如图(b)所示，A 随 B 一起加速运动.

（3）如图(c)所示，小木块 A 随圆盘 B 一起匀速转动，或 A 随 B 一起加速转动.

2－4　人下蹲后用脚向地面用力一蹬，则整个身体直立后双脚跳离地面，这时人的机械能增加，这是什么原因？

2－5　下列表述正确吗？如有错误，更正之.

（1）$\boldsymbol{I}=\boldsymbol{F}\mathrm{d}t$；　（2）$\mathrm{d}\boldsymbol{I}=t\mathrm{d}\boldsymbol{F}$；

（3）$\Delta\boldsymbol{I}=\boldsymbol{F}\Delta t$；　（4）$\Delta\boldsymbol{I}=\int_{t_1}^{t_2}\boldsymbol{F}\mathrm{d}t$；

（5）$W=\boldsymbol{F}\cdot\mathrm{d}\boldsymbol{r}$；　（6）$\mathrm{d}W=\boldsymbol{r}\cdot\mathrm{d}\boldsymbol{F}$；

(7) $\Delta W=\int_a^b \boldsymbol{F}\cdot \mathrm{d}\boldsymbol{r}$； (8) $W=\int_a^b \boldsymbol{F}\times \mathrm{d}\boldsymbol{r}$；

(9) $W=\int \boldsymbol{F}\cdot \boldsymbol{r}$； (10) $\Delta W=\boldsymbol{F}\cdot \Delta\boldsymbol{r}$；

(11) $\boldsymbol{F}\mathrm{d}t=m\boldsymbol{v}_2-m\boldsymbol{v}_1$，$\Delta\boldsymbol{I}=m\boldsymbol{v}_2-m\boldsymbol{v}_1$；

(12) $\boldsymbol{F}\cdot \mathrm{d}\boldsymbol{r}=\frac{1}{2}mv_2^2-\frac{1}{2}mv_1^2$，

$$\Delta W=\frac{1}{2}mv_2^2-\frac{1}{2}mv_1^2 .$$

2－6 思考题 2－6 图中，行星 E 绕日 S 运行时，从近日点 P 向远日点 A 运行的过程中，太阳对它的引力做正功还是做负功？从远日点 A 向近日点 P 运动过程中，太阳对它的引力做正功还是做负功？由这功来判断，行星的动能以及行星和太阳系统的引力势能在这两阶段中各是增加还是减少？

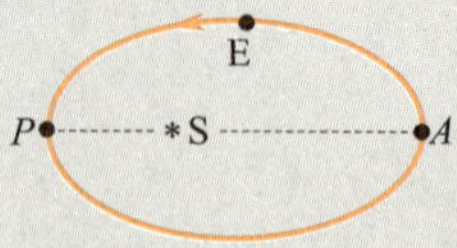

思考题 2－6 图

2－7 两个物体组成的一个系统，在相同时间内，(1)作用力的冲量和反作用力的冲量大小是否一定相等，二者之和等于多少？(2)作用力所做的功与反作用力所做的功是否一定相等，二者的代数和是否一定等于零？

2－8 质量 $m=0.1$ kg 的物体受如思考题 2－8 图所示的 x 方向的变力作用，由静止开始运动，此物体将作什么运动？$t=6$ s 时的动量变化率为多少？动量多少？由此说明动量原理微分形式和积分形式的物理意义.

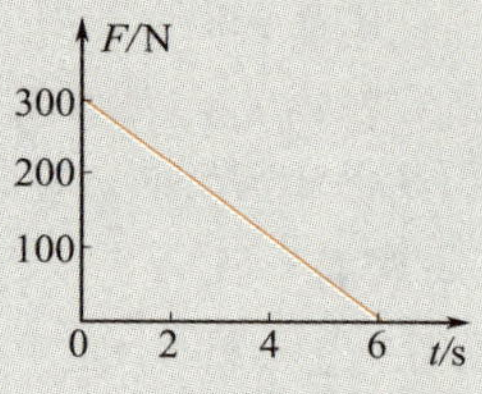

思考题 2－8 图

2－9 当一质点绕一定点作匀速圆周运动时，动量是否守恒？动能是否守恒？机械能是否守恒？为什么？

2－10 在汽车顶上悬挂一单摆．当汽车静止时，在小球摆动的过程中，小球的动量、动能、机械能是否守恒？为什么？当汽车作匀速直线运动时，以地面为参考系，小球的动量、动能、机械能又如何？

2－11 弹簧的弹性势能总为正值吗？如果选取弹簧最大伸长时作为弹性势能的零点，则平衡位置的弹性势能为多少？

2－12 用锤压钉很难把钉压入木块，如果用锤击钉，钉就很容易进入木块，这是为什么？

习　题

2－1 对功的概念有以下几种说法：

(1) 保守力做正功时，系统内相应的势能增加；

(2) 质点运动经一闭合路径，保守力对质点做的功为零；

(3) 作用力和反作用力大小相等、方向相反，两者做功的代数和必为零.

下列判断中正确的是（　　）.

(A) (1)、(2)是正确的　(B) (2)、(3)是正确的

(C) 只有(2)是正确的　(D) 只有(3)是正确的

2－2 如习题 2-2 图所示，质量分别为 m_1 和 m_2 的物体 A 和 B，置于光滑桌面上，A 和 B 之间连有一轻弹簧. 另有质量为 m_1 和 m_2 的物体 C 和 D 分别置于物体 A 与 B 之上，且物体 A 和 C、B 和 D 之间的摩擦因数均不为零. 首先用外力沿水平方向相向推压 A 和 B，使弹簧被压缩，然后撤掉外力，则在 A 和 B 弹开的过程中，对 A、B、C、D 以及弹簧组成的系统，有（　　）.

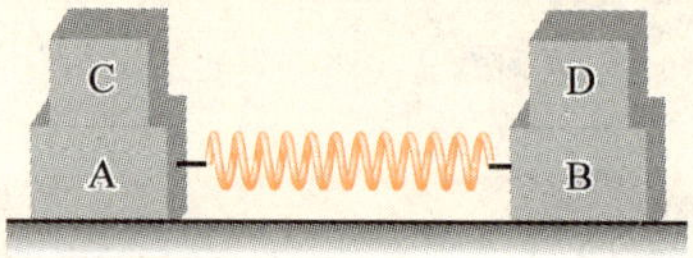

习题 2－2 图

(A) 动量守恒，机械能守恒

(B) 动量不守恒，机械能守恒

(C) 动量不守恒，机械能不守恒

(D) 动量守恒，机械能不一定守恒

2－3 假设月球上有着丰富的矿藏，随着航天技术的发展，可将月球上的矿石不断地运到地球上. 若在此过程中，月地之间的距离保持不变，那么月球与地球之间的万有引力将（　　）.

(A) 越来越大　(B) 越来越小

(C) 先小后大　(D) 保持不变

2－4 质量比为 1∶2∶3 的三辆小车沿水平直线轨道滑行后停止，若三辆小车的初始动能相等，它们

与轨道间的摩擦因数相同，则它们的滑行距离比为(　　).

(A) 1 : 2 : 3　　(B) 3 : 2 : 1

(C) 2 : 3 : 6　　(D) 6 : 3 : 2

2－5　一质量为 M 的气球用绳系着质量为 m 的物体以匀加速度 a 上升，当绳突然断开的瞬间，气球的加速度为________.

2－6　P 物体以一定的动能 E_k 与静止的物体 Q 发生完全非弹性碰撞，如果 $m_p=2m_Q$，那么碰撞的两物体的总动能为________.

2－7　质量分别为 m_1 和 m_2 的两个可自由移动的质点，开始时相距 l，都处于静止状态. 现仅在万有引力的作用下运动，经过一段时间后两质点间的距离缩短为原来的一半，这时质量为 m_1 的质点的速率为________.

2－8　质量为 2 kg 的质点受到外力的作用从静止开始运动，外力 $F=6t$，式中 F 以 N、t 以 s 计. 该质点在第 2 s 末的速度大小为 $v=$________ m/s；前 2 s 内外力 F 所做的功 $W=$________ J.

2－9　用力 $\boldsymbol{F}$ 推水平地面上一质量为 M 的木箱(见习题 2－9 图). 设力 $\boldsymbol{F}$ 与水平面的夹角为 θ，木箱与地面间的滑动摩擦系数和静摩擦系数分别为 μ_k 和 μ_s.

(1) 要推动木箱，F 至少应多大？此后维持木箱匀速前进，F 应需多大？

(2) 证明当 θ 角大于某一值时，无论用多大的力 F 也不能推动木箱；此 θ 角是多大？

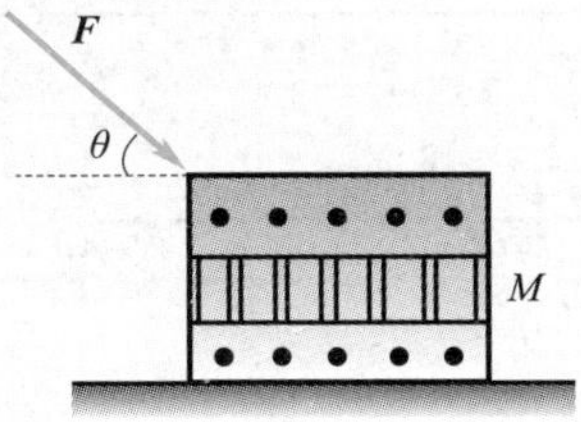

习题 2－9 图

2－10　设质量 $m=0.50$ kg 的小球挂在倾角 $\theta=30°$ 的光滑斜面上(见习题 2－10 图).

(1) 当斜面以加速度 $a=2.0\ \text{m}\cdot\text{s}^{-2}$ 沿如图所示的水平方向运动时，绳中的张力及小球对斜面的正压力各是多大？

(2) 当斜面的加速度至少为多大时，小球将脱离斜面？

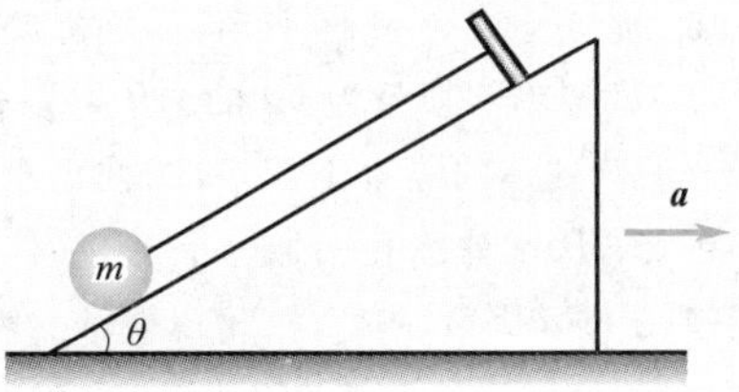

习题 2－10 图

2－11　月球的质量是地球的 $\frac{1}{81}$，半径为地球半径的 $\frac{3}{11}$，不计自转的影响，试计算地球上体重 600 N 的人在月球上的体重.

2－12　一质点沿 x 轴运动，其所受的力如习题 2－12 图所示，设 $t=0$ 时，$v_0=5\ \text{m}\cdot\text{s}^{-1}$，$x_0=2$ m，质点质量 $m=1$ kg，试求该质点 7s 末的速度和坐标.

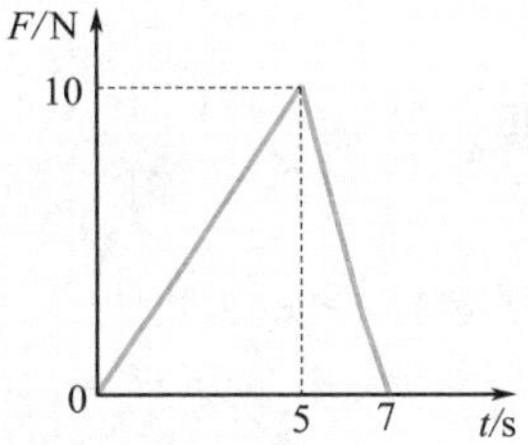

习题 2－12 图

2－13　物体 A 和 B 的质量分别为 $m_A=1.50$ kg，$m_B=2.85$ kg，它们之间用细绳连接，放在倾角 $\theta=30°$ 的斜面上(见习题 2－13 图). A 和 B 与斜面间的滑动摩擦系数分别为 $\mu_{kA}=0.15$，$\mu_{kB}=0.21$.

(1) 求物体 A 和 B 的加速度；

(2) 求绳中的张力；

(3) 如果将物体 A 和 B 互换位置，(1)和(2)的结果又如何？

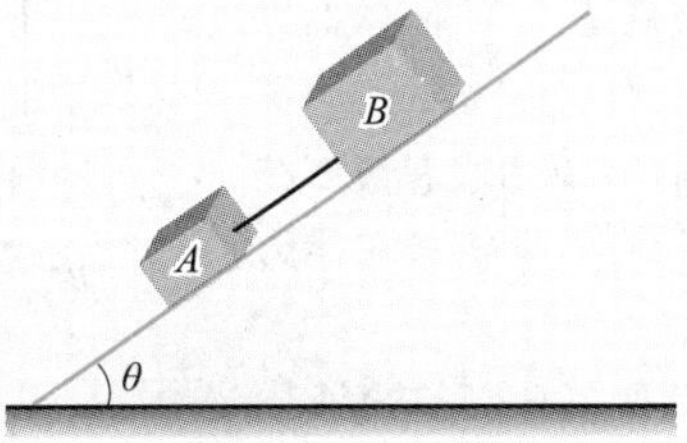

习题 2－13 图

2－14　在半径为 R 的光滑球面的顶点处，一质点开始滑动，取初速度接近于零，试问质点滑到顶点以下多远的一点时，质点要脱离球面？

2－15　如习题 2－15 图所示，一细绳跨过一定滑轮，绳的一边悬有一质量为 m_1 的物体，另一边穿在质量为 m_2 的圆柱体的竖直细孔中，圆柱可沿绳子滑动. 今看到绳子从圆柱细孔中加速上升，柱体相对于绳子以匀加速度 a 下滑.

(1) 求 m_1，m_2 相对于地面的加速度.

(2) 柱体与绳子间的摩擦力（绳轻且不可伸长，滑轮的质量及轮与轴间的摩擦不计）.

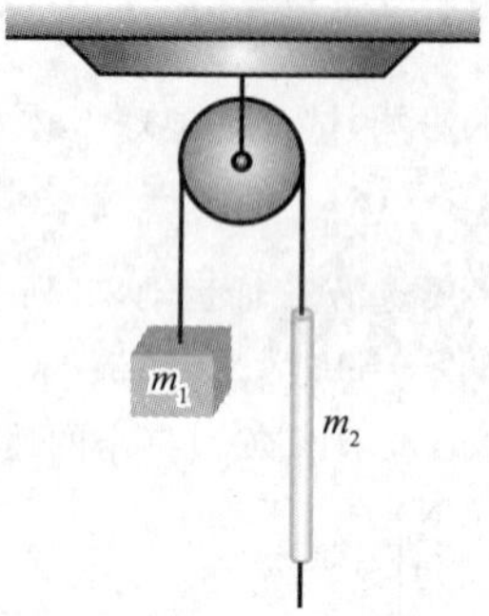

习题 2－15 图

2－16　质量为 16 kg 的质点在 xOy 平面内运动，受一恒力作用；力的分量为 $f_x=6$ N，$f_y=-7$ N，当 $t=0$ 时，$x=y=0$，$v_x=-2\ \mathrm{m\cdot s^{-1}}$，$v_y=0$，求当 $t=2$ s时质点的(1)位矢，(2)速度.

2－17　质量为 m 的质点在流体中作直线运动，受到与速度成正比的阻力 kv（k 为常数）作用，$t=0$ 时质点的速度为 v_0，证明：

(1) t 时刻质点的速度为 $v=v_0\mathrm{e}^{-\frac{k}{m}t}$；

(2) 0 到 t 时间内质点经过的距离为 $x=\frac{mv_0}{k}[1-\mathrm{e}^{-\frac{k}{m}t}]$；

2－18　如习题 2－18 图所示，在密度为 ρ_1 的液体上方悬一长为 l，密度为 ρ_2 的均匀细棒 AB，棒的 B 端刚好和液面接触. 今剪断细绳，设棒只在浮力和重力作用下下沉，求：

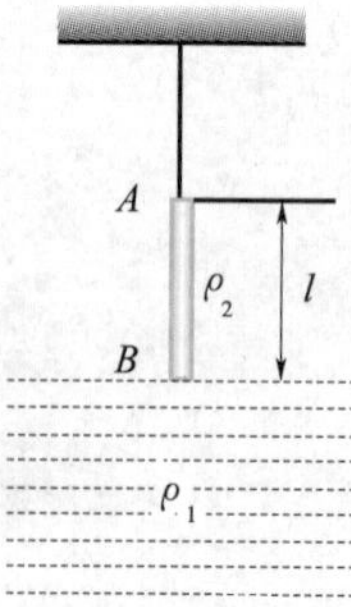

习题 2－18 图

(1) 棒刚好全部浸入液体时的速度；

(2) 若 $\rho_2<\frac{\rho_1}{2}$，求棒浸入液体的最大深度；

(3) 棒下落过程中所能达到的最大速率.

2－19　现已知木星有 16 个卫星，其中 4 个较大的是伽利略用他自制的望远镜在 1610 年发现的. 这 4 个“伽利略卫星”中最大的是木卫三，它到木星的平均距离是 1.07×10^6 km，绕木星运行的周期是 7.16 d. 试由此求出木星的质量.

2－20　均匀柔软链条，质量为 m，长为 l，一部分 $(l-a)$ 放在桌面上，一部分（长为 a）从桌面边缘下垂，链条与桌面间的摩擦系数为 μ，问：(1) 下垂长度多大时，链条才可能下滑；(2) 当链条以(1)所求得的下垂长度从静止开始下滑，在链条末端离开桌面时，它的速率多大？

2－21　用棒打击质量为 0.3 kg，速率为 20 $\mathrm{m\cdot s^{-1}}$ 的水平飞来的球，球飞到竖直上方 10 m 的高度，求棒给予球的冲量？设球与棒的接触时间为 0.02 s，求球受到的平均冲力.

2－22　已知作用在质量为 10 kg 物体上的力为 $\boldsymbol{F}=(10+2t)\boldsymbol{i}$ N，开始时，物体初速为 $-6\boldsymbol{i}\ \mathrm{m\cdot s^{-1}}$，求：(1)在开始的 4 s 内，力的冲量；(2)在 4 s 末，物体的速度；(3)要使力的冲量为 200 N・s，力作用的时间应多长？

2－23　如习题 2－23 图所示，由传送带将矿砂铅直地卸落在沿水平轨道行驶着的列车中，每秒卸入的矿砂质量为 m，列车空载时车身质量为 m_0，初速率为 v_0，忽略轨道阻力，求列车在加载后某一时刻 t 的速度和加速度.

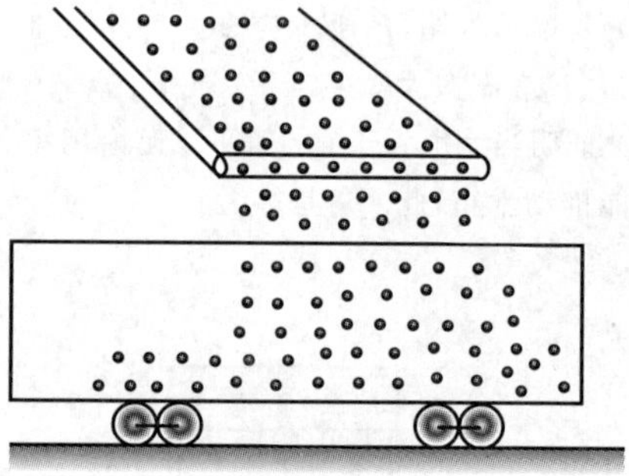

习题 2－23 图

2－24　自动步枪连发时每分钟射出 120 发子弹，每发子弹的质量为 $m=7.90$ g，出口速率为 735 $\mathrm{m\cdot s^{-1}}$. 求射击时（以分钟计）枪托对肩部的平均压力.

2－25　一个原来静止的原子核，放射性蜕变时放出一个动量为 $p_1=9.22\times10^{-21}\ \mathrm{kg\cdot m\cdot s^{-1}}$ 的电子，同时还在垂直于此电子运动的方向上放出一个动量为 $p_2=5.33\times10^{-21}\ \mathrm{kg\cdot m\cdot s^{-1}}$ 的中微子. 求蜕变后原子核的动量的大小和方向.

2－26　运载火箭的最后一级以 $v_0=7\ 600\ \mathrm{m\cdot s^{-1}}$

的速率飞行.这一级由一个质量为 $m_1=290.0$ kg 的火箭壳和一个质量为 $m_2=150.0$ kg 的仪器舱扣在一起.当扣松开后,二者间的压缩弹簧使二者分离.这时二者的相对速率为 $u=910.0\ \mathrm{m\cdot s^{-1}}$.设所有速度都在同一直线上,求两部分分开后各自的速度.

2－27　两辆质量相同的汽车在十字路口垂直相撞,撞后二者扣在一起又沿直线滑动了 $s=25$ m 才停下来.设滑动时地面与车轮之间的动摩擦系数为 $\mu_k=0.80$.撞后两个司机都声明在撞车前自己的车速未超限制($14\ \mathrm{m\cdot s^{-1}}$),他们的话都可信吗?

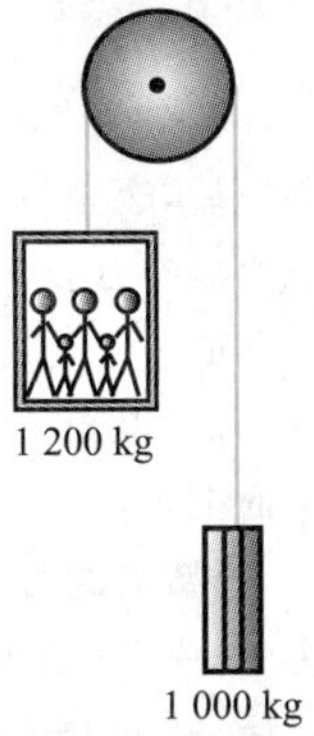

习题 2－28 图

2－28　电梯由一个起重间与一个配重组成.它们分别系在一根绕过定滑轮的钢缆的两端(习题 2－28 图).起重间(包括负载)的质量 $M=1\ 200$ kg,配重的质量 $m=1\ 000$kg.此电梯由和定滑轮同轴的电动机所驱动.假定起重间由低层从静止开始加速上升,加速度 $a=1.5\ \mathrm{m\cdot s^{-2}}$.

(1) 这时滑轮两侧钢缆中的拉力各是多少?

(2) 加速时间 $t=1.0$ s,在此时间内电动机所做的功是多少?(忽略滑轮与钢缆的质量)

(3) 在加速 $t=1.0$ s 以后,起重间匀速上升.求它再上升 $\Delta h=10$ m 的过程中,电动机又做了多少功?

2－29　一匹马拉着雪橇沿着冰雪覆盖的圆弧形路面极缓慢地匀速移动.设圆弧路面的半径为 R(见习题 2－29 图),马对雪橇的拉力总是平行于路面,雪橇的质量为 m,与路面的滑动摩擦系数为 μ_k.当把雪橇由底端拉上 45°圆弧时,马对雪橇做功多少?重力和摩擦力各做功多少?

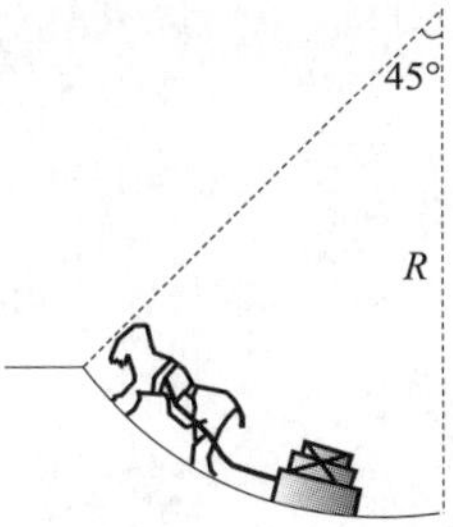

习题 2－29 图

2－30　小球在外力的作用下,由静止开始从 A 点出发作匀加速运动,到达 B 点时撤销外力,小球无摩擦地冲上竖直的半径为 R 的半圆环,到达最高点 C 时,恰能维持在圆环上作圆周运动,并以此速度抛出刚好落到原来的出发点 A 处,如习题 2－30 图所示.试求小球在 AB 段运动的加速度.

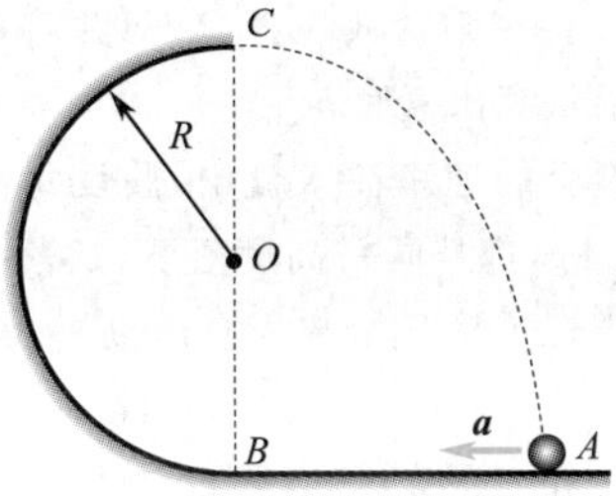

习题 2－30 图

2－31　一质量为 $m_1=0.1$ kg 的小球 A,从半径 $R=0.8$ m 的 1/4 圆形轨道自由落下,抵达轨道最低点时离河面距离 $h=5$ m,在该点原先已放置一小球 B,其质量 $m_2=0.4$ kg,密度 $\rho=0.5\ \mathrm{g\cdot cm^{-3}}$.它被 A 球碰入河中,设碰撞是弹性的,如习题 2－31 图所示.B 球落入河中后,未到河底忽又上浮.求 B 球浮出水面时距河岸的水平距离 s(水的阻力和 B 球落水时的能量损失均忽略不计).

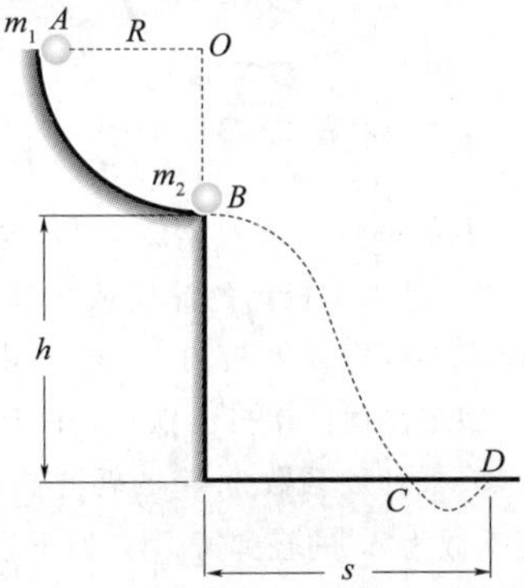

习题 2－31 图

2－32　习题 2－32 图中三物体质量都为 m,B 和 C 紧靠在一起放在光滑的水平面上,两者间连有一段长为 0.4 m 的绳子,B 的另一侧和通过滑轮的物体 A 相连,若滑轮和绳子质量不计,滑轮轴上摩擦也不计,绳长一定,问 A,B 开始运动后,经多少时间 C 也开始运动?运动速度为多少?

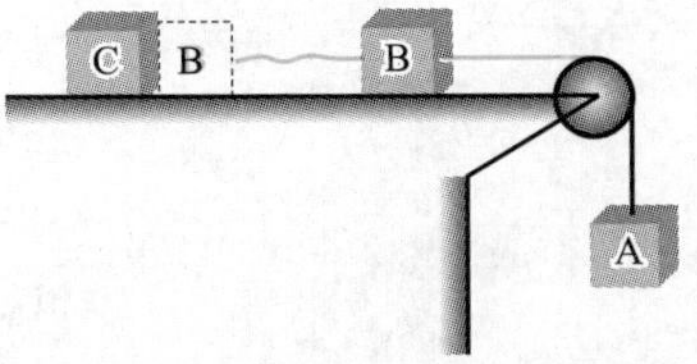

习题 2－32 图

2－33 将一空盒放在秤盘上，并将秤的读数调整到零，然后从高出盒底 $h=4.9$ m 处，将小石子流以每秒 $n=100$ 个的速率注入盒中，假设每一石子的质量 $m=0.02$ kg，都从同一高度落下，且落到盒内后就停止运动，求石子从开始装入盒内到 $t=10$ s 时秤的读数.

2－34 如习题 2－34 图所示，绳子一端固定，另一端系一质量为 m 的小球，并以匀角速度 ω 绕竖直轴作圆周运动，绳子与竖直轴的夹角为 θ，已知 A，B 为圆周直径上的两端点. 求质点由 A 点运动到 B 点，绳子拉力的冲量. 这冲量是否等于小球的动量增量？为什么？

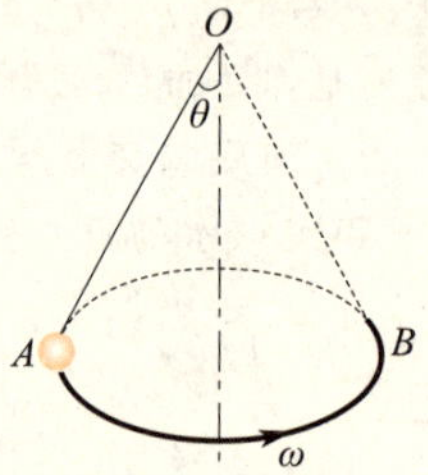

习题 2－34 图

2－35 用铁锤将一铁钉击入木板，设木板对铁钉的阻力与铁钉进入木板内的深度成正比，在铁锤击第一次时，能将小钉击入木板内 1 cm，问击第二次时能击入多深，假定铁锤两次打击铁钉时的速度相同.

2－36 一根劲度系数为 k_1 的轻弹簧 A 的下端，挂一根劲度系数为 k_2 的轻弹簧 B，B 的下端又挂一重物 C，C 的质量为 m，如习题 2－36 图. 求这一系统静止时两弹簧的伸长量之比和弹性势能之比.

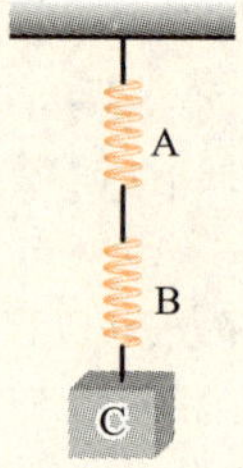

习题 2－36 图

2－37 一质量为 m 的弹丸穿过垂直悬挂的单摆摆锤后，速率由 v 减小到 $v/2$，若摆的质量为 M，摆线长为 l，欲使摆锤能在铅直平面内完成一圆周运动，求弹丸的最小速度.

2－38 一质量为 $M=10$ kg 的物体放在光滑水平面上，并与一水平轻弹簧相连，如习题 2－38 图所示，弹簧的劲度系数 $k=1\ 000\ \mathrm{N\cdot m^{-1}}$. 今有一质量为 $m=1$ kg 的小球以水平速度 $v_0=4\ \mathrm{m\cdot s^{-1}}$ 飞来，与物体 M 相撞后以 $v_1=2\ \mathrm{m\cdot s^{-1}}$ 的速度弹回. 问：(1) M 起动后弹簧能被压缩多少？(2) 小球 m 与物体 M 碰撞过程中系统机械能改变了多少？(3) 如果小球上涂有黏性物质，相碰后可与 M 粘在一起，则(1)，(2)两问结果又如何？

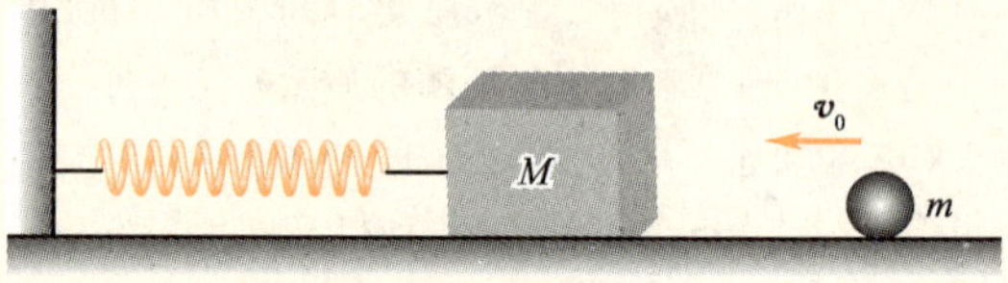

习题 2－38 图

第 3 章 刚体的转动

前两章讨论了质点的力学规律，质点是一种理想模型. 在很多实际问题中，物体的形状和大小是不能忽略的. 例如物体的转动，由于其上各点的运动情况均不相同，不能将它简化为质点. 在研究物体的运动时，如果在外力作用下物体的形变可以忽略不计，我们可将这类物体也抽象成一种理想模型——刚体，即**在外力作用下形状和大小保持不变的物体称为刚体**(rigid body).

在质点力学的基础上讨论刚体问题，我们要特别注意其研究方法：一是把刚体分割成许多微小部分，称作质元，每一质元均视作质点. 因此，刚体可以看成由无数连续分布的质元所组成的质点系统. 这种质点系的基本特征是刚体的任何两点间的距离在运动过程中恒定不变. 二是采用类比法. 由于质点力学和刚体(质点系)力学二者的运动学和动力学规律类似，故本章各节中可将两者进行类比，有助于理解和掌握刚体的运动规律.

读者在本章将会遇到在中学中未涉及过的概念、定理、定律以及数学表述方法，估计会遇到难点，但只要对照质点力学规律，触类旁通、加深理解，困难是可以克服的.

§3.1 刚体运动的描述

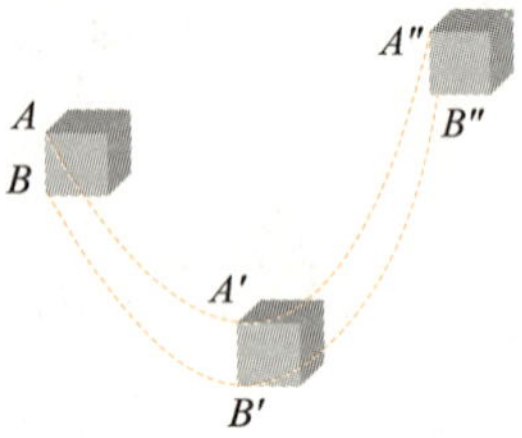

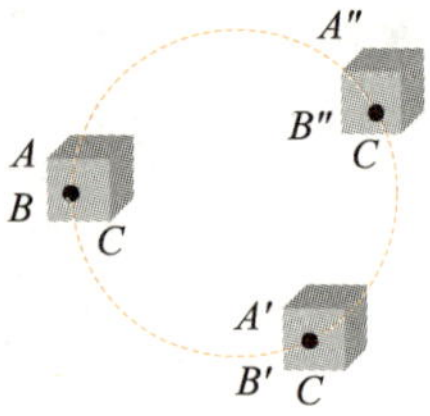

图 3－1 刚体的平动

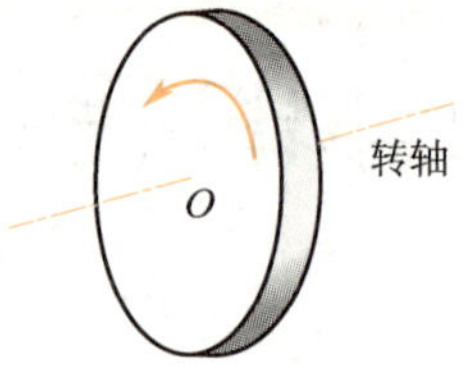

图 3－2 刚体的定轴转动

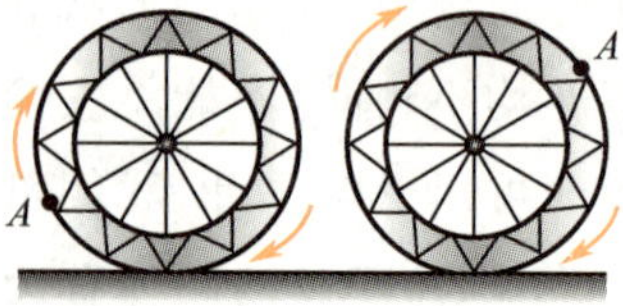

图 3－3 刚体的一般运动

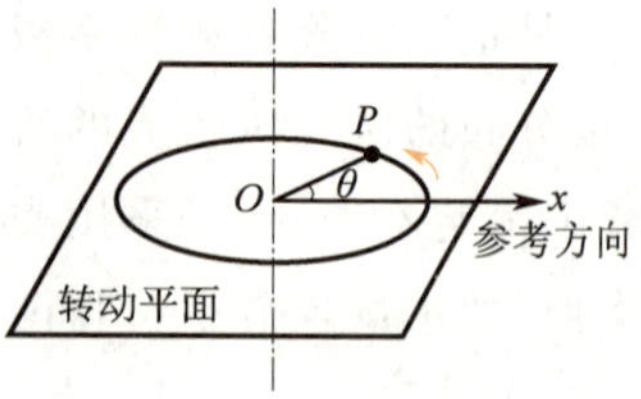

图 3－4 转动平面

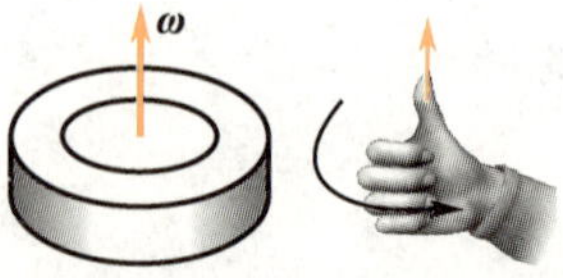

图 3－5 **ω** 的方向用右手螺旋法则确定

3.1.1 平动和转动

刚体的运动可分为平动和转动两种. 如果刚体在运动中，其上任意两点的连线始终保持平行，这种运动就叫平动，注意平动不仅限于直线运动. 在平动时，刚体内各质元有相同的轨迹和速度，如图 3－1 所示. 因此刚体上任何一点的运动情况均可描述整个刚体的平动(通常用刚体质心的运动来代表整个刚体). 于是研究刚体的平动归结为质点力学问题，这种情况在前两章已经讨论清楚了.

刚体运动时，如果刚体内所有质元都绕同一直线作圆周运动，这种运动称为转动，这一直线称为转轴. 如果转轴在所选的参考系中固定不动，就称为刚体绕固定轴转动，简称**定轴转动**，如图 3－2 所示. 刚体的一般运动可看作平动和转动的叠加. 例如图 3－3 所示，一个车轮的滚动可以分解为车轮绕转轴的转动和整个车轮随转轴的平动. 平动问题就是质点力学问题，因此，本章着重讨论定轴转动.

3.1.2 定轴转动的角量描述

通常在刚体中任取一垂直于定轴的平面作为转动平面，如图 3－4 所示. 刚体绕某一定轴转动时，各质元的线速度、加速度一般是不同的. 但由于各质元之间的相对位置保持不变，所以刚体中所有质元运动的角量，如角位移 $\Delta\theta$，角速度 ω 和角加速度 α 都相同，因此描述刚体整体的运动时，用角量最为方便. 以 $\mathrm{d}\theta$ 表示 $\mathrm{d}t$ 时间内的元角位移，则刚体转动的角速度 $\omega=\dfrac{\mathrm{d}\theta}{\mathrm{d}t}$，角加速度 $\alpha=\dfrac{\mathrm{d}\omega}{\mathrm{d}t}=\dfrac{\mathrm{d}^2\theta}{\mathrm{d}t^2}$.

研究刚体转动时，单有转动快慢的描述是不充分的，还需给出刚体的转向表述. 为此，必须定义角速度矢量 $\boldsymbol{\omega}$ 和角加速度矢量 $\boldsymbol{\alpha}$. $\boldsymbol{\omega}$ 的定义与第 1 章中质点的角速度相同，大小为 $\omega=\dfrac{\mathrm{d}\theta}{\mathrm{d}t}$，方向用右手螺旋法则确定，如图 3－5 所示.

与质点速度相同，刚体上矢径为 $\boldsymbol{r}$ 的某一质元 P 的速度 $\boldsymbol{v}$ 与角速度 $\boldsymbol{\omega}$ 的关系是

$$\boldsymbol{v}=\boldsymbol{\omega}\times\boldsymbol{r} \tag{3-1}$$

显然，$\boldsymbol{v}$，$\boldsymbol{\omega}$，$\boldsymbol{r}$ 三者相互垂直，其大小关系为 $v=\omega r$

角加速度矢量的定义为

$$\boldsymbol{\alpha}=\frac{\mathrm{d}\boldsymbol{\omega}}{\mathrm{d}t} \qquad (3-2)$$

若刚体加速转动，$\boldsymbol{\alpha}$ 与 $\boldsymbol{\omega}$ 方向一致；若刚体减速转动，$\boldsymbol{\alpha}$ 与 $\boldsymbol{\omega}$ 方向相反.

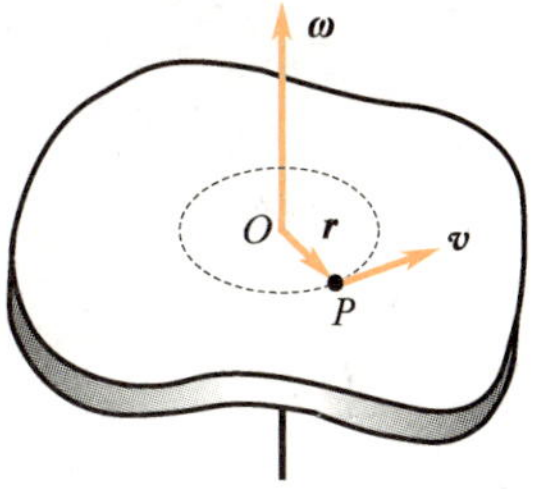

图 3－6　$\boldsymbol{v}$、$\boldsymbol{\omega}$、$\boldsymbol{r}$ 三者方向关系

例 3－1

一飞轮以转速 $n=1\,800\ \mathrm{r\cdot min^{-1}}$ 转动，受到制动后均匀地减速，经 $t=20$ s 后静止，设飞轮的半径 $r=0.1$ m，求：(1)飞轮的角加速度；(2)从制动开始到静止时飞轮转过的转数；(3)$t=10$ s 时飞轮的角速度及飞轮边缘一点的线速度和加速度.

解　(1) 初角速度

$$\omega_0=2\pi n=188.5\ \mathrm{rad\cdot s^{-1}}$$

对于匀变速转动

$$\alpha=\frac{\omega-\omega_0}{t}=-\frac{\omega_0}{t}=-9.42\ \mathrm{rad\cdot s^{-2}}$$

(2) 飞轮的角位移 $\Delta\theta$ 和转过的转数 N 分别为

$$\Delta\theta=\omega_0 t+\frac{1}{2}\alpha t^2$$

$$=188.5\times20-\frac{1}{2}\times9.42\times20^2\ (\mathrm{rad})$$

$$=1.88\times10^3\ \mathrm{rad}$$

$$N=\frac{\Delta\theta}{2\pi}=\frac{1.88\times10^3}{2\times3.14}=300$$

(3) $t=10$ s 时的角速度和边缘一点的线速度分别为

$$\omega=\omega_0+\alpha t=188.5-9.42\times10\ (\mathrm{rad\cdot s^{-1}})$$

$$=94.2\ \mathrm{rad\cdot s^{-1}}$$

$$v=r\omega=9.42\ \mathrm{m\cdot s^{-1}}$$

相应的切向加速度和法向加速度分别为

$$a_t=r\alpha=-0.94\ \mathrm{m\cdot s^{-2}}$$

$$a_n=r\omega^2=8.88\times10^2\ \mathrm{m\cdot s^{-2}}$$

飞轮边缘一点的加速度为

$$a=\sqrt{a_n{}^2+a_t{}^2}\approx8.88\times10^2\ \mathrm{m\cdot s^{-2}}$$

a 的方向几乎与 a_n 方向相同，指向轮心.

§3.2　刚体定轴转动定律　转动惯量

牛顿第二定律指出，刚体平动时（视作质点），力使物体产生加速度，那么，刚体定轴转动时，是什么原因使刚体获得角加速度呢？

在实践中知道，门窗必须被施加力矩才能开启或关闭；静止的飞轮必须施加力矩才能使它转动，而转动中的飞轮又须施加反向阻力矩才能使它静止. 可见力矩是改变刚体转动状态或产生角加速度的原因. 表述刚体定轴转动中力矩与角加速度的定律就称为刚体定轴转动定律. 它是牛顿第二定律在刚体转动中的表现. 为此，我们首先要明确力矩的概念.

3.2.1 力矩

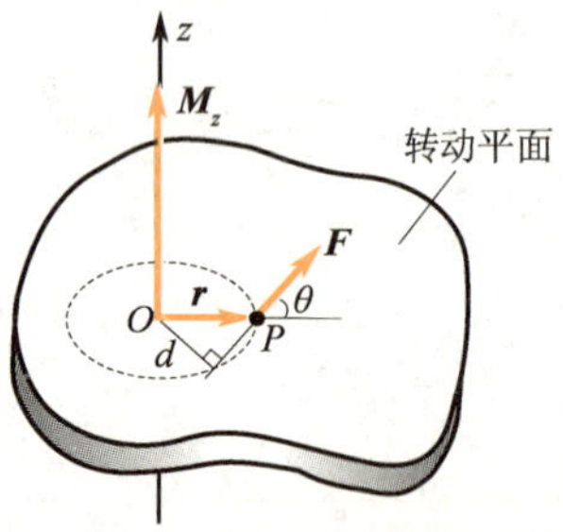

图 3-7 力对转轴的力矩 $\boldsymbol{M}=\boldsymbol{r}\times\boldsymbol{F}$

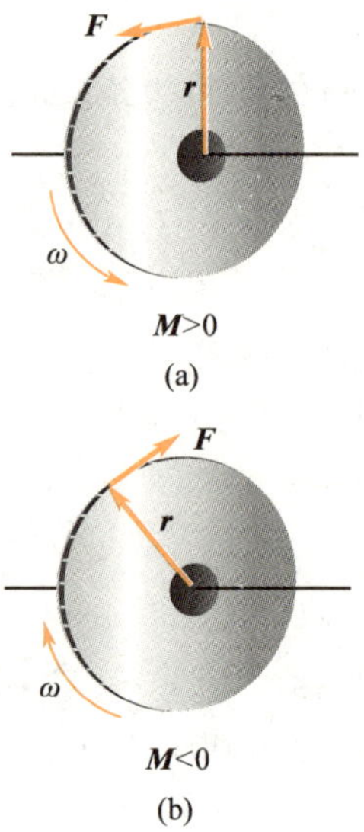

图 3-8 力矩的正负（向右为正）

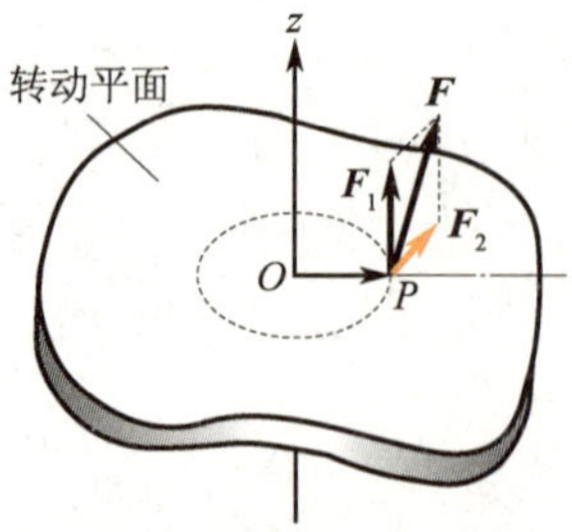

图 3-9 只有在转动平面内的分力 $\boldsymbol{F}_2$ 才对刚体转动有作用

以日常生活中门窗的关闭为例，我们引入力矩的概念.

毫无疑问，关闭门窗需要力的作用，但同样大小的力作用于门窗上的不同位置，其转动效果是不一样的，力的作用点离转轴越远，转动效果越好，反之转动效果越差，无论多大的力作用于转轴上，都不能使门窗转动. 此外，门窗的转动还与力的方向有关，例如垂直于转轴的力可以转动门窗，但平行于转轴的力却不能使门窗发生转动，可见对绕定轴转动的刚体来说，外力对刚体转动的影响，不仅与力的大小有关，而且还与力的作用点的位置和力的方向有关.

图 3-7 是刚体在 Oxy 平面上的一个横截平面，它可绕通过点 O 且垂直于该平面的 Oz 轴旋转. 力 $\boldsymbol{F}$ 亦作用在此平面上的点 P，点 P 相对点 O 的位矢为 $\boldsymbol{r}$. $\boldsymbol{F}$ 和 $\boldsymbol{r}$ 之间的夹角为 θ，而从点 O 到力 $\boldsymbol{F}$ 的作用线的垂直距离 d 叫作力对转轴的**力臂**，其值 $d=r\sin\theta$，力 $\boldsymbol{F}$ 的大小和力臂 d 的乘积，就定义为力 $\boldsymbol{F}$ 对转轴的**力矩**（torque），用 M 表示，即

$$M=Fd=Fr\sin\theta \tag{3-3}$$

应当指出，力矩不仅有大小，而且有方向，如图 3-8 所示，两个一样的可绕定轴转动的圆盘，有大小相等、方向相反的力 $\boldsymbol{F}$ 分别作用于这两个静止圆盘的边缘上，显然，这两个力的力矩所产生的转动效果是不同的. 在图 3-8(a) 中，力矩驱使转盘沿逆时针方向旋转，而在图 3-8(b) 中，力矩则驱使转盘沿顺时针方向旋转. 由此可见，力矩是有大小、有方向的矢量.

由矢量的矢积定义，力矩 $\boldsymbol{M}$ 可用 $\boldsymbol{r}$ 和 $\boldsymbol{F}$ 的矢积表示，即

$$\boldsymbol{M}=\boldsymbol{r}\times\boldsymbol{F} \tag{3-4}$$

如果外力 $\boldsymbol{F}$ 不在转动平面内，如图 3-9 所示，可把力 $\boldsymbol{F}$ 分解成两个分力，一个是与转轴平行的分力 $\boldsymbol{F}_1$，另一个是在转动平面内的分力 $\boldsymbol{F}_2$，显然，只有在转动平面内的分力 $\boldsymbol{F}_2$ 才对刚体转动有作用，故 (3-4) 式中的 $\boldsymbol{F}$ 应理解为外力 $\boldsymbol{F}$ 在转动平面内的分力.

如果有几个外力同时作用在一个绕定轴转动的刚体上，而且这几个外力都在与转轴相垂直的平面内，如图 3-10 所示，则它们的合外力矩等于这几个外力矩的代数和，即

$$M=-F_1r_1\sin\theta_1+F_2r_2\sin\theta_2+F_3r_3\sin\theta_3$$

若 $M>0$，合力矩的方向沿 Oz 轴正向；若 $M<0$，合力矩方向则与 Oz 轴正向相反.

在国际单位制中，力矩的单位名称为牛顿米，符号为 N·m.

上面我们仅讨论了作用于刚体的外力的力矩，而实际上，刚体内各质点间还有内力作用，在讨论刚体的定轴转动时，这些内力的力矩要不要计算呢？

设刚体由 n 个质点组成，其中第 1 个质点和第 2 个质点间相互作用力在与转轴 Oz 垂直的平面内的分力各为 $\boldsymbol{F}'_{12}$ 和 $\boldsymbol{F}'_{21}$，它们大小相等、方向相反，且在同一直线上，即 $\boldsymbol{F}'_{12}=-\boldsymbol{F}'_{21}$（见图 3-11），如取刚体为一系统，那么这两个力属系统内力．从图中可以看出，$r_1\sin\theta_1=r_2\sin\theta_2=d$．这两个力对转轴 Oz 的合内力矩为

$$M=M_{21}-M_{12}=F'_{12}r_2\sin\theta_2-F'_{12}r_1\sin\theta_1=0$$

上述结果表明，沿同一作用线的大小相等、方向相反的两个质点间相互作用力对转轴的合力矩为零．

由于刚体内质点间相互作用的内力总是成对出现的，并遵守牛顿第三定律，故刚体内各质点间的作用力对转轴的合内力矩亦应为零，即

$$M=\sum M_{ij}=0$$

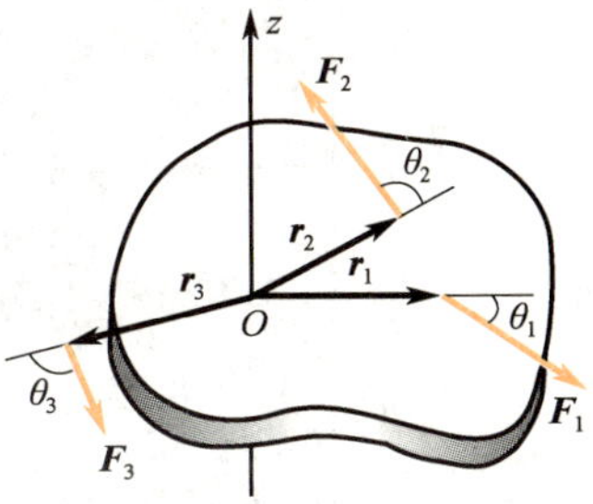

图 3-10　几个力作用在绕定轴转动刚体上的合力矩

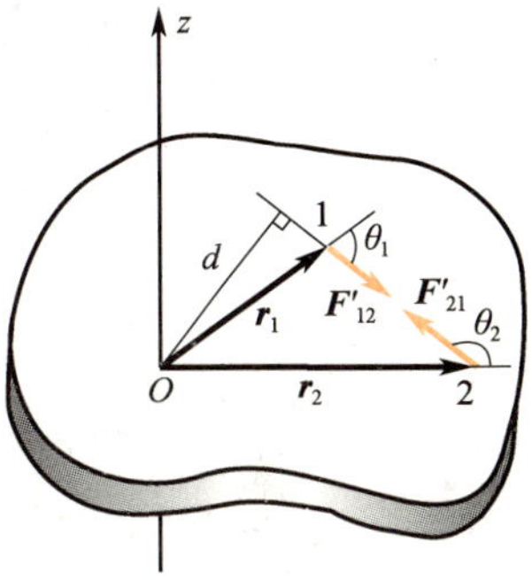

图 3-11　内力对转轴的力矩

例 3-2

有一大型水坝高 110 m、长 1 000 m，水深 100 m，水面与大坝表面垂直，如图 3-12(a)所示，求水作用在大坝上的力，以及这个力对通过大坝基点 Q 且与 x 轴平行的轴的力矩．

解　如图 3-12(b)所示，设水深为 h、坝长为 L，在坝面上取一面积元 $\mathrm{d}s=L\mathrm{d}y$，若在此面积元上的压强为 p，则作用在此面积元上的力为

$$\mathrm{d}F=p\mathrm{d}s=pL\mathrm{d}y \qquad ①$$

$\mathrm{d}F$ 的方向与坝面（即 Oxy 平面）垂直，如果大气压为 p_0，则有

$$p=p_0+\rho g(h-y)$$

式中 ρ 为水的密度，把上式代入式①，有

$$\mathrm{d}F=p_0L\mathrm{d}y+\rho g(h-y)L\mathrm{d}y \qquad ②$$

由于作用在坝面上力的方向均相同，所以垂直作用在大坝坝面上的合力为

$$F=\int_0^h p_0L\mathrm{d}y+\int_0^h\rho g(h-y)L\mathrm{d}y$$

得

$$F=p_0Lh+\frac{1}{2}\rho gLh^2$$

式中 $p_0=1.01\times10^5$ Pa，代入已知数据，有

$$F=1.01\times10^{10}+\frac{1}{2}\times9.8\times10^{10}\,(\mathrm{N})$$

$$=5.91\times10^{10}\ \mathrm{N}$$

下面我们来计算此作用力对通过坝基点 Q，且与 x 轴平行的轴的力矩．

如图 3-12(c)所示，$\mathrm{d}F$ 对通过点 Q 的轴的力矩为

$$\mathrm{d}M=y\mathrm{d}F$$

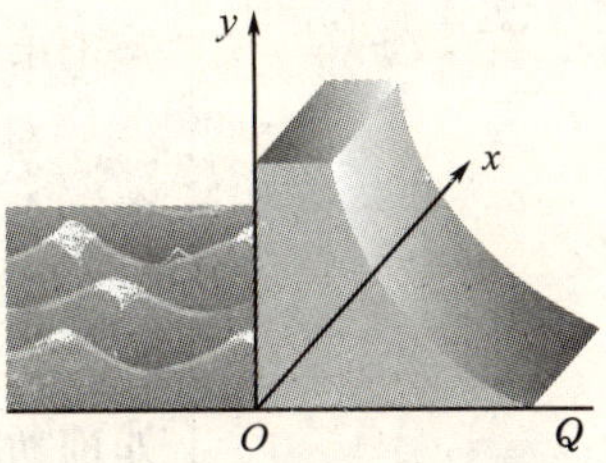

(a)

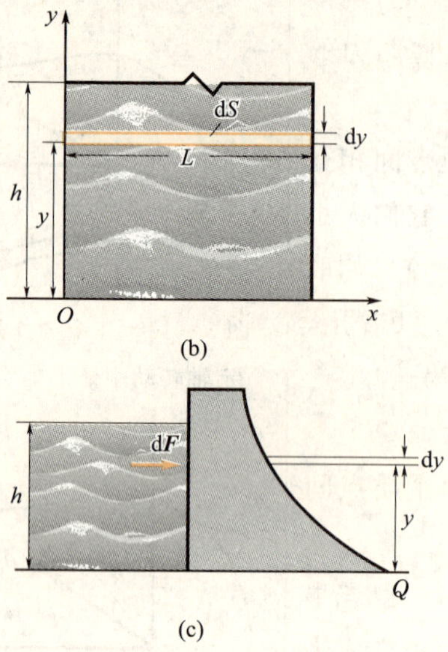

图 3－12　例 3－2 图

把式②代入上式，有

$$dM=y[p_0L\mathrm{d}y+\rho g(h-y)L\mathrm{d}y]$$

由于水作用在大坝上各处的力矩方向相同，故其合力矩为

$$M=\int \mathrm{d}M=\int_0^h p_0Ly\mathrm{d}y+\int_0^h \rho g(h-y)y\mathrm{d}y$$

得　$$M=\frac{1}{2}p_0Lh^2+\frac{1}{6}g\rho Lh^3$$

代入已知数据，得 $M=2.14\times10^{12}$ N·m.

如遇特大洪水袭击，为保证大坝安全，你认为应采取什么措施以减少水坝所受的力矩？

3.2.2　转动定律

考虑如图 3－13 所示，刚体绕定轴 z 的转动. 设刚体中质元 P 的质量为 Δm_i，P 点的矢径为 $\boldsymbol{r}_i$，以 $\boldsymbol{a}_i$ 表示此质元的加速度，$\boldsymbol{F}_i$ 表示它所受的合外力，$\boldsymbol{f}_i$ 表示它所受的合内力（即刚体内所有其他质元对质元 P 作用的合力）. 假设 $\boldsymbol{F}_i$ 和 $\boldsymbol{f}_i$ 均在 P 点的转动平面内，它们与矢径 $\boldsymbol{r}_i$ 的夹角分别为 θ_i 和 φ_i，根据牛顿第二定律

$$\boldsymbol{F}_i+\boldsymbol{f}_i=\Delta m_i\boldsymbol{a}_i$$

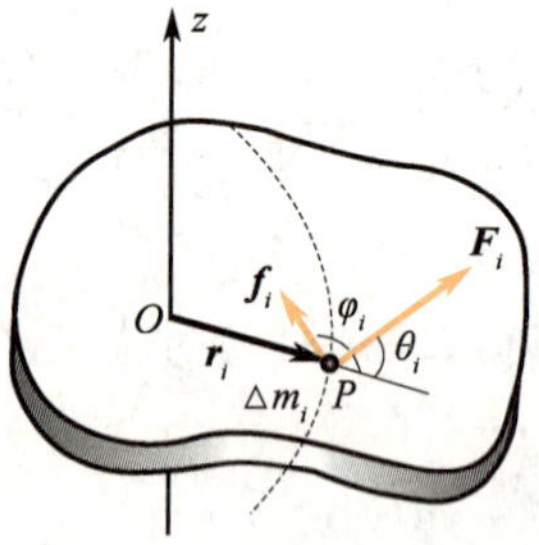

图 3－13　转动定律推导用图

将 $\boldsymbol{F}_i$ 和 $\boldsymbol{f}_i$ 分解为法向力与切向力，由于法向力通过转轴 Oz，其力矩为零，故只讨论切向分量方程，由图 3－13 可看出.

$$F_i\sin\theta_i+f_i\sin\varphi_i=\Delta m_ia_{it}$$

a_{it} 为质元 P 的切向加速度，利用关系式 $a_{it}=r_i\alpha$，α 为质元 P 的角加速度，等式两边同乘以 r_i 可得到

$$F_ir_i\sin\theta_i+f_ir_i\sin\varphi_i=\Delta m_ir_i^2\alpha \tag{1}$$

式中第一项和第二项分别为外力 $\boldsymbol{F}_i$ 和内力 $\boldsymbol{f}_i$ 对转轴的力矩.

对刚体所有质元都写出类似式(1)的方程，把这些方程相加，考虑到各质元的角加速度 α 是相同的，有

$$\sum_i F_ir_i\sin\theta_i+\sum_i f_ir_i\sin\varphi_i=(\sum_i\Delta m_ir_i^2)\alpha \tag{2}$$

如前所述，内力矩之和为零，即等式左边第二项 $\sum_i f_ir_i\sin\varphi_i=0$，而 $\sum_i F_ir_i\sin\theta_i$ 为刚体内各质元所受的外力对转轴的力矩的代数

和，即合外力矩 $\boldsymbol{M}$ 的量值，上式右边 $\sum_i \Delta m_i r_i^2$ 与刚体的质量、质量分布和转轴位置有关，这个表示刚体本身特征的物理量，称为**刚体对给定转轴的转动惯量**(moment of inertia)，通常用 J 表示，即

$$J = \sum_i \Delta m_i r_i^{\ 2} \tag{3-5}$$

于是(2)式可写为

$$M = J\alpha \tag{3-6}$$

因为力矩和角加速度均为矢量，因此上式可写成矢量表达式

$$\boldsymbol{M} = J\boldsymbol{\alpha} \tag{3-7}$$

(3－7)式表明，刚体绕定轴转动时，作用于刚体上的合外力矩等于刚体对转轴的转动惯量与角加速度的乘积，这个关系称为**刚体定轴转动定律**. 显然，力矩是使刚体转动状态发生改变而产生角加速度的原因.

将(3－7)式与牛顿第二定律 $\boldsymbol{F}=m\boldsymbol{a}$ 相比较，式中合外力矩 $\boldsymbol{M}$ 相当于合外力 $\boldsymbol{F}$，角加速度 $\boldsymbol{\alpha}$ 相当于加速度 $\boldsymbol{a}$，而转动惯量 J 则和质量 m 相对应. 可见，这一定律在刚体定轴转动中的地位与牛顿第二定律在刚体平动(或质点运动)中的地位是相当的. 外力矩与力，角量与线量，转动惯量与质量这三组对应关系，贯穿于整个刚体定轴转动的讨论.

必须注意：定轴转动定律是合外力矩对刚体的瞬时作用规律. (3－7)式中各量均需是同一时刻对同一刚体、同一转轴而言，否则是没有意义的. 在定轴转动中，由于合外力矩 $\boldsymbol{M}$ 和角加速度 $\boldsymbol{\alpha}$ 的方向均沿转轴方向，可用正、负号表示其方向，因而转动定律通常写成标量形式即可.

3.2.3 转动惯量

将转动定律 $\boldsymbol{M}=J\boldsymbol{\alpha}$ 与牛顿第二定律 $\boldsymbol{F}=m\boldsymbol{a}$ 相比较，可以看到刚体的转动惯量与质点的质量相当，当以相同的力矩分别作用于两个不同刚体时，转动惯量大的刚体所获得的角加速度小，即角速度改变得慢，或者说刚体保持原有转动状态的惯性大；同理，转动惯量小的刚体转动惯性小. 因此，转动惯量是刚体在转动过程中所表现的惯性大小的量度. 按转动惯量的定义，$J = \sum \Delta m_i r_i^2$，对于质量连续分布的刚体，求和应以积分代替，即

$$J = \int r^2 \mathrm{d}m \tag{3-8}$$

式中 r 为刚体质元 $\mathrm{d}m$ 到转轴的垂直距离. (3－5)式和(3－8)式表明，**刚体对某一转轴的转动惯量等于每个质元的质量与该质元到转轴的距离平方的乘积之总和.**

在国际单位制中，转动惯量的单位为千克・米^2(kg・m^2)，表

3.1 给出了形状对称、密度均匀的几种刚体对不同转轴的转动惯量.

表 3.1 转动惯量

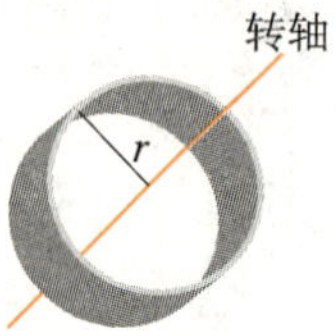 圆环 转轴通过中心与环面垂直 $J=mr^2$	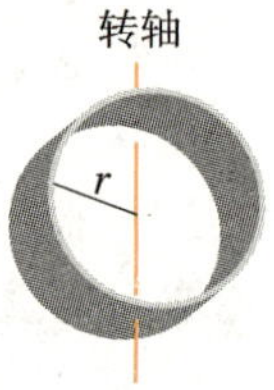 圆环 转轴沿直径 $J=\dfrac{mr^2}{2}$
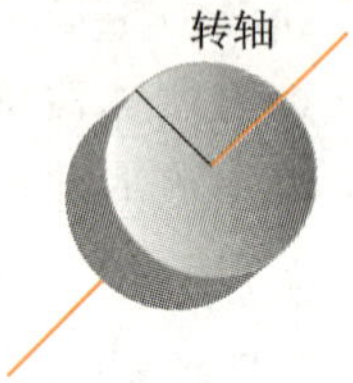 薄圆盘 转轴通过中心与盘面垂直 $J=\dfrac{mr^2}{2}$	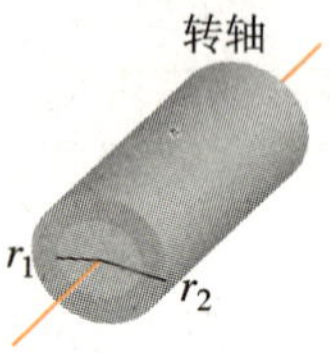 圆筒 转轴沿几何轴 $J=\dfrac{m}{2}(r_1^2+r_2^2)$
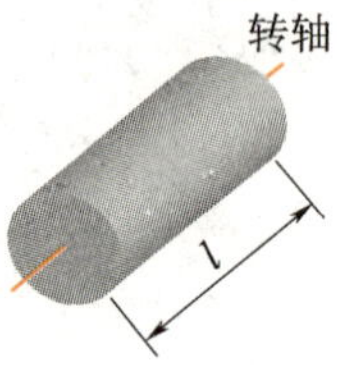 圆柱体 转轴沿几何轴 $J=\dfrac{mr^2}{2}$	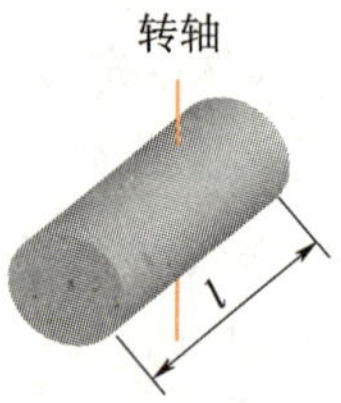 圆柱体 转轴通过中心与几何轴垂直 $J=\dfrac{mr^2}{4}+\dfrac{ml^2}{12}$
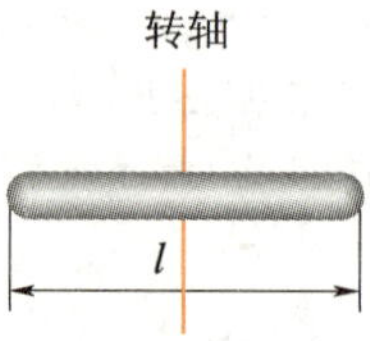 细棒 转轴通过中心与棒垂直 $J=\dfrac{ml^2}{12}$	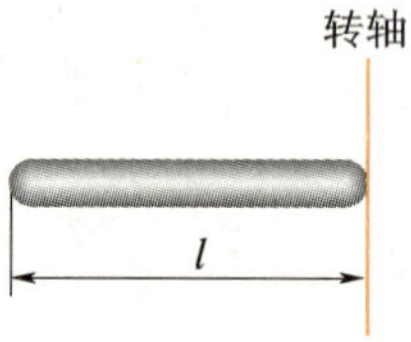 细棒 转轴通过端点与棒垂直 $J=\dfrac{ml^2}{3}$
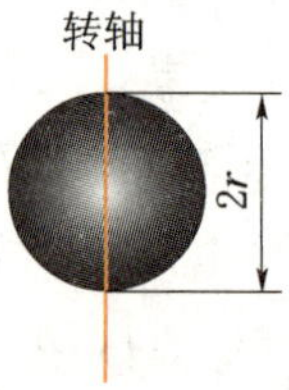 球体 转轴沿直径 $J=\dfrac{2mr^2}{5}$	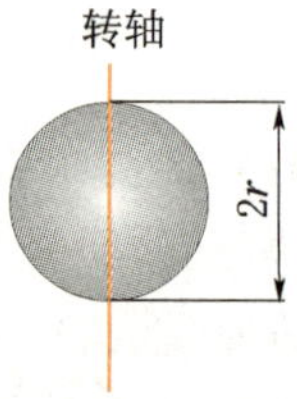 球壳 转轴沿直径 $J=\dfrac{2mr^2}{3}$

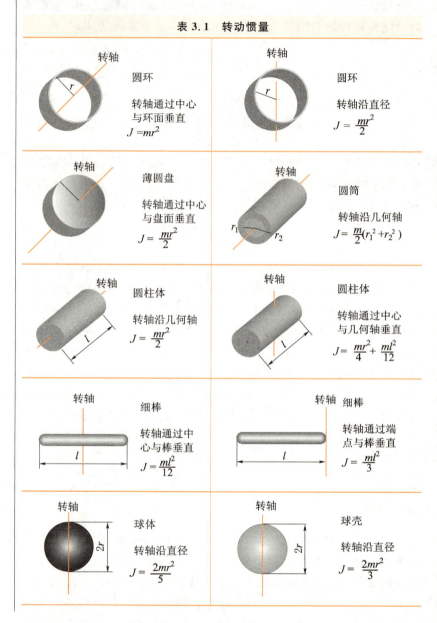

例 3-3

求质量为 m，长为 l 的均匀细棒的转动惯量.(1)转轴通过棒的中心并与棒垂直;(2)转轴通过棒一端并与棒垂直.

解 (1) 转轴通过棒的中心并与棒垂直

如图 3-14 所示，由于棒上各质元对轴的距离 x 为变量，我们采用微元法计算. 在棒上任取一质元，其长度为 $\mathrm{d}x$，距转轴 O 的距离为 x，设细棒的线密度(即单位长度上的质量)为$\lambda=\dfrac{m}{l}$，则该质元的质量为$\mathrm{d}m=\lambda\mathrm{d}x$，该

质元对中心轴的元转动惯量为

$$dJ = x^2 dm = \lambda x^2 dx$$

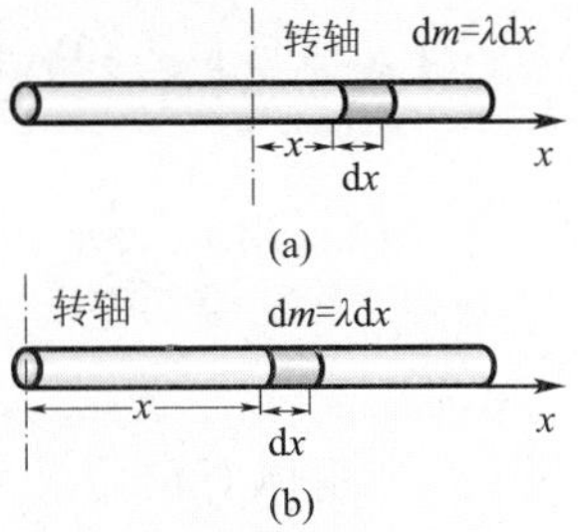

图 3－14　例 3－3 图

整个棒对中心轴的转动惯量为

$$J = \int dJ = \lambda \int_{-\frac{l}{2}}^{\frac{l}{2}} x^2 dx = \frac{1}{12}\lambda l^3 = \frac{1}{12}ml^2$$

(2) 转轴通过棒的一端并与棒垂直时，整个棒对该轴的转动惯量为

$$J = \int dJ = \lambda \int_0^l x^2 dx = \frac{1}{3}\lambda l^3 = \frac{1}{3}ml^2$$

由此可以看出，同一均匀细棒，转轴位置不同，转动惯量也不同.

例 3－4

求质量为 m，半径为 R 的均匀细圆环和均匀圆盘的转动惯量，其转轴均与圆面垂直且通过其中心.

解　(1) 均匀圆环对中心垂直轴的转动惯量.

如图 3－15(a)所示，在圆环上取一质元，其质量为 $dm = \lambda dl$，dl 为圆弧元，该质元对中心垂直轴 z 的元转动惯量 $dJ = R^2 dm = \lambda R^2 dl$，圆环对该轴的转动惯量为

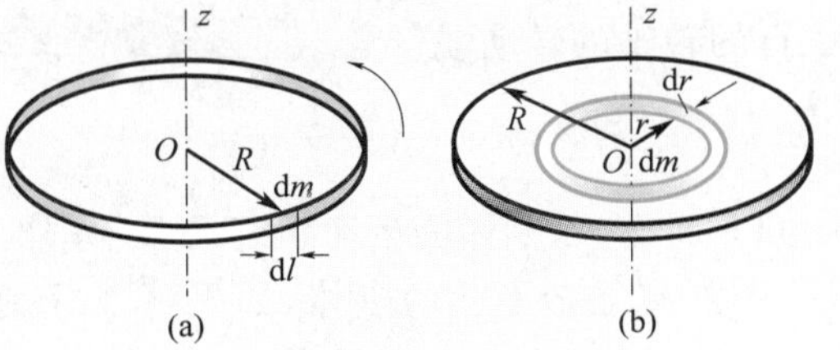

图 3－15　例 3－4 图

$$J = \int dJ = \int_0^{2\pi R} \lambda R^2 dl = \lambda 2\pi R^3 = mR^2$$

(2) 均匀圆盘对中心垂直轴的转动惯量.

整个圆盘对轴的转动惯量可看成许多半径不同的同心圆环对轴的转动惯量之总和，圆盘质量面密度为 $\sigma = \frac{m}{\pi R^2}$. 在圆盘上取一半径为 r，宽度为 dr 的细圆环，如图 3－15(b)所示，其元面积 $dS = 2\pi r dr$，故该圆环的质量 $dm = \sigma dS = 2\pi r \sigma dr$，由第(1)问的计算可知，它对中心垂直轴 z 的元转动惯量为 $dJ = r^2 dm = \sigma 2\pi r^3 dr$，整个圆盘的转动惯量为

$$J = \int dJ = 2\pi\sigma \int_0^R r^3 dr = \frac{1}{2}\sigma\pi R^4 = \frac{1}{2}mR^2$$

由上述计算可知，质量相等，转轴位置也相同的刚体，由于质量分布不同，它们的转动惯量是不相同的.

必须指出，只有对于几何形状规则、质量连续且均匀分布的刚体，才能用积分计算出刚体的转动惯量. 对于任意刚体的转动惯量，通常用实验方法测定. 从上述计算和表 3.1 可以看出，刚体的转动惯量与以下三个因素有关：

(1) 与刚体的质量 m 有关(或与密度有关). 如半径相同，厚薄相同的两个圆盘，铁质的转动惯量比木质的大.

(2) 与质量分布有关. 质量分布得离轴越远，刚体的转动惯量

越大.制造飞轮时,通常采用大而厚的轮缘,就是为了尽可能使其质量分布在边缘上,借以增大飞轮的转动惯量,使飞轮的转动更为稳定.

(3)与转轴的位置有关.刚体的转动惯量只有在指明转轴时才有明确的意义.

工程上常引用刚体的回转半径的概念,用 r_c 表示,它的定义是

$$r_c=\sqrt{\frac{J}{m}} \tag{3-9}$$

(3-9)式中的 m 是刚体的总质量,J 是刚体对给定转轴的转动惯量.上式可写为

$$J=mr_c^2 \tag{3-10}$$

可见,刚体对给定轴的转动惯量等于刚体的质量和回转半径平方的乘积.从刚体对给定轴的转动效应来看,这相当于刚体的质量全部集中在和转轴相距为 r_c 的一点上.

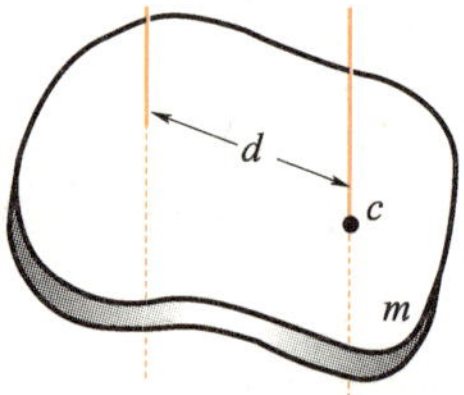

图 3-16 平行轴定理

在图 3-16 中,若质量为 m 的刚体对过其质心 c 的某一转轴的转动惯量为 J_c,可以证明:这个刚体对平行于该轴、和它相距为 d 的另一转轴的转动惯量 J 为

$$J=J_c+md^2 \tag{3-11}$$

这一关系式称为**平行轴定理**(parallel axis theorem).利用平行轴定理,有时可简化转动惯量的计算.

如在例 3-3 中匀质细棒对通过中点并垂直于该棒的转轴的转动惯量为 $J_c=\frac{1}{12}ml^2$,则此棒对经过该棒一端(与中心相距 $d=\frac{l}{2}$)垂直于棒长并与该轴平行的转轴的转动惯量为

$$J=J_c+md^2=\frac{1}{12}ml^2+m\left(\frac{l}{2}\right)^2=\frac{1}{3}ml^2$$

转动惯量是刚体的固有属性,与刚体的运动状态无关.另外,转动惯量具有可加性.即一个具有复杂形状的刚体,如果可以分割成若干个简单部分,则整个刚体对某一轴的转动惯量等于各个组成部分对同一轴的转动惯量之和.

3.2.4 转动定律应用举例

前面已经指出,转动定律在刚体定轴转动中的地位与牛顿第二定律在质点运动(或刚体平动)中的地位相当,因此,应用转动定律求解刚体定轴转动的方法与应用牛顿第二定律求解质点运动的方法——隔离体法是类似的.对隔离出来的"质点"应用牛顿第二定律,而对"刚体"则应用转动定律.

例 3－5

如图 3－17(a)所示，一轻绳跨过一质量为 m 的定滑轮(视为半径为 r 的薄圆盘，其转动惯量 $J=\frac{1}{2}mr^2$)，绳两端挂质量为 m_1 和 m_2 两物体，且 $m_2>m_1$，滑轮轴间摩擦阻力矩为 M_f，绳与滑轮无相对滑动，求物体的加速度和绳中的张力.

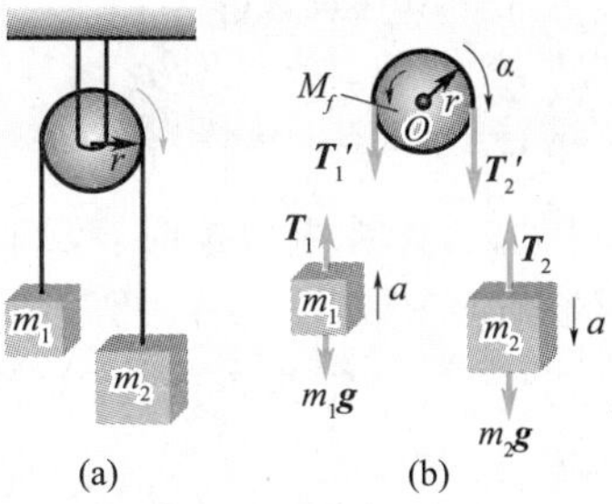

图 3－17　例 3－5 图

解　由于滑轮的质量和形状、大小均不能忽略，轴间摩擦阻力矩也不能忽略，运动中，它作为一个物体绕定轴转动，因而此题不再是单纯的质点动力学问题. 应该结合牛顿定律和转动定律求解.

首先必须隔离物体. 如图 3－17(b)所示，对每一物体进行受力分析，并设 m_1 向上、m_2 向下均以加速度 a 运动，连接 m_1 的绳中张力为 T_1 和 $T_1{}'(T_1=T_1{}')$，与 m_2 相连的绳中张力为 T_2 和 $T_2{}'(T_2=T_2{}')$，滑轮以顺时针方向转动，力矩方向以垂直纸面向里为正，按牛顿定律和转动定律列方程如下：

对 m_1

$$T_1-m_1g=m_1a \qquad ①$$

对 m_2

$$m_2g-T_2=m_2a \qquad ②$$

对滑轮

$$T_2{}'r-T_1{}'r-M_f=\frac{1}{2}mr^2\alpha \qquad ③$$

式中 α 为滑轮的角加速度，由于绳与滑轮无相对滑动，则滑轮边缘上一点的切向加速度 a 必与物体加速度相等，则

$$a=r\alpha \qquad ④$$

联立①～(4)式可解得

$$a=\frac{(m_2-m_1)g-M_f/r}{m_1+m_2+m/2}$$

$$T_1=m_1(g+a)=\frac{m_1\left[(2m_2+\frac{1}{2}m)g-\frac{M_f}{r}\right]}{m_1+m_2+m/2}$$

$$T_2=m_2(g-a)=\frac{m_2\left[(2m_1+\frac{1}{2}m)g+\frac{M_f}{r}\right]}{m_1+m_2+m/2}$$

当不计滑轮质量 m 和摩擦阻力矩 M_f 时，有

$$T_1=T_2=\frac{2m_1m_2}{m_1+m_2}g$$

$$a=\frac{m_2-m_1}{m_1+m_2}g$$

例 3－6

一根长为 L，质量为 m 的均匀细棒，可绕其一端固定的水平光滑轴在竖直平面内转动. 开始棒静止在水平位置. 求它由此下摆 θ 角时的角加速度和角速度.

解　棒的下摆是由于重力对转轴 O 的力矩作用而作加速转动. 因为重力臂是变量，故重力矩为变力矩. 在棒上任取一质元 $\mathrm{d}m=\lambda\mathrm{d}l(\lambda=\frac{m}{L})$，如图 3－18 所示，在棒下摆任意角度 θ 时，该质元的重力对轴 O 的元力矩是

$$\mathrm{d}M=l\cos\theta g\mathrm{d}m=\lambda g\cos\theta l\mathrm{d}l$$

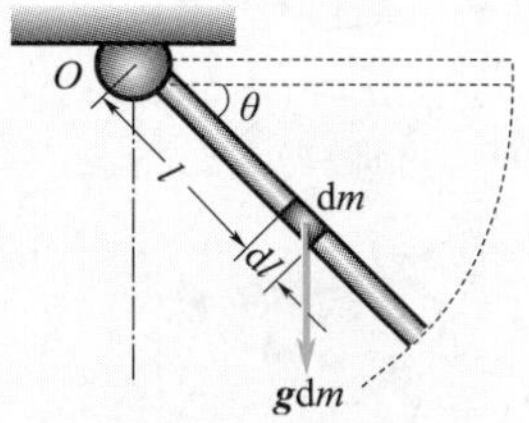

图 3－18　例 3－6 图

整个细棒对轴 O 的力矩为

$$M=\int \mathrm{d}M=\lambda g\cos\theta\int_0^L l\mathrm{d}l=\frac{\lambda}{2}g\cos\theta L^2$$

$$=\frac{1}{2}mgL\cos\theta$$

可见，在计算重力矩时，我们可以认为整个棒的质量全部集中在棒的质心处.

由转动定律，可得棒的角加速度为

$$\alpha=\frac{M}{J}=\frac{\frac{1}{2}mgL\cos\theta}{\frac{1}{3}mL^2}=\frac{3g\cos\theta}{2L}$$

棒的角速度也可由转动定律求得

$$M=J\alpha=J\frac{\mathrm{d}\omega}{\mathrm{d}t}=J\frac{\mathrm{d}\omega}{\mathrm{d}\theta}\frac{\mathrm{d}\theta}{\mathrm{d}t}=J\omega\frac{\mathrm{d}\omega}{\mathrm{d}\theta}$$

将 $M=\frac{1}{2}mgL\cos\theta$ 代入，分离变量可得

$$\frac{1}{2}mgL\cos\theta\mathrm{d}\theta=\frac{1}{3}mL^2\omega\mathrm{d}\omega$$

化简后两边积分

$$3g\int_0^\theta\cos\theta\mathrm{d}\theta=2L\int_0^\omega\omega\mathrm{d}\omega$$

得

$$\omega=\sqrt{3g\sin\theta/L}$$

§3.3 刚体定轴转动的功和能

仿照质点力学的研究思路，在研究了力矩与刚体转动之间的瞬时关系——转动定律后，我们再研究力矩的持续作用，即力矩的时间累积规律及空间累积规律. 本节先研究力矩的空间累积规律.

3.3.1 力矩的功

质点在外力作用下发生位移时，力对质点做了功；当刚体在外力矩作用下绕定轴转动而发生角位移时，则力矩对刚体做了功，这就是力矩的空间累积作用.

如图 3－19 所示，设刚体在外力 $\boldsymbol{F}$ 作用下绕轴 z 转过的角位移为 $\mathrm{d}\theta$，力 $\boldsymbol{F}$ 的作用点 P 沿半径 r 的圆周转过弧长 $\mathrm{d}s=r\mathrm{d}\theta$，由变力做功可得

$$\mathrm{d}W=\boldsymbol{F}\cdot\mathrm{d}\boldsymbol{s}=F_t\mathrm{d}s=F_t r\mathrm{d}\theta$$

式中 F_t 为作用于 P 点的切向力；$F_t r$ 为力 $\boldsymbol{F}$ 对轴 z 的力矩，即 $M=F_t r$，故力矩的功为

$$\mathrm{d}W=M\mathrm{d}\theta$$

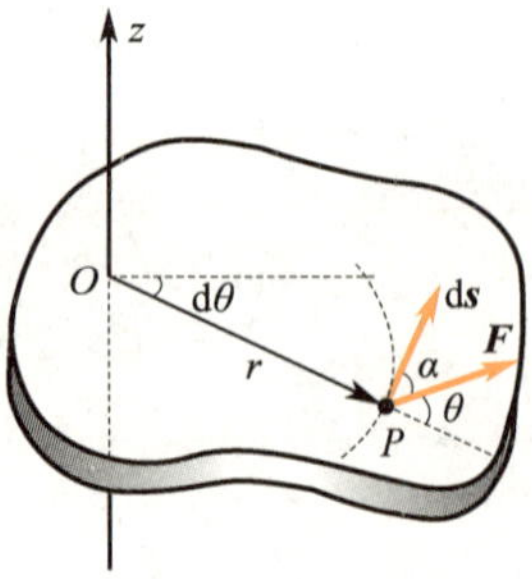

图 3－19　力矩做功

如果刚体在力矩作用下绕固定轴从 θ_1 转到 θ_2，力矩所做的功为

$$W=\int_{\theta_1}^{\theta_2}M\mathrm{d}\theta \tag{3-12}$$

(3－12)式表述了力矩对空间的累积作用. 从(3－12)式的导出过程可以看到，力矩做功并不是新概念，本质上仍是力做的功，即力

矩做功是力做功的角量表达式. 由于讨论刚体转动时,一般使用角位移的概念,因而采用(3－12)式作为功的表达式更为方便.

力矩的功率可以表示为

$$P=\frac{dW}{dt}=m\frac{d\theta}{dt}=m\omega \tag{3-13}$$

式中 ω 是刚体的角速度. 显然**力矩的功等于力矩与角速度的乘积**. 当功率一定时,转速越低,力矩越大;反之,转速越高,力矩越小.

3.3.2 转动动能

刚体绕定轴转动时,其转动动能等于各质元动能的总和. 设质量为 Δm_i 的质元,离轴的垂直距离为 r_i,当刚体以角速度 ω 绕定轴转动时,该质元的动能为

$$\frac{1}{2}\Delta m_i v_i^2=\frac{1}{2}\Delta m_i r_i^2\omega^2$$

整个刚体的动能为

$$E_k=\sum_i\left(\frac{1}{2}\Delta m_i r_i^2\omega^2\right)=\frac{1}{2}\left(\sum_i\Delta m_i r_i^2\right)\omega^2$$

式中 $\sum_i \Delta m_i r_i^2$ 为刚体的转动惯量,故

$$E_k=\frac{1}{2}J\omega^2 \tag{3-14}$$

即刚体绕定轴的转动动能等于刚体的转动惯量与角速度平方乘积的一半. 这与质点的动能 $E_k=\frac{1}{2}mv^2$ 在形式上是相似的.

3.3.3 刚体定轴转动的动能定理

力矩对刚体做功,刚体的转动动能如何变化呢?

设在合外力矩 $\boldsymbol{M}$ 作用下,刚体绕定轴转动的角速度由 ω_1 变为 ω_2. 将转动定律 $M=J\alpha=J\frac{d\omega}{dt}$ 代入(3－12)式,则力矩对刚体做功为

$$W=\int_{\theta_1}^{\theta_2}Md\theta=\int_{\theta_1}^{\theta_2}J\frac{d\omega}{dt}d\theta=J\int_{\omega_1}^{\omega_2}\omega d\omega$$

即

$$W=\frac{1}{2}J\omega_2^2-\frac{1}{2}J\omega_1^2 \tag{3-15}$$

(3－15)式表明,**合外力矩对绕定轴转动的刚体所做的功等于刚体转动动能的增量**. 这就是刚体绕定轴转动的动能定理. 应当指出,(3－12)式原则上可用来计算转动中多个力矩中的某一个或几个力矩的功,但对(3－15)式来说式中的功 W 必须是合外力矩的功.

3.3.4 刚体的重力势能

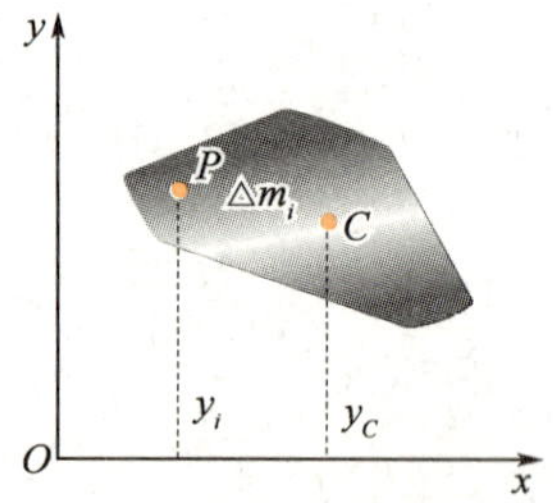

图 3-20 刚体的重力势能

刚体的重力势能是组成它的各个质元的重力势能之和. 如图 3-20 所示,选取一水平面为重力势能零值面,并以其上一点 O 为坐标原点,竖直向上为坐标 Oy 轴的正方向. 设刚体内任一质元 P 的质量为 Δm_i,它对于势能零值面的高度为 y_i,则此质元的重力势能为 $\Delta m_i g y_i$,因此整个刚体的重力势能为

$$E_p = \sum \Delta m_i g y_i = g \sum \Delta m_i y_i$$

再用刚体总质量 m 同时乘除等式右侧,得

$$E_p = mg \frac{\sum \Delta m_i y_i}{m}$$

令

$$y_C = \frac{\sum \Delta m_i y_i}{m}$$

y_C 为刚体质心 C 的坐标,也即质心 C 离参考面的高度,故刚体的重力势能为

$$E_p = mgy_C \quad 或 \quad E_p = mgh_C \tag{3-16}$$

(3-16)式表明,刚体的重力势能等于其重力与质心高度之积. 因此,在计算刚体的重力势能时,只要把刚体的全部质量看成是集中在质心,再按质点的势能公式计算即可.

若在刚体转动过程中,只有重力等保守力做功,其他非保守内力不做功,则刚体在重力场中机械能守恒,即有

$$E = \frac{1}{2}J\omega^2 + mgh_C = 常量$$

例 3-7

一轻绳缠绕在定滑轮上,绳的一端系有质量为 m_1 的重物,滑轮是一个半径为 R 的均匀圆盘,质量为 m_2. 开始时,重物离地面高度为 h,然后由静止下落,如图 3-21 所示. 设绳与滑轮间无相对滑动,不计轴承摩擦,求重物刚到达地面时的速率.

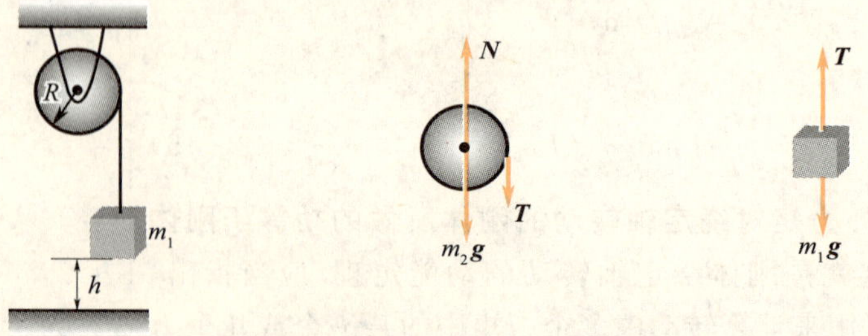

图 3-21 例 3-7 图

解　方法一：利用质点和刚体的动能定理求解.

物体 m_1 作平动，可视为质点. 由质点动能定理，有

$$m_1gh-Th=\frac{1}{2}m_1v^2-0 \qquad ①$$

滑轮作定轴转动，由刚体转动的动能定理可得

$$TR\theta=\frac{1}{2}J\omega^2-0 \qquad ②$$

θ 为 m_1 下落 h 高度时滑轮转过的角位移. 由于绳与滑轮无相对滑动，因而有 $h=R\theta$，$v=R\omega$，将 $J=\frac{1}{2}m_2R^2$ 代入，联立①，②式并化简后，可得

$$v=\sqrt{\frac{m_1}{m_1+\frac{m_2}{2}}2gh}<\sqrt{2gh}$$

上述结果表明，重物 m_1 着地时的速率小于它在同一高度由静止下落的速率 $v'=\sqrt{2gh}$，这是因为在下降过程中，重物 m_1 的重力势能中的一部分通过绳的拉力转化为滑轮的转动动能的缘故.

方法二：利用系统机械能守恒定律求解.

取滑轮、物体、地球为系统，由于 $W_{外}=0$，$W_{非保内}=0$，因此系统的机械能守恒，故得

$$m_1gh=\frac{1}{2}J\omega^2+\frac{1}{2}m_1v^2$$

利用 $v=R\omega$，可得

$$v=\sqrt{\frac{2m_1gh}{m_1+m_2/2}}$$

例 3-8

如图 3-22 所示，一根质量为 m，长为 l 的匀质长棒可在竖直平面内绕其支撑点 O 转动，开始时棒处在水平位置由静止释放，求：(1)细棒释放时的角加速度；(2)棒落到竖直位置时的角速度.

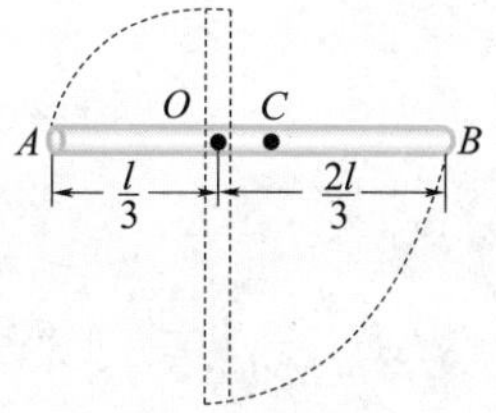

图 3-22　例 3-8 图

解　(1) 据题设，棒的重心 C 离支点距离 $OC=l/6$. 故重力对 O 轴的力矩为

$$M=mg\,\frac{l}{6}$$

棒对 O 轴的转动惯量为

$$\begin{aligned}J&=J_{AO}+J_{BO}\\&=\frac{1}{3}\left(\frac{m}{3}\cdot\frac{l^2}{9}\right)+\frac{1}{3}\left(\frac{2m}{3}\cdot\frac{4l^2}{9}\right)\\&=\frac{1}{9}ml^2\end{aligned}$$

因此

$$\alpha=\frac{M}{J}=\frac{\frac{1}{6}mgl}{\frac{1}{9}ml^2}=\frac{3g}{2l}$$

(2) 棒下落过程中，只有重力做功，故棒与地球系统的机械能守恒，选择水平位置为势能零点，则

$$0=\frac{1}{2}J\omega^2+mg\left(-\frac{l}{6}\right)$$

将 J 代入，化简后，可得棒到达竖直位置时的角速度为

$$\omega=\sqrt{\frac{3g}{l}}$$

类似于本题(2)中的解法，读者可用机械能守恒定律重解例 3-6 中的角速度，可以看出，利用机械能守恒定律求解更简便.

§3.4 角动量定理 角动量守恒定律

在研究物体的运动时，常遇到质点绕一固定点运动的情况. 例如，行星绕太阳的转动、原子中电子绕核的转动等等. 这类运动具有的共同特征是：(1)质点受力方向总是指向某一定点，这种力称为**有心力**. 因此上述运动就是在有心力场中的运动. (2)质点在有心力场中保持在一定的轨道上作周期性运动. 为什么有心力场中质点间不会因相互吸引而合成一体呢？例如行星与太阳间仅有引力，为什么行星不会落到太阳上去？地球与彗星发生“碰撞”时，为什么彗星不掉到地球上？为什么电子与原子核间的静电引力不使电子落到核上？宇宙间只存在引力，为什么宇宙中的物体不会塌缩到一块，却处于相当分散状态？这些问题，仅用前面的动量守恒和能量守恒定律均无法解释. 这表明自然界还存在另外一种守恒量，它就是角动量.

质点力学中，为了描述机械运动量的转移和传递，除了用速度$\boldsymbol{v}$描述质点的运动状态外，还引进了动量 $\boldsymbol{p}$，并进而导出动量定理和动量守恒定律. 同样，在刚体定轴转动时，为了描述转动机械运动量的转移和传递，除了用角速度 $\boldsymbol{\omega}$ 描述刚体的转动状态外，本节还将引进刚体的角动量 $\boldsymbol{L}$，并进而研究力矩与时间的积累规律，导出刚体的角动量定理和角动量守恒定律.

3.4.1 质点的角动量定理和角动量守恒定律

刚体是由质点组成的，因而在讨论刚体的角动量之前，我们先来讨论质点的角动量.

一、质点的角动量

角动量(angular momentum)又称**动量矩**(moment of momentum)，它是描述旋转运动的物理量. 对于质点在中心力场(质点所受的力总是沿着质点与此中心或称力心的连线)中的运动，例如行星绕太阳运动、人造卫星绕地球运转、电子绕原子核旋转等，角动量都是很重要的概念.

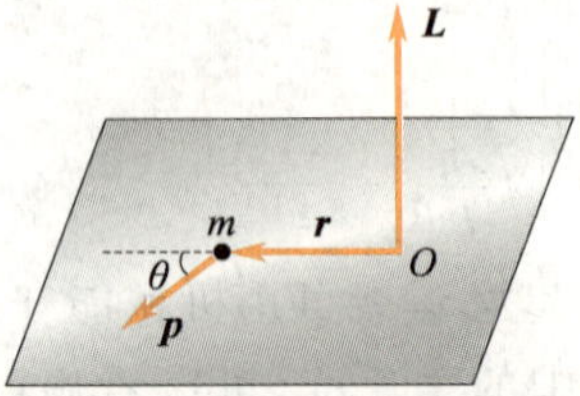

图 3－23 质点的角动量

设质量为 m 的质点以速度$\boldsymbol{v}$ 运动，它的动量 $\boldsymbol{p}=m\boldsymbol{v}$. 它对惯性参考系中某一固定点 O 的角动量 $\boldsymbol{L}$ 定义为

$$\boldsymbol{L}=\boldsymbol{r}\times\boldsymbol{p}=\boldsymbol{r}\times m\boldsymbol{v} \tag{3-17}$$

式中 $\boldsymbol{r}$ 为质点相对于固定点的矢径(见图 3－23).

角动量大小为

$$L = rp\sin\theta = mrv\sin\theta \tag{3-18}$$

其中 θ 是 $\boldsymbol{r}$ 和 $\boldsymbol{p}$ 两矢量之间的夹角. $\boldsymbol{L}$ 的方向垂直于 $\boldsymbol{r}$ 和 $\boldsymbol{p}$ 所决定的平面,其指向可用右手螺旋法则确定.

从(3－17)式可知,质点的角动量与质点的矢径 $\boldsymbol{r}$ 有关,即与所选的固定点的位置有关,同一质点相对于不同的点,它的角动量是不同的. 因此,在说明一个质点的角动量时,必须指明是对那一个固定点而言的.

若一质点以恒定速度作匀速直线运动,如图 3－24 所示. 对某一固定点 O 而言,运动质点在 Q,P 两点的角动量大小分别为

$$mvr_Q\sin\varphi_1 = mvr_P\sin\varphi_2 = mvr$$

且两角动量方向均垂直纸面向外.

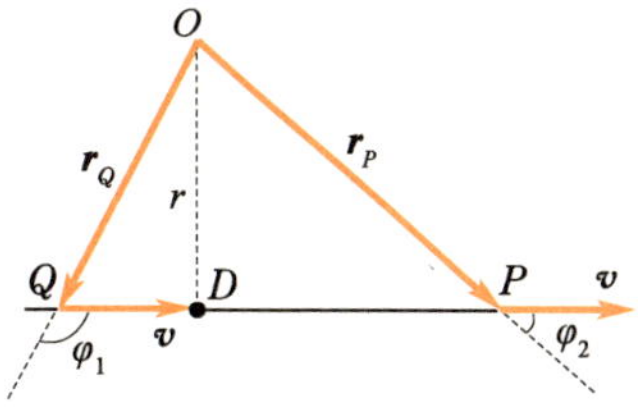

图 3－24　匀速直线运动的质点对某固定点的角动量

可见,作匀速直线运动的质点,不仅动量不变,而且角动量也是一个常矢量.

若质点绕某固定点 O 作圆周运动,半径为 r,因为 $\boldsymbol{v}$ 与 $\boldsymbol{r}$ 垂直,则角动量大小为 mvr,又 $v=r\omega$,质点绕 O 的转动惯量为 mr^2,所以质点对 O 的角动量可写为

$$L = mvr = mr^2\omega = J\omega$$

其方向与 $\boldsymbol{\omega}$ 相同.

在国际单位制(SI)中,角动量的单位是千克・米^2・秒$^{-1}$($\mathrm{kg\cdot m^2\cdot s^{-1}}$).

二、质点的角动量定理

根据牛顿第二定律,质量为 m 的质点,在合力 $\boldsymbol{F}$ 作用下,其运动方程为

$$\boldsymbol{F} = \frac{\mathrm{d}(m\boldsymbol{v})}{\mathrm{d}t}$$

设质点对参考点 O 的位矢为 $\boldsymbol{r}$,以 $\boldsymbol{r}$ 叉乘上式两边,有

$$\boldsymbol{r}\times\boldsymbol{F} = \boldsymbol{r}\times\frac{\mathrm{d}}{\mathrm{d}t}(m\boldsymbol{v}) \tag{3-19}$$

考虑到

$$\frac{\mathrm{d}}{\mathrm{d}t}(\boldsymbol{r}\times m\boldsymbol{v}) = \boldsymbol{r}\times\frac{\mathrm{d}}{\mathrm{d}t}(m\boldsymbol{v}) + \frac{\mathrm{d}\boldsymbol{r}}{\mathrm{d}t}\times m\boldsymbol{v}$$

而且

$$\frac{\mathrm{d}\boldsymbol{r}}{\mathrm{d}t}\times\boldsymbol{v} = \boldsymbol{v}\times\boldsymbol{v} = 0$$

故(3－19)式可写成

$$\boldsymbol{r}\times\boldsymbol{F} = \frac{\mathrm{d}}{\mathrm{d}t}(\boldsymbol{r}\times m\boldsymbol{v})$$

由力矩及角动量的定义,上式可写为

$$\boldsymbol{M} = \frac{\mathrm{d}}{\mathrm{d}t}(\boldsymbol{r}\times m\boldsymbol{v}) = \frac{\mathrm{d}\boldsymbol{L}}{\mathrm{d}t} \tag{3-20}$$

上式表明，作用于质点的合力对参考点 O 的力矩，等于质点对该点的角动量随时间的变化率．这与牛顿第二定律 $\boldsymbol{F}=\dfrac{\mathrm{d}\boldsymbol{p}}{\mathrm{d}t}$ 在形式上是相似的，只是用 $\boldsymbol{M}$ 代替了 $\boldsymbol{F}$，用 $\boldsymbol{L}$ 代替了 $\boldsymbol{p}$．

上式还可写成 $\boldsymbol{M}\mathrm{d}t=\mathrm{d}\boldsymbol{L}$，$\boldsymbol{M}\mathrm{d}t$ 为力矩 $\boldsymbol{M}$ 与作用时间 $\mathrm{d}t$ 的乘积，叫作**冲量矩**．取积分有

$$\int_{t_1}^{t_2}\boldsymbol{M}\mathrm{d}t=\boldsymbol{L}_2-\boldsymbol{L}_1 \qquad (3-21)$$

式中 $\boldsymbol{L}_1$ 和 $\boldsymbol{L}_2$ 分别为质点在时刻 t_1 和 t_2 对参考点 O 的角动量，$\int_{t_1}^{t_2}\boldsymbol{M}\mathrm{d}t$ 为质点在时间间隔 t_2-t_1 所受的冲量矩．因此，上式的物理意义是：**对同一参考点 O，质点所受的冲量矩等于质点角动量的增量**，这就是质点的**角动量定理**(theorem of angular momentum)．

三、质点的角动量守恒定律

由(3－21)式可以看出，若质点所受合力矩为零，即 $\boldsymbol{M}=0$，则有

$$\boldsymbol{L}=\boldsymbol{r}\times m\boldsymbol{v}=\text{恒矢量} \qquad (3-22)$$

上式表明，**当质点所受对参考点 O 的合力矩为零时，质点对该参考点 O 的角动量为一恒矢量**．这就是质点的**角动量守恒定律**．

应当注意，质点角动量守恒的条件是合力矩 $\boldsymbol{M}=0$．根据力矩的定义，这可能有两种情况：一种是合力 $\boldsymbol{F}=0$；另一种是合力 $\boldsymbol{F}$ 虽不为零，但合力 $\boldsymbol{F}$ 通过参考点 O，致使合力矩为零．质点作匀速圆周运动就是这种例子，此时，作用于质点的合力始终指向圆心，故其力矩为零，所以质点作匀速圆周运动时，它对圆心的角动量是守恒的．这一结论可以推广，如果质点在运动过程中所受的力，总是指向某一给定点，那么这种力就称为**有心力**，而该点就叫作力心．显然，有心力对力心的力矩总是零，所以，在有心力作用下质点对力心的角动量都是守恒的．太阳系中行星的轨道为椭圆，太阳位于两焦点之一，太阳作用于行星的引力是指向太阳的有心力，因此如以太阳为参考点 O，则行星的角动量是守恒的．

例 3－9

利用角动量守恒定律证明有关行星运动的开普勒第二定律：行星相对于太阳的径矢在单位时间内扫过的面积(面积速度)是常量．

解 行星在太阳的引力作用下沿椭圆轨道运动，由于引力的方向总是与行星对于太阳的径矢方向反平行，所以行星受到的太阳引力对于太阳的力矩等于零．因此，行星在运动过程中，对太阳的角动量将保持不变．

角动量守恒意味着角动量 $\boldsymbol{L}$ 的方向不

变，表明 $\boldsymbol{r}$ 和 $\boldsymbol{v}$ 所决定的平面的方位不变．这就是说，行星是在一个平面内运动，它的轨道是一个平面轨道，如图 3－25 所示．行星对太阳的角动量的大小也不变．角动量为

$$L=mrv\sin\alpha=mr\left|\frac{\mathrm{d}\boldsymbol{r}}{\mathrm{d}t}\right|\sin\alpha$$

$$=m\lim_{\Delta t\to 0}\frac{r|\Delta\boldsymbol{r}|\sin\alpha}{\Delta t}$$

由图 3－25 可知，$r|\Delta\boldsymbol{r}|\sin\alpha$ 等于阴影三角形的面积的 2 倍，即

$$r|\Delta\boldsymbol{r}|\sin\alpha=2\Delta S$$

因此

$$L=m\lim_{\Delta t\to 0}\frac{2\Delta S}{\Delta t}=2m\frac{\mathrm{d}S}{\mathrm{d}t}$$

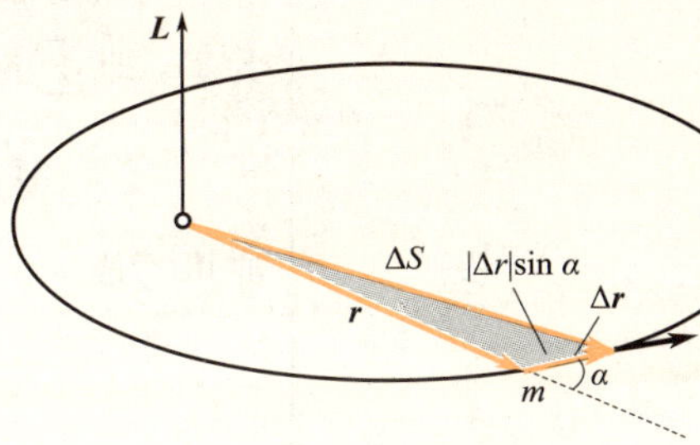

图 3－25　例 3－9 图

其中 $\mathrm{d}S/\mathrm{d}t$ 为行星对太阳的径矢在单位时间内扫过的面积，叫作行星运动的**掠面速度**．行星运动的角动量守恒意味着这一掠面速度保持不变．由此，我们可以直接得出行星对太阳的径矢在相等的时间里扫过相等面积的结论．

3.4.2　刚体对定轴的角动量

如图 3－26 所示，当刚体绕 Oz 轴作定轴转动时，刚体上各质元某一瞬时均以相同的角速度 $\boldsymbol{\omega}$ 绕该轴作圆周运动．设刚体上某一质元 Δm_i 距轴的距离为 r_i，则其对该轴的角动量大小为

$$L_i=\Delta m_i r_i^{\,2}\omega$$

整个刚体对该轴的角动量 L 应等于刚体上所有质元对该轴角动量的总和，即

$$L=\sum_i L_i=\sum_i \Delta m_i r_i^{\,2}\omega=J\omega$$

其矢量式为

$$\boldsymbol{L}=J\boldsymbol{\omega}\tag{3-23}$$

其中 J 为刚体对转轴 Oz 的转动惯量．由上式可知，**刚体对某定轴的角动量等于刚体对此轴的转动惯量与角速度的乘积**．刚体对转轴的角动量 $\boldsymbol{L}$ 的方向与角速度 $\boldsymbol{\omega}$ 的方向一致．由于 $\boldsymbol{L}$ 的方向与转轴平行，因此，通常在设定正方向后用正负来表示 $\boldsymbol{L}$ 的方向．

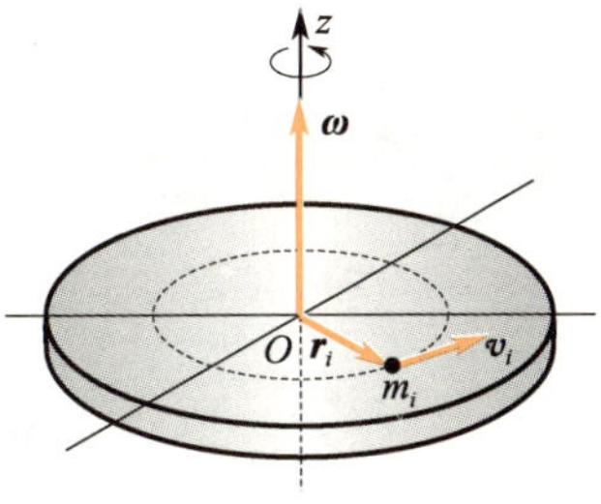

图 3－26　刚体的角动量

3.4.3　刚体定轴转动的角动量定理

从(3－20)式可以知道，作用在质点 m_i 上的合力矩 $\boldsymbol{M}_i$ 应等于质点的角动量随时间的变化率，即

$$\boldsymbol{M}_i=\frac{\mathrm{d}\boldsymbol{L}_i}{\mathrm{d}t}=\frac{\mathrm{d}}{\mathrm{d}t}(m_i r_i^2\boldsymbol{\omega})$$

而合力矩 $\boldsymbol{M}_i$ 中包含外力作用在质点 m_i 的力矩，即外力矩 $\boldsymbol{M}_i^{\mathrm{ex}}$，以及刚体内质点间相互作用力的力矩，即内力矩 $\boldsymbol{M}_i^{\mathrm{in}}$．

对绕定轴 Oz 转动的刚体来说,刚体内各质点的内力矩之和应为零,即 $\sum \boldsymbol{M}_i^{\text{in}} = 0$. 故对上式两边求和,可得

$$\boldsymbol{M} = \sum_i \boldsymbol{M}_i^{\text{ex}} = \frac{\mathrm{d}}{\mathrm{d}t}\left(\sum \boldsymbol{L}_i\right) = \frac{\mathrm{d}}{\mathrm{d}t}\left(\sum m_i r_i^2 \boldsymbol{\omega}\right)$$

亦可写成

$$\boldsymbol{M} = \frac{\mathrm{d}}{\mathrm{d}t}(J\boldsymbol{\omega}) = \frac{\mathrm{d}\boldsymbol{L}}{\mathrm{d}t} \tag{3-24}$$

上式表明,刚体绕某定轴转动时,作用于刚体的合外力矩等于刚体绕此定轴的角动量随时间的变化率. 此式与(3-20)式虽然表面看来形式相同,但内涵已发生了改变,如在(3-20)式中,$\boldsymbol{M}$ 指的是一个质点所受的合力矩,但在(3-24)式中,$\boldsymbol{M}$ 指的是刚体所受的合外力矩. 对照(3-7)式可见,(3-24)式是转动定律的另一表达方式,但其意义更加普遍. 即使在绕定轴转动物体(非刚体)的转动惯量 J 因内力作用而发生变化时,(3-7)式已不适用,但(3-24)式仍然成立. 这与质点动力学中,牛顿第二定律的表达式 $\boldsymbol{F}=\mathrm{d}\boldsymbol{p}/\mathrm{d}t$ 较之 $\boldsymbol{F}=m\boldsymbol{a}$ 更普遍是一样的.

设有一转动惯量为 J 的刚体绕定轴转动,在合外力矩 $\boldsymbol{M}$ 的作用下,在 $t_0 \to t$ 时间内,其角速度由 $\boldsymbol{\omega}_0$ 变为 $\boldsymbol{\omega}$. 由(3-24)式得

$$\int_{t_0}^{t} \boldsymbol{M}\mathrm{d}t = \int_{L_0}^{L} \mathrm{d}\boldsymbol{L} = \boldsymbol{L} - \boldsymbol{L}_0 = J\boldsymbol{\omega} - J\boldsymbol{\omega}_0 \tag{3-25a}$$

式中 $\int_{t_0}^{t} \boldsymbol{M}\mathrm{d}t$ 叫作力矩对给定轴的冲量矩,又叫角冲量.

如果物体在转动过程中,其内部各质点相对于转轴的位置发生了变化,那么物体的转动惯量 J 也必然随时间变化. 若在 Δt 时间内,转动惯量由 J_0 变为 J,则(3-25a)式中的 $J\boldsymbol{\omega}_0$ 应改为 $J_0\boldsymbol{\omega}_0$,于是下面的关系式成立.

$$\int_{t_0}^{t} \boldsymbol{M}\mathrm{d}t = J\boldsymbol{\omega} - J_0\boldsymbol{\omega}_0 \tag{3-25b}$$

(3-25)式表明,当转轴给定时,作用在物体上的冲量矩等于角动量的增量. 这一结论叫作角动量定理,它与质点的角动量定理(3-21)式虽然在形式上很相似,但内涵却有所不同.

3.4.4 角动量守恒定律及其应用

若物体所受合外力矩为零,由(3-25)式,可得

$$J\boldsymbol{\omega} = \text{常矢量}$$

或

$$J\boldsymbol{\omega} = J_0\boldsymbol{\omega}_0 \tag{3-26}$$

上式表明,当物体所受的合外力矩为零时,物体的角动量保持不变. 这个结论称为**角动量守恒定律**.

由(3-26)式,角动量守恒定律可分为两种情形:

1. 转动惯量保持不变的单个刚体. 当 $\boldsymbol{M}=0$ 时，$J\boldsymbol{\omega}=J\boldsymbol{\omega}_0$，则 $\boldsymbol{\omega}=\boldsymbol{\omega}_0$. 这时物体绕定轴作匀角速转动，且角速度方向保持不变. 如行星绕太阳的转动，电子绕原子核的旋转等.

2. 转动惯量可变的物体. 若转动物体由于内力作用而改变其对转轴的转动惯量，则当 J 增大时，ω 就减小，J 减小时，ω 就增大，从而保持 $J\omega$ 不变. 这一现象可用下述实验演示，如图 3-27 所示，一人站在绕竖直轴转动的转台上，两手各握一个重哑铃，开始时双臂左右平伸，在其他人推动转台后，转台、人与一对哑铃所组成的系统就以一定的角速度转动；然后当人收拢双臂时，人与转台的旋转随即加快. 这是由于人用内力收拢双臂过程中(系统的外力矩仍然保持为零)，J 不断变小的同时，角速度 ω 则不断增大.

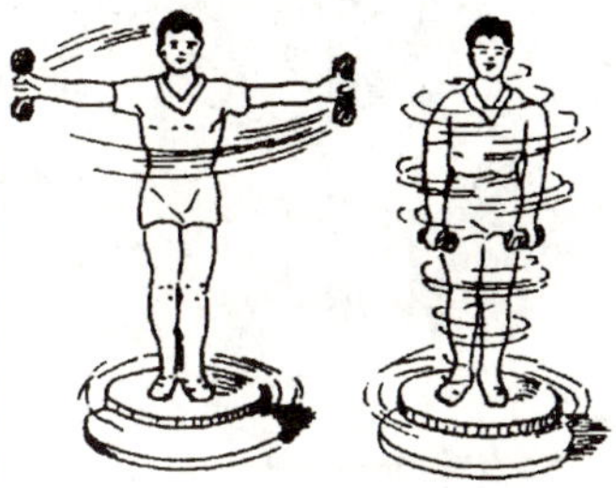

图 3-27 角动量守恒的演示实验

在日常生活中，利用角动量守恒的例子也是很多的. 例如，跳芭蕾舞和花样滑冰时，演员和运动员总是先张开两臂旋转，然后收拢双臂和腿，减小转动惯量以加快旋转速度. 又如，跳水运动员站在跳板上起跳时，总是向上伸直手臂，跳到空中时又收拢腿和臂，以减小转动惯量，获得较大的空翻速度. 当快到水面时，则又把手、腿伸直以增大转动惯量，减小角速度，以便竖直地进入水中，见图3-28.

图 3-28 跳水运动和角动量守恒

最后应该指出：动量守恒定律、能量守恒定律和角动量守恒定律是自然界普遍适用的三大守恒定律. 虽然它们是在不同的理想化条件(如质点、刚体等)下，用经典的牛顿力学原理“推证”出来的，但它们的使用范围，却远远超出了原有条件的限制. 它们不仅适用于牛顿力学成立的宏观、低速(远小于光速)领域，而且通过相应的扩展和修正后也适用于牛顿力学失效的微观、高速(接近光速)领域，即量子力学和相对论之中. 因此，上述三条守恒定律是比牛顿力学适用范围更广的物理规律，它们构成了近代物理理论的基础.

为方便类比和记忆，表 3.2 列出了平动和转动的一些物理量、重要公式和守恒条件.

表 3.2 质点与刚体力学规律对照表

质点运动(或刚体平动)		刚体定轴转动	
位移	$\Delta\boldsymbol{r}=\boldsymbol{r}_2-\boldsymbol{r}_1$	角位移	$\Delta\theta=\theta_2-\theta_1$
速度	$\boldsymbol{v}=\dfrac{\mathrm{d}\boldsymbol{r}}{\mathrm{d}t}$	角速度	$\omega=\dfrac{\mathrm{d}\theta}{\mathrm{d}t}$
加速度	$\boldsymbol{a}=\dfrac{\mathrm{d}\boldsymbol{v}}{\mathrm{d}t}$	角加速度	$\alpha=\dfrac{\mathrm{d}\omega}{\mathrm{d}t}$
力	$\boldsymbol{F}$	力矩	$\boldsymbol{M}=\boldsymbol{r}\times\boldsymbol{F}$
质量	m	转动惯量	$J=\int r^2\mathrm{d}m$
运动定律	$\boldsymbol{F}=m\boldsymbol{a}$、$\boldsymbol{F}=\dfrac{\mathrm{d}\boldsymbol{p}}{\mathrm{d}t}$	转动定律	$\boldsymbol{M}=J\boldsymbol{\alpha}$，$\boldsymbol{M}=\dfrac{\mathrm{d}\boldsymbol{L}}{\mathrm{d}t}$
动量 $m\boldsymbol{v}$，冲量	$\int\boldsymbol{F}\mathrm{d}t$	角动量 $J\boldsymbol{\omega}$，角冲量	$\int\boldsymbol{M}\mathrm{d}t$
动量定理	$\int\boldsymbol{F}\mathrm{d}t=m\boldsymbol{v}-m\boldsymbol{v}_0$	角动量定理	$\int\boldsymbol{M}\mathrm{d}t=J\boldsymbol{\omega}-J_0\boldsymbol{\omega}_0$

续表

质点运动(或刚体平动)		刚体定轴转动	
动量守恒定律	$\sum \boldsymbol{F}_i = 0$ $\sum m_i \boldsymbol{v}_i =$ 常矢	角动量守恒定律	$\sum \boldsymbol{M}_i = 0$ $\sum J_i \boldsymbol{\omega}_i =$ 常矢
动能	$\frac{1}{2}mv^2$	转动动能	$\frac{1}{2}J\omega^2$
功	$W = \int_a^b \boldsymbol{F} \cdot \mathrm{d}\boldsymbol{r}$	力矩的功	$W = \int_{\theta_1}^{\theta_2} M\mathrm{d}\theta$
功率	$P = \boldsymbol{F} \cdot \boldsymbol{v}$	功率	$P = M\omega$
动能定理	$W = \frac{1}{2}mv_2{}^2 - \frac{1}{2}mv_1{}^2$	动能定理	$W = \frac{1}{2}J\omega_2{}^2 - \frac{1}{2}J\omega_1{}^2$
机械能守恒定律	$W_{外} + W_{非保内} = 0$, $E_k + E_p =$ 常量	机械能守恒定律	$W_{外} + W_{非保内} = 0$, $E_k + E_p =$ 常量

例 3-10

恒星在其核燃料燃尽,达到生命末期时,会发生所谓超新星爆发.这时星体表面有大量物体喷发入星际空间,同时星的内核向内收缩,坍缩成体积很小的中子星(中子星是一种异常致密的星体,一汤匙中子星物质就有几亿吨质量).设有某恒星绕自转轴每 45 天转一周,它的内核半径 R_0 约为 2×10^7 m,坍缩为半径 R 仅为 6×10^3 m 的中子星,将坍缩前后的星体内核(内核质量可认为恒定)当作匀质球,估算出中子星的旋转频率.

解 在星际空间中恒星不会受到显著的外力矩,因此其角动量应满足守恒定律.即坍缩前后的角动量 $J_0\omega_0$ 和 $J\omega$ 应相等,用 $J_0 = \frac{2}{5}mR_0{}^2$,$J = \frac{2}{5}mR^2$,$m$ 为恒星内核质量,代入可得

$$\frac{2}{5}mR_0{}^2\omega_0 = \frac{2}{5}mR^2\omega$$

因为 $\omega = 2\pi\nu$,$\omega_0 = 2\pi\nu_0$,代入数字,可得中子星的旋转频率为

$$\nu = \nu_0\left(\frac{R_0}{R}\right)^2 = \frac{1}{45}\left(\frac{2\times10^7}{6\times10^3}\right)^2\ \mathrm{s^{-1}}$$
$$= 3\ \mathrm{s^{-1}}$$

由于中子星的致密性和极快的自转频率,在星体周围形成极强的磁场并沿磁轴方向发射无线电波、光和 X 射线束,当这个射线束扫过地球时,就能检测到脉冲信号,因此中子星又称脉冲星,目前已探测到的脉冲星超过 300 个.

例 3-11

一匀质转台质量为 M,半径为 R,可绕竖直的中心轴转动,初角速度为 ω_0,一人立在台中心,质量为 m.若他以恒定的速度 $\boldsymbol{u}$ 相对转台沿半径方向走向边缘,如图 3-29 所示.试计算人到达转台边缘时,(1)转台的角速度;(2)转台转过的圈数.

解　(1) 在人走动过程中，人和转台系统沿竖直轴方向的外力矩为零，故对该轴的角动量守恒. 取人立于台心为初状态，t 时刻人到达距台心 ut 处，依系统角动量守恒，有

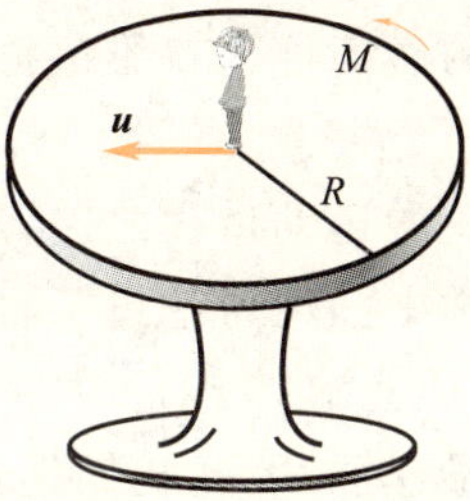

图 3－29　例 3－11 图

$$\frac{M}{2}R^2\omega_0=(\frac{M}{2}R^2+mu^2t^2)\omega_t$$

式中 ω_t 是 t 时刻转台的角速度. 由上式可得

$$\omega_t=\frac{\omega_0}{1+\frac{2mu^2t^2}{MR^2}}$$

到达转台边缘时刻为 $t=\frac{R}{u}$，故相应的角速度 ω 为

$$\omega=\frac{\omega_0}{1+2\frac{m}{M}}$$

(2) $t=\frac{R}{u}$ 时间内转台转过的角度可由 $\omega=\frac{\mathrm{d}\theta}{\mathrm{d}t}$ 通过积分求得

$$\theta=\int_0^t\omega\mathrm{d}t=\int_0^{\frac{R}{u}}\frac{\omega_0}{1+\frac{2mu^2t^2}{MR^2}}\mathrm{d}t$$

$$=\frac{R\omega_0}{u(\frac{2m}{M})^{1/2}}\arctan(\frac{2m}{M})^{1/2}$$

故转台转过的圈数为

$$N=\frac{\theta}{2\pi}=\frac{R\omega_0}{2\pi u}(\frac{2m}{M})^{-1/2}\arctan(\frac{2m}{M})^{1/2}$$

§3.5　碰　　撞

碰撞(collision)是物体在相对很短的时间内发生较强相互作用的过程，如锻铁、打桩、台球的撞击等. 即使两物体不直接接触，也能发生碰撞，如彗星接近地球时，彗星和地球间的作用时间相对较短，相互作用力很大，因此可以说彗星和地球发生了碰撞. 由于碰撞过程中物体的运动状态变化剧烈，因此，若把碰撞的物体视为一个系统，则在碰撞过程中，作用在此系统上的外力与碰撞物体间的相互作用内力比较通常很小，可以忽略不计. 也就是说，碰撞过程中可以认为系统的动量守恒；若涉及定轴转动的刚体，则系统的角动量守恒.

碰撞常以碰撞前后系统动能的变化 ΔE_k 来分类. 若 $\Delta E_k=0$，即碰撞前后动能不变，则这种碰撞称为**弹性碰撞**(elastic collision). 若 $\Delta E_k<0$，即碰撞后的动能小于碰撞前的动能，则这种碰撞称为**非弹性碰撞**(non-elastic collision). 非弹性碰撞中，系统存在耗散力，将一部分系统的动能转化(耗散)成了非机械能，如热能、光能之类. 宏观物体间的碰撞总是非弹性的，但有的碰撞，如台球碰撞是接近弹性的. 与弹性碰撞相反的极端情况是**完全非弹性碰撞**(perfect inelastic collision)，物体进行完全非弹性碰撞后粘在一起运动，动能损失量最大.

碰撞前后，物体的速度都在一条直线上的碰撞称为一维碰撞，

如两个半径相同的刚性小球的对心碰撞.物体的速度不在一条直线上但在同一个平面上的碰撞称为二维碰撞,如两个半径相同的刚性小球的非对心碰撞.

碰撞过程是最常见的运动过程之一,质点与质点之间的碰撞我们在上一章质点动力学中已经讨论过了;此外,质点与刚体,刚体与刚体也可以发生碰撞,质点碰撞应用动量守恒,而有刚体参与的碰撞则一般需应用角动量守恒.因此我们把这部分内容安排在学完刚体后再来分析.

下面举例说明质点与刚体,刚体与刚体的碰撞.作为归纳,我们仍列举质点与质点的碰撞例题,以示比较.

例 3-12

二维弹性碰撞.图 3-30 显示了云室中一个 α 粒子与另一个 α 粒子间的碰撞,这是一个典型的二维弹性碰撞,设碰撞前一个粒子静止,另一个运动.试证明,碰撞后两个粒子的速度相互垂直.

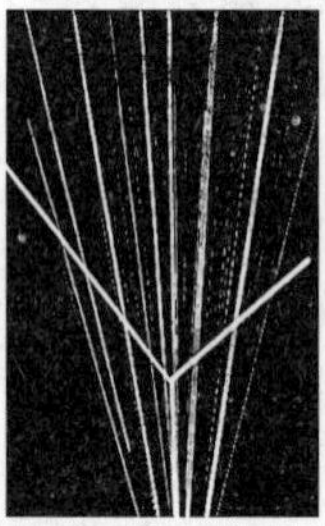

图 3-30 云室照片 α 粒子碰撞的轨迹(碰撞后两粒子的轨迹近于 90°)

解 依题意,两个粒子完全相同,一个粒子静止,另一个粒子以速度 $\boldsymbol{v}_0$ 运动.设碰撞后,两个粒子的速度分别为 $\boldsymbol{v}_1$ 和 $\boldsymbol{v}_2$.因粒子的质量相同,故动量守恒和能量守恒方程式变成仅包含速度的式子:

$$\boldsymbol{v}_0=\boldsymbol{v}_1+\boldsymbol{v}_2$$

将上式两边自相点积,并利用点积的交换律,得

$$\boldsymbol{v}_0\cdot\boldsymbol{v}_0=(\boldsymbol{v}_1+\boldsymbol{v}_2)\cdot(\boldsymbol{v}_1+\boldsymbol{v}_2)$$
$$=\boldsymbol{v}_1\cdot\boldsymbol{v}_1+\boldsymbol{v}_2\cdot\boldsymbol{v}_2+2(\boldsymbol{v}_1\cdot\boldsymbol{v}_2)$$
$$v_0^{\ 2}=v_1^{\ 2}+v_2^{\ 2}+2(\boldsymbol{v}_1\cdot\boldsymbol{v}_2)$$

对于弹性碰撞,动能守恒,即 $v_0^{\ 2}=v_1^{\ 2}+v_2^{\ 2}$,故必有 $\boldsymbol{v}_1\cdot\boldsymbol{v}_2=0$,也就是碰撞后两个粒子的速度相互垂直.

在弹性碰撞中,只有两个全同粒子,其中一个运动而另一个静止时,它们碰撞后的速度才会互相垂直.

例 3-13

如图 3-31 所示,设有两个质量分别为 m_1 和 m_2,速度分别为 $\boldsymbol{v}_{10}$ 和 $\boldsymbol{v}_{20}$ 的弹性小球作对心碰撞,两球的速度方向相同.若碰撞是完全弹性的,求碰撞后两球的速度 $\boldsymbol{v}_1$ 和 $\boldsymbol{v}_2$ 并做讨论.

图 3-31 完全弹性碰撞的例子

解 由动量守恒定律得

$$m_1\boldsymbol{v}_{10}+m_2\boldsymbol{v}_{20}=m_1\boldsymbol{v}_1+m_2\boldsymbol{v}_2 \quad ①$$

由机械能守恒定律得

$$\frac{1}{2}mv_{10}^2+\frac{1}{2}m_2v_{20}^2=\frac{1}{2}m_1v_1^2+\frac{1}{2}m_2v_2^2 \quad ②$$

式①可改写为

$$m_1(v_{10}-v_1)=m_2(v_2-v_{20}) \quad ③$$

式②可改写为

$$m_1(v_{10}^2-v_1^2)=m_2(v_2^2-v_{20}^2) \quad ④$$

由式③、④可解得

$$v_{10}+v_1=v_2+v_{20}$$

或

$$v_{10}-v_{20}=v_2-v_1 \qquad ⑤$$

式⑤表明，碰撞前两球相互趋近的相对速度 $(v_{10}-v_{20})$ 等于碰撞后它们相互分开的相对速度 (v_2-v_1).

从式③和式⑤，可解出

$$\left.\begin{aligned} v_1&=\frac{(m_1-m_2)v_{10}+2m_2v_{20}}{m_1+m_2} \\ v_0&=\frac{(m_2-m_1)v_{20}+2m_1v_{10}}{m_1+m_2} \end{aligned}\right\} \qquad ⑥$$

讨论：(1) 若 $m_1=m_2$，从式⑥可得

$$v_1=v_{20},\ v_2=v_{10}$$

即两质量相同的小球碰撞后互相交换速度.

(2) 若 $m_2 \gg m_1$，且 $v_{20}=0$，从式⑥可得

$$v_1 \approx -v_{10},\ v_2 \approx 0$$

即碰撞后，质量为 m_1 的小球将以同样大小的速率，从质量为 m_2 的大球上反弹回来，而大球 m_2 几乎保持静止. 皮球对墙壁的碰撞，以及气体分子和容器壁的碰撞都属于这种情形.

(3) 若 $m_2 \ll m_1$，且 $v_{20}=0$，从式⑥可得

$$v_1 \approx v_{10},\ v_2 \approx 2v_{10}$$

这个结果表明：一个质量很大的球体，当它与质量很小的球体相碰撞时，它的速度不发生显著改变，但质量很小的球却以近于两倍于大球体的速度向前运动.

例 3－14

如图 3－32 所示，一长为 l，质量为 M 的均匀细杆可绕支点 O 自由转动. 当它自由下垂时，一质量为 m，速度为 v 的子弹沿水平方向射入并嵌在距支点为 a 处的棒内，若杆的偏转角为 30°，子弹的初速率为多少？

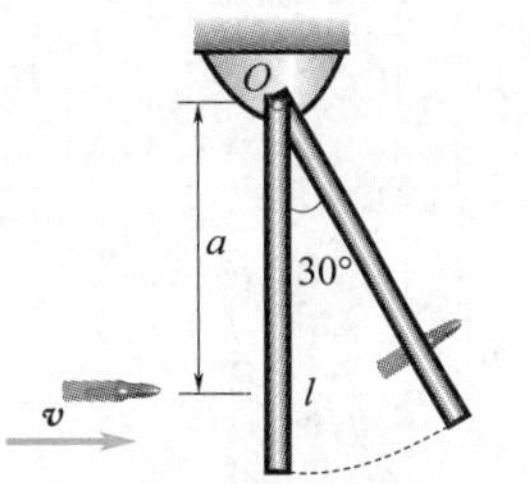

图 3－32　质点与刚体的碰撞

解　依题意，可分为两个运动过程来分析.

冲击过程：子弹与棒发生完全非弹性碰撞. 由于碰撞时间极短，可以认为在碰撞过程中杆的位置仍维持竖直. 取子弹和杆为系统，由于重力和轴承对棒的作用力均通过转轴，故系统所受的对转轴的合外力矩等于零，系统的角动量守恒，于是有

$$mva=\left(\frac{1}{3}Ml^2+ma^2\right)\omega \qquad ①$$

摆动过程：摆动过程中力矩不为零，故系统的角动量不守恒，但系统只受到重力的作用，故取子弹、杆和地球为系统，其机械能守恒，由此可得

$$\frac{1}{2}\left(\frac{1}{3}Ml^2+ma^2\right)\omega^2=mga(1-\cos 30°)+Mg\frac{l}{2}(1-\cos 30°) \qquad ②$$

(1)，(2)两式联立，解得

$$v=\frac{1}{ma}\sqrt{\frac{g}{6}(2-\sqrt{3})(Ml+2ma)(Ml^2+3ma^2)}$$

例 3－15

在工程上，两飞轮常用摩擦啮合器使它们以相同的转速一起转动. 如图 3－33 所示，A 和 B 两飞轮的轴杆在同一中心线上. A 轮的转动惯量为 $J_A=10\ \text{kg}\cdot\text{m}^2$，B 轮的转动惯量为 $J_B=20\ \text{kg}\cdot\text{m}^2$，开始时 A 轮每分钟的转速为 600 转，B 轮静止. C 为摩擦啮合器. 求两轮啮合后的转速，在啮合过程中，两轮的机械能有何变化？

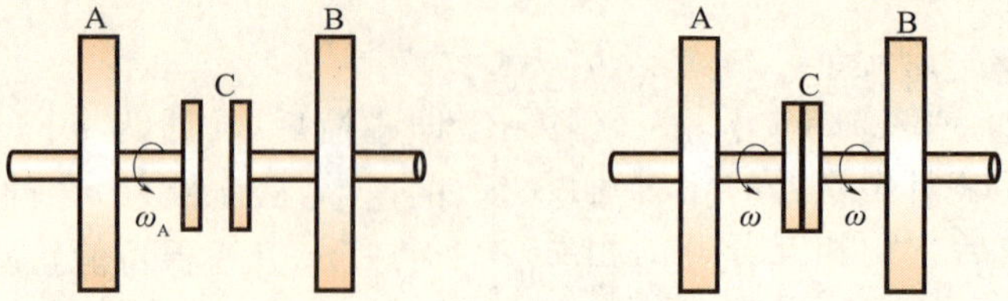

图 3－33 刚体与刚体的碰撞

解 以飞轮 A,B,啮合器 C 为系统. 在啮合过程中,系统受到轴向的正压力和啮合器之间的切向摩擦力. 前者对轴的力矩为零,后者对转轴有力矩,但为系统的内力矩. 系统所受合外力矩为零,所以系统的角动量守恒. 即

$$J_A\omega_A=(J_A+J_B)\omega$$

ω 为两轮啮合后的共同角速度,于是

$$\omega=\frac{J_A\omega_A}{J_A+J_B}$$

把各量代入上式,得 $\omega=20.9\ \text{rad}\cdot\text{s}^{-1}$.

在啮合过程中,摩擦力矩做功,机械能不守恒,损失的机械能转化为内能. 损失的机械能为

$$\Delta E=\frac{1}{2}J_A\omega_A^2-\frac{1}{2}(J_A+J_B)\omega^2$$
$$=1.32\times10^4\ \text{J}$$

*§3.6 刚体的进动

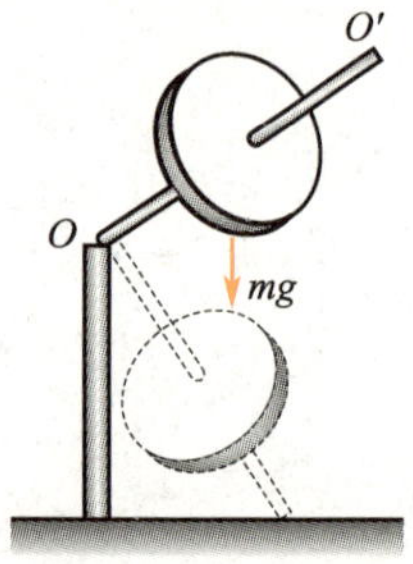

(a) 陀螺不转动立即倾倒

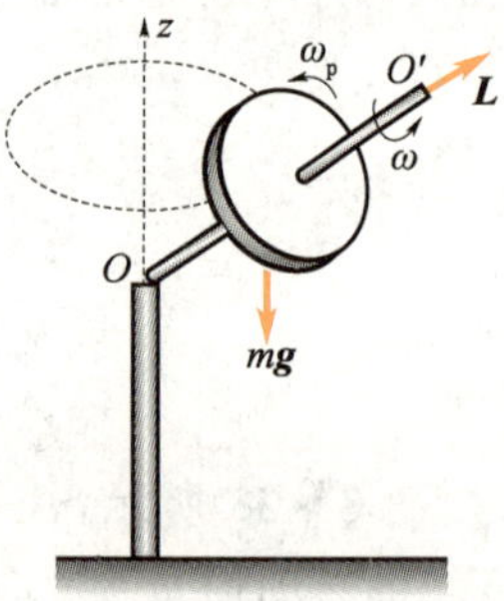

(b) 陀螺自转形成进动

图 3－34 陀螺的进动

前面各节研究的是刚体的定轴转动,这是最简单的转动情形,刚体所受到的合外力矩的方向与其角动量方向平行,外力矩实际上只是改变角动量的大小,并没有改变其方向(犹如平动中的直线运动).

本节将对刚体的定点运动作简单讨论. 这是较复杂一些的转动情形. 在这种运动中刚体有一固定支点,其所受合外力矩方向与角动量方向正交. 因而外力矩只改变角动量的方向而不改变其大小(犹如质点作匀速圆周运动),形成所谓的进动现象,又称旋进.

先做实验观测,如图 3－34 所示,把静止的陀螺(一个厚而重、形状对称的刚体)放到固定的支点 O 上,则由于受到对定点 O 的重力矩作用,陀螺便会倾倒下来,如图 3－34(a)所示. 如果让陀螺以较大的角速度绕其自身对称轴 OO'转动,它将仍以高速自旋,同时其对称轴 OO'还以很小的角速度 ω_p 绕竖直轴 Oz 缓慢地转动. 如图 3－34(b)所示,这种**自身对称轴围绕另一轴线的转动就是进动**(precession). 工程上常称为**陀螺的回转效应**(gyroscopic effect).

进动现象可用角动量定理说明. 如图 3－35(a)所示,陀螺绕其对称轴高速转动,自转角动量为 $\boldsymbol{L}$,其质心 O'的矢径为 $\boldsymbol{r}_c$,重力 mg 对定点 O 产生力矩 $\boldsymbol{M}$,$\boldsymbol{M}$ 的方向与 $\boldsymbol{L}$ 垂直. 根据对定点的转动定律 $\boldsymbol{M}=\frac{\mathrm{d}\boldsymbol{L}}{\mathrm{d}t}$,即陀螺角动量的增量为

$$\mathrm{d}\boldsymbol{L}=\boldsymbol{M}\mathrm{d}t \tag{3-27}$$

由于 $\boldsymbol{M}$ 与 $\boldsymbol{L}$ 时刻保持垂直，就使 $\mathrm{d}\boldsymbol{L}$（与 $\boldsymbol{M}$ 同向）总是垂直于 $\boldsymbol{L}$，故 $\boldsymbol{L}$ 的大小不变，方向不断变化，从而迫使陀螺的自转轴发生绕竖直轴的进动.

陀螺进动时，其自转轴 OO' 绕 Oz 轴转动，扫出以支点 O 为顶的圆锥面，矢量的端点在垂直于 Oz 的平面内作圆周运动，圆周半径为 $L\sin\theta$，圆周运动的角速度就是陀螺进动的角速度，用 ω_{p} 表示，即

$$\omega_{\mathrm{p}}=\frac{\mathrm{d}\varphi}{\mathrm{d}t} \tag{3-28}$$

由于 $|\mathrm{d}\boldsymbol{L}|=L\sin\theta\mathrm{d}\varphi$，如图 3－35(b)所示，$M=mgr_c\sin\theta$，代入(3－27)式，可得

$$L\sin\theta\mathrm{d}\varphi=mgr_c\sin\theta\mathrm{d}t$$

故可得进动角速度

$$\omega_{\mathrm{p}}=\frac{\mathrm{d}\varphi}{\mathrm{d}t}=\frac{mgr_c}{L}=\frac{M}{L\sin\theta} \tag{3-29}$$

(3－29)式说明，进动角速度与外力矩成正比，与自转角动量的大小成反比.

上面的分析，只在陀螺高速自转时才近似成立，当陀螺的自转角速度不大时，运动情况更为复杂，在此不作研究.

进动效应在实践中有着广泛的应用. 例如枪炮的弹头飞行时，空气阻力的方向虽始终与弹头质心的速度 $\boldsymbol{v}_c$ 相反，但却不一定通过质心，其阻力矩会使弹头绕质心不断的翻转，从而降低弹头的射击精度. 为了避免这种现象，通常是在枪炮筒内腔刻制螺旋式的来复线，使从枪炮筒内射出的弹头绕轴高速自转，自转着的弹头在空气阻力矩作用下绕其质心速度矢量 $\boldsymbol{v}_c$ 的方向（也即弹道）发生进动，这样虽然其轴线与前进方向有不大的偏离，但却保证了弹头飞行的稳定性（见图 3－36）.

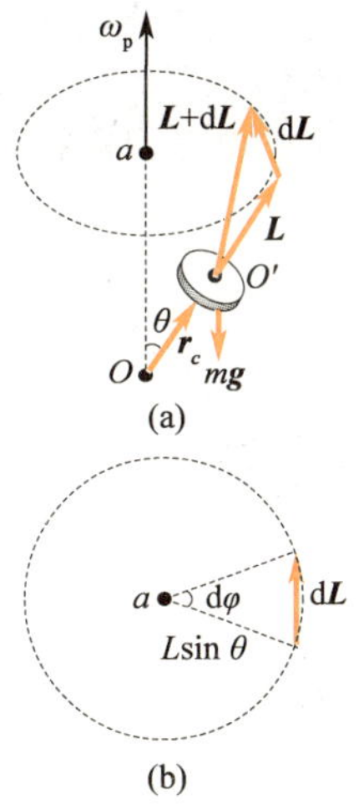

图 3－35　进动角速度 ω_{p}

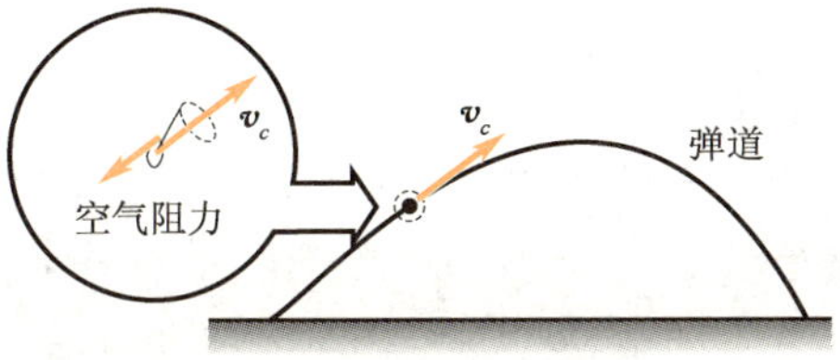

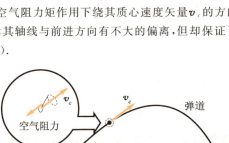

图 3－36

本章提要

1. 定轴转动的描述

$$\theta=\theta(t)$$

$$\omega=\frac{\mathrm{d}\theta}{\mathrm{d}t}$$

$$\alpha=\frac{\mathrm{d}\omega}{\mathrm{d}t}=\frac{\mathrm{d}^2\theta}{\mathrm{d}t^2}$$

2. 转动定律　$\boldsymbol{M}=J\boldsymbol{\alpha}$

力矩　$\boldsymbol{M}=\boldsymbol{r}\times\boldsymbol{F}$

$$M=rF\sin\theta=Fd$$

转动惯量　$J=\sum_i m_i r_i^2$

平行轴定理　$J=J_c+md^2$

3. 刚体定轴转动的功和能

力矩的功　$W=\int M\mathrm{d}\theta$

力矩的功率　$p=M\omega$

转动动能　$E_{\mathrm{k}}=\frac{1}{2}J\omega^2$

重力势能　$E_{\mathrm{p}}=mgh_c$

机械能守恒定律：只有保守力做功时

$$E_{\mathrm{k}}+E_{\mathrm{p}}=\text{常量}$$

4. 角动量定理及角动量守恒定律

质点的角动量 $\boldsymbol{L}=\boldsymbol{r}\times\boldsymbol{p}$

$$L=mvr\sin\theta$$

刚体定轴转动的角动量

$$\boldsymbol{L}=J\boldsymbol{\omega}$$

$$L=J\omega$$

定轴转动角动量定律

$$\boldsymbol{M}\cdot \mathrm{d}t=\mathrm{d}\boldsymbol{L}$$

或 $$\int_{t_0}^{t}\boldsymbol{M}\cdot \mathrm{d}t=\boldsymbol{L}-\boldsymbol{L}_0$$

如定轴转动中合外力矩 $M=0$，则角动量守恒，即 $\boldsymbol{L}=\boldsymbol{L}_0=$常矢量.

5. 碰撞

质点间碰撞

完全非弹性碰撞　　动量守恒

完全弹性碰撞　　{动量守恒，机械能守恒}

含转动刚体的碰撞

完全非弹性碰撞　　角动量守恒

完全弹性碰撞　　{角动量守恒，机械能守恒}

阅读材料(三)　对称性与守恒定律

在物理学的各个领域中有许许多多的定理、定律、守恒律和法则，但它们的地位是不平等的. 若从整个物理学大厦的顶部居高临下地审视各种规律和法则，人们发现它们遵循的框架是：对称性—守恒律—各个领域中的基本定律—定理—定义. 本节将在经典物理的范围内讨论时、空对称与力学中的三大守恒律之间的深刻联系.

一、关于对称性

对称性无论在生活、艺术中，还是在科学技术领域都有着非常重要的地位. 它在粒子物理、固体物理及原子物理中都是非常重要的概念. 人们早在19世纪末就发现时、空的某种对称性分别与力学中(实际上是物理学的)三大守恒律是等效的.

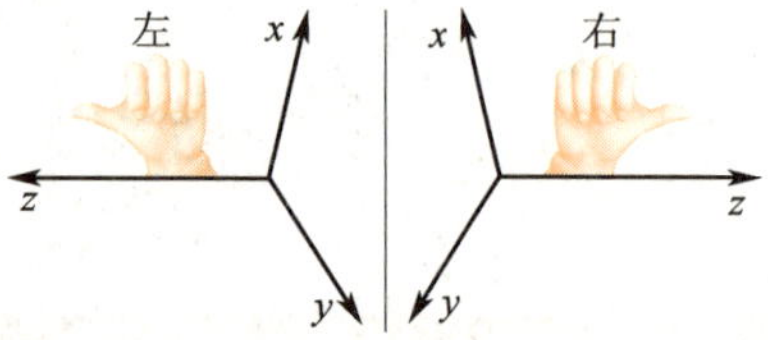

图 Y3－1　轴对称

对称性的定义最初源于数学：**若图形通过某种操作后又回到它自身(即图形保持不变)，则这个图形对该操作具有对称性.**

例如面对称性，就是一种反射对称性，如右手在镜中的像是左手，如图 Y3－1 所示；轴称性又可称为旋转对称性，例如一个毫无标记的圆在平面上绕过其中心轴无论怎样旋转，总保持原图形，如图 Y3－2 所示. 若在一个无穷大的平面上有一组无穷多的完全相似的图案，那么在有限视界内平移一个或几个图案，整个图像又能回到原来自身，这就叫作平移对称性，如图 Y3－3 所示. 上面所说的几种对称性都是通过一定的“操作”，如反射、转动、平移之后才体现出来的.

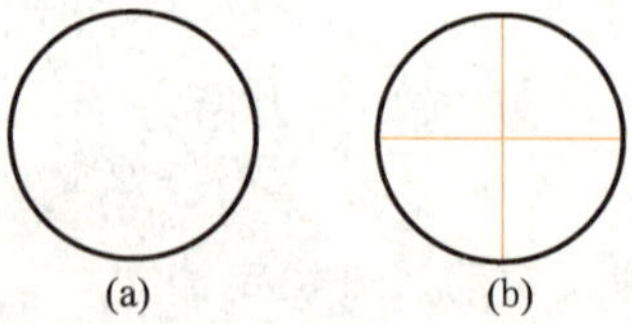

图 Y3－2　旋转对称

对称性的概念在物理学中大大地发展了：首先是被操作的对象，除了图形之外还有物理量和物理规律；其次是操作，例如空间的平移、反转、旋转及标度变换(即尺度的放大和缩小),时间的平移和反转,时、空联合操作和一些更为复杂的非时空操作等.因此,在物理学中的对称性应理解为:**若某个物理规律(或物理量)在某种操作下能保持不变,则这个物理规律(或物理量)对该操作对称.**

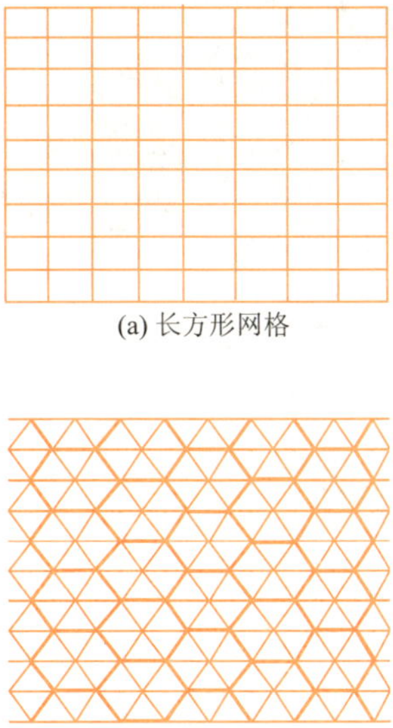

(a) 长方形网格

(b) 三角形与六边形网格

图 Y3－3　平移对称

二、时空对称性与力学中的三大守恒定律

对称性在事物发展的因果之间具有传递性,即对称的原因产生对称的结果.

原因中的对称性必然反映在结果中,而结果中的不对称性必在原因中找到不对称根源.这一思想我们称之为**“对称性原理”**(principle of symmetry).

“对称性”是凌驾于物理规律之上的自然界的一条基本规律.自然界的对称性自然就反映为物理规律的对称性.力学中各种守恒定律的存在并不是偶然的,它们是物理规律各种对称性的反映.诺特尔(E. Nöther)(德国女数学家,1883～1935)定理给出了如下对应关系:

空间平移对称性↔动量守恒

空间旋转对称性↔角动量守恒

时间平移对称性↔能量守恒

下面对这些关系进行粗略的理论推导.

1. 空间平移对称性与动量守恒

空间平移对称性又称为空间平移不变性,即空间是均匀的.为了了解空间均匀性,我们设一个系统的势函数为 $E_p=E_p(x)$(为简单计,只讨论一维情况),并进行空间平移变换,即将空间平移一个无穷小量 Δx(相当于系统在空间整体有一平移),则系统势函数由 $E_p(x)$ 变成 $E_p(x')=E_p(x+\Delta x)$.空间平移对称性意味着系统势函数与位置无关,即应有

$$E_p(x')=E_p(x)$$

或表示为

$$\Delta E_p=E_p(x+\Delta x)-E_p(x)=0 \qquad (3-30)$$

对于一个不受外力作用的两粒子系统 m_1 和 m_2,其势能函数 $E_p=E_p(x_1,x_2)$.如果系统对空间平移是对称的,则它的势函数在空间平移变换下将保持不变.即

$$\Delta E_p=\frac{\partial E_p}{\partial x_1}\Delta x+\frac{\partial E_p}{\partial x_2}\Delta x=\left(\frac{\partial E_p}{\partial x_1}+\frac{\partial E_p}{\partial x_2}\right)\Delta x=0 \qquad (3-31)$$

由于 Δx 可取任何值,故有

$$\frac{\partial E_p}{\partial x_1}+\frac{\partial E_p}{\partial x_2}=0 \qquad (3-32)$$

由势能函数与保守力关系(2－40)式,有

$$\frac{\partial E_p}{\partial x_1}=-F_{21}, \quad \frac{\partial E_p}{\partial x_2}=-F_{12}$$

则(3－32)式可写为

$$F_{21}+F_{12}=0$$

写成矢量式则为

$$\boldsymbol{F}_{21}+\boldsymbol{F}_{12}=0 \tag{3-33a}$$

由于两粒子系统不受外力，所以 $\boldsymbol{F}_{21}$ 只是粒子 m_2 对粒子 m_1 的作用力，$\boldsymbol{F}_{12}$ 只是粒子 m_1 对粒子 m_2 的作用力，利用动量定理的微分式，有

$$\boldsymbol{F}_{21}=\frac{\mathrm{d}(m_1\boldsymbol{v}_1)}{\mathrm{d}t}, \quad \boldsymbol{F}_{12}=\frac{\mathrm{d}(m_2\boldsymbol{v}_2)}{\mathrm{d}t}$$

(3-33a)式可改写为

$$\frac{\mathrm{d}}{\mathrm{d}t}(m_1\boldsymbol{v}_1+m_2\boldsymbol{v}_2)=0 \tag{3-33b}$$

即

$$m_1\boldsymbol{v}_1+m_2\boldsymbol{v}_2=\text{常量} \tag{3-34}$$

这就是动量守恒定律．也就是说，空间平移不变性必然导致动量守恒．

2. 时间平移对称性与机械能守恒

时间平移对称性即时间的均匀性．同样，为了了解时间的均匀性，我们设一个一维系统的势函数为 $E_p(x,t)$；并进行时间平移变换，即把时间 t 用 $t'=t+\Delta t$ 来代替．时间平移不变性（或时间均匀性）表明系统的势函数与时间无关，即

$$E_p(x,t+\Delta t)=E_p(x,t) \tag{3-35}$$

为确定起见，我们讨论一个不受外界作用的两粒子 m_1 与 m_2 组成的保守系统，即它们的相互作用只与两个质点的位置 x_1，x_2 有关．对此系统，(3－35)式可写成

$$E_p(x_1,x_2,t+\Delta t)=E_p(x_1,x_2,t) \tag{3-36}$$

把此式左边用泰勒级数展开为

$$E_p(x_1,x_2,t+\Delta t)=E_p(x_1,x_2,t)+\frac{\partial E_p}{\partial t}\Delta t+\text{高次项}$$

若要(3－36)式成立，则必须有

$$\frac{\partial E_p}{\partial t}=0$$

即势能函数不能明显包含时间 t，因而有

$$E_p=E_p(x_1,x_2) \tag{3-37}$$

所以两个质点组成的保守系统，其机械能为

$$E=E_k+E_p=\frac{1}{2}m_1v_1{}^2+\frac{1}{2}m_2v_2{}^2+E_p(x_1,x_2)$$

现将 E 对时间 t 求全微商，并考虑质量为常数，有

$$\frac{\mathrm{d}E}{\mathrm{d}t}=m_1v_1\frac{\mathrm{d}v_1}{\mathrm{d}t}+m_2v_2\frac{\mathrm{d}v_2}{\mathrm{d}t}+\frac{\partial E_p}{\partial x_1}\frac{\partial x_1}{\partial t}+\frac{\partial E_p}{\partial x_2}\frac{\partial x_2}{\partial t} \tag{3-38}$$

由(2－40)式可知

$$\frac{\partial E_p}{\partial x_1}=-F_{21},\quad \frac{\partial E_p}{\partial x_2}=-F_{12}$$

上两式中，F_{21}是m_1受到m_2的保守力，F_{12}是m_2受到m_1的保守力.

又

$$\frac{\partial x_1}{\partial t}=v_1,\quad \frac{\partial x_2}{\partial t}=v_2$$

v_1和v_2分别为m_1和m_2的速率，故(3－38)式可写为

$$\frac{\mathrm{d}E}{\mathrm{d}t}=\left[\frac{\mathrm{d}(m_1 v_1)}{\mathrm{d}t}-F_{21}\right]v_1+\left[\frac{\mathrm{d}(m_2 v_2)}{\mathrm{d}t}-F_{12}\right]v_2$$

应用(2－8)式$F=\dfrac{\mathrm{d}(m\boldsymbol{v})}{\mathrm{d}t}$，则有

$$\frac{\mathrm{d}E}{\mathrm{d}t}=0$$

即

$$E=\text{常量}$$

这就是说，时间平移对称性必然导致机械能守恒.

实际上，如果系统除了机械能还有其他形式的能量，时间平移对称性必然导致能量守恒，我们不再详细讨论.

与上述推导相仿，读者可自行推导，空间旋转对称性必导致角动量守恒. 在此不再详述.

三、对称与不对称

对称性与物理学中守恒律的内在联系是深刻而广泛的. 一般说来，一种对称性对应着一种守恒律. 严格的对称性对应着严格的守恒定律，近似的对称性对应有近似的守恒定律. 表3.3列出的是目前物理学已证明的对称性与守恒律的对应关系.

既然有对称性，就会有不对称性. **如某些过程中对称性被破坏，即出现了对称破缺**，就意味着新现象的产生. 如当晶体中原子或分子有序排列而形成的对称性在某种条件下被破坏，晶体会发生相变.

自然界是一个对称性与不对称性的统一体. 对称性体现在自然法则的简单、和谐与统一上，根源在于极早期宇宙的完全统一性，而物质世界，包括人类自身是对称性自发破缺的产物.

让我们引用诺贝尔物理学奖获得者斯蒂芬·温伯格(S. Weinberg)的名言来结束关于对称性问题的讨论："物理学在20世纪取得了令人惊讶的成功，它改变了我们对空间和时间、存在和认知的看法，也改变了我们描述自然的基本语言. 我们已拥有一个对宇宙的崭新看法，在这个新的宇宙观中物

质已失去了它原来的中心地位，取而代之的是自然界的对称性.”

表 3.3 对称性与守恒定律对应表

不可测量性	物理定律变换不变性	守恒定律	精确程度
时间绝对值（时间均匀性）	时间平移	能 量	精 确
空间绝对位置（空间均匀性）	空间平移	动 量	精 确
空间绝对方向（空间各向同性）	空间转动	角动量	精 确
空间左和右（左右对称性）	空间反演	宇 称	在弱相互作用中破缺
惯性系等价	伽利略变换 洛伦兹变换	时空绝对性 时空四维间隔 四维动量	$v \ll c$ 近似成立 精 确 精 确
带电粒子与中性粒子的相对相位	电荷规范变换	电 荷	精 确
重子与其他粒子的相对相位	重子规范变换	重子数	精 确
轻子与其他粒子的相对相位	轻子规范变换	轻子数	精 确
时间流动方向	时间反演		破缺（原因不明）
粒子与反粒子	电荷共轭	电荷 宇称	在弱相互作用中破缺

思考题

3－1 两个不同半径的飞轮以皮带相连而互相带动，转动时，大飞轮和小飞轮边缘上各点线速度和角速度是否相同？

3－2 判断下面几种情况分别描述刚体作什么样的定轴转动？ω 是角速度，α 是角加速度.

(1) $\omega>0,\alpha>0$； (2) $\omega>0,\alpha<0$；

(3) $\omega<0,\alpha>0$； (4) $\omega<0,\alpha<0$.

3－3 刚体的合外力矩是否等于合外力对转轴的力矩？设刚体上作用有若干个外力，其各外力 $\boldsymbol{f}_i$ 离转轴的矢径为 $\boldsymbol{r}_i$，则该物体所受的合外力矩应采用下述哪种表述？为什么？

(1) $\boldsymbol{M}=\boldsymbol{r}\times\sum\boldsymbol{f}_i$ (2) $M=\sum\boldsymbol{r}_i\times\boldsymbol{f}_i$

上面(1)中的 $\boldsymbol{r}$ 是合外力的矢径.

3－4 一刚体在某一力矩作用下绕定轴转动，当力矩增加时，角速度怎样变化？角加速度怎样变化？当力矩减小时，角速度和角加速度又怎样变化？

3－5 一个圆盘和一个圆环的半径相等，质量也相同，都可绕过中心而垂直盘面和环面的轴转动，当用同样的力矩从静止开始作用时，问经过相同的时间后，哪一个转得更快？

3－6 在思考题 3－6 图中，试比较质量均为 m

的下列几何体绕通过中心 O 而垂直纸面的轴的转动惯量 J 的大小.

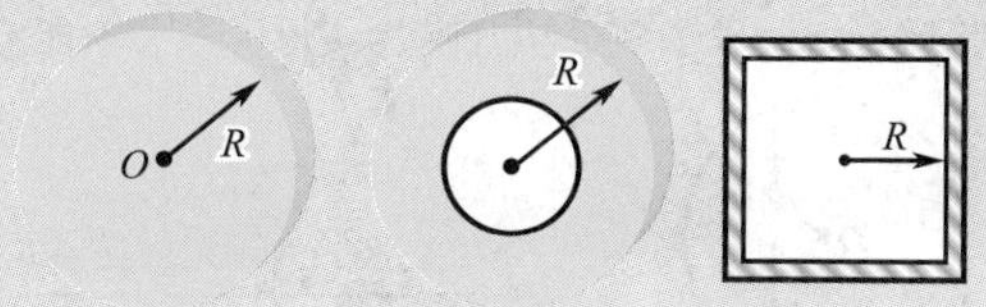

(a) 实心柱体　(b) 空心柱体　(c) 空心正方形薄板

思考题 3－6 图

3－7　将一个生鸡蛋和一个熟鸡蛋放在桌上使它们旋转，如何判断它们的生熟？理由是什么？

3－8　一个系统的动量守恒，是否角动量一定守恒？反过来说对吗？

3－9　旋转着的芭蕾舞演员要加快旋转时，总是把两臂收拢，靠近身体，这样做的目的是什么？当旋转加快时，转动动能有无变化？原因是什么？

习　题

3－1　当飞轮作加速转动时，飞轮上到轮心距离不等的两质点的切向加速度 a_t. 法向加速度 a_n 是否相同？(　　)

A. a_t 相同，a_n 相同　　B. a_t 相同，a_n 不同

C. a_t 不同，a_n 相同　　D. a_t 不同，a_n 不同

3－2　一力矩 M 作用在飞轮上，飞轮的角加速度为 α_1，如撤去这一力矩，飞轮的角加速度变为 $-\alpha_2$，该飞轮的转动惯量为(　　).

A. $\dfrac{M}{\alpha_1}$　　B. $\dfrac{M}{\alpha_2}$

C. $\dfrac{M}{\alpha_1+\alpha_2}$　　D. $\dfrac{M}{\alpha_1-\alpha_2}$

3－3　在恒力矩 12 N·m 作用下，转动惯量为 4π kg·m^2 的圆盘从静止开始转动，当转过一周时，圆盘的转动角速度为(　　).

A. $\sqrt{3}$ rad·s^{-1}　　B. $2\sqrt{3}$ rad·s^{-1}

C. $\sqrt{6}$ rad·s^{-1}　　D. $2\sqrt{6}$ rad·s^{-1}

3－4　银河系中有一天体，由于引力凝聚，体积不断收缩. 设经一万年后，它的体积收缩了 1%，而质量保持不变，那时它的自转周期将______；其转动动能将______.(填“增大”，“不变”或“减小”)

3－5　如习题 3－5 图所示，一根长为 l，质量为 m 的匀质细棒可绕过 O 点的光滑水平轴在竖直平面内转动，则棒的转动惯量 J＝______；当棒由水平位置转到图示位置时，其角加速度 α＝______.

3－6　如习题 3－6 图所示：质量为 m、长为 l 的均匀细杆，可绕通过其一端点 O 的水平轴转动，杆的另一端与一质量同为 m 的小球固连，当该系统从水平位置由静止转过角度 θ 时，则系统的角速度为 ω＝______. 此过程重力矩所做的功为 W＝______.

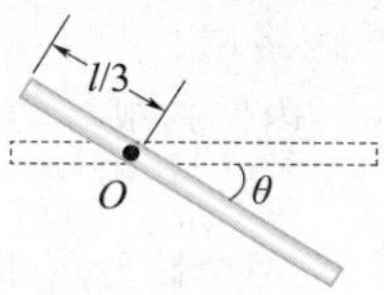

习题 3－5 图

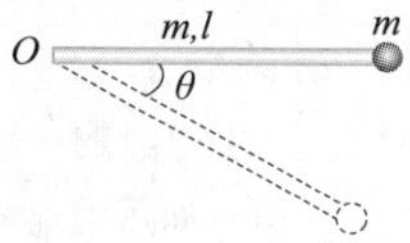

习题 3－6 图

3－7　掷铁饼运动员手持铁饼转动 1.25 圈后松手，此刻铁饼的速度值达到 v＝25 m·s^{-1}. 设转动时铁饼沿半径为 R＝1.0 m 的圆周运动并且均匀加速. 求：

(1) 铁饼离手时的角速度；

(2) 铁饼的角加速度；

(3) 铁饼在手中加速的时间(把铁饼视为质点).

3－8　一汽车发动机的转速在 7.0 s 内由 200 r·min^{-1} 均匀地增加到 3 000 r·min^{-1}.

(1) 求在这段时间内的初角速度和末角速度以及角加速度；

(2) 求这段时间内转过的角度和圈数；

(3) 发动机轴上装有一半径为 r＝0.2 m 的飞轮，求它的边缘上一点在第 7.0 s 末的切向加速度、法向加速度和总加速度.

3－9　如习题 3－9 图所示，在边长为 a 的六边形顶点上分别固定有质量都是 m 的 6 个小球(小球的直径 $d \ll a$). 试求此系统绕下列转轴的转动惯量.

(1) 设转轴Ⅰ，Ⅱ在小球所在平面内；

(2) 设转轴过 A 并垂直于小球所在平面.

3－10　如习题 3－10 图有一根长为 l，质量为 m 的匀质细杆，两端各牢固地连接一个质量为 m 的小球. 整个系统可绕一过 O 点，并垂直于杆长的水平轴无摩擦地转动，当系统在水平位置时，试求：(1) 系统所受的合外力矩；(2) 系统对 O 轴的转动惯量；(3) 系统的角加速度.

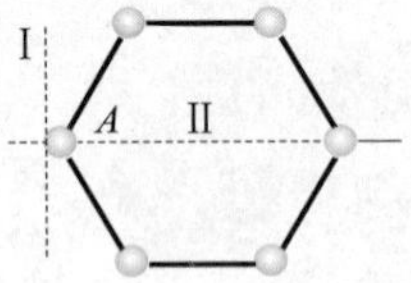

习题 3－9 图

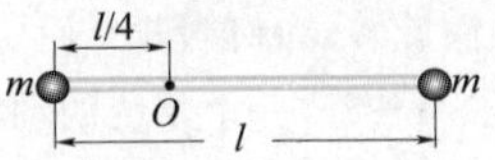

习题 3－10 图

3－11　一转轮以角速度 ω_0 转动，由于轴承的摩擦力的作用，第 1 秒末的角速度为 $0.8\omega_0$.（1）若摩擦力矩恒定，求第 2 秒末的角速度；（2）若摩擦力矩与角速度成正比，求第 2 秒末的角速度.

3－12　如习题 3－12 图所示，飞轮的质量为 60 kg，直径为 0.5 m，飞轮的质量可看成全部分布在轮外缘上，转速为 100 $r\cdot min^{-1}$，假定闸瓦与飞轮之间的摩擦系数 $\mu=0.4$，现要求在5 s内使其制动，求制动力 F（尺寸如习题 3－12 图所示）.

3－13　如习题 3－13 图所示. 两个圆轮的半径分别为 R_1 和 R_2，质量分别为 M_1 和 M_2. 二者都可视为均匀圆柱体而且同轴固结在一起，可绕水平中心轴自由转动. 今在两轮上各绕以细绳，绳端分别挂上质量为 m_1 和 m_2 的两个物体. 求在重力作用下，m_2 下落时轮的角加速度.

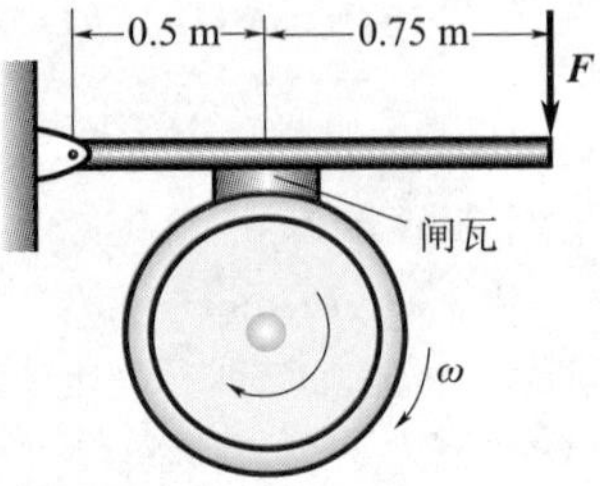

习题 3－12 图

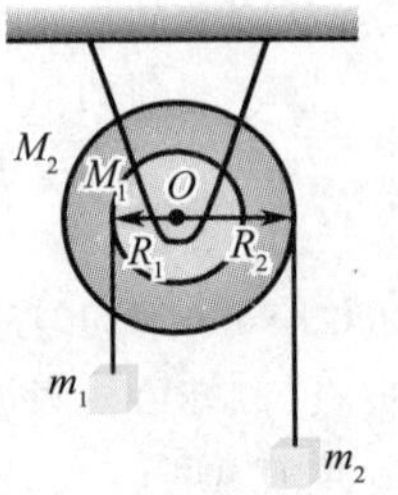

习题 3－13 图

3－14　一根均匀米尺，在 60 cm 刻度处被钉到墙上，且可以在竖直平面内自由转动. 先用手使米尺保持水平，然后释放. 求刚释放时米尺的角加速度和米尺转到竖直位置时的角速度各是多大？

3－15　如习题 3－15 图所示，质量为 m 的物体与绕在定滑轮上的轻绳相连，定滑轮质量 $M=2m$，半径为 R，转轴光滑，设 $t=0$ 时 $v=0$，求：(1) 物体的下落速度 v 与时间 t 的关系；(2) $t=4$ s 时 m 下落的距离；(3) 绳中的张力 T.

3－16　唱机的转盘绕着通过盘心的固定竖直轴转动，唱片放上去后将受转盘的摩擦力作用而随转盘转动（见习题 3－16 图）. 设唱片可以看成是半径为 R 的均匀圆盘，质量为 m，唱片和转盘之间的滑动摩擦系数为 μ_k. 转盘原来以角速度 ω 匀速转动，唱片刚放上去时它受到的摩擦力矩多大？唱片达到角速度 ω 需要多长时间？在这段时间内，转盘保持角速度 ω 不变，驱动力矩共做了多少功？唱片获得了多大动能？

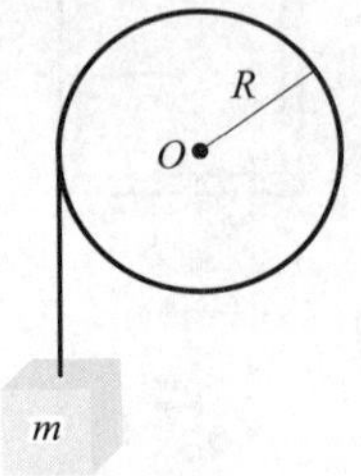

习题 3－15 图

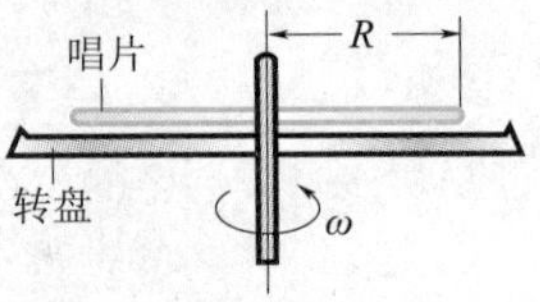

习题 3－16 图

3－17　一个轻质弹簧的劲度系数为 $k=2.0\ N\cdot m^{-1}$. 它一端固定，另一端通过一条细线绕过一个定滑轮和一个质量为 $m_1=80$ g 的物体相连（习题 3－17 图）. 定滑轮可看作均匀圆盘，它的半径 $r=0.05$ m，质量 $m=100$ g. 先用手托住物体 m_1，使弹簧处于其自然长度，然后松手. 求物体 m_1 下降 $h=0.5$ m 时的速度多大？（忽略滑轮轴上的摩擦，并认为绳在滑轮边缘上不打滑.）

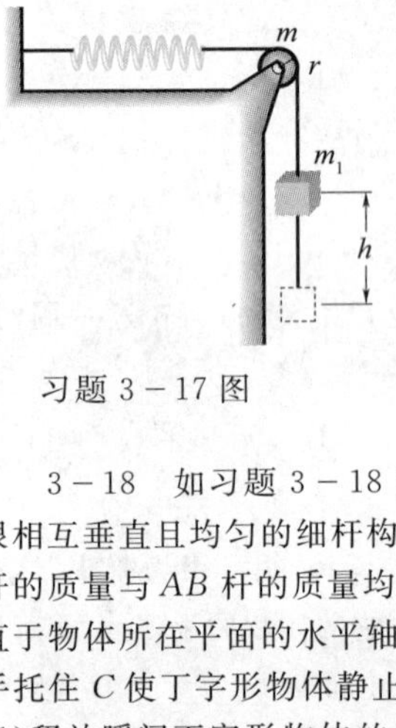

习题 3－17 图

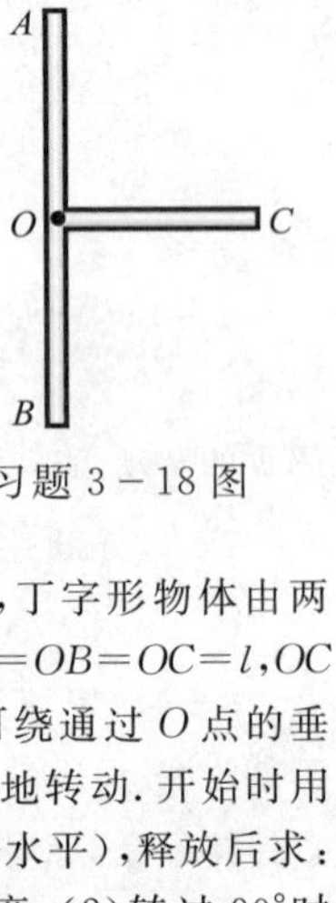

习题 3－18 图

3－18　如习题 3－18 图所示，丁字形物体由两根相互垂直且均匀的细杆构成，$OA=OB=OC=l$，OC 杆的质量与 AB 杆的质量均为 m，可绕通过 O 点的垂直于物体所在平面的水平轴无摩擦地转动. 开始时用手托住 C 使丁字形物体静止（OC 杆水平），释放后求：(1)释放瞬间丁字形物体的角加速度；(2)转过 90°时的角加速度、角动量、转动动能.

3－19　如习题 3－19 图所示，一飞轮质量为 m_0，半径为 R，以角速度 ω 旋转. 某一瞬间，有质量为 m 的小碎片从飞轮边缘飞出. 求：(1)剩余部分的转动惯量；(2)剩余部分的角速度.

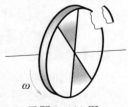

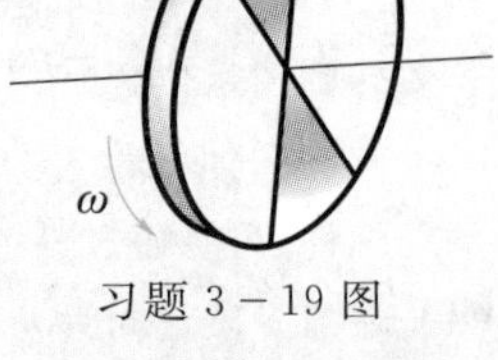

习题 3－19 图

3－20　一转台绕竖直固定轴转动，每转一周所需时间为 $t=10$ s，转台对轴的转动惯量为 $J=1\ 200\ kg\cdot m^2$.

一质量为 $m=80$ kg 的人，开始时站在转台的中心，随后沿半径向外跑去，当人离转台中心 $r=2$ m 时转台的角速度是多大？

3－21　哈雷彗星绕太阳运动的轨道是一个椭圆，它的近日点距离为 8.75×10^{10} m，速率是 $5.46\times10^{4}\ \mathrm{m\cdot s^{-1}}$，远日点的速率是 $9.08\times10^{2}\ \mathrm{m\cdot s^{-1}}$，求它的远日点的距离.

3－22　宇宙飞船中有三个宇航员绕着船舱内壁按同一方向跑动以产生人造重力.

(1) 如果想使人造重力等于他们在地面上时受的自然重力，那么他们跑动的速率应多大？设他们的质心运动的半径为 2.5 m，人体当质点处理.

(2) 如果飞船最初未动，当宇航员按上面速率跑动时，飞船将以多大角速度旋转？设每个宇航员的质量为 70 kg，飞船体对于其纵轴的转动惯量为 $3\times10^{5}\ \mathrm{kg\cdot m^2}$.

(3) 要使飞船转过 30°，宇航员需要跑几圈？

3－23　把太阳当成均匀球体，计算太阳的角动量. 太阳的角动量是太阳系总角动量的百分之几？(太阳质量为 1.99×10^{30} kg，半径为 6.96×10^{8} m，自转周期为 25 d，太阳系总角动量为 $3.2\times10^{43}\ \mathrm{J\cdot s}$)

3－24　如习题 3－24 图所示，一质量为 m 的小球系于轻绳一端，放置在光滑的水平面上，绳子穿过平面中一小孔，开始时小球以速率 v_1 作圆周运动，圆的半径为 r_1，然后向下慢慢地拉绳使其半径变为 r_2，求：(1) 此时小球的角速度；(2) 在拉下过程中拉力所做的功.

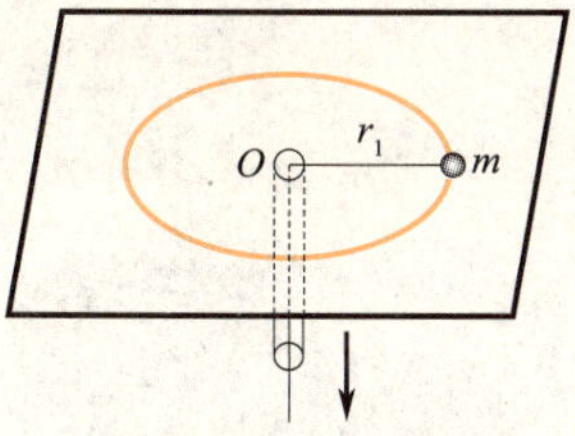

习题 3－24 图

3－25　如习题 3－25 图所示，刚体由长为 l，质量为 m 的匀质细杆和一质量为 m 的小球牢固连接在杆的一端而成，可绕过杆的另一端 O 点的水平轴转动. 先将杆拉至水平然后让其自由转下. 若轴处摩擦可以忽略. 求：(1) 刚体绕 O 轴的转动惯量；(2) 当杆与竖直线成 θ 角时，刚体的角速度 ω.

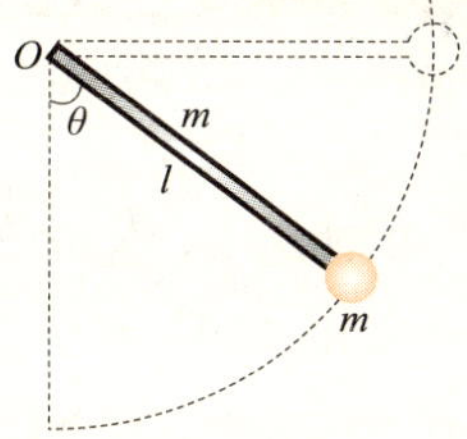

习题 3－25 图

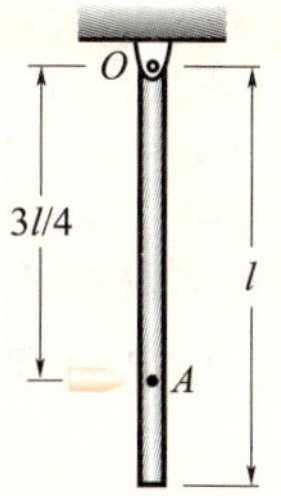

习题 3－26 图

3－26　一长 $l=0.4$ m 的均匀木棒，质量 $M=1.0$ kg，可绕水平轴 O 在竖直平面内转动，开始时棒自然地竖直悬垂(习题 3－26 图). 今有质量 $m=8$ g 的子弹以 $v=200\ \mathrm{m\cdot s^{-1}}$ 的速率从 A 点射入棒中，假定 A 点与 O 点的距离为 $\dfrac{3}{4}l$，求：

(1) 棒开始运动时的角速度；

(2) 棒的最大偏转角.

第二篇　电　磁　学

电磁作用是自然界四种基本作用之一，电磁相互作用力是原子得以存在的基础. 人类对电现象和磁现象的观察始于16世纪，而对电磁现象进行定量研究则源于18世纪，最初是从观察摩擦起电、光电、电火这样一些实验和自然现象开始的. 1731年，英国人格雷(S·Gray)通过对摩擦起电的研究，第一个分清了导体和绝缘体；1733年，法国人杜菲(du Fay)经过实验首次区分了阳电和阴电并提出了同电相斥，异电相吸的概念，美国人富兰克林(B. Franklin)从1746年起开始研究电的性质并于次年(1747年)提出了电荷守恒原理，此后，他又发明了避雷针，使电学理论首次获得了实际应用；1785年，法国人库仑(C. Coulomb)提出了静电力的平方反比定律，电学从此走上了定量研究的科学道路.

人类对磁现象的认识最早来源于磁铁，然而电和磁之间的联系人们一直未能确定. 1820年，丹麦物理学家奥斯特(H. Oersted)首次发现通电导线能使小磁针发生偏转；此后，法国人安培(A. Ampere)提出了分子电流"假说"，将所有磁性的根源归结为电荷的运动；1831年，英国人法拉第(M. Faraday)发现了电磁感应定律并制成了世界上第一台发电机，由此打开了人类进入电气化时代的大门. 英国物理学家麦克斯韦(J. Maxwell)创造性地提出了"感生电场"和"位移电流"假说，揭示了电磁场相互激发的基本规律. 1864年，麦克斯韦高度概括了电磁场的基本规律，总结出被后人称之为麦克斯韦方程组的一组方程. 麦克斯韦不仅建立了完整的电磁场理论，更重要的是，他从这一理论出发，预言了电磁波的存在，为人类进入电信时代奠定了理论基础.

本篇主要内容有：静电场和稳恒磁场的基本规律和理论，静电场中的导体. 电介质的极化和磁介质的磁化，变化电磁场的基本理论及麦克斯韦方程组.

第 4 章 静电场

相对于观察者静止的电荷所产生的电场称为**静电场**(electrostatic field),电场强度和电势是描述电场性质的两个物理量,库仑定律是静电场的基本实验定律.本章从库仑定律出发,导出静电场的高斯定理和环路定理,并阐明静电场是有源场和保守场(无旋场).

§4.1 电场强度

4.1.1 电荷及其性质

自然界只存在两种电荷——正电荷和负电荷，且同种电荷互相排斥，异种电荷互相吸引．在正常状态下，物体内部正负电荷量值相等，对外不显电性，称为**电中性**（electric neutrality），使物体带电的过程就是使它获得或失去电子（electron）的过程，获得电子的物体带负电，失去电子的物体带正电．因此，物体带电的过程实际上就是把电子从一个物体（或物体的一部分）转移到另一个物体（或物体的另一部分）的过程．

实验表明，**在一个与外界没有电荷交换的系统内，正负电荷的代数和在任何物理过程中保持不变**，称为**电荷守恒定律**（law of conservation of charge）．它是物理学中最普遍的规律之一．电荷守恒定律表明，电荷既不能被创造，也不能被消灭．

1897 年，汤姆生（J. J. Thomson）从实验中测量阴极射线粒子的比荷（电荷与质量之比）时，发现阴极射线粒子的比荷较氢离子要大约 2 000 倍，这种粒子后来被称之为**电子**（electron）．

1913 年，密立根（R. A. Millikan）用油滴法测定了电子的电荷，首先从实验上证明了微小粒子带电量的变化是不连续的，它只能是某个基元电荷 e（电子或质子所带电量）的整数倍，即 $q=\pm ne(n=1,2,3,\cdots)$，这称为**电荷量子化**（charge quantization）．电子电荷的绝对值 e 称为元电荷，或称电荷量子，在国际单位制中，e 的单位为库仑（C），其值为 $e=1.602\times10^{-19}$ C．通常，由于宏观带电体所带电量都远远大于 e，电荷的量子性显现不出来，因此可认为电荷的变化是连续的．近代物理从理论上预言基本粒子由若干种夸克（quark）或反夸克（antiquark）组成，每一个夸克或反夸克可能带有 $\pm\frac{1}{3}e$ 或 $\pm\frac{2}{3}e$ 的电量．然而，单独存在的夸克，至今尚未在实验中发现．

实验还表明：一个电荷的电量与其运动状态无关．例如在不同的参考系中观察，同一带电粒子的运动速度可能不同，但其电量不变．电荷的这一特性叫作**电荷的相对论不变性**（relativistic invariance of electric charge）．

4.1.2　库仑定律

1785 年，法国物理学家库仑用扭秤实验测定了两个带电球体之间相互作用的电力，在实验的基础上提出了两个点电荷之间相互作用的规律，即库仑定律．“点电荷”是一个抽象的模型，当两带电体本身的线度 d 比讨论中所涉及的距离 r 小很多，即 $d \ll r$ 时，带电体就可近似当成是“点电荷”．**库仑定律**(Coulomb law)可表述如下：**真空中两个静止的点电荷之间的作用力(称为静电力)，与它们所带电量的乘积成正比，与它们之间距离的平方成反比，作用力的方向沿着这两个点电荷的连线**．其数学表达式为

$$\boldsymbol{F}_{21}=-\boldsymbol{F}_{12}=k\frac{q_1q_2}{r^2}\boldsymbol{r}_0$$

式中，k 为比例系数，$\boldsymbol{r}_0=\frac{\boldsymbol{r}_{12}}{r_{12}}$ 为 q_1 和 q_2 连线方向上的单位矢量(见图 4－1)，$\boldsymbol{F}_{12}$ 表示 q_2 对 q_1 的静电力，$\boldsymbol{F}_{21}$ 表示 q_1 对 q_2 的静电力．在国际单位制中，$k=8.988\times10^9\ \mathrm{N\cdot m^2\cdot C^{-2}}\approx9.0\times10^9\ \mathrm{N\cdot m^2\cdot C^{-2}}$．通常引入另一常数代替 k，两者关系为

$$k=\frac{1}{4\pi\varepsilon_0}$$

$$\varepsilon_0=\frac{1}{4\pi k}=8.85\times10^{-12}\ \mathrm{C^2\cdot N^{-1}\cdot m^{-2}}$$

ε_0 称为真空中的**介电常量**(dielectric constant)或真空**电容率**(Permittivity)，于是，真空中的库仑定律可写成

$$\boldsymbol{F}_{21}=\frac{1}{4\pi\varepsilon_0}\frac{q_1q_2}{r^2}\boldsymbol{r}_0$$

若 q_1 和 q_2 同号，则 $\boldsymbol{F}_{21}$ 与 $\boldsymbol{r}_0$ 的方向相同，说明同种电荷互相排斥；若 q_1 与 q_2 异号，则 $\boldsymbol{F}_{21}$ 与 $\boldsymbol{r}_0$ 方向相反，说明异种电荷互相吸引．

点电荷 q_1 和 q_2 间的静电力实质上是电场力，传递静电力的中间物质即为静电场．由 q_1 产生的电场对 q_2 施加电场力 $\boldsymbol{F}_{21}$，由 q_2 产生的电场对 q_1 施加电场力 $\boldsymbol{F}_{12}$．通常，略去下标，而将库仑定律写为

$$\boldsymbol{F}=\frac{1}{4\pi\varepsilon_0}\frac{q_1q_2}{r^2}\boldsymbol{r}_0=\frac{1}{4\pi\varepsilon_0}\frac{q_1q_2}{r^3}\boldsymbol{r}\tag{4－1}$$

在库仑定律中以 $\frac{1}{4\pi\varepsilon_0}$ 代替 k，虽然库仑定律的形式因出现 4π 因子而略显复杂，但可使由库仑定律导出的其他公式(如高斯定理)不含 4π 而变得简单．

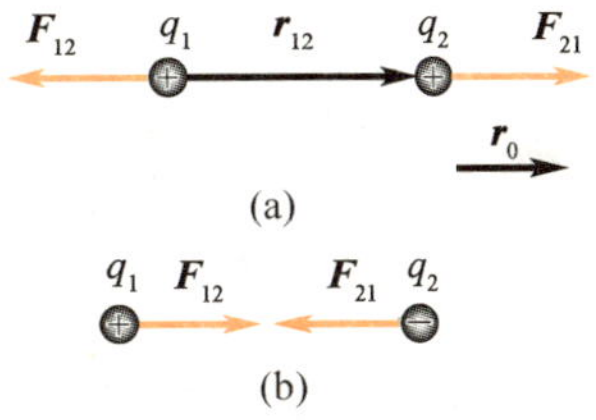

图 4－1　两个点电荷之间的作用力

4.1.3 电场强度

一、电场强度的定义

电荷的周围存在电场，电场有强弱、方向的不同，为定量地描述电场，需要引入一个物理量，该物理量能同时反映电场的强弱和方向.

为了表述电场对处于其中的电荷施以作用力的性质. 我们把一个试验电荷 q_0 放到电场中不同位置，观察电场对试验电荷作用力的情况. 试验电荷必须满足以下两条要求：(1)试验电荷必须是点电荷；(2)它的电荷量应足够小，以致于将它放入电场中时对原有电场的影响可以忽略不计. 实验表明：不管 q_0 的符号和大小如何变化，比值 $\boldsymbol{F}/q_0$ 是一个确定的常矢量. 一般说来，当 q_0 的位置改变时，该矢量的大小和方向也随之改变. 我们用矢量 $\boldsymbol{F}/q_0$ 来定量描述电场的性质，称为电场中各点的**电场强度**(electric field intensity)，简称**场强**，用 $\boldsymbol{E}$ 表示，即

$$\boldsymbol{E}=\frac{\boldsymbol{F}}{q_0} \tag{4-2}$$

由(4-2)式可知，在电场中每一点，可引入一个可观测量电场强度 $\boldsymbol{E}$，其量值等于单位电荷在该处所受到的电场力，方向与正电荷在该处所受的电场力方向相同.

如果电场中各点场强大小和方向都相同，则该电场称为匀强电场. 一般情况下，电场中的不同点，其场强的大小和方向各不相同，要整体描述电场，必须知道空间各点的场强分布，即 $\boldsymbol{E}=\boldsymbol{E}(x,y,z)$，**故场强 $\boldsymbol{E}$ 是空间的点函数**.

二、场强叠加原理

若空间电场是由 n 个分立的点电荷激发的，将试验电荷 q_0 放在电场中的任一点，根据力的叠加性，它所受到的电场力 $\boldsymbol{F}$ 可表示为

$$\boldsymbol{F}=\boldsymbol{F}_1+\boldsymbol{F}_2+\cdots+\boldsymbol{F}_n=\sum_{i=1}^{n}\boldsymbol{F}_i$$

式中 $\boldsymbol{F}_1,\boldsymbol{F}_2,\cdots,\boldsymbol{F}_n$ 分别是 $q_1,q_2,\cdots,q_n$ 单独存在时施于 q_0 的电场力. 根据场强的定义，q_0 所在处的场强

$$\boldsymbol{E}=\frac{\boldsymbol{F}}{q_0}=\frac{\boldsymbol{F}_1}{q_0}+\frac{\boldsymbol{F}_2}{q_0}+\cdots+\frac{\boldsymbol{F}_n}{q_0}=\sum_{i=1}^{n}\frac{\boldsymbol{F}_i}{q_0}$$

上式右边各项分别为各点电荷单独存在时在 q_0 所在处产生的场强 $\boldsymbol{E}_1,\boldsymbol{E}_2,\cdots,\boldsymbol{E}_n$，则

$$\boldsymbol{E}=\boldsymbol{E}_1+\boldsymbol{E}_2+\cdots+\boldsymbol{E}_n=\sum_{i=1}^{n}\boldsymbol{E}_i \tag{4-3}$$

(4－3)式说明，**一组点电荷所激发的电场中某点的电场强度等于各点电荷单独存在时在该点激发的电场强度的矢量和**，这一结论称为**场强叠加原理**(superposition principle of electric field).

三、场强的计算

如果已知电荷的分布，根据场强叠加原理，从点电荷的场强公式出发，原则上可求出电场中各点的场强分布. 下面讨论几种不同的情况.

1. 点电荷的场强

在真空中有一点电荷 q，设在该电荷产生的电场中的任意位置 P 处放置一试验电荷 q_0，按照库仑定律，q_0 所受的力为

$$\boldsymbol{F}=\frac{1}{4\pi\varepsilon_0}\frac{qq_0}{r^2}\boldsymbol{r}_0$$

根据定义，q_0 处的场强为

$$\boldsymbol{E}=\frac{\boldsymbol{F}}{q_0}=\frac{q}{4\pi\varepsilon_0 r^2}\boldsymbol{r}_0 \tag{4-4}$$

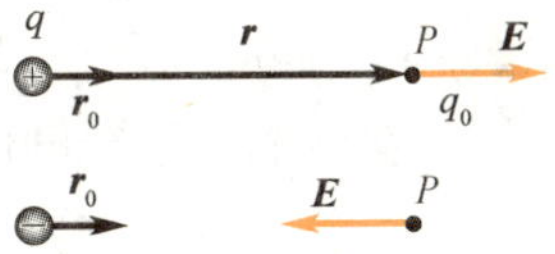

图 4－2　点电荷电场中场强的方向

若 $q>0$，$\boldsymbol{E}$ 与 $\boldsymbol{r}_0$ 同向，即正电荷产生的场强方向背离正电荷；若 $q<0$，$\boldsymbol{E}$ 与 $\boldsymbol{r}_0$ 反向，即负电荷产生的场强方向指向负电荷，如图 4－2所示.

由(4－4)式可知，r 相同的点，$\boldsymbol{E}$ 的大小相等，说明点电荷的电场具有球对称性，方向沿半径方向.

2. 点电荷系的场强

若真空中场强是由 n 个点电荷所共同产生的，P 点为电场中的任一点，各点电荷到 P 点的矢径分别为 $\boldsymbol{r}_1,\boldsymbol{r}_2,\cdots,\boldsymbol{r}_n$，根据场强叠加原理可得 P 点场强

$$\boldsymbol{E}=\sum_{i=1}^{n}\boldsymbol{E}_i=\sum_{i=1}^{n}\frac{1}{4\pi\varepsilon_0}\frac{q_i}{r_i^2}\boldsymbol{r}_{i0} \tag{4-5}$$

上式为矢量求和，计算较为复杂，具体运算时，通常采用分量式

$$E_x=\sum_{i=1}^{n}E_{ix},\quad E_y=\sum_{i=1}^{n}E_{iy},\quad E_z=\sum_{i=1}^{n}E_{iz} \tag{4-6}$$

3. 任意带电体的场强

若不能将带电体视为点电荷时，我们可以认为该带电体是由许多无限小的电荷元组成的，每个电荷元都可当作点电荷处理.

电荷元 $\mathrm{d}q$ 在场中任一点 P 产生的场强为

$$\mathrm{d}\boldsymbol{E}=\frac{1}{4\pi\varepsilon_0}\frac{\mathrm{d}q}{r^3}\boldsymbol{r}$$

P 点总场强为组成该带电体的所有电荷元 $\mathrm{d}q$ 在该点产生的场强矢量和，即

$$\boldsymbol{E}=\int\mathrm{d}\boldsymbol{E}=\int\frac{1}{4\pi\varepsilon_0}\frac{\mathrm{d}q}{r^3}\boldsymbol{r} \tag{4-7}$$

上式为矢量积分，具体运算时，通常采用投影的方式，先求得 $\boldsymbol{E}$ 的各方向分量

$$E_x=\int \mathrm{d}E_x,\quad E_y=\int \mathrm{d}E_y,\quad E_z=\int \mathrm{d}E_z$$

最后得总场强为

$$\boldsymbol{E}=E_x\boldsymbol{i}+E_y\boldsymbol{j}+E_z\boldsymbol{k}$$

(4－7)式中，$\mathrm{d}q$ 的计算视电荷分布而定，若电荷连续均匀分布在一体积内，其体密度为 ρ，则 $\mathrm{d}q=\rho\mathrm{d}V$. 同理，若电荷连续分布在一平面或曲面上，则 $\mathrm{d}q=\sigma\mathrm{d}S$；若电荷连续分布在一条细长线上，则 $\mathrm{d}q=\lambda\mathrm{d}l$. 其中 σ,λ 分别表示电荷面密度和线密度.

例 4－1

两个等值异号的点电荷 $+q$ 和 $-q$ 组成的点电荷系，当它们之间的距离 l 比所讨论问题中涉及的距离小得多时，这一对点电荷称为**电偶极子**(electric dipole)，由负电荷 $-q$ 到正电荷 $+q$ 的矢量 $\boldsymbol{l}$ 称为**电偶极子的轴**. q 与 $\boldsymbol{l}$ 的乘积称为**电偶极矩**，简称**电矩**(electric moment)，用 $\boldsymbol{p}$ 表示，即 $\boldsymbol{p}=q\boldsymbol{l}$.

下面我们来计算电偶极子轴延长线上的 A 点和轴中垂线上的 B 点的场强.

解 选取如图 4－3 所示的坐标，O 为电偶极子轴的中点，先计算 A 点的场强，设由 O 到 A 的距离为 r，点电荷 $+q$ 和 $-q$ 在 A 点产生的场强大小分别为

$$E_+=\frac{1}{4\pi\varepsilon_0}\frac{q}{\left(r-\frac{l}{2}\right)^2}$$

$$E_-=\frac{1}{4\pi\varepsilon_0}\frac{q}{\left(r+\frac{l}{2}\right)^2}$$

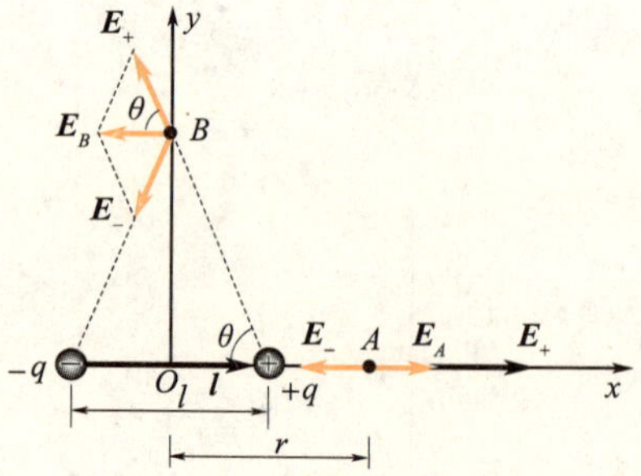

图 4－3 电偶极子的场强

$\boldsymbol{E}_+$ 的方向沿 x 轴正向，$\boldsymbol{E}_-$ 的方向沿 x 轴负向，所以 A 点的总场强大小为

$$E_A=E_+-E_-=\frac{q}{4\pi\varepsilon_0}\left[\frac{1}{\left(r-\frac{l}{2}\right)^2}-\frac{1}{\left(r+\frac{l}{2}\right)^2}\right]$$

$$=\frac{2qrl}{4\pi\varepsilon_0 r^4\left(1-\frac{l}{2r}\right)^2\left(1+\frac{l}{2r}\right)^2}$$

因为 $r\gg l$，故

$$E_A=\frac{1}{4\pi\varepsilon_0}\frac{2ql}{r^3}=\frac{1}{4\pi\varepsilon_0}\frac{2p}{r^3}$$

$\boldsymbol{E}_A$ 的方向沿 x 轴正向，与电矩 $\boldsymbol{p}$ 的方向相同. 故上式可用矢量表述：

$$\boldsymbol{E}_A=\frac{\boldsymbol{p}}{2\pi\varepsilon_0 r^3} \tag{4-8}$$

下面计算 B 点的场强，由 O 到 B 的距离仍用 r 表示，则点电荷 $+q$ 和 $-q$ 在 B 点产生的场强大小分别为

$$E_+=E_-=\frac{1}{4\pi\varepsilon_0}\frac{q}{r^2+\frac{l^2}{4}}$$

其方向如图 4－3 表示，根据场强叠加原理，B 点的总场强 $\boldsymbol{E}_B=\boldsymbol{E}_++\boldsymbol{E}_-$. 因 $\boldsymbol{E}_+$，$\boldsymbol{E}_-$ 方向不同，可先将 $\boldsymbol{E}_+$ 和 $\boldsymbol{E}_-$ 分别投影到 x,y 方向

后再叠加. 由于对称性,$\boldsymbol{E}_+$ 和 $\boldsymbol{E}_-$ 的 y 方向分量大小相等、方向相反,故 B 点总场强在 x 和 y 方向的分量值分别为

$$E_x = E_{+x} + E_{-x} = 2E_{+x} = 2E_+ \cos\theta$$

$$E_y = E_{+y} - E_{-y} = 0$$

式中,θ 是 B 点与电荷连线和电偶极子轴的夹角

$$\cos\theta = \frac{l/2}{\sqrt{r^2 + \frac{l^2}{4}}}$$

所以 $$E_B = E_x = \frac{1}{4\pi\varepsilon_0}\frac{ql}{\left(r^2 + \frac{l^2}{4}\right)^{3/2}}$$

$$\approx \frac{1}{4\pi\varepsilon_0}\frac{ql}{r^3} = \frac{1}{4\pi\varepsilon_0}\frac{p}{r^3}$$

考虑到 $\boldsymbol{E}_B$ 的方向沿 x 轴负向,即与电矩 $\boldsymbol{p}$ 的方向相反. 可将上式写成矢量式

$$\boldsymbol{E}_B = -\frac{\boldsymbol{p}}{4\pi\varepsilon_0 r^3} \qquad (4-9)$$

以上计算表明,电偶极子的场强与电矩 $\boldsymbol{p}$ 的大小成正比,与距离 r 的三次方成反比.

电偶极子的物理模型,在后面研究电介质极化、电磁波发射时都要用到.

例 4-2

真空中有一均匀带电直线长为 L,总电量为 q,试计算距直线距离为 a 的 P 点的场强. 已知 P 点和直线两端的连线与直线之间的夹角分别为 θ_1 和 θ_2,如图 4-4 所示.

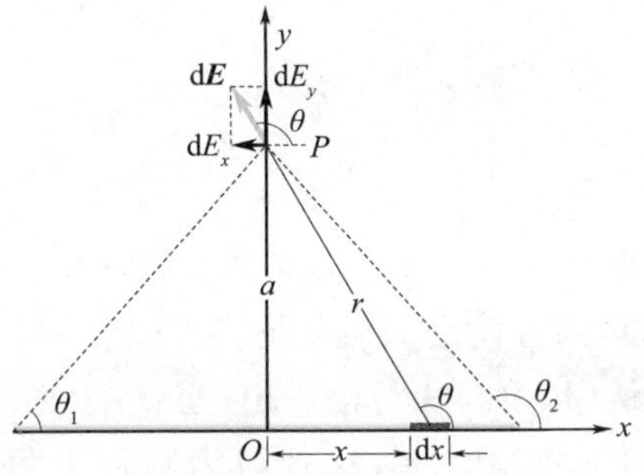

图 4-4　均匀带电直线外任一点的场强

解　选取如图 4-4 所示的坐标轴,在直线上距原点 O 为 x 处取一线元 $\mathrm{d}x$,$\mathrm{d}x$ 上的元电荷 $\mathrm{d}q = \lambda\mathrm{d}x$,$\lambda = q/L$. 设 P 点到 $\mathrm{d}q$ 的距离为 r,则 $\mathrm{d}q$ 在 P 点产生的场强 $\mathrm{d}\boldsymbol{E}$ 的大小为

$$\mathrm{d}E = \frac{1}{4\pi\varepsilon_0}\frac{\lambda\mathrm{d}x}{r^2}$$

$\mathrm{d}\boldsymbol{E}$ 的方向如图 4-4 所示,$\mathrm{d}\boldsymbol{E}$ 与 x 轴正向夹角为 θ,直线上各 $\mathrm{d}q$ 在 P 点产生的 $\mathrm{d}\boldsymbol{E}$ 的方向不同,$\mathrm{d}\boldsymbol{E}$ 沿 x 轴和 y 轴方向的分量分别为

$$\mathrm{d}E_x = \mathrm{d}E\cos\theta = \frac{1}{4\pi\varepsilon_0}\frac{\lambda\mathrm{d}x}{r^2}\cos\theta$$

$$\mathrm{d}E_y = \mathrm{d}E\sin\theta = \frac{1}{4\pi\varepsilon_0}\frac{\lambda\mathrm{d}x}{r^2}\sin\theta$$

式中 r、θ、x 都是变量,为便于积分,统一选取 θ 为变量,由图中几何关系可知

$$x = a\tan\left(\theta - \frac{\pi}{2}\right) = -a\cot\theta$$

$$\mathrm{d}x = a\csc^2\theta\mathrm{d}\theta$$

$$r^2 = a^2 + x^2 = a^2(1 + \cot^2\theta) = a^2\csc^2\theta$$

所以

$$\mathrm{d}E_x = \frac{\lambda}{4\pi\varepsilon_0 a}\cos\theta\mathrm{d}\theta$$

$$\mathrm{d}E_y = \frac{\lambda}{4\pi\varepsilon_0 a}\sin\theta\mathrm{d}\theta$$

将以上两式分别积分得

$$E_x = \int\mathrm{d}E_x = \int_{\theta_1}^{\theta_2}\frac{\lambda}{4\pi\varepsilon_0 a}\cos\theta\mathrm{d}\theta = \frac{\lambda}{4\pi\varepsilon_0 a}(\sin\theta_2 - \sin\theta_1) \qquad (4-10)$$

$$E_y = \int\mathrm{d}E_y = \int_{\theta_1}^{\theta_2}\frac{\lambda}{4\pi\varepsilon_0 a}\sin\theta\mathrm{d}\theta = \frac{\lambda}{4\pi\varepsilon_0 a}(\cos\theta_1 - \cos\theta_2) \qquad (4-11)$$

最后由 E_x 和 E_y 求出总场强 $\boldsymbol{E}$ 的大小和方向，请读者自己完成.

如果带电直线为无限长，或者 P 点离直线的距离很近，即 $\theta_1=0$，$\theta_2=\pi$，代入(4-10)式和(4-11)式可得

$$E_x=0$$

$$E=E_y=\frac{\lambda}{2\pi\varepsilon_0 a} \tag{4-12}$$

当 $\lambda>0$ 时，则 $E_y>0$，$\boldsymbol{E}$ 的方向沿 y 轴正方向(垂直带电直线向外)；当 $\lambda<0$ 时，则 $E_y<0$，$\boldsymbol{E}$ 的方向沿 y 轴负方向(垂直带电直线向里).

例 4-3

真空中有一均匀带电圆环，环的半径为 R，带电量为 q，试计算圆环轴线上任一点 P 的场强.

解　取环的轴线为 x 轴，轴上 P 点离环心的距离为 x，如图 4-5 所示. 在环上取线元 $\mathrm{d}l$，它与 P 点距离为 r，所带电量为

$$\mathrm{d}q=\lambda \mathrm{d}l=\frac{q}{2\pi R}\mathrm{d}l$$

电荷元 $\mathrm{d}q$ 在 P 点产生的场强 $\mathrm{d}\boldsymbol{E}$ 的大小为

$$\mathrm{d}E=\frac{1}{4\pi\varepsilon_0}\frac{\mathrm{d}q}{r^2}=\frac{1}{4\pi\varepsilon_0}\frac{q}{2\pi R}\frac{\mathrm{d}l}{r^2}$$

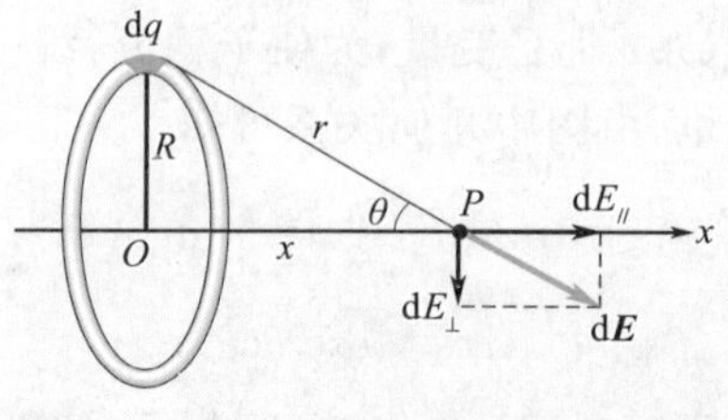

图 4-5　均匀带电圆环轴线上的场强

方向如图 4-5 所示. 将 $\mathrm{d}\boldsymbol{E}$ 分解为平行于 x 轴的分量 $\mathrm{d}E_{/\!/}$ 和垂直于 x 轴的分量 $\mathrm{d}E_{\perp}$，根据对称性，同一直径两端相等的电荷元在 P 点产生的场强在垂直于 x 轴方向的分量大小相等，方向相反，故互相抵消，所以 P 点总场强的方向一定沿环的轴线，其大小等于环上所有电荷元在 P 点产生的场强在平行于 x 轴方向的分量之和，即

$$E=\int \mathrm{d}E_{/\!/}=\int \mathrm{d}E\cos\theta=\oint\frac{1}{4\pi\varepsilon_0}\frac{q}{2\pi R}\frac{\mathrm{d}l}{r^2}\cos\theta$$
$$=\frac{1}{4\pi\varepsilon_0}\frac{q}{r^2}\cos\theta$$

从图中几何关系可知 $\cos\theta=\dfrac{x}{r}$，$r=(R^2+x^2)^{\frac{1}{2}}$，代入上式得

$$E=\frac{1}{4\pi\varepsilon_0}\frac{qx}{(R^2+x^2)^{\frac{3}{2}}} \tag{4-13}$$

当 $q>0$ 时，$\boldsymbol{E}$ 的方向沿 x 轴正向；当 $q<0$ 时，$\boldsymbol{E}$ 的方向沿 x 轴负向.

从(4-13)式可以看出，当 $x=0$ 时，即在圆环中心处，$E=0$，这是因为圆环上每一电荷元在环中心产生的场强相互抵消的结果. 当 $x\gg R$ 时，$x^2+R^2\approx x^2$，$E=\dfrac{1}{4\pi\varepsilon_0}\dfrac{q}{x^2}$，这正是点电荷场强公式，这时可以把带电圆环视为一个点电荷，这正反映了点电荷概念的相对性.

例 4-4

真空中有一均匀带电圆盘，半径为 R，所带电量为 q，试计算圆盘轴线上任一点的场强.

解　本题可以利用上例的结果来计算. 设想圆盘是由无限多个同心细圆环组成，在圆盘上任取一半径为 r，宽度为 $\mathrm{d}r$ 的细圆环，如图 4-6 所示. 细圆环所带电量为

$$dq=\sigma dS=\sigma 2\pi r dr$$

$$\sigma=\frac{q}{\pi R^2}$$

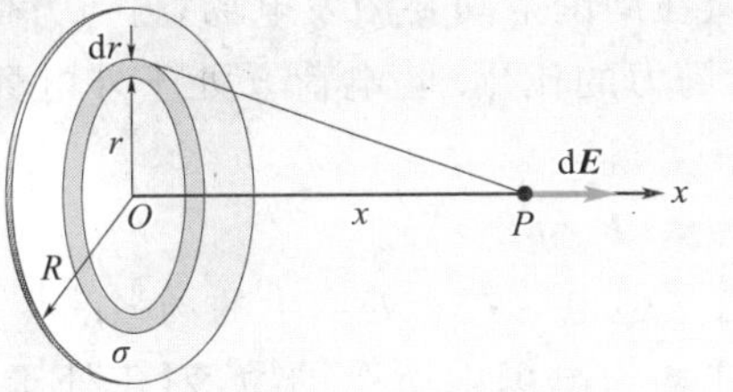

图 4-6 均匀带电圆盘轴线上的场强

式中 σ 为带电圆盘的电荷面密度. 根据(4-13)式,可得该带电细圆环在轴线上任一点 P 产生的场强大小为

$$dE=\frac{1}{4\pi\varepsilon_0}\frac{x dq}{(r^2+x^2)^{3/2}}=\frac{x\sigma 2\pi r dr}{4\pi\varepsilon_0(r^2+x^2)^{3/2}}$$

$d\boldsymbol{E}$ 方向沿 x 轴正向. 由于圆盘上各带电细圆环在 P 点产生的场强方向都相同,所以整个带电圆盘在 P 点产生的场强大小为

$$E=\int dE=\int_0^R\frac{\sigma x}{2\varepsilon_0}\frac{r dr}{(r^2+x^2)^{3/2}}$$

$$=\frac{\sigma}{2\varepsilon_0}\left[1-\frac{x}{\sqrt{R^2+x^2}}\right]$$

其方向沿 x 轴正向,即与圆盘垂直的方向.

当 $R\to\infty$ 时,圆盘变为无限大平面,则上式变为

$$E=\frac{\sigma}{2\varepsilon_0} \qquad (4-14)$$

这就是"无限大"均匀带电平面两侧的场强公式. 因此,"无限大"均匀带电平面的两侧是均匀电场. 当 $x\ll R$ 时,也可得出(4-14)式的结果. 可见,即使是有限大带电平面,在讨论其轴线上近处情况时,仍可视其为"无限大"带电平面,这表明物理上"无限大"概念的相对性.

例 4-5

两个平行无限大均匀带电平面,分别带有等量异号电荷,电荷面密度分别为 $+\sigma$ 和 $-\sigma$,如图4-7所示,试计算各点的场强.

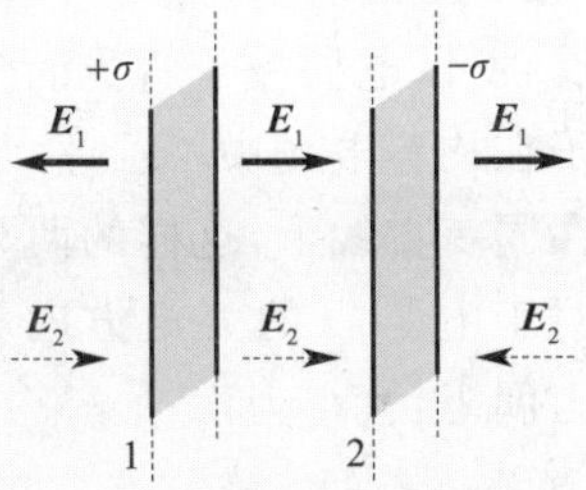

图 4-7 两无限大均匀带电平面的场强

解 利用场的叠加原理和例 4-4 结果的推论很容易求解本题. 空间任一点的场强 $\boldsymbol{E}$ 是1,2两无限大带电平面各自产生的场强 $\boldsymbol{E}_1$ 和 $\boldsymbol{E}_2$ 的矢量和. 由(4-14)式可知,$\boldsymbol{E}_1$ 和 $\boldsymbol{E}_2$ 的大小都等于 $\frac{\sigma}{2\varepsilon_0}$,方向如图 4-7所示,故在两带电平面间任一点处的总场强 $\boldsymbol{E}$ 的大小为(平面边缘处除外)

$$E=E_1+E_2=\frac{\sigma}{\varepsilon_0} \qquad (4-15)$$

方向垂直带电平面由正电荷指向负电荷.

在两带电平面外侧,$\boldsymbol{E}_1$ 和 $\boldsymbol{E}_2$ 方向相反,因此,两带电平面外侧任一点场强的大小为(边缘处除外)

$$E=E_1-E_2=0$$

由以上讨论可见,两无限大平行平面分别带有等值异号电荷时,在两平面之间产生的场强是大小为 $\frac{\sigma}{\varepsilon_0}$ 的匀强电场,两平面外侧的场强为零. 在实验中,常用均匀带电平板来产生匀强电场.

4.1.4 带电体在外电场中所受的作用

如前所述，一方面电荷在周围空间要激发电场；另一方面，处于外电场中的电荷要受到电场力的作用．若电荷 q 处于外电场 $\boldsymbol{E}$ 中，它所受到的电场力为

$$\boldsymbol{F}=q\boldsymbol{E} \tag{4-16}$$

式中，$\boldsymbol{E}$ 是除 q 以外的所有其他电荷在 q 处产生的场强．

(4-16)式是点电荷在均匀电场中所受的力，对于处于非均匀电场中的任意带电体，(4-16)式应改写为

$$\boldsymbol{F}=\int \boldsymbol{E}\mathrm{d}q \tag{4-17}$$

例 4-6

计算电偶极子在均匀电场中所受的合力和合力矩，已知电偶极子的电矩为 $\boldsymbol{p}=q\boldsymbol{l}$，均匀电场的场强为 $\boldsymbol{E}$.

解 如图 4-8 所示，电偶极子处于均匀电场中，电矩 $\boldsymbol{p}$ 的方向与场强 $\boldsymbol{E}$ 方向间的夹角为 θ．正、负电荷所受电场力分别为 $\boldsymbol{F}_+=+q\boldsymbol{E}$ 和 $\boldsymbol{F}_-=-q\boldsymbol{E}$，它们大小相等，方向相反，所以电偶极子所受的合力为零，故电偶极子在均匀电场中不会平动．但是 $\boldsymbol{F}_+$ 和 $\boldsymbol{F}_-$ 不在同一直线上，这样的两个力称为力偶，它们对于中点 O 的力矩方向相同，总力矩（也称力偶矩）大小为

$$M=F_+\frac{1}{2}l\sin\theta+F_-\frac{1}{2}l\sin\theta=pE\sin\theta$$

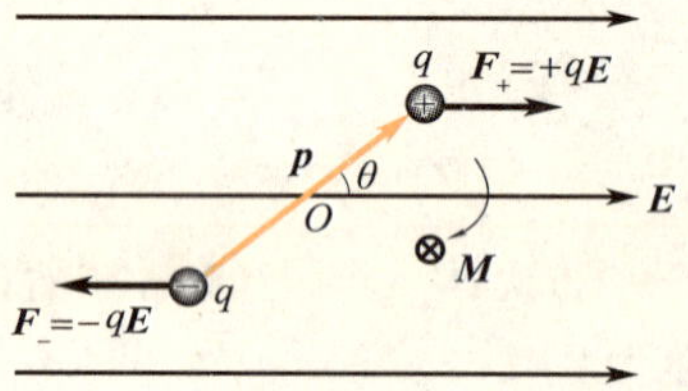

图 4-8 均匀电场中的电偶极子

考虑到 $\boldsymbol{M}$ 的方向，上式可写成矢量式

$$\boldsymbol{M}=\boldsymbol{p}\times\boldsymbol{E} \tag{4-18}$$

所以，电偶极子在电场作用下总要使电矩 $\boldsymbol{p}$ 转向 $\boldsymbol{E}$ 的方向，以达到稳定平衡状态．

§4.2 静电场中的高斯定理

4.2.1 电场强度通量

一、电场线

电场中每一点的电场强度 $\boldsymbol{E}$ 都有确定的大小和方向，为了形象

地描述电场中场强分布情况，我们在电场中画出一系列假想的曲线，称为**电场线**(electric line of force)，又称电力线. 图 4-9 是几种带电系统的电场线，在电场线上的每一点处电场强度 $\boldsymbol{E}$ 的方向沿着该点的切线方向. 例如，图 4-9(d)所示是电偶极子的电场线，图中 M, N 两点处 $\boldsymbol{E}$ 的方向都与该点电场线的切线方向相同. 为了表示场强的大小，在画电场线时特作如下规定：使穿过垂直于场强方向的面元 $\Delta S_{\perp}$ 的电场线条数 $\Delta\Phi_e$ 与该面元的比值等于场强的大小.

$$E=\frac{\Delta\Phi_e}{\Delta S_{\perp}} \tag{4-19}$$

也就是说，电场中某点场强的大小等于该点的电场线数密度，这样，电场线的疏密程度就反映了场强的大小分布.

静电场中的电场线具有如下性质：

①电场线起始于正电荷(或无限远处)，终止于负电荷(或无限远处)，不会在没有电荷的地方中断，也不会形成闭合曲线.

② 任何两条电场线都不会相交，因为若两条电场线在空间某点相交，该点的场强方向便不能唯一确定.

虽然电场中并不真的存在电场线，但引入电场线的概念可以形象、直观地描绘电场的总体分布情况，对于分析某些实际问题很有帮助. 在研究某些复杂的电场时，如电子管内部的电场，高压电器设备附近的电场等，常采用模拟的方法把它们的电场线画出来.

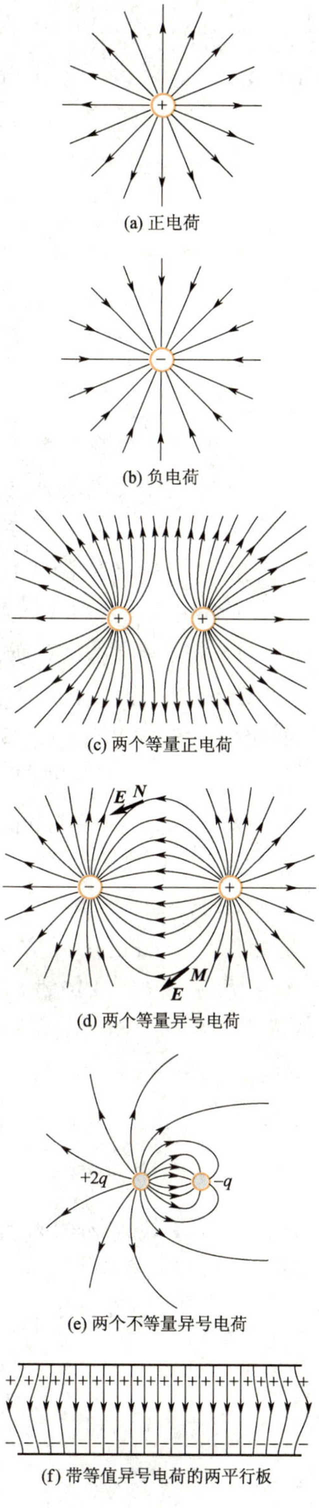

(a) 正电荷　(b) 负电荷　(c) 两个等量正电荷　(d) 两个等量异号电荷　(e) 两个不等量异号电荷　(f) 带等值异号电荷的两平行板

图 4-9　几种典型电场的电场线分布图形

二、电场强度通量

通过电场中某一个面的电场线条数称为**电场强度通量**，简称**电通量**(electric flux)或 $\boldsymbol{E}$ **通量**，用符号 Φ_e 表示.

在均匀电场中，电场线是一系列均匀分布的平行直线，当该面与 $\boldsymbol{E}$ 垂直时，如图 4-10(a)所示，根据(4-19)式，得

$$\Phi_e=ES_{\perp}=ES \tag{4-20}$$

若该面与 $\boldsymbol{E}$ 不垂直，如图 4-10(b)所示，该面的法线 $\boldsymbol{n}$ 与 $\boldsymbol{E}$ 的夹角为 θ，由于 $S_{\perp}=S\cos\theta$，则

$$\Phi_e=ES\cos\theta=\boldsymbol{E}\cdot\boldsymbol{S} \tag{4-21}$$

在非均匀电场中，如图 4-10(c)所示，通过面元 S 的电通量为

$$\Phi_e=\int_S \mathrm{d}\Phi_e=\int_S \boldsymbol{E}\cdot \mathrm{d}\boldsymbol{S} \tag{4-22}$$

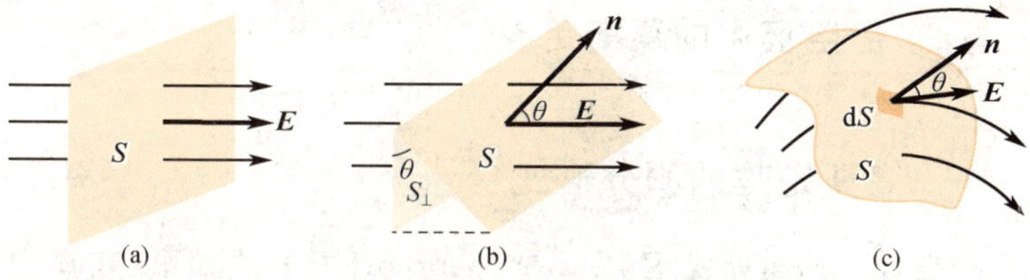

(a)　(b)　(c)

图 4-10　电通量

当 S 为闭合曲面时，上式可写成

$$\Phi_e = \oint_S \boldsymbol{E} \cdot d\boldsymbol{S} = \oint_S E\cos\theta dS \quad (4-23)$$

式中 $\oint_S$ 表示积分在闭合曲面上进行. 在计算通过闭合曲面的电通量时，通常规定，法线 $\boldsymbol{n}$ 的正方向指向闭合曲面的外侧.

若电场线穿出闭合曲面，$\theta<\frac{\pi}{2}$，$d\Phi_e>0$，电通量为正；相反，在电场线穿入闭合曲面处，$\theta>\frac{\pi}{2}$，$d\Phi_e<0$，电通量为负.

例 4-7

三棱柱体放在如图 4-11 所示的匀强电场中. 求通过此三棱柱体的电场强度通量.

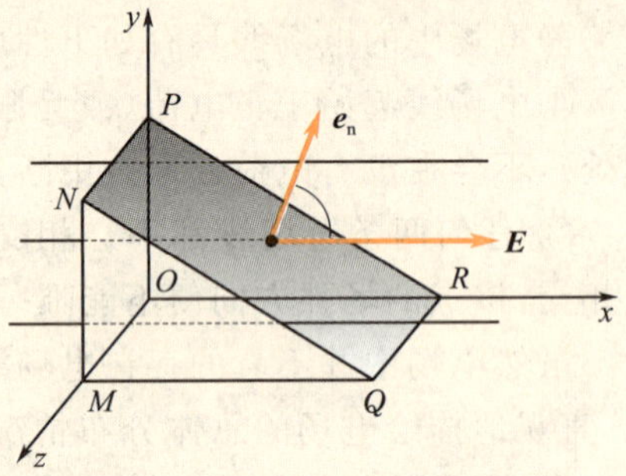

图 4-11　例 7-4 图

解　三棱柱体的表面为一闭合曲面，由 5 个平面构成. 其中 $MNPOM$ 所围的面积为 S_1，$MNQM$ 和 $OPRO$ 所围的面积为 S_2 和 S_3，$MORQM$ 和 $NPRQN$ 所围的面积为 S_4 和 S_5. 那么，在此匀强电场中通过 S_1，S_2，S_3，S_4 和 S_5 的电场强度通量分别为 Φ_{e1}，Φ_{e2}，Φ_{e3}，Φ_{e4} 和 Φ_{e5}，故通过闭合曲面的电场强度通量为

$$\Phi_e = \Phi_{e1} + \Phi_{e2} + \Phi_{e3} + \Phi_{e4} + \Phi_{e5}$$

虽然，面 S_1 的正法线方向与 $\boldsymbol{E}$ 方向之间的夹角为 π，由(4-21)式

$$\Phi_{e1} = ES_1 \cos\pi = -ES_1$$

而面 S_2，S_3 和 S_4 的正法线方向均与 $\boldsymbol{E}$ 垂直，故

$$\Phi_{e2} = \Phi_{e3} = \Phi_{e4} = \int_s \boldsymbol{E} \cdot d\boldsymbol{S} = 0$$

对于面 S_5，其正法线矢量 $\boldsymbol{e}_n$ 与 $\boldsymbol{E}$ 的夹角为 $\theta(0<\theta<\pi/2)$，故

$$\Phi_{e5} = \int_{s5} \boldsymbol{E} \cdot d\boldsymbol{S} = E\cos\theta S_5$$

而 $S_5\cos\theta = S_1$，所以

$$\Phi_5 = ES_1$$

故

$$\Phi_e = \Phi_{e1} + \Phi_{e2} + \Phi_{e3} + \Phi_{e4} + \Phi_{e5} = -ES_1 + ES_1 = 0$$

上述结果表明，在匀强电场中穿入三棱柱体的电场线与穿出三棱柱体的电场线相等，即穿过闭合曲面(三棱柱体表面)的电场强度通量为零.

4.2.2 静电场中的高斯定理

一、高斯定理的积分形式

静电场中的高斯定理(Gauss theorem)可表述如下：在真空中的任意静电场中，通过任一闭合曲面 S 的电通量 Φ_e，等于该曲面所包围的电荷的代数和除以 ε_0，而与闭合曲面外的电荷无关. 其数学

表达式为

$$\Phi_e = \oint_S \boldsymbol{E} \cdot d\boldsymbol{S} = \frac{1}{\varepsilon_0}\sum q_i$$

此处 S 是一个假想的闭合曲面，通常称为**高斯面**，$\sum q_i$ 是高斯面内所包围的电荷的代数和. 下面我们从特殊到一般，分几个步骤来验证高斯定理.

（1）穿过包围点电荷 q 的闭合球面（q 位于该球面的中心）的电通量

如图 4－12(a)所示，点电荷 q 位于闭合球面 S 的中心，根据库仑定理，在闭合曲面 S 上的任一点，E 的大小为

$$E=\frac{1}{4\pi\varepsilon_0}\frac{q}{r^2}$$

方向沿半径 r 向外呈辐射状，与球面上任一面积元 $d\boldsymbol{S}$ 的法向相同，即 $\boldsymbol{n}$ 与 $\boldsymbol{E}$ 之间的夹角$\theta=0°$，所以，穿过球面 S 的电通量为

$$\Phi_e = \oint_S \boldsymbol{E} \cdot d\boldsymbol{S} = \oint_S E\cos 0° dS = \oint_S \frac{1}{4\pi\varepsilon_0}\frac{q}{r^2}dS$$

$$= \frac{1}{4\pi\varepsilon_0}\frac{q}{r^2}\oint_S dS = \frac{1}{4\pi\varepsilon_0}\frac{q}{r^2}4\pi r^2 = \frac{q}{\varepsilon_0}$$

（2）穿过包围点电荷 q 的任意闭合曲面的电通量

若包围点电荷 q 的任意闭合曲面不为球面，或 q 不位于球面 S 的中心，如图 4－12(a) 所示，此时 $\Phi_e{}' = \oint_{S'} \boldsymbol{E} \cdot d\boldsymbol{S} = \oint_{S'} \frac{1}{4\pi\varepsilon_0 r^2}\cos\theta dS$ 仍然成立，所不同的是，在 S' 面上，r^2 不再为常数，θ 也不再处处等于 0°，因而上述积分一般是难以求得解析解的.

根据电通量的定义，穿过一闭合曲面的电通量等于穿过该曲面的电场线条数. 由于电场线不会在没有电荷的地方中断，因此，只要 S 和 S'之间没有其他电荷，穿过 S 和 S'的电通量必然相等，即

$$\Phi_e{}' = \Phi_e = q/\varepsilon_0$$

（3）点电荷 q 位于任意闭合曲面之外

当点电荷在闭合面之外时，如图 4－12(b)所示，由于单个点电荷产生的电场线是辐射的直线，从某个面元进入闭合面的电场线必然从另一面元穿出. 这样，进入该曲面的电场线数与穿出的电场线数相等，通过这一曲面的电通量的代数和为零. 也就是说，在闭合曲面之外的电荷对穿过该闭合曲面的电通量没有贡献.

（4）多个点电荷存在时穿过任一闭合曲面 S 的电通量

根据场强叠加原理，此时 S 面上任一点的场强 $\boldsymbol{E}$ 是所有点电荷（不管该电荷位于 S 面内或面外）各自单独存在时在该点产生的场强矢量和，即

$$\boldsymbol{E}=\boldsymbol{E}_1+\boldsymbol{E}_2+\cdots+\boldsymbol{E}_n$$

通过整个闭合曲面的电通量为

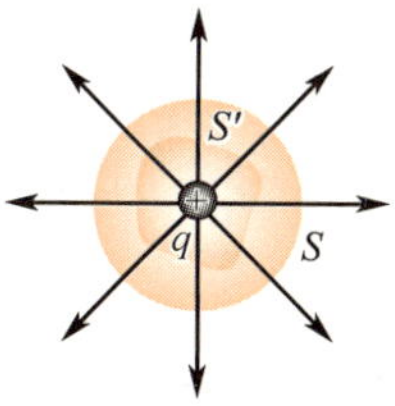

(a)

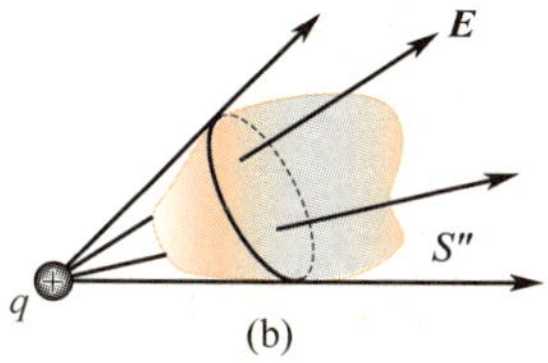

(b)

图 4－12　高斯定理图

$$\Phi_e = \oint_S \boldsymbol{E} \cdot d\boldsymbol{S} = \oint_S \boldsymbol{E}_1 \cdot d\boldsymbol{S} + \cdots + \oint_S \boldsymbol{E}_n \cdot d\boldsymbol{S}$$

$$= \Phi_{e1} + \Phi_{e2} + \cdots + \Phi_{en} = \sum_{i=1}^{n} \Phi_{ei}$$

其中 Φ_{ei} 为单个点电荷产生的电场穿过闭合曲面的电通量，由上述讨论可知，当 q_i 在封闭曲面内时，$\Phi_{ei} = q_i/\varepsilon_0$；当 q_i 在封闭曲面外时，$\Phi_{ei} = 0$，所以上式可以写成

$$\Phi_e = \oint_S \boldsymbol{E} \cdot d\boldsymbol{S} = \frac{1}{\varepsilon_0} \sum q_{内} \tag{4-24}$$

此即高斯定理的积分表达式，表明了在静电场中，穿过任一闭合曲面的电通量等于该闭合曲面所包围的电荷的代数和除以 ε_0.

由高斯定理，若 $\sum q_{内} > 0$，则 $\Phi_e > 0$，说明若某一闭合曲面内部存在净的正电荷，就有电场线穿出该曲面，即电场线从正电荷出发；同理，若 $\sum q_{内} < 0$，则 $\Phi_e < 0$，表示电场线终止于负电荷.

对高斯定理的理解，需要特别强调以下两点：

(1) 在高斯定理的数学表达式(4－24)式中，虽然等式的左边为电场强度 $\boldsymbol{E}$ 在高斯面上的积分，等式右边的求和项为高斯面内部电荷的代数和，但这并不意味着高斯面上任一点的场强仅由高斯面内部的电荷产生. 高斯面上任一点的场强是由所有电荷(不管其位于高斯面内或高斯面外)共同产生的，高斯面外的电荷只是对积分没有贡献，对场强 $\boldsymbol{E}$ 是有贡献的.

(2) 虽然高斯定理是在库仑定律的基础上得来的，但库仑定律是从电荷间的作用反映静电场的性质，而高斯定理则是从场和场源电荷间的关系反映静电场的性质. 从场的观点来看，高斯定理比库仑定律更基本、应用范围更广. 库仑定律只适用于静电场，而高斯定律不仅适用于静电场，而且也适用于变化的电场，它是电磁场理论的基本方程之一.

*二、高斯定理的微分形式

若高斯面内的电荷是连续分布的，则高斯定理(4－24)式可改写为

$$\oint_S \boldsymbol{E} \cdot d\boldsymbol{S} = \frac{1}{\varepsilon_0} \int_V \rho_e dV \tag{4-25}$$

式中 ρ_e 是高斯面 S 所包围的体积 V 内的电荷体密度，利用矢量分析中的奥－高公式(Ostrovski-Gauss formula)

$$\oint_S \boldsymbol{E} \cdot d\boldsymbol{S} = \int_V \mathrm{div}\boldsymbol{E} dV$$

$\mathrm{div}\boldsymbol{E}$ 称为场强 $\boldsymbol{E}$ 的散度(divergence)，可用算符 ∇ 与 $\boldsymbol{E}$ 的点积表示，即 $\mathrm{div}\boldsymbol{E} = \nabla \cdot \boldsymbol{E}$. 上式与(4－25)式比较可得

$$\int_V \nabla \cdot \boldsymbol{E} dV = \frac{1}{\varepsilon_0} \int_V \rho_e dV$$

由于此式对任意大小的体积都成立，因此被积函数应相等，即

$$\nabla \cdot \boldsymbol{E} = \frac{\rho_e}{\varepsilon_0} \text{ 或 } \mathrm{div}\boldsymbol{E} = \frac{\rho_e}{\varepsilon_0} \tag{4-26}$$

这就是静电场中高斯定理的微分形式.

(4－26)式把空间每一点的电场与该点处的电荷体密度联系起来了. 若一矢量场在空间某范围内散度为零，我们就说它在此范围内无源；若散度不为零，则称该矢量场有源. 由(4－26)式可知，若 $\rho_e=0$，则 $\nabla\cdot\boldsymbol{E}=0$，若 $\rho_e\neq 0$，则 $\nabla\cdot\boldsymbol{E}\neq 0$，即静电场在没有电荷的区域是无源的，而在有电荷的区域是有源的. 高斯定理的微分形式表明，静电场是有源场，静电场的源就是电荷体密度不为零的那些点.

三、高斯定理的应用

高斯定理的积分形式是一个积分方程，一般情况下，由此方程得出电场强度 $\boldsymbol{E}$ 的解析解既困难又复杂. 但当电场具有某种对称性分布时，我们可根据对称性分析作出适当的高斯面(这是解决问题的关键)，从而计算出左右两端积分项，并由此得出几种对称性场强 $\boldsymbol{E}$ 的解析解. 现举例如下.

例 4－8

求均匀带电球体的场强分布，已知球体半径为 R，所带电量为 q(见图 4－13).

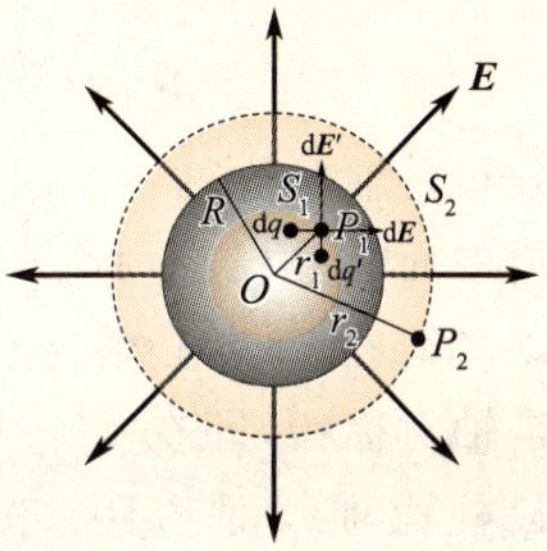

图 4－13　均匀带电球体场强的计算

解　先分析场分布的对称性，由于电荷球形均匀分布，故以 O 为球心的各同心球面上场强量值必然相等. 在球体内任取一点 P_1，如图 4－13 所示，相对于球心 O 与该点的连线 OP_1，在球体内一定存在对称分布的电荷元 $\mathrm{d}q$ 和 $\mathrm{d}q'$，每一对电荷元在 P_1 点处激发的场强 $\mathrm{d}\boldsymbol{E}$ 和 $\mathrm{d}\boldsymbol{E}'$，由于垂直于 OP_1 方向的分量相互抵消，因而总的场强方向一定沿 OP_1 的方向，即 P_1 点的场强方向垂直球面向外，因此所有同心球面均可取作高斯面，电场强度处处与球面垂直且有相同的量值. 假定球内 P_1 点($r_1<R$)处的场强大小为 E_1，通过 P_1 点作半径为 r_1 的球面 S_1，则通过球面 S_1 的电通量为 $4\pi r_1^2E_1$. 球体内的电荷体密度 $\rho=\dfrac{q}{\frac{4}{3}\pi R^3}$，球面 S_1 所包围的电荷为 $\rho\,\dfrac{4}{3}\pi r_1^3$，所以，按照高斯定理有

$$4\pi r_1^2E_1=\frac{q}{\frac{4}{3}\pi R^3}\,\frac{4}{3}\pi r_1^3/\varepsilon_0$$

$$E_1=\frac{q}{4\pi\varepsilon_0R^3}r_1$$

可见，均匀带电球体内任意一点的场强 $E(r)$ 与 r 成正比.

再来确定球外一点 P_2 处的情况. 通过 P_2 点作半径为 r_2 的同心球面 S_2($r_2>R$)作为高斯面，同理，S_2 面上电场强度的量值 E_2 一定处处相等且沿 OP_2 方向，则通过球面 S_2 的电通量为 $4\pi r_2^2E_2$，由于球面 S_2 包围了所有的电荷 q，根据高斯定理得

$$4\pi r_2^{\ 2}E_2 = q/\varepsilon_0$$

$$E_2 = \frac{q}{4\pi\varepsilon_0 r_2^{\ 2}}$$

可见，均匀带电球体外任一点的场强 $E(r)$ 与 r^2 成反比，即等价于球体上的电荷全部集中于球心处所产生的场强.

上述计算表明，均匀带电球体在空间的场强分布 $E(r)$ 为

$$E(r) = \begin{cases} \dfrac{1}{4\pi\varepsilon_0}\dfrac{qr}{R^3} & (r \leqslant R) \\ \dfrac{1}{4\pi\varepsilon_0}\dfrac{q}{r^2} & (r > R) \end{cases} \tag{4-27}$$

类似于本题的解法，可求得半径为 R，均匀带电球面(电量为 q)产生的场强分布为

$$E(r) = \begin{cases} 0 & (r < R) \\ \dfrac{q}{4\pi\varepsilon_0 r^2} & (r \geqslant R) \end{cases} \tag{4-28}$$

均匀带电球体和球面的场强分布 $E(r)$ 的函数曲线如图 4-14 所示，可见，$E(r)$ 函数均在球面($r=R$)处有极大值.

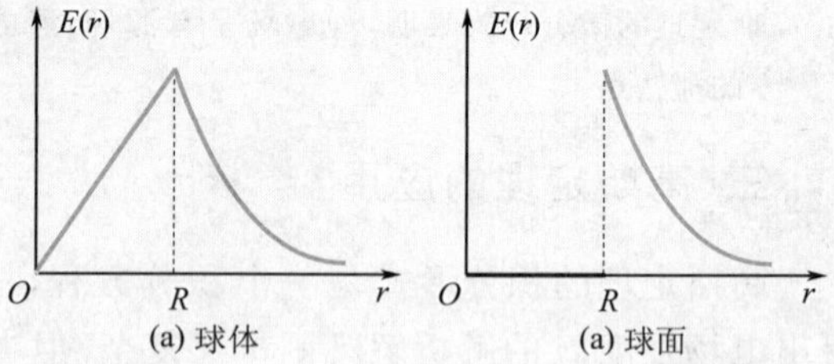

图 4-14 均匀带电球体和球面的场强分布

例 4-9

求"无限长"均匀带电圆柱面的场强分布. 已知圆柱面半径为 R，电荷面密度为 σ.

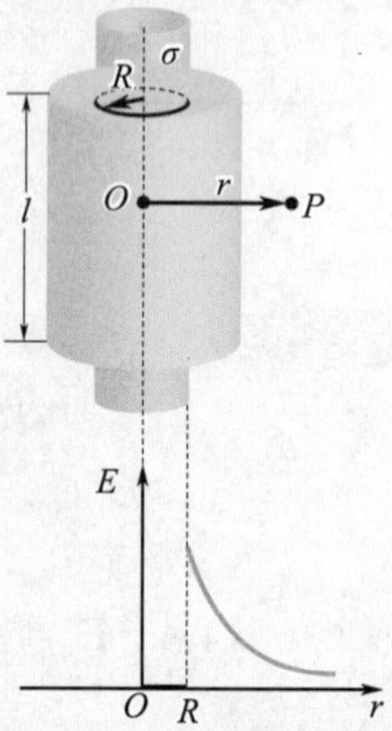

图 4-15 "无限长"均匀带电圆柱面场强的计算

解 由于电荷分布是轴对称的，且圆柱面"无限长"，所以场强分布也必然是轴对称的，即在离圆柱面轴线垂直距离相同的同轴圆柱面上各点的场强大小相等. 无限长均匀带电圆柱面可以看做由许许多多根无限长的带电直线所组成，每根带电直线产生的场强都与自身垂直，再根据对称性分析不难得出结论：在垂直于 OP 方向上的场强分量互相抵消，因而 P 点的场强方向垂直于轴线沿半径呈辐射状. 现在计算圆柱面外任一点 P 的场强，为此过 P 点作一半径为 r，高为 l 的同轴闭合圆柱面为高斯面，如图 4-15 所示. 通过该闭合圆柱面的电通量 Φ_e 等于通过两底面 S_1，S_2 及侧面 S_3 的电通量之和，由于两底面处场强方向处处与底面法线方向垂直，所以通过上、下两底面的电通量为零. 于是

$$\begin{aligned} \Phi_e &= \oint \boldsymbol{E} \cdot \mathrm{d}\boldsymbol{S} \\ &= \int_{S_1} \boldsymbol{E} \cdot \mathrm{d}\boldsymbol{S} + \int_{S_2} \boldsymbol{E} \cdot \mathrm{d}\boldsymbol{S} + \int_{S_3} \boldsymbol{E} \cdot \mathrm{d}\boldsymbol{S} \\ &= 0 + 0 + E2\pi rl \end{aligned}$$

闭合圆柱内包围的电量 $\sum q_i = 2\pi Rl\sigma$，由高斯定理可得

$$E2\pi rl = \frac{1}{\varepsilon_0}2\pi Rl\sigma$$

$$E = \frac{R\sigma}{\varepsilon_0 r}$$

若用 λ 表示沿轴线方向单位长度圆柱面上的电量(即电荷线密度)，则

$$\lambda = 2\pi R\sigma$$

于是场强分布可写成

$$E = \frac{\lambda}{2\pi\varepsilon_0 r}$$

计算表明，"无限长"均匀带电圆柱面外一点的场强与假设圆柱面上的所有电荷集中

到轴线上的“无限长”细直线的场强相同，见(4－12)式.

求圆柱面内任一点场强的分析与上述过程完全相同，只是在高斯面内包围的电量 $\sum q_i = 0$，所以

$$E2\pi rl=0$$

$$E=0$$

即“无限长”均匀带电圆柱面内的场强为零.

可见“无限长”均匀带电圆柱面在空间的场强分布为

$$E=\begin{cases}0 & (r<R)\\ \dfrac{\lambda}{2\pi\varepsilon_0 r} & (r\geqslant R)\end{cases} \tag{4-29}$$

同理，可求得半径为 R 的“无限长”均匀带电圆柱体在空间的场强分布(电荷线密度为 λ)

$$E=\begin{cases}\dfrac{\lambda r}{2\pi\varepsilon_0 R^2} & (r<R)\\ \dfrac{\lambda}{2\pi\varepsilon_0 r} & (r\geqslant R)\end{cases} \tag{4-30}$$

当 $R\to 0$ 时，由(4－30)式可得无限长均匀带电直线(电荷线密度为 λ)的场强为

$$E=\frac{\lambda}{2\pi\varepsilon_0 r}$$

这与例 4－2 中直接利用叠加原理的计算结果(4－12)式相同.

例 4－10

求“无限大”均匀带电平面的场强分布. 已知平面上电荷面密度为 σ.

解　本题的结果在例 4－4 的推论中已经给出，现利用高斯定理求解要简便得多.

由于电荷在平面上均匀分布，可以判断空间各点场强分布具有面对称性，即平面两侧离平面等距离处的场强大小相等，方向均垂直于带电平面. 现计算离平面距离为 r 的空间任一点 P 的场强. 为此过 P 点作一闭合圆柱面为高斯面，其轴线与平面垂直，两底面与平面平行，且与平面距离相等，如图 4－16 所示. 通过该闭合圆柱面的总电通量 Φ_e 等于通过两底面 S_1，S_2 及侧面 S_3 的电通量之和. 由于侧面处场强方向总是与该处法线方向垂直，所以通过侧面的电通量为零. 于是

$$\begin{aligned}\Phi_e &= \oint_S \boldsymbol{E}\cdot d\boldsymbol{S}\\ &= \int_{S_1}\boldsymbol{E}\cdot d\boldsymbol{S}+\int_{S_2}\boldsymbol{E}\cdot d\boldsymbol{S}+\int_{S_3}\boldsymbol{E}\cdot d\boldsymbol{S}\\ &= ES_1+ES_2+0=2ES_1\end{aligned}$$

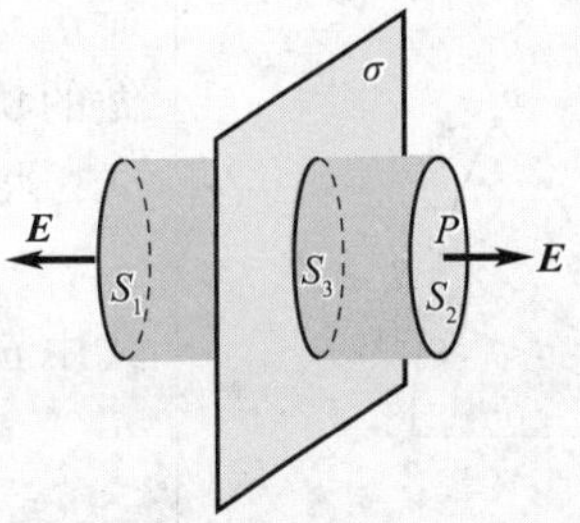

图 4－16　无限大均匀带电平面的电场

高斯面内包围的电量 $\sum q_i = \sigma S_1$，由高斯定理得

$$2ES_1=\frac{1}{\varepsilon_0}\sigma S_1$$

$$E=\frac{\sigma}{2\varepsilon_0}$$

利用高斯定理求场强的关键在于对电场的对称性进行分析，以及选择合适的高斯面．高斯面的选取原则主要有如下两点：(1)要求哪一点的场强，高斯面就必须通过该点；(2)在高斯面上场强或对称分布，以使 E 可以提出积分号之外；或在某些面上，$\boldsymbol{E}$ 和 $\mathrm{d}\boldsymbol{S}$ 处处垂直使积分的某些项为零．当电场的分布不具对称性时，高斯定理仍然成立，只是此时不能由高斯定理求出场强，场强的计算需采用其他方法．

§4.3 静电场的环路定理 电势

4.3.1 静电场的环路定理

一、电场力做功

电荷在电场中要受到力的作用，因此，当电荷在电场中移动时，电场力要做功．如图 4－17所示，在点电荷 q 的电场中将一试验电荷 q_0 从 a 点经任意路径 acb 移至 b 点，我们来计算电场力对 q_0 所做的功．

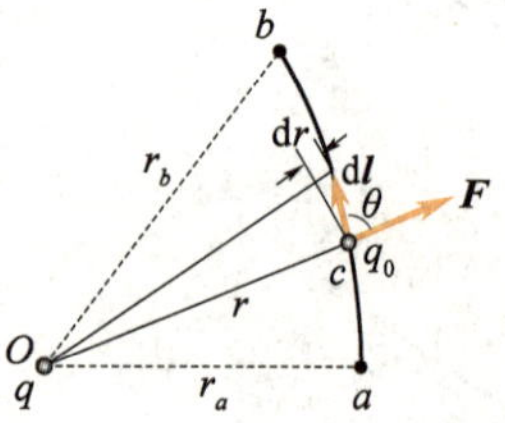

图 4－17 电场力所做的功与路径无关

将 q_0 移动 $\mathrm{d}\boldsymbol{l}$，电场力做的元功为

$$\mathrm{d}W=\boldsymbol{F}\cdot\mathrm{d}\boldsymbol{l}=q_0E\mathrm{d}l\cos\theta$$

式中 θ 是 $\boldsymbol{F}$ 与 $\mathrm{d}\boldsymbol{l}$ 的夹角．由图 4－17 可见，$\mathrm{d}l\cos\theta=\mathrm{d}r$，所以

$$\mathrm{d}W=q_0E\mathrm{d}r=q_0\ \frac{1}{4\pi\varepsilon_0}\frac{q}{r^2}\mathrm{d}r$$

由 $a\to b$，电场力做功为

$$W_{ab}=\int_a^b\mathrm{d}W=\frac{q_0q}{4\pi\varepsilon_0}\int_{r_a}^{r_b}\frac{\mathrm{d}r}{r^2}=\frac{q_0q}{4\pi\varepsilon_0}\left(\frac{1}{r_a}-\frac{1}{r_b}\right)\qquad(4-31)$$

式中 r_a，r_b 分别表示路径的起点和终点离点电荷的距离．(4－31)式表明，在点电荷 q 的电场中，电场力移动 q_0 所做的功只与路径的起点和终点位置有关，而与路径无关．

上述结论可以推广到任何带电系统的电场，我们可以把带电体分成许多电荷元，每个电荷元单独存在时产生的场强分别为 $\boldsymbol{E}_1$，$\boldsymbol{E}_2$，…，$\boldsymbol{E}_n$，根据场强叠加原理有

$$\boldsymbol{E}=\boldsymbol{E}_1+\boldsymbol{E}_2+\cdots+\boldsymbol{E}_n$$

当 q_0 经任意路经从 a 点移至 b 点时，电场力所做的功为

$$W_{ab}=q_0\int_a^b\boldsymbol{E}\cdot\mathrm{d}\boldsymbol{l}=q_0\int_a^b\boldsymbol{E}_1\cdot\mathrm{d}\boldsymbol{l}+q_0\int_a^b\boldsymbol{E}_2\cdot\mathrm{d}\boldsymbol{l}+\cdots+q_0\int_a^b\boldsymbol{E}_n\cdot\mathrm{d}\boldsymbol{l}$$

由于上式等号右边每一项都与路径无关，所以总电场力所做的功 W_{ab} 也与路径无关．

综上所述，我们可以得出结论：**试验电荷在任何静电场中移动时，静电场力所做的功只与路径的起点和终点位置有关，而与路径无关.**

二、静电场环路定理的积分形式

电场力做功与路径无关还有另一种等价的表述形式. 如图 4－18 所示，设试验电荷从电场中 a 点出发，分别经历两条不同的路径 acb 和 adb 到达 b 点，因为电场力做功与路径无关，所以

$$q_0 \int_{\substack{a\\(acb)}}^{b} \boldsymbol{E} \cdot \mathrm{d}\boldsymbol{l} = q_0 \int_{\substack{a\\(adb)}}^{b} \boldsymbol{E} \cdot \mathrm{d}\boldsymbol{l}$$

即

$$\int_{\substack{a\\(acb)}}^{b} \boldsymbol{E} \cdot \mathrm{d}\boldsymbol{l} - \int_{\substack{a\\(adb)}}^{b} \boldsymbol{E} \cdot \mathrm{d}\boldsymbol{l} = 0$$

$$\int_{\substack{a\\(acb)}}^{b} \boldsymbol{E} \cdot \mathrm{d}\boldsymbol{l} + \int_{\substack{b\\(bda)}}^{a} \boldsymbol{E} \cdot \mathrm{d}\boldsymbol{l} = 0$$

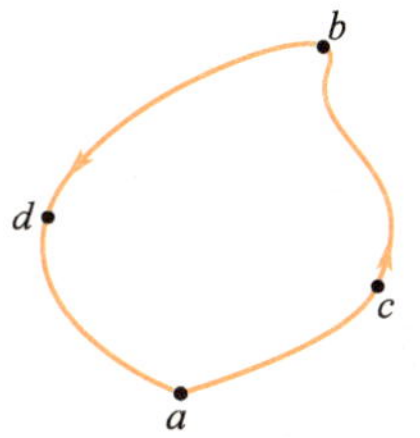

图 4－18　电场力沿闭合路径所做的功

以上积分中的两项可以合写为

$$\oint_L \boldsymbol{E} \cdot \mathrm{d}\boldsymbol{l} = 0 \tag{4-32}$$

(4－32)式左边是场强 $\boldsymbol{E}$ 沿任意闭合路径的线积分，称为**静电场强度 $\boldsymbol{E}$ 的环流**. (4－32)式表明，**在静电场中，电场强度 $\boldsymbol{E}$ 的环流恒为零.** 这一结论称为**静电场的环路定理**(circuital theorem of electrostatic field).

由此可见，“静电场力做功与路径无关”与“静电场环流为零”两种说法是完全等价的.

和高斯定理一样，环路定理(4－32)式也是一个积分方程，其等式左边是 $\boldsymbol{E}$ 的环流($\boldsymbol{E}$ 沿任意闭合曲线的线积分)，它从另一侧面表征了静电场的整体特性——静电场在空间的环流恒等于零. 高斯定理和环路定理是描述静电场整体特性的两个重要的场方程.

* 三、静电场环路定理的微分形式

根据矢量场的斯托克斯公式(Stokes formula)

$$\oint_L \boldsymbol{E} \cdot \mathrm{d}\boldsymbol{l} = \int_S \mathrm{rot}\boldsymbol{E} \cdot \mathrm{d}\boldsymbol{S}$$

rot$\boldsymbol{E}$ 称为**场强 $\boldsymbol{E}$ 的旋度**(rotation)，可用算符 ∇ 与 $\boldsymbol{E}$ 的矢量积表示，即 $\mathrm{rot}\boldsymbol{E} = \nabla \times \boldsymbol{E}$.

由静电场环路定理得

$$\int_S (\nabla \times \boldsymbol{E}) \cdot \mathrm{d}\boldsymbol{S} = 0$$

由于该等式对任意大小的面积 S 都成立，所以被积函数应为零，即

$$\nabla \times \boldsymbol{E} = 0 \quad 或 \quad \mathrm{rot}\boldsymbol{E} = 0 \tag{4-33}$$

这就是静电场环路定理的微分形式.

通常，我们把**旋度处处为零的矢量场，称为无旋场**(irrotational field). 电场线从正电荷出发，到负电荷中止，不构成闭合回路，没有旋转的特征，$\nabla \times \boldsymbol{E} =$

0,正是无旋场的数学表述.

静电场高斯定理的微分形式为$\nabla \cdot \boldsymbol{E}=\frac{\rho}{\varepsilon_0}$,环路定理的微分形式为$\nabla \times \boldsymbol{E}=0$.它们同为两个局域场方程(微分方程),反映了静电场的两个基本性质:**有源且处处无旋**.

4.3.2 电势和电势差

一、电势能

在力学中我们知道,做功与路径无关的力称为保守力,保守力做功等于相应势能的减少.与之类比,静电场力做功与路径无关,因而静电场力是保守力,静电场是保守力场,电场力对试验电荷q_0做功等于其电势能的减少,即

$$W_{ab}=\int_a^b q_0\boldsymbol{E}\cdot d\boldsymbol{l}=W_a-W_b \tag{4-34}$$

式中W_a,W_b是试验电荷在a点和b点的**电势能**(electric potential energy).电场力做正功时,$W_{ab}>0$,$W_a>W_b$,电势能减少;电场力做负功时(外力反抗电场力做功),$W_{ab}<0$,$W_a<W_b$,电势能增加.

和其他形式的势能一样,电势能也是一个相对量,其值与电势能的零点选择有关.如选定试验电荷在b点的电势能为零,即$W_b=0$,由(4-34)式,a点的电势能为

$$W_a=\int_a^b q_0\boldsymbol{E}\cdot d\boldsymbol{l} \tag{4-35}$$

如果场源电荷局限在有限大小的空间里,为了方便,常选择无限远处为电势能零点,即令$W_\infty=0$,则

$$W_a=W_{a\infty}=\int_a^\infty q_0\boldsymbol{E}\cdot d\boldsymbol{l} \tag{4-36}$$

即电荷q_0在电场中任一点a的电势能等于将q_0由a点经任意路径移至电势能为零处(一般为无限远处)电场力所做的功.

二、电势和电势差

(4-36)式表明,W_a与q_0成正比,而比值W_a/q_0与q_0无关,仅决定于场强的分布及q_0的位置.因而比值W_a/q_0是描述a点电场性质的一个物理量,称为a点的电势(electric potential),用U_a表示.

$$U_a=\frac{W_a}{q_0}=\frac{W_{a\infty}}{q_0}=\int_a^\infty \boldsymbol{E}\cdot d\boldsymbol{l} \tag{4-37}$$

可见,**电场中某点的电势,在数值上等于单位正电荷在该点处的电势能;或等于将单位正电荷从该点经任意路径移至无限远时电场力所做的功**.在国际单位制中,其单位为伏特(V).

静电场中a,b两点的电势之差称为a,b两点的**电势差**(electric

potential difference)，也称为**电压**(voltage)，用 U_{ab} 表示

$$U_{ab}=U_a-U_b=\int_a^{\infty}\boldsymbol{E}\cdot \mathrm{d}\boldsymbol{l}-\int_b^{\infty}\boldsymbol{E}\cdot \mathrm{d}\boldsymbol{l}=\int_a^{b}\boldsymbol{E}\cdot \mathrm{d}\boldsymbol{l} \tag{4-38}$$

上式表明，静电场中 a,b 两点的电势差等于将单位正电荷从 a 点移到 b 点时电场力所做的功.

由(4－38)式，将任一电荷 q_0 从 a 点移到 b 点时，电场力所做的功也可写成如下形式：

$$W_{ab}=W_a-W_b=q_0\int_a^{b}\boldsymbol{E}\cdot \mathrm{d}\boldsymbol{l}=q_0(U_a-U_b) \tag{4-39}$$

(4－39)式表明，电场力做功 W_{ab} 等于 q_0 与 U_a-U_b 之积，这是计算电场力做功的常用公式.

电势也是一个相对量，电场中任一点的电势值与电势零点选择有关，但两点间电势差的值与电势零点选择无关. 电势零点的选择是任意的，通常在场源电荷分布于有限空间内时，可选无限处为电势零点，但当场源电荷分布延伸到无限远处时(如无限长带电直线、无限大带电平板)，就不能再选无限远处为电势零点. 在实际应用中，常选大地或电器外壳为电势零点.

三、电势叠加原理

电势叠加原理可由场强叠加原理得出.

若场源电荷由一组分立的点电荷系 $q_1,q_2,\cdots,q_n$ 组成，该点电荷系产生的场强为

$$\boldsymbol{E}=\boldsymbol{E}_1+\boldsymbol{E}_2+\cdots+\boldsymbol{E}_n$$

根据电势的定义，空间任一点 P 的电势为

$$\begin{aligned}U_P&=\int_P^{\infty}(\boldsymbol{E}_1+\boldsymbol{E}_2+\cdots+\boldsymbol{E}_n)\cdot \mathrm{d}\boldsymbol{l}\\&=\int_P^{\infty}\boldsymbol{E}_1\cdot \mathrm{d}\boldsymbol{l}+\int_P^{\infty}\boldsymbol{E}_2\cdot \mathrm{d}\boldsymbol{l}+\cdots+\int_P^{\infty}\boldsymbol{E}_n\cdot \mathrm{d}\boldsymbol{l}\\&=U_1+U_2+\cdots+U_n=\sum_{i=1}^{n}U_i\end{aligned} \tag{4-40}$$

上式表明：**在静电场中，任意给定点 P 的电势，等于各点电荷单独存在时产生的电场在该点的电势的代数和**，这一结论称为**电势叠加原理**(superposition principle of electric potential).

四、电势的计算

电势的计算方法有两种：一是按定义式 $U_P=\int_P^{电势零点}\boldsymbol{E}\cdot \mathrm{d}\boldsymbol{l}$ 进行计算. 如果已知电场强度的分布，或者用高斯定理等方法容易求出场强分布函数时，通常采用此法；二是由点电荷电势公式出发，利用电势叠加原理进行计算，利用此法，原则上可以求出任意带电体的电势分布.

根据电势定义，点电荷 q 的电场中任一点 P（矢径为 $\boldsymbol{r}$）的电势为

$$U_P=\int_P^{\infty}\boldsymbol{E}\cdot \mathrm{d}\boldsymbol{l}=\int_r^{\infty}\frac{1}{4\pi\varepsilon_0}\frac{q}{r^2}\boldsymbol{r}_0\cdot \mathrm{d}\boldsymbol{r}=\frac{q}{4\pi\varepsilon_0 r}\qquad(4-41)$$

利用点电荷电势和电势叠加原理，可得点电荷系的电场中任一点 P 的电势为

$$U=\sum_{i=1}^{n}U_i=\sum_{i=1}^{n}\frac{1}{4\pi\varepsilon_0}\frac{q_i}{r_i}\qquad(4-42)$$

r_i 表示点电荷 q_i 到 P 点的距离.

若产生电场的带电体是有限区域内连续分布的电荷，可以认为它是由许多电荷元 $\mathrm{d}q$ 组成的，每个电荷元都可看成点电荷. 根据电势叠加原理，带电体电场中任一点 P 的电势为

$$U=\int \mathrm{d}U=\int\frac{1}{4\pi\varepsilon_0}\frac{\mathrm{d}q}{r}\qquad(4-43)$$

例 4-11

求电偶极子电场中任意点的电势. 已知电偶极子的电矩 $\boldsymbol{p}=q\boldsymbol{l}$.

解 如图 4-19 所示，在电偶极子电场中任取一点 P，P 点至电偶极子轴线中点 O 的距离为 r，$+q$ 和 $-q$ 到 P 点的距离分别为 r_1 和 r_2. 由点电荷系电势公式(4-42)式可得 P 点的电势为

$$U=U_1+U_2=\frac{1}{4\pi\varepsilon_0}\frac{q}{r_1}+\frac{1}{4\pi\varepsilon_0}\frac{-q}{r_2}=\frac{q}{4\pi\varepsilon_0}\frac{r_2-r_1}{r_1r_2}$$

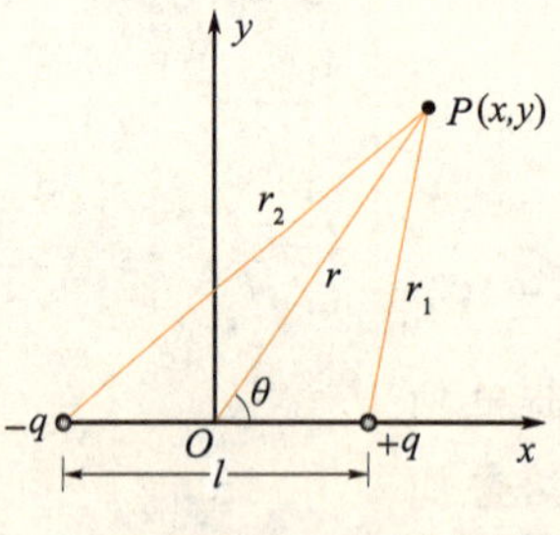

图 4-19 电偶极子电场中的电势

由于 $r\gg l$，$r_2-r_1\approx l\cos\theta$，$r_1r_2\approx r^2$，其中 θ 为 OP 连线与轴线的夹角，所以 P 点的电势可写成

$$U=\frac{q}{4\pi\varepsilon_0}\frac{l\cos\theta}{r^2}=\frac{1}{4\pi\varepsilon_0}\frac{p\cos\theta}{r^2}$$

若建立如图 4-19 所示的直角坐标系，由图可知

$$r^2=x^2+y^2$$

$$\cos\theta=\frac{x}{\sqrt{x^2+y^2}}$$

x，y 是 P 点所在处的坐标，于是 P 点的电势也可表示为

$$U=\frac{1}{4\pi\varepsilon_0}\frac{px}{(x^2+y^2)^{3/2}}\qquad(4-44)$$

例 4-12

求均匀带电圆环轴线上的电势分布. 设圆环半径为 R，总电量为 q.

解 如图 4-20 所示，设圆环轴线上一点 P 到环心 O 的距离为 x，在圆环上任取一线元 $\mathrm{d}l$，其带电量为

$$\mathrm{d}q=\lambda\mathrm{d}l=\frac{q}{2\pi R}\mathrm{d}l$$

电荷元 $\mathrm{d}q$ 在 P 点的电势为

$$dU=\frac{1}{4\pi\varepsilon_0}\frac{dq}{r}=\frac{1}{4\pi\varepsilon_0}\frac{\lambda dl}{r}$$

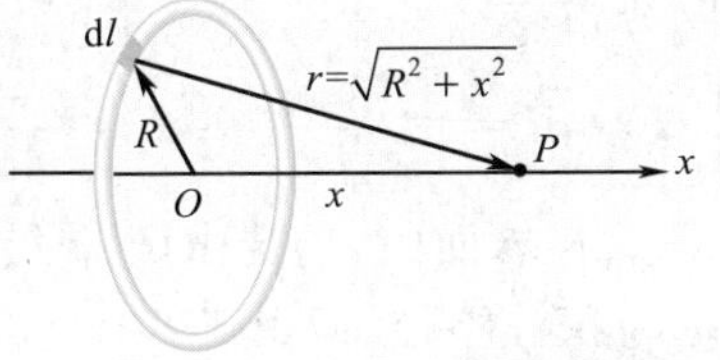

图 4－20 均匀带电圆环轴线上的电势

由(4－43)式可得整个带电圆环在 P 点的电势为

$$U=\int dU=\int_0^{2\pi R}\frac{1}{4\pi\varepsilon_0}\frac{\lambda dl}{r}$$

$$=\frac{1}{4\pi\varepsilon_0}\frac{\lambda 2\pi R}{r}=\frac{1}{4\pi\varepsilon_0}\frac{q}{\sqrt{R^2+x^2}} \quad (4-45)$$

本题也可利用均匀带电圆环轴线上场强的表达式(4－13)式及电势定义(4－37)式求解.

例 4－13

求均匀带电球面电场中电势的分布.设球面半径为 R,总电量为 q.

解 方法一 用电势叠加方法计算.

设球面外任一点 P 与球心 O 的距离为 r,将整个带电球面划分为许多与 OP 垂直的小圆环.图 4－21(a)中画出了其中一个小圆环,该小圆环面积 $dS=2\pi R\sin\theta R d\theta$,所带电量 $dq=\sigma dS=\sigma 2\pi R^2\sin\theta d\theta$,式中 $\sigma=\frac{q}{4\pi R^2}$.设小圆环边缘到 P 点的距离为 l,则由例 4－12 的结果可得该小圆环在 P 点的电势为

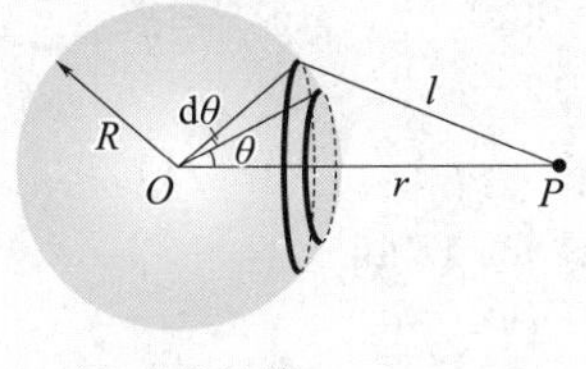

(a) 电势计算

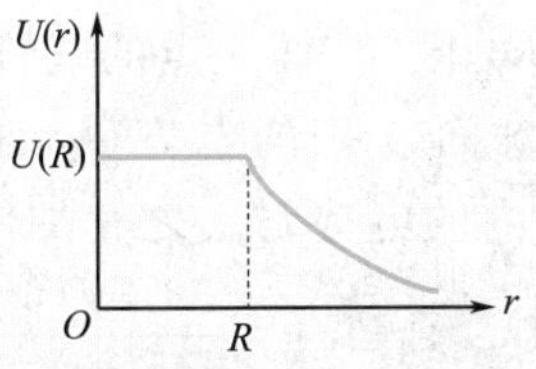

(b) 电势分布

图 4－21 均匀带电球面的电势

$$dU=\frac{1}{4\pi\varepsilon_0}\frac{dq}{l}$$

$$=\frac{1}{4\pi\varepsilon_0}\frac{\sigma 2\pi R^2\sin\theta d\theta}{l}$$

$$=\frac{q\sin\theta d\theta}{8\pi\varepsilon_0 l}$$

由图中几何关系可得

$$l^2=r^2+R^2-2rR\cos\theta$$

上式微分可得

$$2l dl=2rR\sin\theta d\theta$$

于是

$$dU=\frac{q dl}{8\pi\varepsilon_0 rR}$$

由电势叠加原理,对均匀带电球面上各小圆环在 P 点产生的电势 dU 求和,就是整个均匀带电球面在球面外 P 点产生的电势

$$U=\int dU=\int_{r-R}^{r+R}\frac{q dl}{8\pi\varepsilon_0 rR}=\frac{2qR}{8\pi\varepsilon_0 rR}$$

$$=\frac{1}{4\pi\varepsilon_0}\frac{q}{r}$$

当 P 点在球面内时,上面的计算及所用公式不需要变化,只是积分的上、下限变为 $R+r$ 和 $R-r$,于是均匀带电球面在球面内 P 点产生的电势为

$$U=\int dU=\int_{R-r}^{R+r}\frac{q dl}{8\pi\varepsilon_0 rR}=\frac{2qr}{8\pi\varepsilon_0 rR}$$

$$=\frac{1}{4\pi\varepsilon_0}\frac{q}{R}$$

综合以上结果,均匀带电球面电场中的电势分布为

$$U=\begin{cases}\dfrac{1}{4\pi\varepsilon_0}\dfrac{q}{r} & (r\geqslant R)\\ \dfrac{1}{4\pi\varepsilon_0}\dfrac{q}{R} & (r<R)\end{cases} \qquad (4-46)$$

由此可见，**均匀带电球面外各点的电势与全部电荷 q 集中在球心时的点电荷的电势相同；而球面内任一点的电势都相等，并等于球面的电势**. 其电势分布如图 4－21(b)所示.

方法二 用电势定义法计算.

由于均匀带电球面的电荷分布具有球对称性，所以其场强分布很容易由高斯定理求得

$$E=\begin{cases}0 & (r<R)\\ \dfrac{1}{4\pi\varepsilon_0}\dfrac{q}{r^2} & (r\geqslant R)\end{cases}$$

若选从球面外 P 点沿径矢指向无限远为积分路径，则根据电势定义(4－37)式可得 P 点的电势为

$$U=\int_P^{\infty}\boldsymbol{E}\cdot\mathrm{d}\boldsymbol{l}=\int_r^{\infty}\frac{1}{4\pi\varepsilon_0}\frac{q}{r^2}\mathrm{d}r=\frac{1}{4\pi\varepsilon_0}\frac{q}{r}$$

若 P 点在球面内，仍选由 P 点沿矢径指向无限远为积分路径. 但由于路径上球内、外两部分的场强$E(r)$在球面 R 处不连续，故积分应该分两段进行，所以球内任一点 P 的电势为

$$U=\int_P^{\infty}\boldsymbol{E}\cdot\mathrm{d}\boldsymbol{l}=\int_r^{R}0\cdot\mathrm{d}r+\int_R^{\infty}\frac{1}{4\pi\varepsilon_0}\frac{q}{r^2}\mathrm{d}r$$
$$=\frac{1}{4\pi\varepsilon_0}\frac{q}{R}$$

所得结果与方法一相同，但此法简便得多.

例 4－14

如图 4－22 所示，半径分别为 R_A 和 R_B 的两个同心均匀带电球面 A 和 B，内球面 A 带电量 $+q$，外球面 B 带电量 $-q$. 试求：(1)电势分布 $U(r)$；(2)A，B 两球面的电势差.

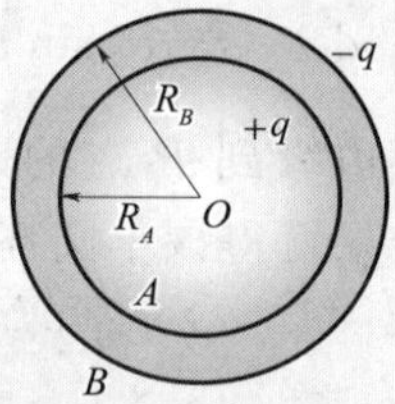

图 4－22 例 4－14 图

解 (1) 求电势分布 $U(r)$

方法一 用电势定义求 $U(r)$.

根据高斯定理，可求得场强 $E(r)$ 的分布为

$$E=\begin{cases}0 & (r<R_A, r>R_B)\\ \dfrac{q}{4\pi\varepsilon_0 r^2} & (R_A<r<R_B)\end{cases}$$

在 $r<R_A$ 区间

$$U(r)=\int_r^{\infty}\boldsymbol{E}\cdot\mathrm{d}\boldsymbol{r}$$
$$=\int_r^{R_A}\boldsymbol{E}\cdot\mathrm{d}\boldsymbol{r}+\int_{R_A}^{R_B}\boldsymbol{E}\cdot\mathrm{d}\boldsymbol{r}+\int_{R_B}^{\infty}\boldsymbol{E}\cdot\mathrm{d}\boldsymbol{r}$$
$$=\int_{R_A}^{R_B}\frac{q}{4\pi\varepsilon_0 r^2}\mathrm{d}r=\frac{q}{4\pi\varepsilon_0}\left(\frac{1}{R_A}-\frac{1}{R_B}\right)$$

在 $R_A<r<R_B$ 区间

$$U(r)=\int_r^{\infty}\boldsymbol{E}\cdot\mathrm{d}\boldsymbol{r}=\int_r^{R_B}\boldsymbol{E}\cdot\mathrm{d}\boldsymbol{r}+\int_{R_B}^{\infty}\boldsymbol{E}\cdot\mathrm{d}\boldsymbol{r}$$
$$=\int_r^{R_B}\frac{q}{4\pi\varepsilon_0 r^2}\mathrm{d}r=\frac{q}{4\pi\varepsilon_0}\left(\frac{1}{r}-\frac{1}{R_B}\right)$$

在 $r>R_B$ 区间

$$U(r)=\int_r^{\infty}\boldsymbol{E}\cdot\mathrm{d}\boldsymbol{r}=0$$

方法二 用电势叠加原理求 $U(r)$.

在 $r<R_A$ 区间，任一点的电势 $U(r)$为带电量 $+q$ 的球面 A 内的电势 $U_{A内}$ 和带电量 $-q$ 的球面 B 内的电势 $U_{B内}$ 之叠加，即

$$U(r)=U_{A内}+U_{B内}=\frac{q}{4\pi\varepsilon_0 R_A}+\frac{-q}{4\pi\varepsilon_0 R_B}$$
$$=\frac{q}{4\pi\varepsilon_0}\left(\frac{1}{R_A}-\frac{1}{R_B}\right)$$

在 $R_A<r<R_B$ 区间，任一点的电势 $U(r)$为带电量 $+q$ 的球面 A 外的电势 $U_{A外}$ 和带电量 $-q$ 的球面 B 内的电势 $U_{B内}$ 之叠加，即

$$U(r)=U_{A外}+U_{B内}=\frac{q}{4\pi\varepsilon_0 r}+\frac{-q}{4\pi\varepsilon_0 R_B}$$

$$=\frac{q}{4\pi\varepsilon_0}(\frac{1}{r}-\frac{1}{R_B})$$

在 $r>R_B$ 区间，根据前面分析可得

$$U(r)=U_{A外}+U_{B外}=\frac{q}{4\pi\varepsilon_0}(\frac{1}{r}-\frac{1}{r})=0$$

(2) 根据电势差定义(4－38)式，可求得 A,B 两球面的电势差为

$$U_{AB}=U_A-U_B=\int_A^B \boldsymbol{E}\cdot \mathrm{d}\boldsymbol{l}=\int_{R_A}^{R_B}\frac{q}{4\pi\varepsilon_0 r^2}\mathrm{d}r$$

$$=\frac{q}{4\pi\varepsilon_0}(\frac{1}{R_A}-\frac{1}{R_B})$$

电场强度和电势是描述电场的两个重要物理量. 前者反映了电场力的性质，电场对处于其中的电荷有力的作用($\boldsymbol{F}=q\boldsymbol{E}$)；后者反映了电场能的性质，电荷在电场中具有电势能($W=qU$)，电荷在电场中移动时，电场力要做功，因而伴随着能量的变化.

4.3.3　等势面　电势梯度

一、等势面

一般来说，静电场中各点的电势是逐点变化的，但也总有一些点的电势相等. **由电势相等的点连成的曲面称为等势面**(equipotential surface). 例如，在点电荷 q 的电场中，由电势公式 $U=\frac{1}{4\pi\varepsilon_0}\frac{q}{r}$ 可见，离点电荷 q 相同距离 r 处各点电势相等，说明其等势面是一系列以点电荷为中心的同心球面.

前面曾用电场线的疏密程度来表示电场的强弱，同样，也可以用等势面的疏密程度来表示电场的强弱. 为此，在画等势面时，特作如下规定：电场中任意两个相邻等势面之间的电势差都相等. 图 4－23 中给出了几种典型电场的等势面和电场线的图形. 图中实线代表电场线，虚线代表等势面. 从图中可以看出，等势面越密处，电场强度值越大，电场越强，反之，等势面越疏处，电场越弱.

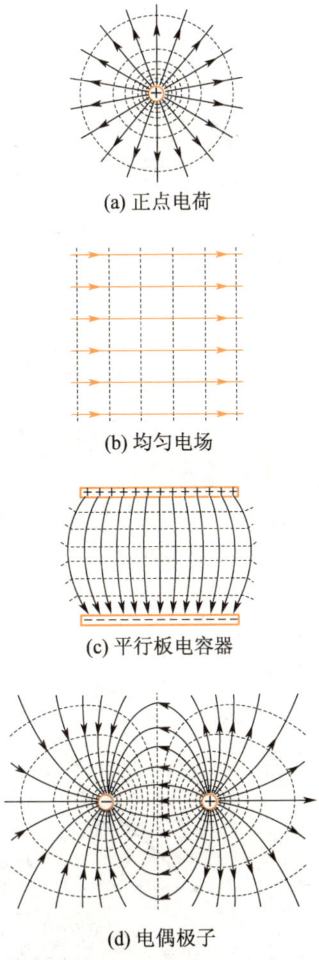

图 4－23　电场线与等势面(虚线为等势面、实线为电场线)

等势面和电场线都可以直观地描述电场，因而两者必定有着某种联系.

1. 在任何静电场中，等势面与电场线处处正交

我们用反证法证明. 如果电场线与等势面不垂直，则电场强度必有一沿等势面的分量. 在等势面上任取两点 a,b，其电势差为 $U_a-U_b=\int_a^b \boldsymbol{E}\cdot \mathrm{d}\boldsymbol{l}$，由于 $\boldsymbol{E}$ 与 $\mathrm{d}\boldsymbol{l}$ 不垂直，等式右边积分不等于零，也即 $U_a\neq U_b$，这与 a,b 是等势面上的两点矛盾. 因此，等势面与电场线必定处处正交.

2. 电场线总是指向电势降低的方向

考虑沿一条电场线的方向移动正电荷，电场力必定做功，因而

该电荷具有的电势能减小，说明沿电场线方向，电势降低.

二、电场强度与电势的微分关系　电势梯度

电场强度和电势都是描述电场性质的物理量，二者之间必定存在一定的关系. 事实上，电势的定义式 $U_P=\int_P^{\infty}\boldsymbol{E}\cdot\mathrm{d}\boldsymbol{l}$ 反映了电场强度 $\boldsymbol{E}$ 和电势 U 的积分关系，根据这一关系可由场强的分布求得电势分布. 那么，反过来，可否由电势分布求得场强分布呢？

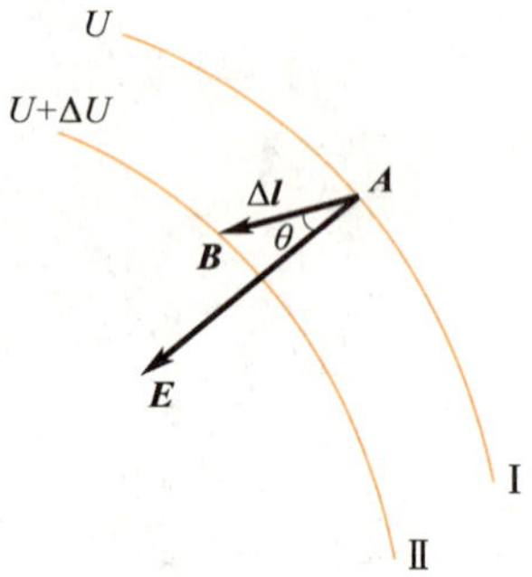

图 4-24　求 $\boldsymbol{E}$ 和 U 的关系

如图 4-24 所示，设想在静电场中有两个靠得很近的等势面Ⅰ和Ⅱ，它们的电势分别为 U 和 $U+\Delta U$. 在两等势面上分别取点 A 和点 B，两点间距为 Δl，它们之间的电场强度 $\boldsymbol{E}$ 可以认为是不变的. 设 $\Delta\boldsymbol{l}$ 与 $\boldsymbol{E}$ 之间的夹角为 θ，则将单位正电荷由点 A 移到点 B，电场力所做的功可由(4-38)式求得

$$-\Delta U=\boldsymbol{E}\cdot\Delta\boldsymbol{l}=E\Delta l\cos\theta$$

而电场强度 $\boldsymbol{E}$ 在 $\Delta\boldsymbol{l}$ 上的分量为 $E\cos\theta=E_l$，所以有

$$E_l=-\frac{\Delta U}{\Delta l}\qquad(4-47)$$

式中 $\Delta U/\Delta l$ 为电势沿 $\Delta\boldsymbol{l}$ 方向单位长度上的电势变化率.

从(4-47)式可以看出，等势面密集处的电场强度大，等势面稀疏处的电场强度小. 所以从等势面的分布可以定性地比较电场强度的强弱.

若把 Δl 取得极小，则 $\Delta U/\Delta l$ 的极限值可写作

$$\lim_{\Delta l\to 0}\frac{\Delta U}{\Delta l}=\frac{\mathrm{d}U}{\mathrm{d}l}$$

于是，(4-47)式为

$$E_l=-\frac{\mathrm{d}U}{\mathrm{d}l}\qquad(4-48)$$

$\mathrm{d}U/\mathrm{d}l$ 是沿 $\boldsymbol{l}$ 方向单位长度的电势改变量. (4-48)式表明，电场中某一点的电场强度沿任一方向的分量，等于这一点的电势沿该方向电势变化率的负值，这就是电场强度与电势的关系.

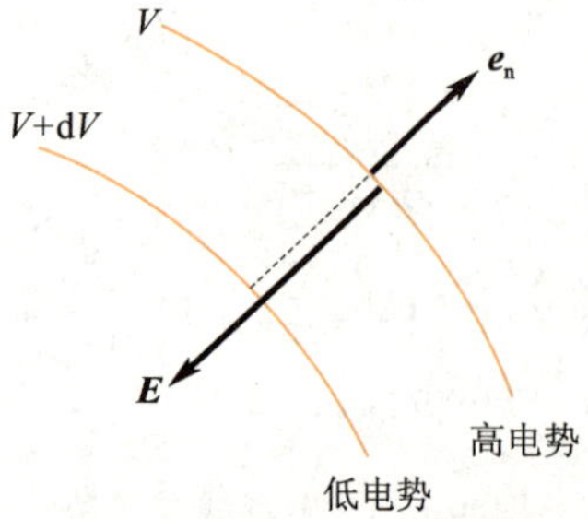

图 4-25　电场中一点场强方向与等势面法线方向相反

显然，沿不同方向电势的变化率是不同的. 这里，我们只讨论电势沿切向和法向两个特殊方向的变化率. 由于等势面上各点的电势是相等的，因此，电场中某一点的电势沿等势面上任一方向的 $\mathrm{d}U/\mathrm{d}l_t=0$. 这说明，等势面上任一点电场强度的切向分量为零，即 $E_t=0$. 另一方面，如图 4-25 所示，设两等势面法线方向的单位矢量为 $\boldsymbol{e}_n$，它的方向通常规定由低电势指向高电势. 于是由(4-48)式可知，电场强度沿法线方向的分量 E_n 为

$$E_n=-\frac{\mathrm{d}U}{\mathrm{d}l_n}$$

式中 $\mathrm{d}U/\mathrm{d}l_n$ 是沿法线方向单位长度上的电势变化率. 显然，它比任何方向上的空间变化率都大，是电势空间变化率的最大值. 此外，

因为等势面上任一点电场强度的切向分量为零，所以，电场中任意点 E 的大小就是该点 $\boldsymbol{E}$ 的法向分量 E_n. 于是有

$$E=-\frac{dU}{dl_n}$$

式中负号表示当 $\frac{dU}{dl_n}<0$ 时，$E>0$，即 $\boldsymbol{E}$ 的方向总是由高电势指向低电势，$\boldsymbol{E}$ 的方向与 $\boldsymbol{e}_n$ 的方向相反. 写成矢量式，则有

$$\boldsymbol{E}=-\frac{dU}{dl_n}\boldsymbol{e}_n \tag{4-49}$$

上式表明，电场中任一点的电场强度 $\boldsymbol{E}$，等于该点电势沿等势面法线方向单位长度改变量的负值. 也就是说，电场中任一点 $\boldsymbol{E}$ 的大小，等于该点电势沿等势面法线方向的空间变化率. $\boldsymbol{E}$ 的方向由高电势指向低电势.（4－49）式反映了电场强度 $\boldsymbol{E}$ 和电势 U 的微分关系，根据这一关系可由电势分布求得电场分布.

（4－48）式对任何方向都适用，在直角坐标系中，电势 U 是 x，y，z 的函数，因此，场强 $\boldsymbol{E}$ 沿 x，y，z 三个方向的分量分别为

$$E_x=-\frac{\partial U}{\partial x},\quad E_y=-\frac{\partial U}{\partial y},\quad E_z=-\frac{\partial U}{\partial z} \tag{4-50}$$

故在直角坐标系中，场强 $\boldsymbol{E}$ 的矢量表达式可写成

$$\boldsymbol{E}=-\left(\frac{\partial}{\partial x}\boldsymbol{i}+\frac{\partial}{\partial y}\boldsymbol{j}+\frac{\partial}{\partial z}\boldsymbol{k}\right)U \tag{4-51}$$

根据数学中标量函数梯度的定义，（4－49）式或（4－51）式均可写成下述形式

$$\boldsymbol{E}=-\operatorname{grad}U=-\nabla U \tag{4-52}$$

上式表明，**电场中任一点的场强等于该点电势梯度的负值**. 由于场强是矢量，而电势是标量，一般说来，电势的计算比场强简单. 因此，先求电势，然后再由（4－52）式求场强，也是计算场强的一种常用方法.

例 4－15

已知半径为 R，带电量为 q 的均匀带电圆环，利用场强与电势的关系，计算轴线上的场强分布.

解 根据例 4－12 的结果，均匀带电圆环轴线上距环心为 x 处的电势为

$$U(x)=\frac{1}{4\pi\varepsilon_0}\frac{q}{\sqrt{R^2+x^2}}$$

所以，轴线上场强在 x 轴上的分量 E_x 为

$$E_x=-\frac{\partial U}{\partial x}=-\frac{\partial}{\partial x}\left[\frac{1}{4\pi\varepsilon_0}\frac{q}{\sqrt{R^2+x^2}}\right]$$
$$=\frac{1}{4\pi\varepsilon_0}\frac{qx}{(R^2+x^2)^{3/2}}$$

由于 U 只是 x 的函数，$\frac{\partial U}{\partial y}=0$，$\frac{\partial U}{\partial z}=0$，所以

$$\boldsymbol{E}=E_x\boldsymbol{i}=\frac{1}{4\pi\varepsilon_0}\frac{qx}{(R^2+x^2)^{3/2}}\boldsymbol{i}$$

这个结果与例 4－3 中利用场强叠加原理求得的结果一致.

例 4-16

计算电偶极子电场中任一点 P 的场强. 已知电偶极子的电矩 $\boldsymbol{p}=q\boldsymbol{l}$.

解 根据例 4-11 的结果,电偶极子电场中任一点 P 的电势为

$$U=\frac{1}{4\pi\varepsilon_0}\frac{px}{(x^2+y^2)^{3/2}}$$

可见电势 U 是 P 点坐标 (x,y) 的函数. 由 (4-50) 式可求得 P 点场强 $\boldsymbol{E}$ 在 x,y 方向的分量分别为

$$E_x=-\frac{\partial U}{\partial x}=-\frac{\partial}{\partial x}\left[\frac{1}{4\pi\varepsilon_0}\frac{px}{(x^2+y^2)^{3/2}}\right]=\frac{p(2x^2-y^2)}{4\pi\varepsilon_0(x^2+y^2)^{5/2}}$$

$$E_y=-\frac{\partial U}{\partial y}=-\frac{\partial}{\partial y}\left[\frac{1}{4\pi\varepsilon_0}\frac{px}{(x^2+y^2)^{3/2}}\right]=\frac{3pxy}{4\pi\varepsilon_0(x^2+y^2)^{5/2}}$$

于是 P 点的场强为

$$\boldsymbol{E}=\frac{p(2x^2-y^2)}{4\pi\varepsilon_0(x^2+y^2)^{5/2}}\boldsymbol{i}+\frac{3pxy}{4\pi\varepsilon_0(x^2+y^2)^{5/2}}\boldsymbol{j}$$

当 $x=0$ 时, $\boldsymbol{E}=-\frac{p}{4\pi\varepsilon_0 y^3}\boldsymbol{i}$, 此即电偶极子轴中垂线上任一点的场强; 当 $y=0$, 则 $\boldsymbol{E}=\frac{p}{2\pi\varepsilon_0 x^3}\boldsymbol{i}$, 此即电偶极子轴延长线上任一点的场强, 此结果与例 4-1 的结果完全一致.

本章提要

1. 电场强度 $\boldsymbol{E}$ 的计算

(1) 点电荷 $\boldsymbol{E}=\frac{q\boldsymbol{r}}{4\pi\varepsilon_0 r^3}$

(2) 点电荷系 $\boldsymbol{E}=\frac{1}{4\pi\varepsilon_0}\sum_{i=1}^{n}\frac{q_i}{r_i^3}\boldsymbol{r}_i$

(3) 任意带电体 $\boldsymbol{E}=\frac{1}{4\pi\varepsilon_0}\int\frac{\mathrm{d}q}{r^3}\boldsymbol{r}$

(4) 高斯定理 $\oint_S \boldsymbol{E}\cdot\mathrm{d}\boldsymbol{S}=\frac{\sum q_{内}}{\varepsilon_0}$

(5) 场强与电势的微分关系

$$\boldsymbol{E}=-\nabla U,\quad \begin{cases}E_x=-\dfrac{\partial U}{\partial x}\\ E_y=-\dfrac{\partial U}{\partial y}\\ E_z=-\dfrac{\partial U}{\partial z}\end{cases}$$

2. 电势 U 的计算

(1) 点电荷 $U=\frac{q}{4\pi\varepsilon_0 r}$

(2) 点电荷系 $U=\frac{1}{4\pi\varepsilon_0}\sum_{i=1}^{n}\frac{q_i}{r_i}$

(3) 任意带电体 $U=\frac{1}{4\pi\varepsilon_0}\int\frac{\mathrm{d}q}{r}$

(4) 场强与电势的积分关系

$$U_r=\int_r^{\infty}\boldsymbol{E}\cdot\mathrm{d}\boldsymbol{l}$$

(5) 电势差 $U_{ab}=\int_a^b\boldsymbol{E}\cdot\mathrm{d}\boldsymbol{l}$

3. 静电场方程

(1) 高斯定理积分形式

$$\oint_S\boldsymbol{E}\cdot\mathrm{d}\boldsymbol{S}=\frac{\sum q_{内}}{\varepsilon_0}$$

*微分形式 $\nabla\cdot\boldsymbol{E}=\frac{\rho}{\varepsilon_0}$ (静电场有源)

(2) 静电场环路定理积分形式

$$\oint_L\boldsymbol{E}\cdot\mathrm{d}\boldsymbol{l}=0$$

*微分形式 $\nabla\times\boldsymbol{E}=0$ (静电场无旋)

4. 电场对电荷的作用

(1) 电场对电荷的作用力

$$\boldsymbol{F}=q\boldsymbol{E} \quad 或 \quad \boldsymbol{F}=\int\boldsymbol{E}\mathrm{d}q$$

(2) 电场对电偶极子的作用力矩

$$\boldsymbol{M}=\boldsymbol{p}\times\boldsymbol{E}$$

阅读材料(四) 平方反比律与库仑定律和高斯定理

对于平方反比律，在某些距离范围，它的实验验证已经接近完备. 1785 年库仑用扭秤测量了两个带电小球间的作用力. 比库仑早得多，普里斯特利通过与重力场的类比，得出了一个中空带电球内不存在电的影响的结论，这一事实是平方反比律的证明. 英国物理学家亨利·卡文迪许(H. Cavendish)的许多工作均不为同时代的人所知. 1772 年，他对平方反比律做了检验，精度大约达到 2%. 卡文迪许使一个球壳带电，然后将其分成两半，露出内球，内球不带电，这就证明了平方反比律. 近代重复了卡文迪许实验，在距离为英寸或英尺的范围核对平方反比律实际已达到 10^{-9} 数量级的精度.

然而真正的问题并不在于正确的指数是 -2 还是什么其他数，如 -1.9998，问题在于两电荷相互在什么距离范围时——如果有这样的距离范围的话——平方反比律失效. 就目前能用的直接实验证明而言，有两个区域可能打破平方反比律. 一个是距离小于 10^{-14} cm 的极小范围(小于质子的电荷分布半径)，我们不能担保电磁理论在那里还适用；二是在非常大的距离，如由地理上的距离到天文上的距离这个范围，我们尚未对库仑定律做过实验验证，但我们也无特殊理由预料在大距离下库仑定律会遭到破坏. 实际上，现代的电磁场量子理论为我们提供了一些根据，表明在远比近代卡文迪许实验使用的距离还大得多时，库仑定律依然正确. 原因是大距离时平方反比律的中断意味着光量子(光子)具有尽管很小却非零的静质量，因而随着波长的变化，真空中传播的电磁波的速度也会有一个微小的改变. 而从直接观测知道，无线电短波与可见光以同样的速度在真空中传播，其实验精度至少可达 10^{-6}. 因此，可以从理论上证明，至少在几公里的范围内，库仑定律是足够准确的.

概括地讲，我们有充分的理由相信，库仑定律在 10^{-13} cm 至若干公里的巨大范围内——如果不是更大的话——都是可靠的，因而我们把它作为描述电磁学的基础.

高斯定理和库仑定律不是两个独立的物理定律，而是用不同方式表达的同一定律.

高斯定理取决于相互作用平方反比的性质，当然还取决于作用的可加性即可叠加的性质. 因而该定理可用于任何平方反比的有心力场. 例如，对引力场，可得到类似的高斯定理

$$\Phi_g = \oint_S \boldsymbol{g} \cdot d\boldsymbol{S} = -4\pi G \sum m_i$$

式中 Φ_g 是穿过闭合曲面 S 的引力通量，$\sum m_i$ 只对 S 面内的质

点质量求和.

容易看出,如果力的作用规律偏离平方反比定律,则高斯定理不成立.例如,若力是立方反比的,则从点电荷 q 发出,通过以它为球心,R 为半径的球面的电场通量为

$$\Phi_e = \oint_S \boldsymbol{E} \cdot \mathrm{d}\boldsymbol{S} = k\frac{q}{R^3}4\pi R^2 = \frac{4\pi kq}{R}$$

当球内总电荷保持不变时,只要使球足够大,就可使通过球面的通量任意地小.

高斯定理是库仑定律的逆定理,库仑定律告诉我们电荷已知时如何求电场,而高斯定理则可在电场已知时确定任一区域有多少电荷.

思考题

4-1 点电荷是否一定是很小的带电体?比较大的带电体能否视为点电荷?在什么条件下一个带电体才能视为点电荷?

4-2 根据点电荷场强公式 $E=\frac{q}{4\pi\varepsilon_0 r^2}$,当被考察的场点距场源点电荷很近($r\to 0$)时,则场强$E\to\infty$,这是没有物理意义的,对这问题应如何理解?

4-3 在真空中有 A,B 两平行板,相距为 d,板面积为 S,其带电量分别为 $+q$ 和 $-q$.对两板间的相互作用力 f,有人说 $f=\frac{q^2}{4\pi\varepsilon_0 d^2}$;又有人说,因 $f=qE$,$E=\frac{q}{\varepsilon_0 S}$,所以 $f=\frac{q^2}{\varepsilon_0 S}$,试问这两种说法对吗?为什么?$f$ 究竟应等于多少?

4-4 静电场中的高斯定理是否仅对对称分布的电场才成立?在什么情况下能用高斯定理求场强?应用高斯定理求场强时,对高斯面的选取有什么要求?

4-5 将空间任意闭合曲面作为高斯面,有人认为:

(1) 如果高斯面内无电荷,则高斯面上 E 处处为零.

(2) 如果高斯面上 E 处处为零,则通过高斯面的电通量为零,高斯面内必无电荷.

(3) 如果高斯面上 E 处处不为零,则通过高斯面的电通量一定不为零,高斯面内必有电荷.

(4) 如果高斯面内有电荷,则高斯面上各点的场强完全由高斯面内的电荷产生,与高斯面外的电荷无关.

以上这些说法是否正确?为什么?

4-6 一个点电荷 q 放在球形高斯面的中心,试问在下列情况下,穿过这高斯面的 $\boldsymbol{E}$ 通量是否改变?高斯面上各点的场强 $\boldsymbol{E}$ 是否改变?

(1) 另放一点电荷在高斯球面外附近.

(2) 另放一点电荷在高斯球面内某处.

(3) 将原来的点电荷 q 移离高斯面的球心,但仍在高斯面内.

(4) 将原来的点电荷 q 移到高斯面外.

4-7 以下各种说法是否正确,并说明理由.

(1) 场强为零的地方,电势一定为零;电势为零的地方,场强也一定为零.

(2) 在电势不变的空间内,场强一定为零.

(3) 电势较高的地方,场强一定较大;场强较小的地方,电势也一定较低.

(4) 场强大小相等的地方,电势相同;电势相同的地方,场强大小也一定相等.

(5) 带正电的带电体,电势一定为正;带负电的带电体,电势一定为负.

(6) 不带电的物体,电势一定为零;电势为零的物体,一定不带电.

4-8 电场强度的线积分 $\int_l \boldsymbol{E}\cdot\mathrm{d}\boldsymbol{l}$ 表示什么物理意义?沿任意闭合线的线积分等于零,表明电场线具有怎样的性质.

习　题

4－1　关于高斯定理，下列说法中正确的是(　　).

(A) 通过闭合曲面的总电通量仅由曲面内的电荷决定

(B) 通过闭合曲面的总电通量为正时，面内一定没有负电荷

(C) 闭合曲面上各点的场强仅由面内的电荷决定

(D) 闭合曲面上各点场强为零时，面内一定没有电荷

4－2　平行板电容器极板面积为 S，两极板内表面的间距为 d，极板间为真空。现使其中一个极板带上电荷 $+Q$，则两极板间的电势差为(　　).

(A) O　(B) $\frac{Qd}{4\varepsilon_0 s}$　(C) $\frac{Qd}{2\varepsilon_0 s}$　(D) $\frac{Qd}{\varepsilon_0 s}$

4－3　一半径为 R 的导体球表面的电荷面密度为 σ，则在距球面 R 处的电场强度的大小为(　　).

(A) $\frac{\sigma}{\varepsilon_0}$　(B) $\frac{\sigma}{2\varepsilon_0}$　(C) $\frac{\sigma}{4\varepsilon_0}$　(D) $\frac{\sigma}{8\varepsilon_0}$

4－4　有一均匀带电的橡皮球，带电量为 Q，球内没有电荷，在皮球被吹大至半径为 R 的球面的过程中，球内各点的场强 $E=$________；球内各点的电势 $U=$________.

4－5　大气层中发生了一次闪电，若放电的两点间的电势差为 10^9 V，放电量为 33 C，那么放电所释放的能量可使________ kg 0℃的冰全都熔解为 0℃的水(水的熔解热为 3.3×10^5 J·kg^{-1}).

4－6　荷电量为 $+q$ 的两个点电荷相距 $2l$，则这两个点电荷连线中点处的电势梯度的大小为________.

4－7　两个相同的小球，质量都是 m，并带有等量同号电荷 q，各用长为 l 的丝线悬于同一点，由于电荷的斥力作用，使小球处于习题 4－7 图示的位置，如果 q 很小，试证明两小球的间距 x 可近似表示为 $x=\left(\frac{q^2 l}{2\pi\varepsilon_0 mg}\right)^{1/3}$.

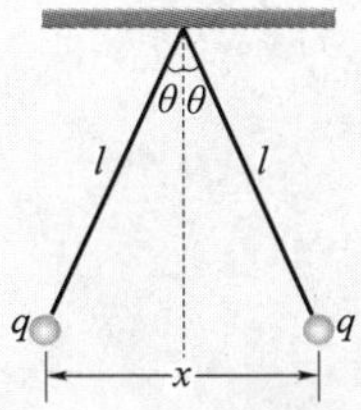

习题 4－7 图

4－8　如习题 4－8 图所示，在直角三角形 ABC 的 A 点处，有点电荷 $q_1=1.8\times10^{-9}$ C，B 点处有点电荷 $q_2=-4.8\times10^{-9}$ C，试求 C 点处的场强.

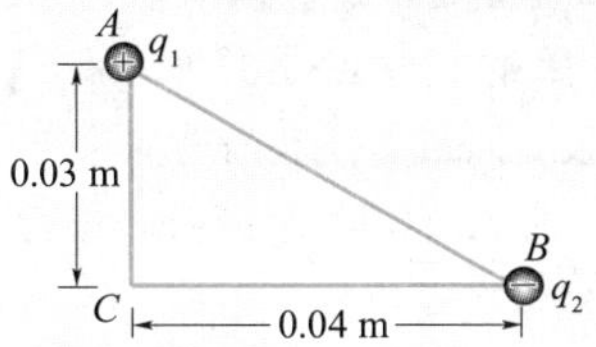

习题 4－8 图

4－9　半径为 R 的一段圆弧，圆心角为 60°，一半均匀带正电，另一半均匀带负电，其电荷线密度分别为 $+\lambda$ 和 $-\lambda$，求圆心处的场强.

4－10　均匀带电细棒，棒长 $L=20$ cm，电荷线密度 $\lambda=3\times10^{-8}$ C·m^{-1}. 求：(1)棒的延长线上与棒的近端相距 $d_1=8$ cm 处的场强；(2)棒的垂直平分线上与棒的中点相距 $d_2=8$ cm处的场强.

4－11　用均匀带电 $q=3.12\times10^{-9}$ C 的绝缘细棒弯成半径 $R=50$ cm 的圆弧，两端间隙 $d=2.0$ cm，求圆心处场强的大小和方向.

4－12　(1)点电荷 q 位于一个边长为 a 的立方体中心，试求在该点电荷电场中穿过立方体一面的电通量是多少？(2)如果该场源点电荷移到立方体的一个角上，这时通过立方体各面的电通量是多少？

4－13　如习题 4－13 图所示，在点电荷 q 的电场中，有一半径为 R 的圆形平面，若 q 位于垂直平面并通过平面中心 O 的轴线上 A 点处，试计算穿过此平面的电通量.

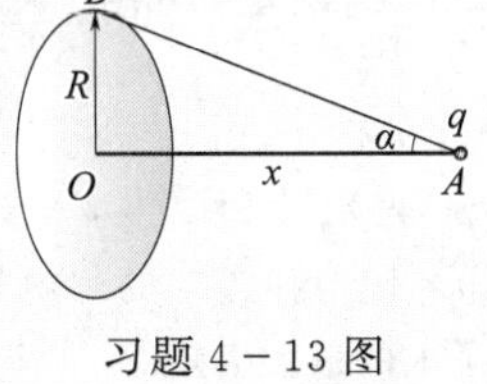

习题 4－13 图

4－14　如习题 4－14 图所示，电荷面密度为 σ 的均匀无限大带电平板，以平板上的一点 O 为中心，R 为半径作一半球面，求通过此半球面的电通量.

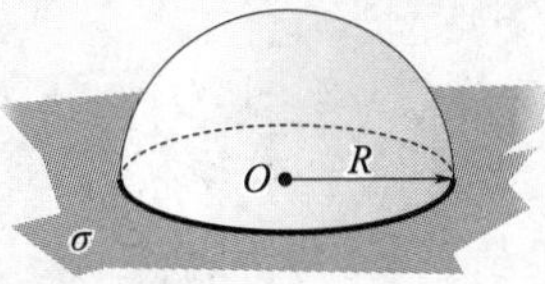

习题 4－14 图

4－15　有证据表明，地球表面以上存在电场，其平均值约为 130 $V \cdot m^{-1}$，且指向地球表面，试由此推算整个地球表面所带的负电荷.（地球平均半径 $R=6.4\times10^6$ m）

4－16　均匀带电球壳内半径为 6 cm，外半径为 10 cm，电荷体密度为 $2\times10^{-5}\ C \cdot m^{-3}$，求距球心为 5 cm，8 cm 及 12 cm 各点处的场强.

4－17　两无限长同轴圆柱面，半径分别为 R_1 和 $R_2(R_2>R_1)$，带有等值异号电荷，单位长度的电量为 λ 和 $-\lambda$. 求：(1) $r<R_1$；(2) $R_1<r<R_2$；(3) $r>R_2$ 各点处的场强.

4－18　一厚度为 d 的均匀带电无限大平板，电荷体密度为 ρ，求板内外各点的场强.

4－19　设气体放电形成的等离子体圆柱内电荷体密度为 $\rho(r)=\dfrac{\rho_0}{[1+(\frac{r}{a})^2]^2}$. 其中，$r$ 是到轴线的距离，ρ_0 是轴线上的电荷体密度，a 为常数，求圆柱体内的电场分布.

4－20　半径为 R 的均匀带电球体内的电荷体密度为 ρ，若在球内挖出一块半径为 $r(r<R)$ 的小球体，如习题 4－20 图所示. 求两球心 O 与 O' 处的电场强度，并证明小球空腔内的电场为匀强电场.

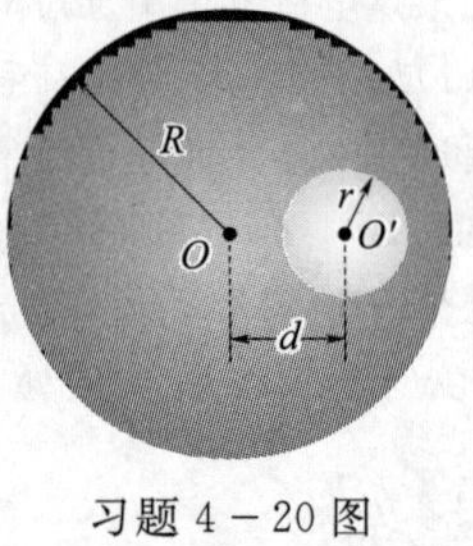

习题 4－20 图

4－21　一电偶极子，由 $q=1.0\times10^{-6}$ C 的两个异号电荷所组成，两电荷相距为 $d=0.2$ cm，把这电偶极子放在 $1.0\times10^5\ N \cdot C^{-1}$ 的外电场中，求外电场作用于电偶极子上的最大力矩.

4－22　两点电荷 $q_1=1.5\times10^{-8}$ C，$q_2=3.0\times10^{-8}$ C，相距 $r_1=42$ cm，要将它们之间的距离变为 $r_2=25$ cm，要做多少功？

4－23　通常状况下，中性氢原子的带电状态是一个大小为 $+q_e$ 的点电荷（原子核）被密度为 $\rho(r)=-\dfrac{q_e}{\pi a_0^3}e^{-2r/a_0}$ 的电子云所围绕，其中 a_0 为玻尔半径. 求：(1) 在半径为 a_0 的球内净电荷是多少？(2) 氢原子的电场强度分布.

4－24　如习题 4－24 图所示，在 A，B 两点处有电量分别为 $+q$，$-q$ 的点电荷，AB 间距离为 $2R$，现将另一正试验点电荷 q_0 从 O 点经半圆弧路径移到 C 点，求移动过程中电场力所做的功.

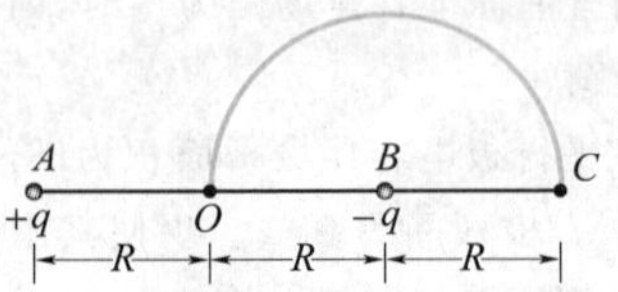

习题 4－24 图

4－25　电荷 q 均匀分布在半径为 R 的球体内，试证明离球心 $r(r<R)$ 处的电势为 $U=\dfrac{Q(3R^2-r^2)}{8\pi\varepsilon_0 R^3}$.

4－26　电量 q 均匀分布在长 $2l$ 的细直线上. 试求：(1) 带电直线延长线上离中点为 r 处的电势；(2) 带电直线中垂线上离中点为 r 处的电势.

4－27　如习题 4－27 图所示的绝缘细线，其上均匀分布着正电荷，已知电荷线密度为 λ，两段直线长均为 R，半圆环的半径为 R，试求圆环中心 O 处的场强和电势.

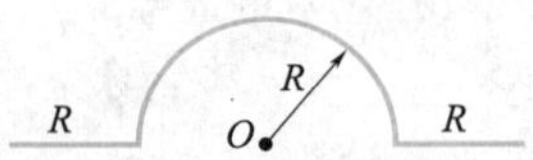

习题 4－27 图

4－28　两半径分别为 R_1 和 $R_2(R_2>R_1)$，带等值异号电荷的无限长同轴圆柱面，电荷线密度为 $\pm\lambda$，求两圆柱面间的电势差.

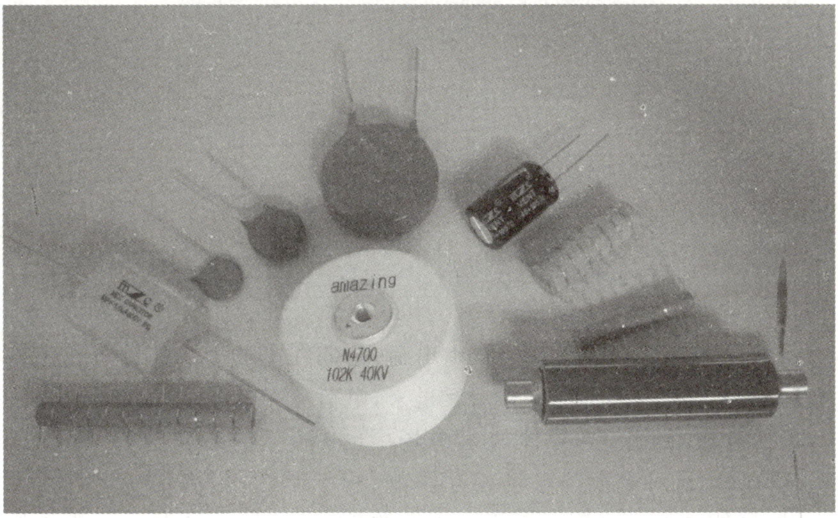

第 5 章 静电场中的导体和电介质

实际的电场中存在各种导体或介质,它们的存在会与电场产生相互作用和相互影响,从而出现一些特殊的现象. 处在静电场中的导体,会出现静电感应想象,引起导体表面感应电荷的分布,这种电荷反过来又对原有电场施加影响,最后使导体达到静电平衡. 电场中的电介质,情况则不相同,此时电介质在电场中会由于极化而出现极化电荷,极化电荷对原有电场也会施加影响. 本章将讨论导体和电介质在静电场中的性质和行为,然后,作为这些基本性质的应用,将介绍电子设备中的基本元件——电容器,电容器的带电过程就是静电场建立的过程. 最后简述静电场的能量.

§5.1 静电场中的导体

5.1.1 导体的静电平衡

导体内部存在大量的自由电荷，它们在电场力的作用下作定向运动，从而改变电荷的分布；反过来，电荷分布的改变又将影响到电场的分布. 因此，当导体放入电场中时，将产生**感应电荷**(induced charge)，这种电荷与电场相互影响、相互制约，当满足一定的条件时，导体内部和表面上都没有电荷作定向运动，这种状态称为导体的**静电平衡**(electrostatic equilibrium)状态.

中学物理已经学过，**当导体达到静电平衡状态时，导体内部电场强度处处为零，整个导体是个等势体**. 这一结论不难直观地理解，若导体内部场强不为零，其中的电荷将在电场力的作用下运动，若导体不是一个等势体，电荷也将在电势差的驱动下运动，导体就还没有达到静电平衡.

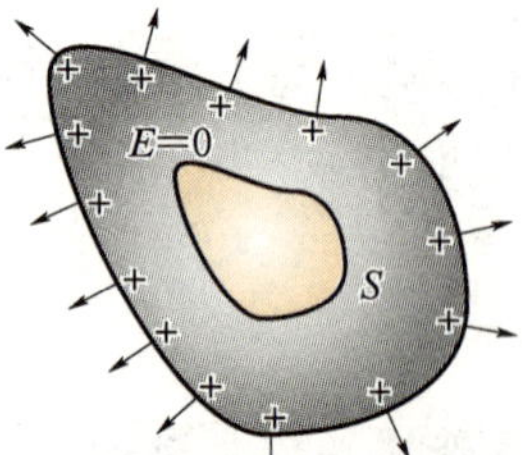

(a) 空腔内无电荷，电荷只能分布在导体外表面

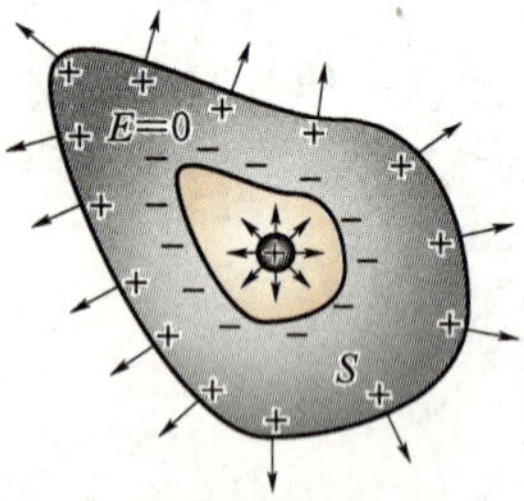

(b) 空腔内有电荷，内外表面均有电荷分布

图 5－1　电荷分布在导体表面

由上述导体的静电平衡条件，可以得到如下推论：

(1) 导体内部没有净电荷，未被抵消的净电荷只能分布在导体表面上.

根据高斯定理

$$\oint_S \boldsymbol{E} \cdot \mathrm{d}\boldsymbol{S} = \int_V \rho_e \mathrm{d}V / \varepsilon_0$$

其中 V 是导体内部任一闭合曲面 S 所包围的体积. 静电平衡时，因导体内部处处 $E=0$，故等式左边必然为零. 因此，$\rho_e=0$，即导体内部没有多余的净电荷，所带电荷只能分布在导体表面上. 对于空心带电导体，若空腔内无电荷，如图 5－1(a)所示，其净电荷只能分布在外表面上，空腔内表面无净电荷；如空腔内有电荷，如图5－1(b)所示，则空腔内、外表面均有电荷分布.

导体表面上的电荷又如何分布呢？理论和实验表明，分布在导体表面上的电荷一般呈非均匀分布，其电荷面密度不仅与导体表面形状有关，还和它周围存在的其他带电体有关；对于孤立的带电导体，电荷面密度的大小与该处表面的曲率有关. 表面尖而突出部分，曲率较大，电荷面密度也较大；表面较平坦部分，曲率较小，电荷面密度也较小；表面凹进去的地方，曲率为负，电荷面密度更小.

(2) 导体外部近表面处场强方向与表面垂直，大小与该处电荷面密度 σ 成正比.

由于导体是等势体，其表面又为等势面，根据场强与等势面正交可以断定，导体外部近表面处的场强方向必定垂直于导体表面．那么，该场强大小与什么因素有关呢？

如图 5－2 所示，在导体表面上任取一小圆面元 ΔS，作一圆柱形高斯面，其轴线垂直于 ΔS，上底面 ΔS_1 通过场点 P，下底面 ΔS_2 位于导体内部，两底面都与 ΔS 平行且无限靠近，侧面 ΔS_3 与 ΔS 垂直，穿过闭合曲面的电通量为

$$\Phi_e=\oint_S \boldsymbol{E}\cdot d\boldsymbol{S}=\int_{\Delta S_1}\boldsymbol{E}\cdot d\boldsymbol{S}+\int_{\Delta S_2}\boldsymbol{E}\cdot d\boldsymbol{S}+\int_{\Delta S_3}\boldsymbol{E}\cdot d\boldsymbol{S}$$

因 ΔS_2 位于导体内部，$E=0$．ΔS_3 分成两部分：一部分位于导体内部，$E=0$；一部分位于导体外部，$\boldsymbol{E}$ 的大小虽不等于零但方向与其法线方向垂直，$\boldsymbol{E}\cdot d\boldsymbol{S}=0$，故上述积分第二项和第三项为零，又因 ΔS_1 很小，在其上 $\boldsymbol{E}$ 可认为不变，所以

$$\Phi_e=E\Delta S_1=E\Delta S$$

闭合曲面所包围的电荷为 $\sigma\Delta S$，根据高斯定理

$$E\Delta S=\frac{\sigma\Delta S}{\varepsilon_0}$$

故

$$E=\frac{\sigma}{\varepsilon_0}\quad 或\quad \boldsymbol{E}=\frac{\sigma}{\varepsilon_0}\boldsymbol{e}_n \tag{5-1}$$

综上所述，处于静电平衡状态的导体，其内部场强为零，导体表面附近的场强垂直于导体表面，其大小与该处电荷面密度成正比．$\boldsymbol{E}$ 的方向与导体表面法线 $\boldsymbol{e}_n$ 的方向相同还是相反，取决于 σ 的正负．

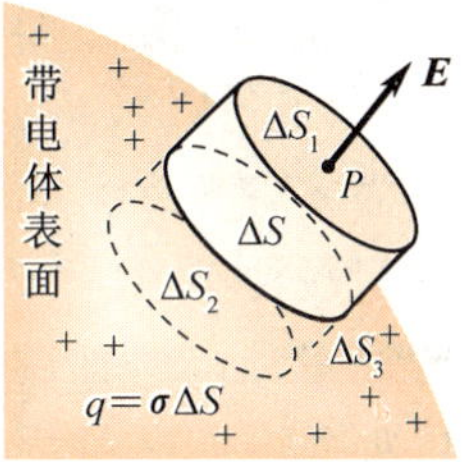

图 5－2　带电导体表面附近的场强

5.1.2　有导体存在时场强与电势的计算

在真空中，一般是已知电荷分布，再运用有关方程求解场强和电势．然而静电场中的导体，不论其带电与否，都会产生感应电荷并使电荷和电场重新分布．当导体达到静电平衡时，其电荷与电场分布同时被确定．具体计算时，一般是先根据电荷守恒定律和静电平衡条件确定导体上新的电荷分布，然后再进行场强和电势的计算．

例 5－1

有一块大金属板 A，面积为 S，带有电量 Q，今在其近旁平行地放入另一块大金属板 B，该板原来不带电，试求 A，B 两板上的电荷分布及周围空间的电场分布．如果把 B 板接地，电荷分布有什么变化？

解　静电平衡时，导体内部无净电荷，电荷只能分布在金属板的表面上．忽略边缘效应，可以认为各表面上电荷是均匀分布的，设四个面上的电荷面密度分别为 σ_1，σ_2，σ_3，σ_4，如图5－3所示．根据电荷守恒定律可得

$$\sigma_1 S+\sigma_2 S=Q$$

$$\sigma_3+\sigma_4=0$$

作如图所示的圆柱形高斯面，两底面分别在两金属板内，场强为零，侧面法向与板间场强垂直，根据电通量定义，通过该高斯面的电通量为零.由高斯定理可得

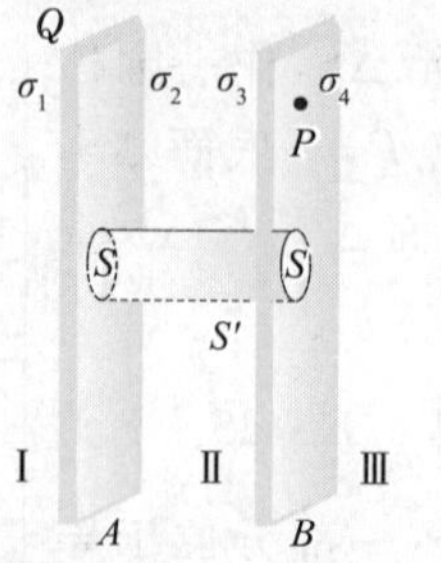

图 5-3 例 5-1 用图

$$\sigma_2+\sigma_3=0$$

在金属板 B 内任取一点 P，其场强是四个带电平面在该点产生场强的叠加，由 $E_P=0$，即

$$E_P=\frac{\sigma_1}{2\varepsilon_0}+\frac{\sigma_2}{2\varepsilon_0}+\frac{\sigma_3}{2\varepsilon_0}-\frac{\sigma_4}{2\varepsilon_0}=0$$

联立以上四式可得

$$\sigma_1=\sigma_4=\frac{Q}{2S}\qquad \sigma_2=-\sigma_3=\frac{Q}{2S}$$

计算结果表明：原来 A 板的电量 Q 均匀分布在左右两个表面，由于 A 板带正电，吸引 B 板的负电荷移动至左表面.而在右表面留下等量的正电荷.

根据场强叠加原理可求得各区域的场强分布：

A 板左侧，$E_{\text{Ⅰ}}=\dfrac{Q}{2\varepsilon_0 S}$，方向向左；

两板之间，$E_{\text{Ⅱ}}=\dfrac{Q}{2\varepsilon_0 S}$，方向向右；

B 板右侧，$E_{\text{Ⅲ}}=\dfrac{Q}{2\varepsilon_0 S}$，方向向右.

将第二块金属板 B 接地，则其右侧表面积趋于无穷大，其电荷面密度为 0，即

$$\sigma_4=0$$

对于 A 板，电荷仍守恒

$$\sigma_1 S+\sigma_2 S=Q$$

由高斯定理仍可得

$$\sigma_2+\sigma_3=0$$

由 B 板内 P 点合场强 $E_P=0$ 可得

$$\sigma_1+\sigma_2+\sigma_3=0$$

由以上四个方程可求得

$$\sigma_1=\sigma_4=0,\sigma_2=-\sigma_3=\frac{Q}{S}$$

以上计算表明：B 板接地后，电荷均匀分布于两板内侧，电荷面密度增大一倍，而外侧电荷消失.这是因为 B 板接地后，来自地面的负电荷一方面中和了 B 板右侧的正电荷，另外又补充了 B 板左侧的负电荷，以使两金属板内场强为零而达到静电平衡状态.

根据两板电荷分布，可算得两板之间的场强为 $E_{\text{Ⅱ}}=\dfrac{Q}{\varepsilon_0 S}$，两板外侧的场强 $E_{\text{Ⅰ}}=E_{\text{Ⅲ}}=0$.

例 5-2

有一半径为 R_1 的金属球 A，带有 $+q$ 电量，在它外面有一内、外半径分别为 R_2 和 R_3 的同心金属球壳 B，带电量为 $+Q$，试求这一导体系统上电荷的分布及空间场强和电势的分布.如果用导线将球和球壳连接，结果将如何？

解　静电平衡时，金属球上的电荷应分布在表面，由于带电系统具有球对称性，A 表面上均匀分布 $+q$ 的电荷.B 为空腔导体，其内、外表面均应存在感应电荷，其中内表面的感应电荷可通过以下两种方法分析.

(1)高斯定理法：设想在球壳 B 内做一半径为 $r(R_2<r<R_3)$ 的球形高斯面 S，由于 S 位于导体内部，面上场强处处为零，因而积分 $\oint_S \boldsymbol{E}\cdot \mathrm{d}S=0$.根据高斯定理，$S$ 面内包含电荷的代数和 $\sum q=0$.故位于 S 面内的 A 球表面和球壳 B 内表面所带电荷一定等量异号，因此，B 的内表面一定均匀分布有感应电荷 $-q$；

(2)直观分析法：根据导体内部场强为零，可以判断电场线不能进入导体，因此，位于 A 球表面的电荷 q 发出的电场线，只能全部终止于 B 的内表面，因而 B 的内表面一定带有 $-q$ 的感应电荷.

由电荷守恒定律可得球壳 B 的外表面上均匀分布有 $q+Q$ 的电荷，如图 5－4 所示.

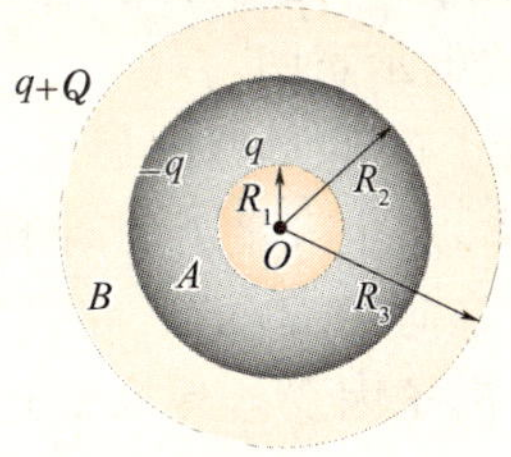

图 5－4　例 5－2 图

根据电荷分布的球对称性，可判断电场和电势分布均具有球对称性，由高斯定理和导体内部场强处处为 0，可得场强分布

$$E_1=0 \quad (r<R_1)$$

$$E_2=\frac{1}{4\pi\varepsilon_0}\frac{q}{r^2} \quad (R_1\leqslant r<R_2)$$

$$E_3=0 \quad (R_2\leqslant r<R_3)$$

$$E_4=\frac{1}{4\pi\varepsilon_0}\frac{q+Q}{r^2} \quad (r\geqslant R_3)$$

根据电势的定义 $U(r)=\int_r^\infty \boldsymbol{E}\cdot\mathrm{d}\boldsymbol{r}$，考虑到 $r\to\infty$ 区间，电场强度 $E(r)$ 不连续，因而积分必须分段进行：

$$U_1=\int_r^\infty \boldsymbol{E}\cdot\mathrm{d}\boldsymbol{r}=\int_r^{R_1}\boldsymbol{E}_1\cdot\mathrm{d}\boldsymbol{r}+\int_{R_1}^{R_2}\boldsymbol{E}_2\cdot\mathrm{d}\boldsymbol{r}+\int_{R_2}^{R_3}\boldsymbol{E}_3\cdot\mathrm{d}\boldsymbol{r}+\int_{R_3}^{\infty}\boldsymbol{E}_4\cdot\mathrm{d}\boldsymbol{r}$$

将各区间的 $\boldsymbol{E}$ 代入可得

$$U_1=\int_{R_1}^{R_2}\frac{1}{4\pi\varepsilon_0}\frac{q}{r^2}\mathrm{d}r+\int_{R_3}^{\infty}\frac{1}{4\pi\varepsilon_0}\frac{q+Q}{r^2}\mathrm{d}r$$

$$=\frac{q}{4\pi\varepsilon_0}\left(\frac{1}{R_1}-\frac{1}{R_2}\right)+\frac{q+Q}{4\pi\varepsilon_0}\frac{1}{R_3} \quad (r<R_1)$$

同理可得

$$U_2=\int_r^{R_2}\frac{1}{4\pi\varepsilon_0}\frac{q}{r^2}\mathrm{d}r+\int_{R_3}^{\infty}\frac{1}{4\pi\varepsilon_0}\frac{q+Q}{r^2}\mathrm{d}r$$

$$=\frac{q}{4\pi\varepsilon_0}\left(\frac{1}{r}-\frac{1}{R_2}\right)+\frac{q+Q}{4\pi\varepsilon_0}\frac{1}{R_3}$$

$$(R_1\leqslant r<R_2)$$

$$U_3=\int_r^{R_3}E_3\mathrm{d}r+\int_{R_3}^{\infty}\frac{q+Q}{4\pi\varepsilon_0}\frac{1}{r^2}\mathrm{d}r$$

$$=\frac{q+Q}{4\pi\varepsilon_0 R_3} \quad (R_2\leqslant r<R_3)$$

$$U_4=\int_r^{\infty}\frac{1}{4\pi\varepsilon_0}\frac{q+Q}{r^2}\mathrm{d}r$$

$$=\frac{1}{4\pi\varepsilon_0}\frac{q+Q}{r} \quad (r\geqslant R_3)$$

若用导线将球和球壳连接，则球 A 表面和球壳 B 内表面的正负电荷将完全中和，整个带电系统相当于一个半径为 R_3，带电量为 $q+Q$ 的金属球，所有电荷 $q+Q$ 将均匀分布在半径为 R_3 的外球面上.

场强的分布为

$$E=0 \quad (r<R_3)$$

$$E=\frac{q+Q}{4\pi\varepsilon_0 r^2} \quad (r\geqslant R_3)$$

电势的分布为

$$U=\frac{q+Q}{4\pi\varepsilon_0 R_3} \quad (r\leqslant R_3)$$

$$U=\frac{q+Q}{4\pi\varepsilon_0 r} \quad (r>R_3)$$

5.1.3　静电的应用

静电的用途很广，如静电复印、静电加速器、静电植绒等. 下面是几个静电应用的例子.

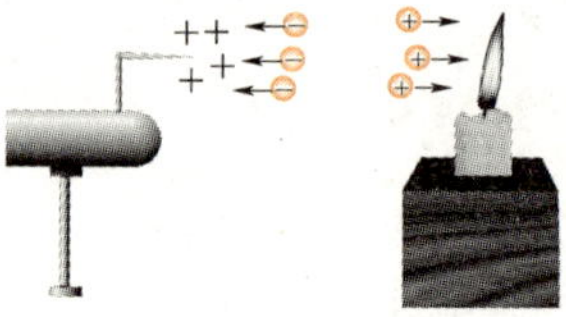

图 5－5　尖端放电

一、尖端放电

静电平衡时，导体表面的电荷面密度 σ 与表面曲率有关，导体尖端因曲率较大，σ 较大. 根据(5－1)式，导体尖端附近的场强也较其他地方强. 若尖端附近的场强特别强，足以使周围空气分子电离时，此时空气被击穿而导致**“尖端放电”**(point discharge).

图 5－5 是尖端放电示意图，在尖端附近强电场的作用下，空气中的少量残留带电粒子产生激烈的运动. 当它们与空气分子碰撞时，会使空气分子电离，产生大量新的离子，与导体尖端上电荷异号的离子因受到吸引而趋向尖端，最后与尖端上的电荷中和，而与导体尖端上电荷同号的离子因受排斥而加速离开尖端形成高速离子流，即通常所说的“电风”. 它可以把放在附近的蜡烛火焰吹偏斜，以致熄灭.

在高压设备中，为防止因尖端放电而引起的危险和电能损失，输电线的表面应是光滑的. 带有高电压的零部件的表面也必须做得十分光滑并尽可能做成球面. 与此相反，有很多情况下，人们也利用尖端放电. 如火花放电的电极往往做成尖端形状，避雷针也是利用尖端的缓慢放电而避免“雷击”的.

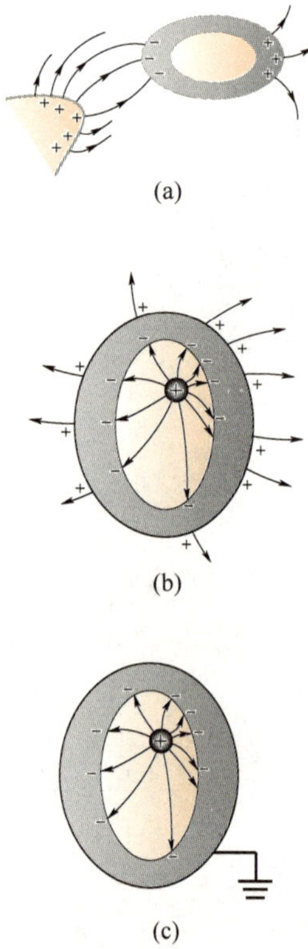

图 5－6　静电屏蔽

二、静电屏蔽

在静电平衡状态下，只要导体空腔内没有其他带电体，那么不论导体本身是否带电，还是外界是否存在电场，导体和空腔内任何一点场强都为零. 如果把某一物体放入导体的空腔内，那么它将不会受导体外表面上电荷分布和外界电场作用的影响，这种现象叫**静电屏蔽**(electrostatic shielding). 此时空腔导体屏蔽了外电场，如图 5－6(a)所示.

另外，利用静电屏蔽现象，还可以使空腔导体内的带电体不对外产生影响. 如图 5－6(b)所示，可将该带电体放入导体空腔内，由于静电感应，球壳内、外表面将分别产生等量异号的感应电荷，此时球壳外表面的电荷仍会对外界产生影响. 若将球壳接地，如图 5－6(c)所示，外表面的电荷将因接地而中和，空腔内电荷产生的电场线全部终止于内表面上的异号感应电荷，这样空腔内的带电体对空腔外就不会产生影响.

静电屏蔽现象有重要的实际应用. 如一些电子仪器常用金属外壳以使内部电路不受外界电场干扰；传送电信号的导线常用金属丝网罩作为屏蔽层；在高压设备的外面罩上接地的金属网栅，以使高压带电体不致影响外界.

三、静电除尘

静电除尘是最重要的静电应用之一. 静电除尘器就是利用高电

压使气体电离和电场作用力使粉尘从废气中分离出来的除尘设备．随着现代工业的迅速发展和人类对环境保护意识的日益加强，消除大气污染已变得越来越重要．在发电、冶金、煤气、水泥以及其他伴有粉尘和烟雾发生的行业，静电除尘得到了广泛的应用．

静电除尘的原理如图 5－7 所示，两端绝缘的金属丝位于接地金属圆筒的轴线上，并在其上加上负高压．当负高压达到一定值时，在金属丝表面附近的区域会产生电晕放电，并有负离子电荷从金属丝向圆筒方向流动，当从下面向圆筒内通以含有粉尘和烟雾的气体时，粉尘及烟雾等粒子与负离子作用而直接带电，在电场的作用下，它们被吸附在圆筒的内壁上并堆积起来，被净化的气体从圆筒的上方出去．从功能上说，外边的圆筒电极叫作集尘电极，里边的金属丝叫放电电极．

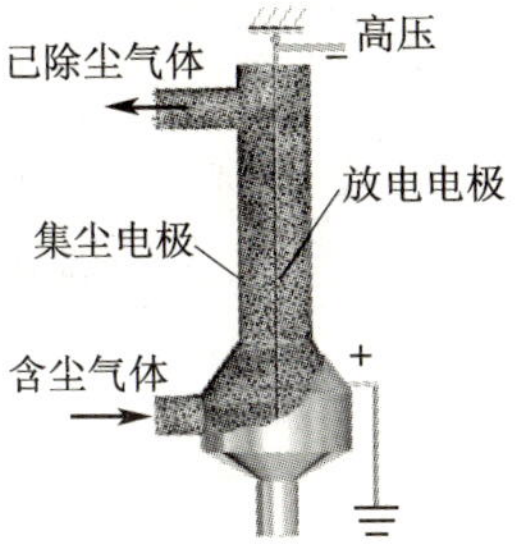

图 5－7　静电除尘示意图

§5.2　静电场中的介质

5.2.1　电介质的极化

电介质(dielectric)通常是指不导电的绝缘物质，如云母、塑料、陶瓷、橡胶等都是常见的电介质．电介质分子中，原子核对电子的束缚力很强，其电子不能像在导体中那样自由运动，因而在外电场中不会出现感应电荷．但从微观上看，电介质的正、负电荷仍能作微小的相对运动，从而与电场相互作用，导致电介质的极化过程．

按照分子电结构的不同，可将电介质分子分为两类：一类分子，如 He，H_2，N_2，CH_4 等，在没有外电场作用时，其正、负电荷的“中心”是重合的，这类分子称为**无极分子**(nonpolar molecule)；另一类分子，如 HCl，H_2O 和 CO 等，即使没有外电场存在，其正、负电荷的“中心”也不重合，此类分子称为**有极分子**(polar molecule)．有极分子相当于一个电偶极子，其电偶极矩为 $\boldsymbol{p}=q\boldsymbol{l}$，其中 $\boldsymbol{l}$ 表示由负电荷“中心”指向正电荷“中心”的径矢．根据组成电介质的分子种类不同，电介质可分为无极分子电介质和有极分子电介质两类．

一、无极分子电介质的极化

当无极分子组成的电介质处于外电场中时，由于正、负电荷受到的电场力方向相反，分子中正、负电荷的“中心”将发生相对位移，形成电偶极子．其电偶极矩的方向沿 $\boldsymbol{E}_0$ 方向，如图 5－8(a)，5－8(b)所示．

从整块电介质来看，每个分子的电偶极矩都将沿外场方向整齐

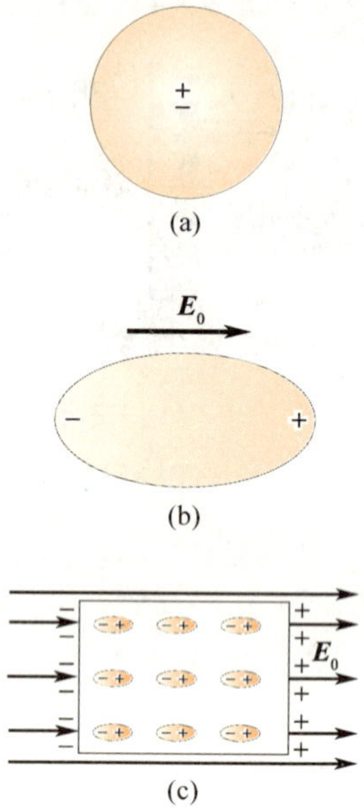

图 5-8　无极分子的极化

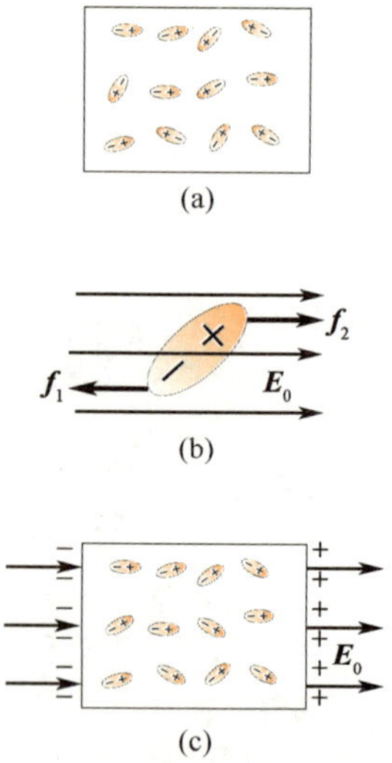

图 5-9　有极分子的极化

排列. 如电介质是均匀的，在电介质的内部任取一宏观无限小、微观无限大(包含大量的分子)的体积元，其中正、负电荷的数目应是相等的，即均匀电介质的内部仍处处呈电中性. 但在和外电场 $\boldsymbol{E}_0$ 相垂直的两个端面上，将出现没有被抵消的正、负电荷，称为**极化电荷**(polarization charge). 显然，和自由电荷不同，这些电荷不能在电介质内部自由移动，更不能离开电介质转移到其他带电体上去，它只能被束缚在介质的两个端面上，因而又称为**束缚电荷**(bound charge). 无极分子电介质的极化是由于分子正、负电荷中心在外电场作用下发生位移，所以这种极化又称为**位移极化**(displacement polarization)，其结果是在电介质的两个端面上出现了极化电荷(或称束缚电荷)，如图 5-8(c)所示.

二、有极分子电介质的极化

由有极分子组成的电介质，虽然每个分子相当于一个电偶极子，但由于分子作无规则的热运动，各个分子电偶极矩的取向杂乱无章，所以电介质在无外电场作用时仍呈电中性，对外不产生电场，如图 5-9(a)所示. 当有外电场存在时，每个分子电偶极矩都将受到一个电力矩($\boldsymbol{M}=\boldsymbol{p}\times\boldsymbol{E}$)的作用，使分子电偶极矩转向外电场 $\boldsymbol{E}_0$ 的方向整齐排列(由于分子热运动，这种排列不可能完全整齐). 与无极分子电介质极化相类似，在均匀电介质内部处处呈电中性，而在电介质的两个端面上将出现极化电荷，如图 5-9(b)，5-9(c)所示. 由于有极分子的极化是分子固有电偶极矩在外电场作用下发生转向的结果，所以这种极化称为**转向极化**. 一般说来，分子在转向极化的同时，还存在着位移极化，只是转向极化比位移极化强得多.

虽然两类电介质极化的微观机理不同，但在宏观上都表现为在电介质表面上出现极化电荷，且外加电场越强，极化现象越显著，因此在对电介质作宏观描述时，一般不区分这两类极化.

当外加电场很强时，电介质分子中的正、负电荷有可能被拉开而变成可以自由移动的电荷. 当此种自由电荷大量存在时，电介质的绝缘性能遭破坏而变成导体，这种现象称为电介质的击穿. 某种电介质材料所能承受的不被击穿的最大电场强度，称为该电介质的**介电场强或击穿场强**.

5.2.2　电介质中的电场

一、电极化强度和极化电荷

在电介质内任取一小体积元 ΔV，没有外电场时，该体积元内分子电偶极矩的矢量和 $\sum \boldsymbol{p}_i=0$，当电介质在外电场作用下被极化后，该体积元内分子电偶极矩矢量和 $\sum \boldsymbol{p}_i \neq 0$. 为了定量地描述电介质的极化情况，定义**电极化强度**(polarization) **矢量**(简称**极化强度**)为

$$\boldsymbol{P} = \frac{\sum \boldsymbol{p}_i}{\Delta V} \tag{5-2}$$

显然，$\boldsymbol{P}$ 为单位体积内分子电偶极矩的矢量和，单位为 $\mathrm{C \cdot m^{-2}}$. $\sum \boldsymbol{p}_i$ 越大，电介质内各个分子电偶极矩排列越整齐，未被抵消的成分越多，$\boldsymbol{P}$ 越大. 反之，则 $\boldsymbol{P}$ 越小. 无外电场时，各分子电偶极矩的取向完全杂乱无章，相互抵消，$\sum \boldsymbol{p}_i = 0$，因而 $\boldsymbol{P} = 0$. 可见，电极化强度 **$\boldsymbol{P}$ 是一个描述电介质极化强弱的物理量，反映了电介质内分子电偶极矩排列的有序或无序程度.**

电介质的极化虽由外电场引起，但因极化电荷对外电场有影响，因而极化后，介质中的总场强应为外电场与极化电荷激发电场的叠加，而 $\boldsymbol{P}$ 则不仅与外电场，而且与总场强有关. 实验表明，对各向同性电介质，每一点极化强度 $\boldsymbol{P}$ 的值与该点总场强 $\boldsymbol{E}$ 的值成正比，且 $\boldsymbol{P}$ 与 $\boldsymbol{E}$ 方向相同，即

$$\boldsymbol{P} = \alpha \boldsymbol{E}$$

在国际单位制中，常把比例系数 α 写成 $\alpha = \varepsilon_0 \chi$，于是有

$$\boldsymbol{P} = \varepsilon_0 \chi \boldsymbol{E} \tag{5-3}$$

χ 取决于电介质的性质，称为**电介质的极化率**(susceptibility). 若电介质中各点的 χ 相同，就称为**均匀电介质**.

当电介质处于极化状态时，一方面在其内出现未被抵消的电偶极矩，这可以通过电极化强度 $\boldsymbol{P}$ 来描述；另一方面，对于均匀电介质，则在两个端面出现极化电荷，电介质产生的一切宏观效果都是通过这一未被抵消的极化电荷来体现的. 显然，极化电荷与极化强度之间，必然存在着某种关系. 可以证明：

①均匀介质极化时，其表面上某点的极化电荷面密度，等于该处电极化强度在外法线方向上的分量，即

$$\sigma' = \boldsymbol{P} \cdot \boldsymbol{e}_n = P_n \tag{5-4}$$

②在电场中，穿过任意闭合曲面的极化强度通量等于该闭合曲面内极化电荷总量的负值，即

$$\oint_S \boldsymbol{P} \cdot d\boldsymbol{S} = -\sum_S q_i' \tag{5-5}$$

上式中 $\sum\limits_S q_i'$ 为 S 面内包围的极化电荷总和.

对于(5－4)式和(5－5)式可作如下论证：设均匀电介质在电场中极化，其分子电偶极矩为 $\boldsymbol{p} = q\boldsymbol{l}$，电介质的极化强度为 $\boldsymbol{P} = n\boldsymbol{p} = nq\boldsymbol{l}$，其中 q 是每个分子的正电荷，n 是电介质单位体积内的分子数. 如图 5－10 所示，在极化的电介质内取一面元矢量 $d\boldsymbol{S} = \boldsymbol{e}_n dS$，其中 $\boldsymbol{e}_n$ 为面元的法向单位矢量. 在面元 dS 后侧逆

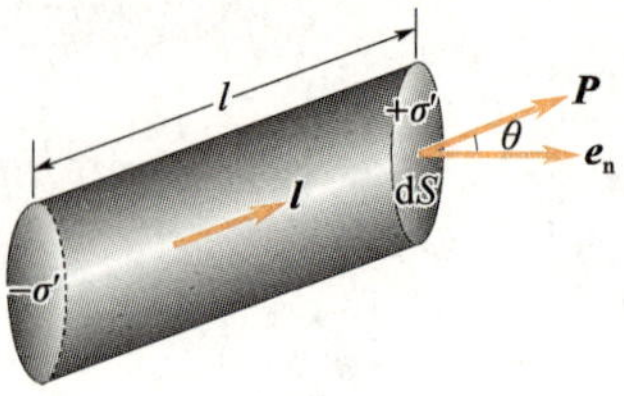

图 5-10 $\boldsymbol{P}$ 与 σ' 的关系

$\boldsymbol{l}$ 方向，取一斜高为 l，底面积为 dS 的斜柱体，其体积为 $dV=l dS\cos\theta$. 负电荷中心在该体积元中的所有分子，其正电荷中心都将越过面元 dS. 所以，由于极化而穿出 dS 面的总电荷为

$$dq'_{出}=qndV=qnldS\cos\theta$$

再利用 $\boldsymbol{p}=q\boldsymbol{l}$ 和 $\boldsymbol{P}=n\boldsymbol{p}$，考虑到位移极化时它们都沿同一方向，可得

$$dq'_{出}=\boldsymbol{P}\cdot d\boldsymbol{S}=\boldsymbol{P}\cdot \boldsymbol{e}_n dS$$

极化电荷实际分布在高为 $l\cos\theta$ 的斜柱体表面层中，其面密度为

$$\sigma'=\frac{dq'_{出}}{dS}=\boldsymbol{P}\cdot \boldsymbol{e}_n=P\cos\theta=P_n$$

此即(5-4)式，它表明，均匀介质极化时，表面上某点处的极化电荷面密度，等于该处电极化强度在外法线上的分量. 若 $\theta<\frac{\pi}{2}$，则 $\sigma'>0$，该面出现正的极化电荷；反之，若 $\theta>\frac{\pi}{2}$，该面出现负的极化电荷.

对于非均匀电介质，除在电介质表面出现极化电荷外，在电介质内部也存在极化电荷.

在电介质内部，可取一任意闭合曲面 S，这时 $\boldsymbol{e}_n$ 为其外法线方向上的单位矢量. 由(5-4)式，由于极化而越过 dS 面的电荷为 $dq'_{出}=\boldsymbol{P}\cdot d\boldsymbol{S}$. 于是，通过整个闭合曲面 S 向外移出的极化电荷总量应为

$$\sum q'_{出}=\oint_S \boldsymbol{P}\cdot d\boldsymbol{S}$$

根据电荷守恒定律，这等于闭合曲面 S 内净余的极化电荷总量 $\sum\limits_S q_i'$ 的负值，于是有

$$\oint_S \boldsymbol{P}\cdot d\boldsymbol{S}=-\sum_S q_i'$$

这就是极化强度 $\boldsymbol{P}$ 与极化电荷分布之间的普遍关系式，它表明穿过任意闭合曲面的极化强度 $\boldsymbol{P}$ 的通量，等于该闭合曲面内的极化电荷总量的负值，(5-5)式得证.

二、电介质中的电场

电介质内部电场强度的计算一般较复杂，我们仅以均匀电场中充满各向同性均匀电介质为例来研究电介质内部的电场.

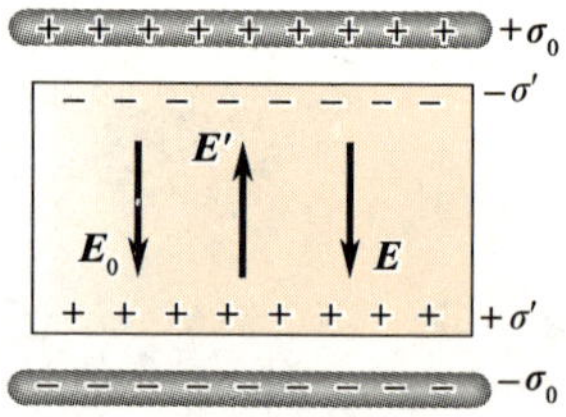

图 5-11 介质中的电场

如图 5-11 所示，设两个无限大平行金属板上分别带有自由电荷面密度 $\pm\sigma_0$，其产生的场强为 $E_0=\frac{\sigma_0}{\varepsilon_0}$，方向向下. 处在此外电场中的电介质由于极化而产生的极化电荷面密度为 $\pm\sigma'$，由其产生的附加场强为 $E'=\sigma'/\varepsilon_0$，方向向上. 介质中的总电场强度 $\boldsymbol{E}$ 应是自由电荷产生的外电场 $\boldsymbol{E}_0$ 与极化电荷产生的附加电场 $\boldsymbol{E}'$ 的矢量和，即

$$\boldsymbol{E}=\boldsymbol{E}_0+\boldsymbol{E}' \tag{5-6}$$

由于 $\boldsymbol{E}_0$ 与 $\boldsymbol{E}'$ 的方向相反，故电介质内电场强度大小为

$$E=E_0-E'=E_0-\frac{\sigma'}{\varepsilon_0}$$

将(5-4)式和(5-3)式代入得

$$E=E_0-\frac{P}{\varepsilon_0}=E_0-\chi E$$

即

$$E=\frac{E_0}{1+\chi}$$

令 $\varepsilon_r=1+\chi$，ε_r 称为**介质的相对介电常量或相对电容率**，则有

$$E=\frac{E_0}{\varepsilon_r} \tag{5-7}$$

上式表明，**充满电场空间的各向同性均匀电介质内部的场强大小等于真空中场强的 $\frac{1}{\varepsilon_r}$ 倍，方向与真空中场强方向一致.** (5-7)式虽是从无限大平行金属板间充满电介质这一特例导出，但可推广至其他形状的带电体的情形. 例如，若一点电荷周围空间充满各向同性均匀电介质，介质内部的场强为 $\boldsymbol{E}=\frac{q}{4\pi\varepsilon_0\varepsilon_r}\frac{\boldsymbol{r}}{r^3}$；一无限长均匀荷电直线，其周围介质中的场强大小为 $E=\frac{\lambda}{2\pi\varepsilon_0\varepsilon_r r}$，其余类推.

一般而言，电介质中的极化电荷与导体中的感应电荷都起着削弱外电场的作用. 两者的不同之处在于：导体内部的自由电荷重新分布可使其激发的附加电场 $\boldsymbol{E}'$ 达到与外电场 $\boldsymbol{E}_0$ 等值反向的程度，从而使导体内部总场强为零；而电介质内的束缚电荷只能在原子范围内作微小移动，其数量比导体上的感应电荷数量少得多，由极化电荷激发的附加场强 $\boldsymbol{E}'$ 总比原外电场 $\boldsymbol{E}_0$ 小，故 $\boldsymbol{E}'$ 不足以完全抵消，而只能部分削弱外电场 $\boldsymbol{E}_0$. 所以在电介质内部，$\boldsymbol{E}$ 总是小于 $\boldsymbol{E}_0$，但不会为零.

5.2.3　电位移矢量　电介质中的高斯定理

我们知道，真空中高斯定理的表达式为

$$\oint_S \boldsymbol{E}\cdot d\boldsymbol{S}=\frac{\sum q_{内}}{\varepsilon_0}$$

式中 $\sum q_{内}$ 是高斯面所包围电荷的代数和. 由于高斯定理是静电场的普遍规律，在有电介质存在时应同样成立，而电介质中的场强是由自由电荷与极化电荷共同激发的，因此电介质中的高斯定理可表述为

$$\oint_S \boldsymbol{E}\cdot d\boldsymbol{S}=\frac{1}{\varepsilon_0}\left(\sum q+\sum q'\right) \tag{5-8}$$

式中 $\sum q$ 和 $\sum q'$ 分别为高斯面内自由电荷与极化电荷的代数和.

由于 $\sum q'$ 通常难以处理，我们希望能通过某种方法，将其从(5-8)式中消除. 为此，将(5-5)式代入上式得

$$\oint_S \boldsymbol{E}\cdot d\boldsymbol{S}=\frac{1}{\varepsilon_0}\left(\sum q-\oint_S \boldsymbol{P}\cdot d\boldsymbol{S}\right)$$

$$\oint_S (\varepsilon_0 \boldsymbol{E} + \boldsymbol{P}) \cdot d\boldsymbol{S} = \sum q \tag{5-9}$$

引进一个辅助性物理量 $\boldsymbol{D}$,有

$$\boldsymbol{D} = \varepsilon_0 \boldsymbol{E} + \boldsymbol{P} \tag{5-10}$$

称为**电位移矢量**(electric displacement vector). 利用电位移矢量 $\boldsymbol{D}$,可将(5-9)式改写为

$$\oint_S \boldsymbol{D} \cdot d\boldsymbol{S} = \sum q \tag{5-11}$$

这就是**电介质中的高斯定理:通过任意闭合曲面的电位移通量,等于该闭合曲面所包围的自由电荷的代数和.**

与导出高斯定理微分形式的过程类似,由(5-11)式也可以导出有电介质存在时高斯定理的微分形式

$$\nabla \cdot \boldsymbol{D} = \rho \quad 或 \quad \mathrm{div}\boldsymbol{D} = \rho \tag{5-12}$$

其中 ρ 是自由电荷体密度.

对于各向同性电介质,将(5-3)式代入(5-10)式得

$$\boldsymbol{D} = \varepsilon_0 \boldsymbol{E} + \boldsymbol{P} = \varepsilon_0 \boldsymbol{E} + \varepsilon_0 \chi \boldsymbol{E} = \varepsilon_0 (1+\chi) \boldsymbol{E} = \varepsilon_0 \varepsilon_r \boldsymbol{E}$$

即

$$\boldsymbol{D} = \varepsilon \boldsymbol{E}$$

或

$$\boldsymbol{E} = \frac{\boldsymbol{D}}{\varepsilon_0 \varepsilon_r} = \frac{\boldsymbol{D}}{\varepsilon} \tag{5-13}$$

$\varepsilon = \varepsilon_0 \varepsilon_r$ 称为介质的介电常量或电容率.

引入电位移矢量 $\boldsymbol{D}$ 后,高斯定理(5-11)式中,右边只包含自由电荷,极化电荷对场强的影响反映在介电常量 ε(或 ε_r)上. 在求解各向同性电介质中电场时,可以先不考虑极化电荷的影响,即先求出 $\boldsymbol{D}$,然后,再由(5-13)式求出 $\boldsymbol{E}$ 来.

最后,应当强调指出,$\boldsymbol{D}$ 只是一个辅助矢量,没有具体的物理意义,真正有意义的是场强 $\boldsymbol{E}$. 例如,电荷所受的电场力,电荷在电场中移动时电场力做的功都是由 $\boldsymbol{E}$ 决定的,引入 $\boldsymbol{D}$ 的目的只是为了更方便地求出 $\boldsymbol{E}$.

例 5-3

半径为 R,带电为 Q 的导体球周围,充满了相对介电常量为 ε_r 的均匀电介质,如图 5-12 所示. 求:(1)球外任一点 P 的场强;(2)导体球的电势;(3)与导体球接触的电介质表面上的极化电荷面密度.

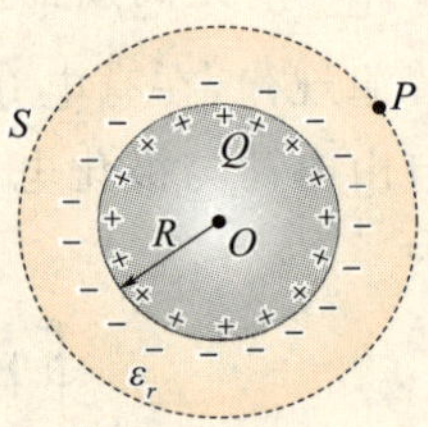

图 5-12 例 5-3 图

解 (1) 由于自由电荷和电介质分布的球对称性,所以极化电荷和电场分布也具有球对称性. 设 P 点距球心距离为 r,过 P 点作一与导体球同心的球形高斯面 S,高斯面上各点的 $\boldsymbol{D}$ 大小相等,方向与球面垂直并沿半径向外,由电介质中的高斯定理可得

$$\oint_S \boldsymbol{D} \cdot d\boldsymbol{S} = D 4\pi r^2 = Q$$

所以

$$D = \frac{Q}{4\pi r^2}$$

$$E=\frac{D}{\varepsilon_0\varepsilon_r}=\frac{Q}{4\pi\varepsilon_0\varepsilon_r r^2}$$

(2) 导体球的电势

$$U=\int_R^{\infty}\boldsymbol{E}\cdot d\boldsymbol{r}=\int_R^{\infty}\frac{Q}{4\pi\varepsilon_0\varepsilon_r r^2}dr=\frac{Q}{4\pi\varepsilon_0\varepsilon_r R}$$

(3) 由 $\boldsymbol{D}=\varepsilon_0\boldsymbol{E}+\boldsymbol{P}$ 得

$$\boldsymbol{P}=\boldsymbol{D}-\varepsilon_0\boldsymbol{E}=\frac{Q}{4\pi R^2}\boldsymbol{r}_0-\frac{\varepsilon_0 Q}{4\pi\varepsilon_0\varepsilon_r R^2}\boldsymbol{r}_0$$

$$=\frac{(\varepsilon_r-1)Q}{4\pi\varepsilon_r R^2}\boldsymbol{r}_0$$

电介质内表面法向 $\boldsymbol{e}_n$ 与 $\boldsymbol{r}_0$ 方向相反，故

$$\sigma'=\boldsymbol{P}\cdot\boldsymbol{e}_n=-\frac{(\varepsilon_r-1)Q}{4\pi\varepsilon_r R^2}$$

§5.3　静电场的能量

5.3.1　电容和电容器

一、孤立导体的电容

当一个导体附近不存在其他导体和带电体(或其他导体和带电体离该导体无限远)时，则称该导体为孤立导体，孤立导体的电容(capacitance)定义为

$$C=\frac{q}{U} \tag{5-14}$$

其中 q 为导体所带电量，U 为电势.

电容 C 是使导体升高单位电势所需要的电量，它反映了导体容纳电荷能力的大小.

在真空中，半径为 R 的孤立导体球，其电势为 $U=\dfrac{q}{4\pi\varepsilon_0 R}$，由(5-14)式可得其电容为 $4\pi\varepsilon_0 R$. 可见孤立导体球的半径越大，容纳电荷的能力越大.

在国际单位制中，电容的单位是法拉(F)，在实际应用中常用 μF 和 pF 等.

二、电容器及其电容

在实际问题中，我们遇到的一般都不是孤立导体. 当一个带电导体周围有其他导体存在时，其电势不仅决定于自身所带的电量，而且还与周围导体的情况有关，因而我们不可能再用一个恒量 $C=\dfrac{q}{U}$来反映 U 和 q 之间的函数关系. 为了消除其他导体的影响，我们可以设计两个导体组合，使该组合导体不受周围导体的影响，这样

的导体组合称为**电容器**(capacitors).常用的电容器是由中间夹有电介质的两块金属板构成的.电容器的电容定义为:当电容器的两极板分别带有等值异号电荷 q 时,电量 q 与两极板间相应的电势差 U_A-U_B 的比值,即

$$C=\frac{q}{U_A-U_B} \tag{5-15}$$

孤立导体实际上也可认为是电容器,只不过另一极板在无限远处,且电势为零.这样(5-15)式就简化为(5-14)式.

三、电容器电容的计算

常见的电容器有平行板电容器、球形电容器和圆柱形电容器.下面根据电容器电容的定义,分别计算它们的电容.

1. 平行板电容器

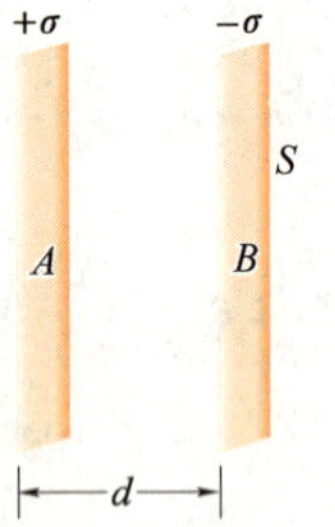

图 5-13 平行板电容器

平行板电容器是由两块大小相同彼此靠得很近的金属板组成.设每块板的面积为 S,两板之间距离为 d,板间为真空(或空气).如图 5-13 所示,设两板分别带有等量异号电荷 q,由于板面线度远大于两板之间的距离,所以除边缘部分外,两板间的电场可以认为是均匀的,若极板上电荷面密度为 σ,则两板间的场强大小为

$$E=\frac{\sigma}{\varepsilon_0}=\frac{q}{\varepsilon_0 S}$$

两板之间的电势差为

$$U_A-U_B=\int_A^B \boldsymbol{E}\cdot \mathrm{d}\boldsymbol{l}=Ed=\frac{qd}{\varepsilon_0 S}$$

则平板电容器的电容为

$$C=\frac{q}{U_A-U_B}=\frac{\varepsilon_0 S}{d} \tag{5-16}$$

可见,平行板电容器的电容与极板面积成正比,与两板之间的距离成反比.

2. 球形电容器

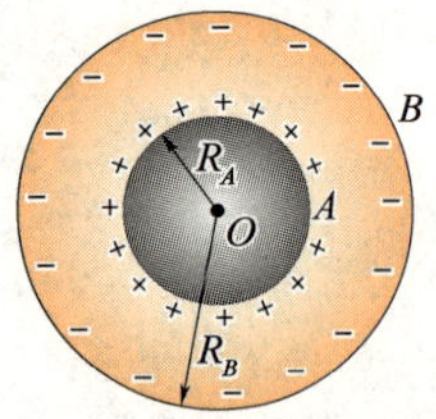

图 5-14 球形电容器

球形电容器由两个同心金属薄球壳组成,如图 5-14 所示.设内、外球壳半径分别为 R_A 和 R_B,中间为真空.当内、外球壳分别带电 $+q$ 和 $-q$ 时,由高斯定理可得两导体球壳之间的场强大小为

$$E=\frac{1}{4\pi\varepsilon_0}\frac{q}{r^2}$$

方向沿半径向外,因此,两球壳间的电势差为

$$\begin{aligned}U_A-U_B&=\int_A^B \boldsymbol{E}\cdot \mathrm{d}\boldsymbol{l}=\int_{R_A}^{R_B}\frac{1}{4\pi\varepsilon_0}\frac{q}{r^2}\mathrm{d}r\\&=\frac{q}{4\pi\varepsilon_0}\left(\frac{1}{R_A}-\frac{1}{R_B}\right)=\frac{q}{4\pi\varepsilon_0}\frac{R_B-R_A}{R_AR_B}\end{aligned}$$

于是,球形电容器的电容为

$$C=\frac{q}{U_A-U_B}=\frac{4\pi\varepsilon_0 R_A R_B}{R_B-R_A} \tag{5-17}$$

当 $R_B\to\infty$ 时，$C=4\pi\varepsilon_0 R_A$ 就是半径为 R_A 的孤立导体球的电容.

当两球壳半径差别很小时，即 $R_B\approx R_A$，设 $R_B-R_A=d(d\ll R_A<R_B)$，则(5－17)式可写为

$$C=\frac{4\pi\varepsilon_0 R_A^2}{d}$$

式中，$S=4\pi R_A^2$ 为球壳表面的面积. 可见当球形电容器两极板间距很小时，其电容的表达式与平行板电容器相同.

3. 圆柱形电容器

圆柱形电容器由两个同轴金属圆柱面 A，B 组成. 内、外圆柱面半径分别为 R_A 和 R_B，其间充满相对介电常量为 ε_r 的电介质，圆柱长为 L，如图 5－15 所示. 通常 $L\gg R_B-R_A$，因而可以忽略边缘效应，把两圆柱面看作是“无限长”. 设 A，B 分别带等量异号电荷 q，由高斯定理可求得两圆柱面之间的场强大小为

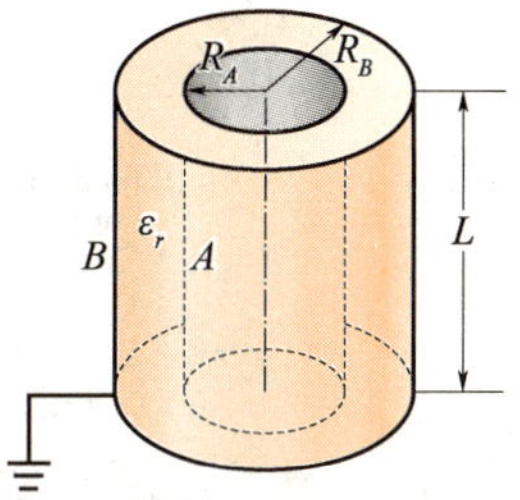

图 5－15　圆柱形电容器

$$E=\frac{\lambda}{2\pi\varepsilon_0\varepsilon_r r}$$

其中 $\lambda=\frac{q}{L}$.

两圆柱面 A，B 间的电势差为

$$U_A-U_B=\int_A^B \boldsymbol{E}\cdot \mathrm{d}\boldsymbol{l}=\int_{R_A}^{R_B}\frac{\lambda}{2\pi\varepsilon_0\varepsilon_r}\frac{\mathrm{d}r}{r}$$

$$=\frac{\lambda}{2\pi\varepsilon_0\varepsilon_r}\ln\frac{R_B}{R_A}=\frac{q}{2\pi\varepsilon_0\varepsilon_r L}\ln\frac{R_B}{R_A}$$

于是圆柱形电容器的电容为

$$C=\frac{q}{U_A-U_B}=\frac{2\pi\varepsilon_0\varepsilon_r L}{\ln\frac{R_B}{R_A}} \tag{5-18}$$

如果以 d 表示两圆柱面的距离，即 $R_B=R_A+d$. 当 $d\ll R_A$ 时，$\ln\frac{R_B}{R_A}=\ln\left(1+\frac{d}{R_A}\right)\approx\frac{d}{R_A}$，(5－18)式可写为

$$C=\frac{\varepsilon_0\varepsilon_r(2\pi R_A L)}{d}=\frac{\varepsilon_0\varepsilon_r S}{d}$$

式中 $S=2\pi R_A L$ 为圆柱面的表面积. 此式与平板电容器(两板间充满相对介电常数为 ε_r 的电介质)的电容计算公式也是相同的.

上述计算结果表明：电容器的电容不仅与电容器的大小、形状有关，而且还与电容器两极板间的电介质种类有关. 电容器两极板间充满电介质时的电容等于两极板间为真空时电容的 ε_r 倍.

由以上讨论可以归纳出计算电容器电容的步骤：设极板上分别带等量异号电荷 q，求出两板间的场强分布，再计算两极板间的电势差 U_A-U_B，然后利用电容器电容的定义 $C=\frac{q}{U_A-U_B}$，求出电容 C.

5.3.2 电容器的连接

作为常用的电子元件,经常需要把若干个电容器适当地连接起来构成一电容器组.电容器的基本连接方式有以下两种.

1. 电容器的串联

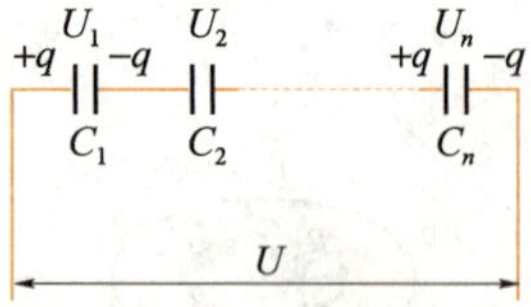

图 5-16　电容器的串联

图 5-16 表示 n 个电容器的串联,设各电容器的电容值分别为 $C_1, C_2, \cdots, C_n$,组合的等效电容值为 C,当充电后,由于静电感应,每个电容器的两个极板上都带有等量异号的电荷量 $+q$ 和 $-q$. 这时,每个电容器两极板间的电势差 $U_1, U_2, \cdots, U_n$ 分别为

$$U_1=\frac{q}{C_1}, U_2=\frac{q}{C_2}, \cdots, U_n=\frac{q}{C_n}$$

组合电容器的总电势差为

$$U=U_1+U_2+\cdots+U_n=q\left(\frac{1}{C_1}+\frac{1}{C_2}+\cdots+\frac{1}{C_n}\right)$$

因此

$$\frac{1}{C}=\frac{U}{q}=\frac{1}{C_1}+\frac{1}{C_2}+\cdots+\frac{1}{C_n}=\sum_{i=1}^{n}\frac{1}{C_i} \qquad (5-19)$$

即**串联等效电容器的电容的倒数等于每个电容器电容的倒数之和**.

2. 并联电容器

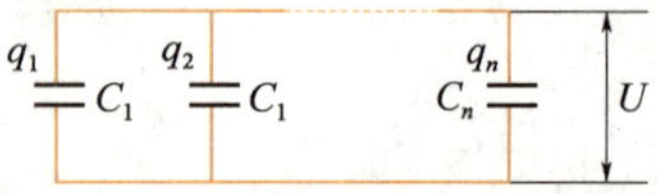

图 5-17　电容器的并联

图 5-17 表示 n 个电容器的并联,当充电后,每个电容器两极板间的电势差相等,都等于 U,但每个电容器极板上的电荷量则不相等.设电容器的电容分别为 $C_1, C_2, \cdots, C_n$,极板上的电荷量分别为 $q_1, q_2, \cdots, q_n$,则

$$q_1=C_1U, q_2=C_2U, \cdots, q_n=C_nU$$

组合电容器的总电荷量为

$$q=q_1+q_2+\cdots+q_n=(C_1+C_2+\cdots+C_n)U$$

因此,组合电容器的等效电容值为

$$C=\frac{q}{U}=C_1+C_2+\cdots+C_n=\sum_{i=1}^{n}C_i \qquad (5-20)$$

即**并联等效电容器的电容等于每个电容器电容之和**.

以上计算结果表明,几个电容器并联可获得较大的电容值,但每个电容器两极板间所承受的电势差和单独使用时一样;如需提高电容器的耐压性,可将几个电容器串联,因为这时每个电容器极板间所承受的电势差小于总电势差.所以在实际应用中可根据电路的要求采取并联或串联的形式,特殊需要的电路中还可以有更复杂的连接方法.

例 5-4

半径为 R 和 R_3 的同心导体球壳，中间同心地罩一内外半径分别为 $R_1(R_1>R)$ 和 R_2 的导体球壳以及一内外半径分别为 R_2 和 R_3 的介质球壳，介质相对介电常量为 ε_r，如图 5-18 所示. 求此电容器的电容.

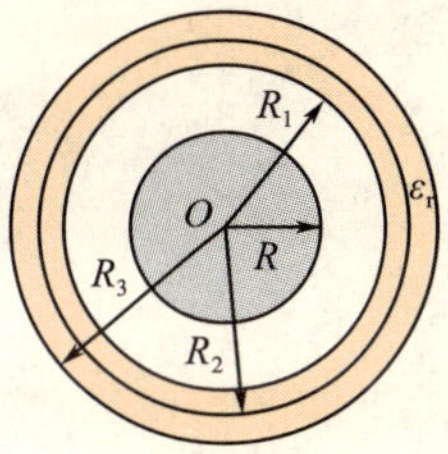

图 5-18　例 5-4 图

解　设内、外球壳所带电量的绝对值为 q，其场强分布为

$$E_1=\frac{q}{4\pi\varepsilon_0 r^2}\qquad (R<r<R_1)$$

$$E_2=0\qquad (R_1<r<R_2)$$

$$E_3=\frac{q}{4\pi\varepsilon_0\varepsilon_r r^2}\qquad (R_2<r<R_3)$$

两球壳间的电势差为

$$\Delta U=U_R-U_{R_3}=\int_R^{R_3}\boldsymbol{E}\cdot d\boldsymbol{r}$$

$$=\int_R^{R_1}E_1 dr+\int_{R_1}^{R_2}E_2 dr+\int_{R_2}^{R_3}E_3 dr$$

$$=\frac{q}{4\pi\varepsilon_0}\frac{R_1-R}{R_1R}+\frac{q}{4\pi\varepsilon_0\varepsilon_r}\frac{R_3-R_2}{R_3R_2}$$

$$C=\frac{q}{\Delta U}=\frac{1}{\dfrac{1}{4\pi\varepsilon_0}\dfrac{R_1-R}{R_1R}+\dfrac{1}{4\pi\varepsilon_0\varepsilon_r}\dfrac{R_3-R_2}{R_2R_3}}$$

本题中的电容器可看成是由内、外半径分别为 R 和 R_1 的真空球形电容器以及内、外半径分别为 R_2 和 R_3 的介质球形电容器串联组成，利用球形电容器的电容公式(5-17)式及串联电容器的计算公式(5-19)式也可求解.

5.3.3 电容器的储能

如图 5-19 所示，考虑平行板电容器的带电过程，设该电容器原来不带电，然后将两极板上的电量由零逐渐增至 Q.

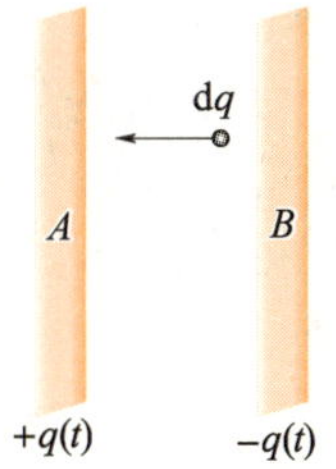

图 5-19　带电电容器储能的计算

在此过程中，电荷不断从电容器带负电的极板 B 被拉到带正电的极板 A，外力反抗电场力做功. 设在带电过程中的某一瞬间，电容器极板上所带电量的绝对值为 q，两极板间电势差为 U，将电量为 dq 的正电荷从 B 板移至 A 板过程中，外力做功 dW 等于电势能 dW_e 的增量，即

$$dW=dW_e=U dq=\frac{q}{C}dq$$

整个带电过程(q 由 $0\to Q$)中，外力做的总功等于电容器的电势能，即电容器的储能

$$W_e=\int dW=\int_0^Q\frac{q}{C}dq=\frac{1}{2}\frac{Q^2}{C}\qquad (5-21a)$$

利用 $Q=CU_{AB}$，上式可以写为

$$W_e=\frac{1}{2}CU_{AB}^2\qquad (5-21b)$$

或

$$W_e=\frac{1}{2}QU_{AB} \tag{5-21c}$$

由于电容器所带电量受击穿场强的限制，因而一般电容器储能有限．但是，若使已充电的电容器在极短时间内放电，仍可得到较大的功率，这在激光和受控热核反应中都有重要应用．如果把一个已充电的电容器的两极板用导线短路，其放电火花的热能甚至可以熔焊金属，这就是所谓的“电熔焊”．

5.3.4 静电场的能量

由电容器的储能公式 $W_e=\frac{1}{2}\frac{Q^2}{C}$ 可知电荷携带能量．同时，电荷的存在必然产生电场，电容器的带电过程实际上也是电场的形成过程，电能由电场携带．在静电场中，这两种说法是等效的，因为有电荷才有电场，同时具有能量．但在变化的电磁场中，电场和磁场可以脱离电荷以一定速度在空间传播，这便是电磁波．而电磁波当然携带能量，这就说明电能是储存在电场中，凡有电场的地方，就有电场的能量．而能量是物质的固有属性，电场具有能量正是电场物质性的一个体现．

既然电能是分布在电场中，就有必要把电能的公式用描述电场的物理量——电场强度 $\boldsymbol{E}$ 表示出来．下面我们以平板电容器为例，计算电场的能量．

设平板电容器的极板面积为 S，两板间距离为 d，板间为真空，其电容为

$$C=\frac{\varepsilon_0 S}{d}$$

两板间的电势差与场强关系为

$$U_A-U_B=Ed$$

故平行板电容器储存的电场能量为

$$\begin{aligned}W_e&=\frac{1}{2}C(U_A-U_B)^2=\frac{1}{2}\frac{\varepsilon_0 S}{d}(Ed)^2\\&=\frac{1}{2}\varepsilon_0 E^2(Sd)=\frac{1}{2}\varepsilon_0 E^2 V\end{aligned} \tag{5-22}$$

由于平板电容器的电场被局限于两极板之间，故 $V=Sd$ 是电场存在的空间体积．(5-22)式表明，电能储存在电容器两极板间的电场中，与电场所占有的空间体积成正比．

为了描述电场中能量的分布状况，我们引入能量密度的概念．所谓**能量体密度**，就是电场中某点处单位体积内的电场能量，用 w_e 表示．在平行板电容器中，电场是均匀分布的，所以能量体密度为

$$w_e=\frac{W_e}{V}=\frac{1}{2}\varepsilon_0 E^2 \tag{5-23}$$

上式虽然是从平板电容器且板间为真空这一特例导出,但可以证明,它是适用于任何形式的静电场的普通公式.对于介质中的静电场,只需把 ε_0 换成 ε 即可.

一般情况下,电场是非均匀的,运用微元法,dV 体积内的电场能量为

$$dW_e = w_e dV = \frac{1}{2}\varepsilon E^2 dV = \frac{1}{2}DE dV$$

对整个电场存在的空间积分,就可得静电场的总能量

$$W_e = \int_V w_e dV = \int_V \frac{1}{2}\varepsilon E^2 dV = \int_V \frac{1}{2}DE dV \qquad (5-24)$$

例 5－5

球形电容器的内、外半径分别为 R_A 和 R_B,两球面间为真空,内、外球面上带有电荷 $+q$ 和 $-q$,试计算球形电容器电场所储存的总能量.

解　由于电荷分布的球对称性,场强分布也必然是球对称的.根据高斯定理可求得两球面间距球心为 r 处的场强大小为

$$E = \frac{1}{4\pi\varepsilon_0}\frac{q}{r^2}$$

内球面之内以及外球面之外场强均为零,故电场能量分布在两球面之间.如图 5－20 所示,在半径为 r 处取一厚度为 dr 的薄球壳,薄球壳的体积为 $dV = 4\pi r^2 dr$,薄球壳中,电场能量 dW_e 为

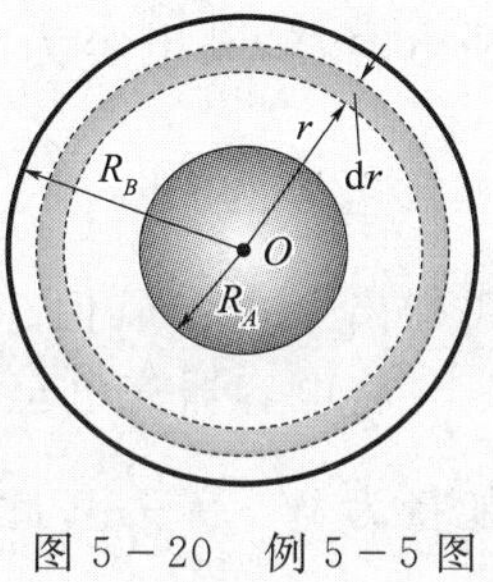

图 5－20　例 5－5 图

$$dW_e = w_e dV = \frac{1}{2}\varepsilon_0 E^2 dV$$
$$= \frac{1}{2}\varepsilon_0\left(\frac{1}{4\pi\varepsilon_0}\frac{q}{r^2}\right)^2 4\pi r^2 dr$$
$$= \frac{q^2}{8\pi\varepsilon_0 r^2}dr$$

所以球形电容器电场的总能量为

$$W_e = \int dW_e = \int_{R_A}^{R_B}\frac{q^2}{8\pi\varepsilon_0 r^2}dr$$
$$= \frac{q^2}{8\pi\varepsilon_0}\left(\frac{1}{R_A} - \frac{1}{R_B}\right)$$

根据电场能量,也可求出电容器的电容.例如,球形电容器的电场能量公式可表示为

$$W_e = \frac{1}{2}\frac{q^2}{4\pi\varepsilon_0\dfrac{R_A R_B}{R_B - R_A}} = \frac{1}{2}\frac{q^2}{C}$$

可见,$C = 4\pi\varepsilon_0\dfrac{R_A R_B}{R_B - R_A}$,与(5－17)式对比可知,这正是球形电容器的电容.

例 5－6

已知平行板电容器极板面积为 S,两板间距为 d,在两板之间插入面积与板相同、厚度为 t 的铜板.求:(1)电容器的电容,铜板的位置对结果有无影响?(2)电容器充电到电势差 U_0 后,断开电源,把铜板抽出,需做多少功?(3)若插入相对介电常量为 ε_r 的均匀介质板,则(1),(2)结果如何?

解 (1) 如图 5-21 所示,设两极板分别带电 $+q$ 和 $-q$,插入铜板后,两极板间的电势差为

$$U_A-U_B=E_0d_1+Et+E_0d_2$$

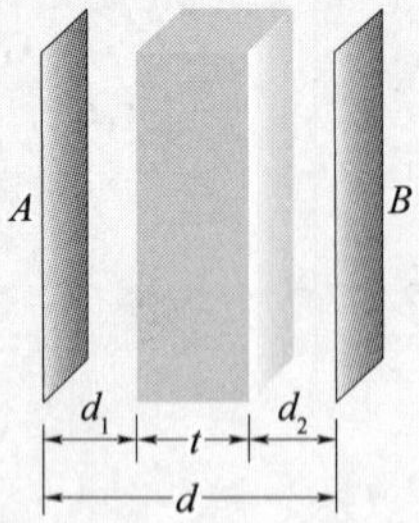

图 5-21 例 5-6 图

因铜板内

$$E=0$$

而 d_1 和 d_2 区间

$$E_0=\frac{\sigma}{\varepsilon_0}=\frac{q}{\varepsilon_0 S}$$

所以

$$U_A-U_B=\frac{q}{\varepsilon_0 S}(d_1+d_2)$$

$$=\frac{q}{\varepsilon_0 S}(d-t)$$

故电容器的电容为

$$C=\frac{q}{U_A-U_B}=\frac{\varepsilon_0 S}{d-t}$$

可见插入铜板后,相当于两板间的距离变小了,而电容器的电容增大了,但铜板的位置对结果无影响.

(2) 使电容器充电至 U_0 时,该电容器所具有的能量为 $W_1=\frac{Q^2}{2C}$,此时极板所带电量 $Q=CU_0$,断开电源,抽出铜板,极板上电量 Q 不变,电容变为 $C_0=\frac{\varepsilon_0 S}{d}$,故电容器所具有的能量 $W_2=\frac{Q^2}{2C_0}$,所以抽出铜板需做功

$$W=W_2-W_1=\frac{Q^2}{2}\left(\frac{1}{C_0}-\frac{1}{C}\right)$$

$$=\frac{1}{2}(CU_0)^2\left(\frac{1}{C_0}-\frac{1}{C}\right)$$

将 C_0,C 代入可得

$$W=\frac{\varepsilon_0 St}{2(d-t)^2}U_0{}^2$$

(3) 若插入的是相对介电常量为 ε_r 的均匀介质板,电介质所在空间的场强减弱为 $E=\frac{E_0}{\varepsilon_r}=\frac{\sigma}{\varepsilon_0\varepsilon_r}$,所以两板间的电势差

$$U_A-U_B=E_0(d-t)+Et=\frac{\sigma}{\varepsilon_0}(d-t)+\frac{\sigma}{\varepsilon_0\varepsilon_r}t$$

$$=\frac{\sigma}{\varepsilon_0}\left[d-t\left(1-\frac{1}{\varepsilon_r}\right)\right]$$

故电容器的电容为

$$C'=\frac{q}{U_A-U_B}=\frac{\sigma S}{\frac{\sigma}{\varepsilon_0}\left[d-t\left(1-\frac{1}{\varepsilon_r}\right)\right]}$$

$$=\frac{\varepsilon_0\varepsilon_r S}{\varepsilon_r d-t(\varepsilon_r-1)}$$

还可用电容器串并联的方法计算等效电容 C'. 据题意,插入介质后可等效为两个电容器的串联,其一是厚度为 $d-t$ 的真空电容器,其电容为 $C_1=\frac{\varepsilon_0 S}{d-t}$;其二是厚度为 t 的介质电容器,其电容为 $C_2=\frac{\varepsilon_0\varepsilon_r S}{t}$,则 AB 间的等效电容为 $C'=\frac{C_1C_2}{C_1+C_2}$,将 C_1、C_2 代入,即可得出上式之 C' 值.

将电容器充电至 U_0,断开电源后具有的能量为 $W'_1=\frac{Q'^2}{2C'}$,此时极板上荷电量 $Q'=C'U_0$,抽出电介质板,极板上电量 Q' 保持不变,电容器的能量为 $W'_2=\frac{Q'^2}{2C_0}$. 抽出电介质板需做功

$$W=W'_2-W'_1=\frac{Q'^2}{2}\left(\frac{1}{C_0}-\frac{1}{C'}\right)$$

$$=\frac{1}{2}(C'U_0)^2\left(\frac{1}{C_0}-\frac{1}{C'}\right)$$

将 C',C_0 代入可得

$$W=\Delta W'=W'_2-W'_1=\frac{\varepsilon_0\varepsilon_r(\varepsilon_r-1)tSU_0^2}{2[\varepsilon_r d-t(\varepsilon_r-1)]^2}$$

无论抽出铜板或电介质板,外力都需克服正、负电荷间的吸引力做功,使电场能量增加.

*5.3.5 电荷系统的静电能

电荷系统的静电能定义如下：

任何状态下电荷系统的静电能，等于把各部分电荷从无限分散状态聚集成现有带电体系时，抵抗静电力所做的功.

通常把组成单个电荷的各电荷元从无限分散的状态聚集起来所做的功，称为该电荷的**自能**. 把单个电荷看成不可分割的整体，将它们各自从无穷远处移到当前位置所做的功，称为它们之间的**相互作用能**. 于是，带电系统的总静电能，由单个电荷的自能和各电荷间的相互作用能组成. 显然，自能和互能没有本质的区别，一个电荷的静电自能就是组成它的各电荷元的静电互能的总和.

对于点电荷系统，其静电能就是它们之间的相互作用能(简称互能).

如图 5－22 所示，一电荷系统由两个点电荷组成，它们之间的距离是 r_{12}. 在没有其他电荷和电场的情况下，无需做功就可以将点电荷 q_1 由无限远处搬运到指定位置 P_1，然后再把点电荷 q_2 由无限远处搬至与 q_1 相距 r_{12} 的位置 P_2. 在此过程中，抵抗 q_1 的电场力 $\boldsymbol{F}_{21}=q_2\boldsymbol{E}_1$ 做功为

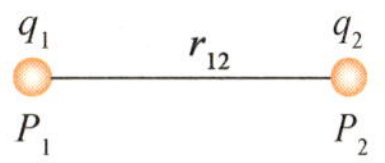

图 5－22　两点电荷系统相互作用能

$$W'=-\int_{\infty}^{P_2}\boldsymbol{F}_{21}\cdot \mathrm{d}\boldsymbol{l}=-q_2\int_{\infty}^{P_2}\boldsymbol{E}_1\cdot \mathrm{d}\boldsymbol{l}=q_2U_{21}$$

其中 U_{21} 是 q_1 在 q_2 所在的 P_2 点产生的电势

$$U_{21}=U_1(P_2)=-\int_{\infty}^{P_2}\boldsymbol{E}_1\cdot \mathrm{d}\boldsymbol{l}=\frac{q_1}{4\pi\varepsilon_0 r_{21}}$$

同理，若先将 q_2 搬运至 P_2 位置固定下来，然后再将 q_1 由无穷远处搬运到 P_1 处，则需抵抗电场力 $\boldsymbol{F}_{12}=q_1\boldsymbol{E}_2$ 做功

$$W'=q_1U_{12}$$

其中 U_{12} 是 q_2 在 P_1 点产生的电势

$$U_{12}=U_2(P_1)=-\int_{\infty}^{P_1}\boldsymbol{E}_2\cdot \mathrm{d}\boldsymbol{l}=\frac{q_2}{4\pi\varepsilon_0 r_{12}}$$

将两个点电荷从无穷远处移到指定位置所做的功，等于在该位置上两个点电荷之间的**相互作用能**(interaction energy)

$$W_e=W'=\frac{1}{4\pi\varepsilon_0}\frac{q_1q_2}{r_{12}}=\frac{1}{2}(q_1U_{12}+q_2U_{21})\qquad(5-25)$$

再求 3 个点电荷组成的点电荷系的静电能，如图 5－23 所示，r_{12}，r_{23}，r_{13} 分别表示两两点电荷之间的距离，设想按 $q_1\to q_2\to q_3$ 步骤将电荷从无限远处移至图示位置.

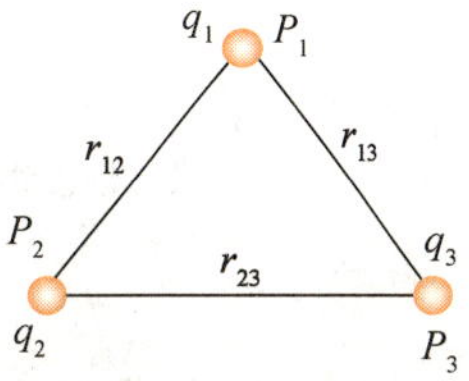

图 5－23　三点电荷系统相互作用能

如前所述，移动 q_1 时外力不需做功，$W_1'=0$；移动 q_2 时，外力做功为

$$W_2'=\frac{1}{4\pi\varepsilon_0}\frac{q_1q_2}{r_{12}}$$

移动 q_3 时，外力必须克服 q_1、q_2 的电场力做功

$$\begin{aligned}W_3'&=-\int_{\infty}^{P_3}(\boldsymbol{F}_{31}+\boldsymbol{F}_{32})\cdot \mathrm{d}\boldsymbol{l}\\&=-q_3\int_{\infty}^{P_3}(\boldsymbol{E}_1+\boldsymbol{E}_2)\cdot \mathrm{d}\boldsymbol{l}\\&=q_3U_{31}+q_3U_{32}\end{aligned}$$

其中 U_{31} 和 U_{32} 分别是 q_1 和 q_2 在 q_3 所在位置 P_3 处产生的电势，其值分别为

$$U_{31}=\frac{1}{4\pi\varepsilon_0}\frac{q_1}{r_{13}},\qquad U_{32}=\frac{1}{4\pi\varepsilon_0}\frac{q_2}{r_{23}}$$

系统的相互作用能等于外力所做的总功

$$\begin{aligned}W_e&=W_1'+W_2'+W_3'=\frac{1}{4\pi\varepsilon_0}\frac{q_1q_2}{r_{12}}+\frac{1}{4\pi\varepsilon_0}\frac{q_1q_3}{r_{13}}+\frac{1}{4\pi\varepsilon_0}\frac{q_2q_3}{r_{23}}\\&=\frac{1}{2}\Big[q_1\Big(\frac{q_2}{4\pi\varepsilon_0r_{12}}+\frac{q_3}{4\pi\varepsilon_0r_{13}}\Big)+q_2\Big(\frac{q_1}{4\pi\varepsilon_0r_{12}}+\frac{q_3}{4\pi\varepsilon_0r_{23}}\Big)+\\&\qquad q_3\Big(\frac{q_1}{4\pi\varepsilon_0r_{13}}+\frac{q_2}{4\pi\varepsilon_0r_{23}}\Big)\Big]\\&=\frac{1}{2}(q_1U_1+q_2U_2+q_3U_3)\end{aligned}\tag{5-26}$$

式中 U_1,U_2,U_3 分别为 q_1,q_2,q_3 所在处由其他电荷产生的电势.

以上结果可推广至 N 个点电荷组成的电荷系统,其相互作用能为

$$W_e=\frac{1}{2}\sum_{i=1}^{N}q_iU_i\tag{5-27}$$

其中 U_i 为 q_i 处除 q_i 自身外其他电荷产生的电势

$$U_i=\frac{1}{4\pi\varepsilon_0}\sum_{\substack{j=1\\(j\neq i)}}^{N}{}'\frac{q_j}{r_{ij}}$$

上式代入(5－27)式,得

$$W_e=\frac{1}{8\pi\varepsilon_0}\sum_{i=1}^{N}\sum_{\substack{j=1\\(j\neq i)}}^{N}{}'\frac{q_iq_j}{r_{ij}}\tag{5-28}$$

$\sum{}'$ 表示求和时除去 $j=i$ 一项.

单个电荷的静电自能就是组成它的各电荷元之间的静电互能,由(5－28)式,静电自能可由下式计算

$$W_e=\frac{1}{2}\int_q U\mathrm{d}q\tag{5-29}$$

由于 $\mathrm{d}q$ 无限小,积分号内的 U 为组成该电荷的所有电荷元在 $\mathrm{d}q$ 处产生的电势,积分号下标 q 表示积分范围遍及该带电体上所有的电荷.

例 5－7

一均匀带电球面,半径为 R,总电量为 Q,求这带电系统的静电能.

解 由于带电球面是一等势面,其电势为

$$U=\frac{Q}{4\pi\varepsilon_0R}$$

由(5－29)式,此电荷系统的静电能为

$$W=\frac{1}{2}\int U\mathrm{d}q=\frac{1}{2}\int\frac{Q}{4\pi\varepsilon_0R}\mathrm{d}q=\frac{Q^2}{8\pi\varepsilon_0R}=\frac{Q^2}{2C}$$

其中 $C=4\pi\varepsilon_0R$ 为该球面的电容.

这一能量表现为均匀带电球面系统的自能.

例 5－8

一均匀带电球体,半径为 R,所带总电量为 q. 试求该带电球体的静电能.

解 该带电球体的电场强度分布为

$$\boldsymbol{E}_1=\frac{q}{4\pi\varepsilon_0R^3}\boldsymbol{r}\qquad(r\leqslant R)$$

$$E_2 = \frac{q}{4\pi\varepsilon_0 r^3}\boldsymbol{r} \qquad (r \geqslant R)$$

球内距球心为 r，厚度为 $\mathrm{d}r$ 的球壳处的电势为

$$U = \int_r^R \boldsymbol{E}_1 \cdot \mathrm{d}\boldsymbol{r} + \int_R^\infty \boldsymbol{E}_2 \cdot \mathrm{d}\boldsymbol{r}$$

将 $\boldsymbol{E}_1$ 与 $\boldsymbol{E}_2$ 代入，得

$$U = \frac{q}{8\pi\varepsilon_0 R^3}(3R^2 - r^2)$$

此均匀带电球体的静电能为

$$W = \frac{1}{2}\int U\mathrm{d}q = \frac{1}{2}\int U\rho\mathrm{d}V$$

$$= \frac{1}{2}\int_0^R \frac{q}{8\pi\varepsilon_0 R^3}(3R^2 - r^2)\frac{q}{\frac{4}{3}\pi R^3}4\pi r^2\mathrm{d}r$$

$$= \frac{3q^2}{20\pi\varepsilon_0 R}$$

此题还可按以下方法计算

$$W = \int w_e \mathrm{d}V = \int_0^R \frac{1}{2}\varepsilon_0 E_1{}^2 4\pi r^2 \mathrm{d}r + \int_R^\infty \frac{1}{2}\varepsilon_0 E_2{}^2 4\pi r^2 \mathrm{d}r$$

$$= \int_0^R \frac{1}{2}\varepsilon_0\left(\frac{qr}{4\pi\varepsilon_0 R^3}\right)^2 4\pi r^2\mathrm{d}r + \int_R^\infty \frac{1}{2}\varepsilon_0\left(\frac{q}{4\pi\varepsilon_0 r}\right)^2 4\pi r^2 \mathrm{d}r$$

$$= \frac{3q^2}{20\pi\varepsilon_0 R}$$

两种方法计算的结果相同.

本章提要

1. 导体的静电平衡条件

$E_{内} = 0$，或导体是一个等势体；$\boldsymbol{E}_{表} = \frac{\sigma_{表}}{\varepsilon_0}\boldsymbol{e}_n$.

2. 电介质的极化

极化后，均匀电介质表面出现极化电荷 $\pm q'$. 介质中电场 $\boldsymbol{E} = \boldsymbol{E}_0 + \boldsymbol{E}'$，极化电荷产生的场强 $\boldsymbol{E}'$ 削弱外电场 $\boldsymbol{E}_0$，即 $|\boldsymbol{E}| < |\boldsymbol{E}_0|$，$\boldsymbol{E}$ 和 $\boldsymbol{E}_0$ 同向.

3. 电位移矢量

$\boldsymbol{D} = \varepsilon_0\boldsymbol{E} + \boldsymbol{P}$，对于各向同性电介质，$\boldsymbol{D} = \varepsilon_0\varepsilon_r\boldsymbol{E} = \varepsilon\boldsymbol{E}$.

4. 电介质中的高斯定理

积分形式 $\oint_S \boldsymbol{D} \cdot \mathrm{d}\boldsymbol{S} = \sum q_{自由}$

*微分形式 $\nabla \cdot \boldsymbol{D} = \rho$

5. 电容器

(1) 孤立导体的电容 $C = \frac{q}{U}$

(2) 电容器的电容 $C = \frac{q}{U_A - U_B}$

(3) 电容器的连接

串联 $\frac{1}{C} = \frac{1}{C_1} + \frac{1}{C_2} + \cdots + \frac{1}{C_n}$

并联 $C = C_1 + C_2 + \cdots + C_n$

(4) 电容器的储能

$$W_e = \frac{1}{2}\frac{Q^2}{C} = \frac{1}{2}CU_{AB}{}^2 = \frac{1}{2}QU_{AB}$$

6. 静电场能量

(1) 能量密度 $w_e = \frac{1}{2}\varepsilon_0 E^2$

(2) 总静电能 $W_e = \int w_e \mathrm{d}V$

***7. 点电荷系统的相互作用能**

$$W_e = \frac{1}{2}\sum_{i=1}^N q_i U_i$$

或

$$W_e = \frac{1}{2}\int U\mathrm{d}q$$

阅读材料(五) 压电效应、压电体和铁电体

有些晶体在外力作用下发生伸长或压缩等形变时,在它的某些相对应的表面上会产生异号电荷;反之,当对这类晶体施加一电场时,晶体将产生应变,因而在晶体内产生应力,这两种效应都称为压电效应(piezoelectric effect).前者称为正压电效应,后者称为逆压电效应.能产生压电效应的晶体叫压电晶体.常见的石英晶体和各种压电陶瓷片都是压电晶体.各种压电晶体都是电介质,而且是各向异性电介质.压电晶体具有以下功能.

(1) 压电效应

当施加外力于晶体时,晶体发生形变,导致在受力的两个晶面上出现等量异号的极化电荷.压力产生的极化电荷与拉力产生的极化电荷极性相反,其数量与外力引起的形变程度有关.这种由于形变而使晶体的电极化状态发生变化的现象,叫作压电效应.压电效应产生的原因是,在外力作用的方向上,由于晶体发生形变造成晶格间距的变化,使得晶粒的正负电荷中心发生分离,从而产生极化现象.

(2) 电致伸缩效应

压电晶体在电场力作用下发生形变的现象,叫作电致伸缩效应.它是压电效应的逆效应.其产生的原因是,压电晶体在交变电场的作用下,其内应力和形变都会发生周期性变化,从而产生机械振动.

(3) 热电效应

某些压电晶体通过温度的变化可以改变其极化状态,从而在某些相对应的表面上产生异号极化电荷,这种现象叫作热释电效应.与此相反,在外电场作用下,这种晶体的温度会发生显著变化,这种效应叫作电生热效应.热释电效应的产生源于晶体的各向异性,是由于晶体在不同方向上的线膨胀系数不同引起的.

另有一类晶体,当撤销外电场后,极化并不消失,因而具有所谓的“剩余极化”的性质,犹如铁磁质磁化后撤去外磁场还具有剩磁一样,故将这类电介质叫作铁电性电介质,简称为铁电体(ferro-electrics).铁电体的极化曲线类似于铁磁质的磁化曲线,存在着电滞现象和电滞回线,铁电体还存在着类似于铁磁质“居里温度”的临界温度,即当温度高于某一值时,铁电体就退化为一般的均匀电介质.

压电体和铁电体由于其特有的性能,因而有着广泛的应用,现举例如下.

(1) 压电晶体振荡器

它是将机械振动变为同频率的电振荡的器件,由夹在两个电极之间的压电晶片构成.

由于压电晶片的机械振动有一个确定的固有频率,所以它对频

率非常敏感.石英晶体振荡器是应用较多的一种压电晶体振荡器,广泛用于通讯和精密电子设备、小型电子计算机、微处理机以及石英钟表内作为时间或频率的标准.有恒温控制的石英晶体振荡器的频率稳定度可达 10^{-13} 量级,可作为原子频率标准而用于原子钟内.

(2) 压电电声换能器

利用逆压电效应(电致伸缩效应)可以把电能转变成声能,因此可利用压电晶体制成扬声器、耳机、蜂鸣器等,尤其重要的是可制成超声发生器,它可以将相应频率的电振荡转变成频率高于 20 000 Hz 的超声波.这种超声波可广泛应用于海洋探测、固体探伤、医疗检查(B超)、清洗、治疗疾病等诸多方面.

获得1986年诺贝尔物理奖的扫描隧道显微镜也巧妙地利用了压电晶体的电致伸缩效应.这种显微镜是一种能精确地显示材料样品表面原子排列情况的仪器,它的探头在样品表面上要一步一步地作极微小的移动,这种微小的移动就是靠压电晶片的一次次电致伸缩来实现的.这种移动的每一步可以只有 10～100 nm.压电晶片可以做成三足式的,以便能改变移动的方向.

(3) 压电传感器

利用压电晶体的特殊性能可以将各种非电信号转换成电信号,从而可以进行放大、运算、传递、记录和显示,用于这种用途的压电元件叫作压电传感器.利用压电效应做成的力敏传感器可用于应变仪、血压计等仪器中;利用热释电效应做成的热敏传感器可用作温度计和红外探测器等.

(4) 压电高压发生器

输入压电元件的电振动能量由于电致伸缩可以转变成机械振动能.此振动能还可通过正压电效应转换成电能,从而获得高电压输出.这种获得高电压的方法可用来做成引燃装置,如汽车火花塞、炮弹和手榴弹的引爆雷管,还可用来作红外夜视仪和手提X光机中的高压电源等.用途广泛的诸如打火机、煤气灶中的电子打火器,也是根据压电效应制成的,它要求压电晶体在受到一次静压力或一次撞击时,所产生的电压足以在空气中打出电火花,也即空气电离产生火花放电.

(5) 铁电体高效电源

铁电体高效电源具有功率大、质量轻、体积小等突出优点,可用来引爆炸药、产生激光、加速带电粒子和对一些特殊的电子系统供电等.

铁电体之所以能成为高效电源,是由铁电体的剩余极化性能决定的,电介质在极化过程中把一部分电场能量转化为极化能贮存在电介质内,电极化消失时,该极化能又以其他形式的能量释放出来.由于铁电体在外电场撤销后还有剩余极化,因而仍有一部分极化能贮存在铁电体内，用炸药引爆的方式可使这部分剩余极化能迅速释放出来．炸药爆炸所产生的冲击波给铁电体以极大的冲击力，使之温度升高而变成一般的电介质，剩余极化迅速消失，从而在几微秒之内以电能的形式把极化能释放出来．因此，人们把这种能量的转换方式称之为“铁电体爆电换能发电”．

思考题

5－1 带电 Q 的孤立导体球表面附近的场强沿什么方向？当我们把另一个带电体移近该导体球时，球表面附近的场强将沿什么方向？电荷是否还是均匀分布？表面是否等电势？电势是否发生变化？导体球内任一点的场强有无变化？

5－2 若一带电导体表面上某点电荷面密度为 σ，则该点外侧附近场强为 σ/ε_0，如果将另一带电体移近，该点场强是否改变？公式 $E=\sigma/\varepsilon_0$ 是否仍成立？

5－3 将一个带正电的导体 A 移近一个不带电的对地绝缘导体 B 时，导体 B 的电势是升高还是降低？为什么？

5－4 将一个带正电的导体 A 移近一个接地导体 B 时，导体 B 是否维持零电势？其上是否带电？

5－5 如何能使导体：(1)净电荷为零而电势不为零；(2)有过剩的正或负电荷，而电势为零；(3)有过剩的正电荷，而电势为负；(4)有过剩的负电荷，而电势为正．

5－6 用电源将平行板电容器充电后与电源断开，(1)若使电容器两极板间距减小，两板上电荷、两板间场强、电势差、电容器的电容以及电容器储能如何变化？(2)若电容器充电后仍与电源连接，再回答上述问题．

5－7 电容分别为 C_1，C_2 的两个电容器，将它们并联后用电压 U 充电与将它们串联后用电压 2U 充电的两种情况下，哪一种电容器组合储存的电量多？哪一种储存的电能大？

5－8 真空中均匀带电的球体与球面，若它们的半径和所带的电量都相等，它们的电场能量是否相等？若不等，哪一种情况电场能量大？

5－9 在一个平行板电容器的两极板间，先后分别放入一块电介质板与一块金属板，设两板厚度均为两极板间距离的一半，问它们对电容的影响是否相同？

5－10 如图所示，在平行板的一半容积内充入相对介电常量为 ε_r 的电介质．试分析充电后在有电介质和无电介质的两部分极板上的自由电荷面密度是否相同？如不相同它们的比值等于多少？

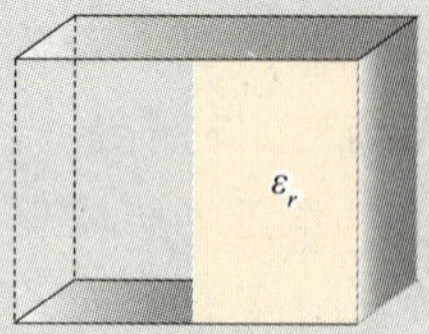

思考题 5－10 图

5－11 在静电场中的电介质和导体表现出哪些不同的特征？电介质的极化和导体的静电感应两者的微观过程有何不同？

5－12 电位移矢量 $\boldsymbol{D}$ 和电场强度 $\boldsymbol{E}$ 有何区别和联系？为什么要引入 $\boldsymbol{D}$ 来描述电场？

习　题

5－1 将一个带正电的带电体 A 从远处移到一个不带电的导体 B 附近，导体 B 的电势将(　　)．

(A) 升高　　(B) 降低

(C) 不变　　(D) 无法确定

5－2 一孤立导体球壳带有正电荷，若将远处一带电体移至导体球壳附近，则(　　)．

(A) 导体球壳的电势仍保持不变

(B) 导体球壳表面上的电荷仍为均匀分布

(C) 导体球壳外附近的场强仍与其表面垂直

(D) 由于静电屏蔽，球壳外的带电体在球壳内产生的场强处处为零

5－3 如习题 5－3 图所示，将一个电荷量为 q 的点电荷放在一个半径为 R 的不带电的导体球附近，点电荷距导体球球心为 d，设无穷远处为零电势，则

在导体球球心 O 点有(　　).

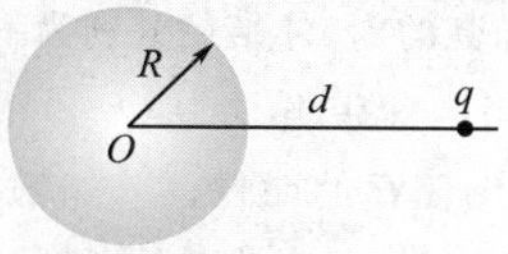

习题5－3图

(A) $E=0, U=\frac{q}{4\pi\varepsilon_0 d}$

(B) $E=\frac{q}{4\pi\varepsilon_0 d^2}, U=\frac{q}{4\pi\varepsilon_0 d}$

(C) $E=0, U=0$

(D) $E=\frac{q}{4\pi\varepsilon_0 d^2}, U=\frac{q}{4\pi\varepsilon_0 R}$

5－4　在间距为 d 的平行板电容器中，平行地插入一块厚度为 $d/2$ 的金属大平板，则电容变为原来的________倍；如果插入的是一块厚为 $d/2$，相对介电常量为 $\varepsilon_r=4$ 的大介质平板，则电容变为原来的________倍.

5－5　一平行板电容器，极板面积为 s，间距为 d，接在电源上并保持电压恒定为 U. 若将极板距离拉开为 $2d$，则电容器中静电能的减少量为________；电源对电场做功为________；外力对极板做功为________.

5－6　半径为 R 的均匀带电球体，若球体内外电介质的介电常量相同，则球内的静电能与球外的静电能之比为________.

5－7　点电荷 $+q$ 处于导体球壳的中心，壳的内、外半径分别为 R_1 和 R_2，试求电场强度和电势分布.

5－8　半径为 $R_1=1.0$ cm 的导体球带电量为 $q=1.0\times10^{-10}$ C，球外有一个内、外半径分别为 $R_2=3.0$ cm 和 $R_3=4.0$ cm 的同心导体球壳，壳上带有电量 $Q=11\times10^{-10}$ C. 试求：(1)两球的电势；(2)若用导线把两球连接起来时两球的电势；(3)若外球接地时，两球的电势各为多少？

5－9　一无限长圆柱形导体，半径为 a，单位长度上带有电量 λ_1，其外有一共轴的无限长导体圆筒，内、外半径分别为 b 和 c，单位长度带有电量 λ_2，试求各区域的场强分布.

5－10　如习题5－10图所示，三块面积为 $200\ \text{cm}^2$ 的平行薄金属板，其中 A 板带电 $Q=3.0\times10^{-7}$C，B，C 板均接地，A，B 板相距4 mm，A，C 两板相距2 mm. (1)计算 B，C 板上感应电荷及 A 板的电势；

(2)若在 A，B 两板间充满相对介电常量 $\varepsilon_r=5$ 的均匀电介质，求 B，C 板上的感应电荷及 A 板的电势.

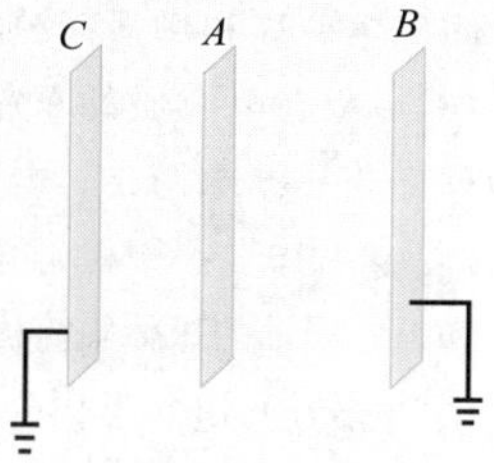

习题5－10图

5－11　证明：两平行放置的无限大带电的平行平面金属板 A 和 B 相向的两面上电荷面密度大小相等，符号相反；相背的两面上电荷面密度大小相等，符号相同. 如果两金属板的面积同为 $100\ \text{cm}^2$，带电量分别为 $Q_A=6\times10^{-8}$ C 和 $Q_B=4\times10^{-8}$ C，略去边缘效应，求两板的四个表面上的电荷面密度.

5－12　半径为 R 的金属球离地面很远，并用导线和地相联，在与球心距离为 $d=3R$ 处有一点电荷 $+q$，试求金属球上的感应电荷.

5－13　一空气平行板电容器，极板面积 $S=0.2\ \text{m}^2$，间距 $d=1.0$ cm，充电使其两板电势差 $U_0=3\times10^3$ V，然后断开电源，再在两板间充满电介质，两板间电压降至 1×10^3 V. 试计算：(1)原空气电容器电容 C_0；(2)每一极板上所带电量 Q；(3)两板间原电场强度 E_0；(4)放入介质后的电容 C 和两板间场强 E；(5)介质极化后每一面上的极化电荷 Q'；(6)介质的相对介电常量 ε_r.

5－14　在半径为 R 的金属球之外包有一层外半径为 R' 的均匀电介质，相对介电常数为 ε_r，金属球带电量为 Q. 求：(1)电介质层内、外的场强分布；(2)电介质层内、外的电势分布；(3)金属球的电势.

5－15　一平行板电容器的两板上带有等量异号电荷，两板间距为5 mm，充以 $\varepsilon_r=3$ 的电介质，介质中的电场强度为 $1.0\times10^6\ \text{V}\cdot\text{m}^{-1}$. 求：(1)电介质中的电位移矢量；(2)平板上的自由电荷面密度；(3)介质面上的极化电荷面密度；(4)平行板上的自由电荷及电介质面上的极化电荷所产生的场强.

5－16　计算两个半径均为 a 的导体球组成的电容器的电容. 已知两导体球球心相距 L($L\gg a$，若导体球带电，可认为球面上电荷均匀分布).

5－17　两导体相距很远，相对于无穷远处的电势分别为 U_1 和 U_2，电容分别为 C_1 和 C_2，当用细导线把它们连接起来时，将有电荷的流动，计算流动的电量及导体最后的电势.

5－18　一半径为 R，带电量为 Q 的金属球，球外有一层均匀电介质组成的同心球壳，其内、外半径分别为 a，b，相对介电常量为 ε_r. 求：(1)电介质内、外空间的电位移和场强；(2)离球心 O 为 r 处的电势分布；(3)如果在电介质外罩一半径为 b 的导体薄球壳，该球壳与导体球构成一电容器，这电容器的电容多大.

5－19 一圆柱形电容器是由半径为 R_1 的导线和与它同轴的导体圆筒构成，圆筒内壁半径为 R_2（$R_2>R_1$），长为 l，电容器内充满相对介电常量为 ε_r 的均匀电介质. 若电容器沿轴线方向上单位长度带电量为 λ（导线带正电，圆筒带负电），忽略边缘效应. 求：(1)电介质中任一点的电位移和场强；(2)电介质两个表面的极化电荷面密度.

5－20 如习题 5－20 图所示，极板面积 $S=40\ \text{cm}^2$ 的平行板电容器内有两层均匀电介质，其相对介电常量分别为 $\varepsilon_{r1}=4$ 和 $\varepsilon_{r2}=2$，电介质层厚度分别为 $d_1=2$ mm 和 $d_2=3$ mm，两极板间电势差为 200 V. 试计算：(1)每层电介质中各点的能量体密度；(2)每层电介质中电场的能量；(3)电容器的总能量.

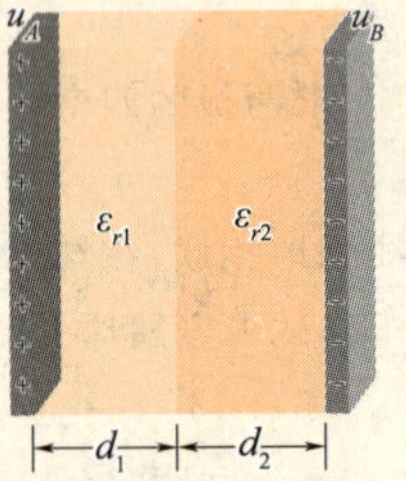

习题 5－20 图

5－21 半径为 $R_1=2.0$ cm 的导体球外有一同心的导体球壳，壳的内、外半径分别为 $R_2=4.0$ cm 和 $R_3=5.0$ cm，当内球带电量为 $Q=3.0\times10^{-8}$ C 时，求：(1)整个电场储存的能量；(2)如果将导体球壳接地，计算储存的能量，并由此求其电容.

5－22 平行板电容器的极板面积 $S=300\ \text{cm}^2$，两极板相距 $d_1=3$ mm，在两极板间有一平行金属板，其面积与极板相同，厚度为 $d_2=1$ mm，当电容器被充电到 $U=600$ V 后，拆去电源，然后抽出金属板. 问：(1)电容器两极板间电场强度多大，是否发生变化？(2)抽出此板需做多少功？

5－23 有一均匀带电 Q 的球体，半径为 R，试求其电场所储存的能量.

5－24 一个 100 pF 的电容器充电到 100 V，把充电电源断开后，再把这电容器并联到另一电容器上，最后的电压是 30 V. 第二个电容器的电容多大？损失了多少能量？

第 6 章 稳恒磁场

第4章研究了相对于观察者静止的电荷周围所形成的静电场的性质和规律.实验发现,相对于观察者运动的电荷周围,不仅存在电场,而且还存在磁场.磁场的性质用磁感应强度这一物理量来描述.磁感应强度通常随时间而改变.若磁感应强度不随时间而改变,则称为稳恒磁场.

本章将研究稳恒电流产生的磁场,导出磁场中的高斯定理和安培环路定理,从而得到稳恒磁场的场方程,并阐明稳恒磁场的基本特性.最后,研究磁场对电流和带电粒子的作用以及磁场和磁介质的相互作用及影响.

§6.1 磁感应强度

6.1.1 磁现象 磁场

我国是世界上最早发现和应用磁现象的国家之一，早在公元前300年就发现了磁铁矿石吸引铁的现象.在11世纪，我国已制造出航海用的指南针(compass)，这是我国的四大发明之一.

在1820年以前，人们对磁现象的研究仅局限于磁铁磁极(magnetic pole)间的相吸和排斥，而对磁与电两种现象的研究彼此独立，毫无关联.1820年7月21日丹麦物理学家奥斯特(H. C. Oersted)发表了《电流对磁针作用的实验》，公布了他观察到的电流使小磁针发生偏转的实验现象(见图6－1)，从此开创了磁电统一的新时代.

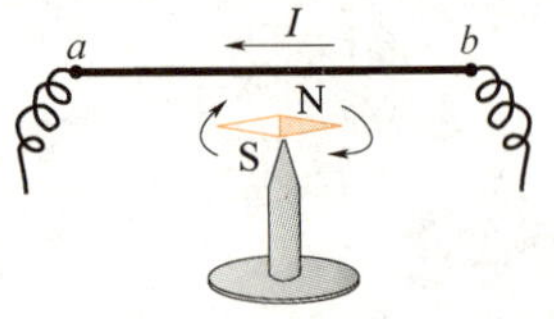

图6－1 奥斯特的发现

奥斯特的发现立即引起了法国数学家和物理学家安培(A. M. Ampere)的注意，他在短短的几个星期内对电流的磁效应作出了系列研究，发现不仅电流对磁针有作用，而且两个电流之间彼此也有作用，如图6－2所示；位于磁铁附近的载流导线或载流线圈也会受到力或力矩的作用而运动，如图6－3(a)，6－3(b)所示.此外，他还发现若用铜线制成一个线圈，通电时其行为类似于一块磁铁.这使他得出这样一个结论：天然磁性的产生也是由于磁体内部有电流流动.每个磁性物质分子内部，都自然地包含一环形电流，称为**分子电流**(molecular current)，每个分子电流相当于一个极小的磁体，称为**分子磁矩**(molecular magnetic moment).一般物体未被磁化时，单个分子磁矩取向杂乱无章，因而对外不显磁性；而在磁性物体内部，分子磁矩的取向至少未被完全抵消，因而导致磁体之间有“磁力”相互作用.

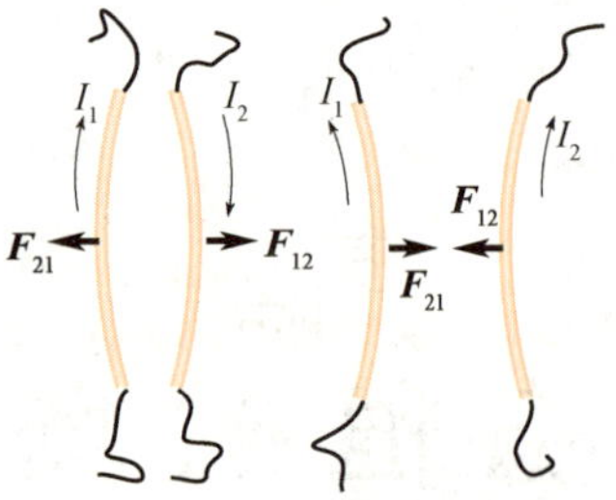

图6－2 两平行载流导线间的作用

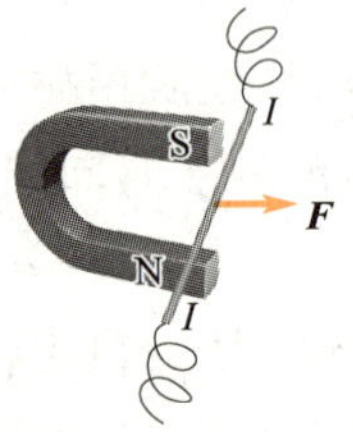

(a) 载流导线受到磁力F的作用而运动

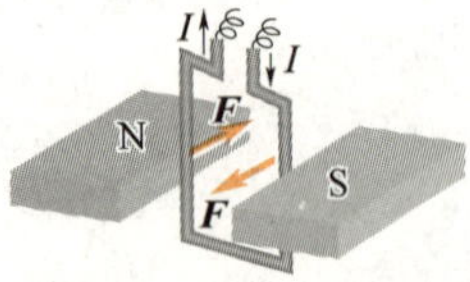

(b) 载流线圈受到磁力矩作用而转动

图6－3 磁铁对载流导线和载流线圈的作用

1820年是人们对电磁现象的研究取得重大成果的一年.人们发现，**电荷的运动是一切磁现象的根源**.一方面，运动电荷在其周围空间激发磁场；另一方面，运动电荷在空间除受电场力作用之外，还受磁场力作用.电磁现象是一个统一的整体，电学和磁学不再是两个分立的学科.

6.1.2 电流和电流密度

如前所述，电荷的运动是一切磁现象的根源.电荷的定向运动形成电流，称为**传导电流**；若电荷(电子或离子)或宏观带电物体在空间作机械运动，形成的电流称为**运流电流**.

常见的电流沿着一根导线流动，其强弱用**电流强度**（electric current strength）来描述，它等于单位时间通过某一截面的电量，方向与正电荷流动的方向相同，其数学表达式为

$$I=\lim_{\Delta t\to 0}\frac{\Delta q}{\Delta t}=\frac{\mathrm{d}q}{\mathrm{d}t} \tag{6-1}$$

虽然我们规定了电流强度的方向，但电流强度 I 是标量而不是矢量，因为电流的叠加服从代数加减法则，而不服从矢量叠加的平行四边形法则.

实际上还常常遇到电荷在大块导体中流动的情况. 由于粗细不均，材料不同等原因，导体中各点处电流的大小和方向是不同的，形成了一个电流分布. 如冶金电解槽中电流通过电解液；气体放电时通过气体的电流等. 图 6－4 是大块导体板内电流分布示意图；地质勘探中电流在大地中的分布则如图 6－5 所示. 显然，电流强度只能描述导体中通过某一截面的电荷运动的整体特征，而不能描述这种电流分布.

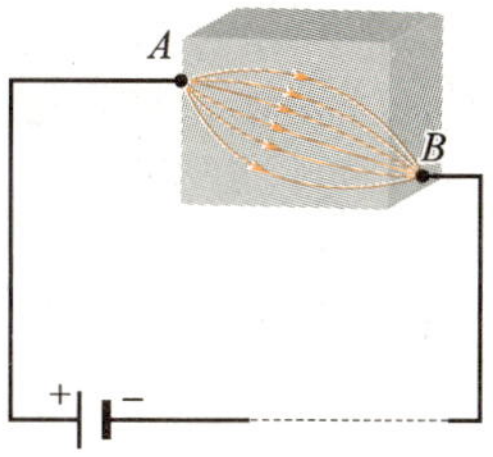

图 6－4　电流在大块金属中的分布

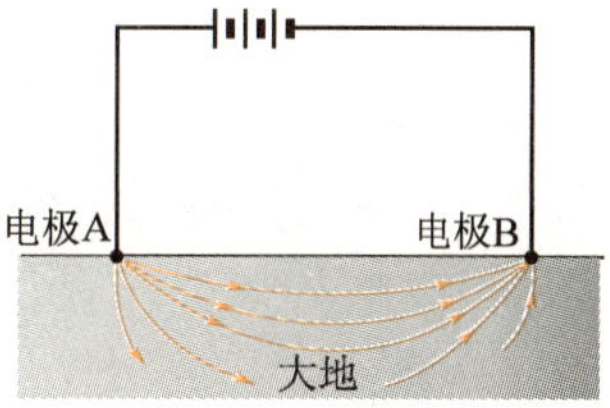

图 6－5　电流在大地中的分布

为了描述导体中不同点处的电流分布情况，需要引入一个新的物理量，叫作**电流密度**（current density）. 如图 6－6 所示，在导体中某点处垂直电场方向（即垂直于通过该点的电流方向）取一面积元 $\mathrm{d}S_{\perp}$，$\mathrm{d}I$ 为通过 $\mathrm{d}S_{\perp}$ 的电流强度，$\boldsymbol{e}_{\mathrm{n}}$ 为面元 $\mathrm{d}S_{\perp}$ 法线方向单位矢量，则该点处的电流密度定义为

$$\boldsymbol{j}=\frac{\mathrm{d}I}{\mathrm{d}S_{\perp}}\boldsymbol{e}_{\mathrm{n}} \tag{6-2}$$

显然，**电流密度是一个矢量，其方向与该点电流强度的方向相同，大小等于通过与该点场强方向垂直的单位截面积的电流强度**. 在国际单位制中，电流密度的单位为安培・米$^{-2}$（$\mathrm{A\cdot m^{-2}}$）.

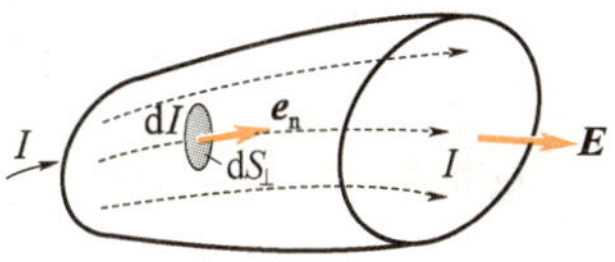

图 6－6　电流密度

根据 $\boldsymbol{j}$ 的定义，通过面元 $\mathrm{d}S_{\perp}$ 的电流 $\mathrm{d}I$ 与面元所在处的电流密度的关系为

$$\mathrm{d}I=j\mathrm{d}S_{\perp}$$

若在该点任取一面元矢量 $\mathrm{d}\boldsymbol{S}=\mathrm{d}S\boldsymbol{e}_{\mathrm{n}}$，如图6－7所示，$\mathrm{d}\boldsymbol{S}$ 在垂直于 $\boldsymbol{j}$ 方向上的投影面积为 $\mathrm{d}S_{\perp}=\mathrm{d}S\cos\theta$，$\theta$ 为面元矢量 $\mathrm{d}\boldsymbol{S}$ 的法向单位矢量 $\boldsymbol{e}_{\mathrm{n}}$ 与场强 $\boldsymbol{E}$ 的夹角，则

$$\mathrm{d}I=j\cos\theta\mathrm{d}S=\boldsymbol{j}\cdot\mathrm{d}\boldsymbol{S}$$

在一般情况下，导体内同一截面上不同部分的电流密度分布不同，通过导体中任意截面 S 的电流强度 I 可表示为

$$I=\int_S\boldsymbol{j}\cdot\mathrm{d}\boldsymbol{S} \tag{6-3}$$

上式表明：穿过某截面的电流强度等于电流密度矢量穿过该截面的通量. 即**电流强度 I 是电流密度 $\boldsymbol{j}$ 的通量**.

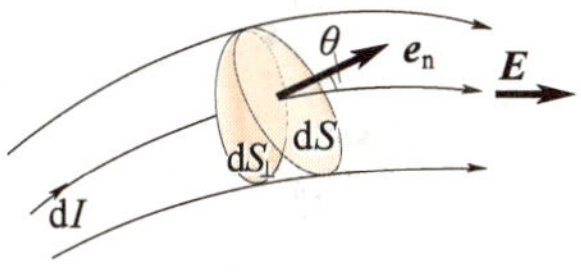

图 6－7　电流和电流密度的关系

6.1.3　磁感应强度

磁场有强弱方向之别，为了进一步研究磁场，需要一个物理量

来定量地描述磁场，该物理量称为**磁感应强度**（magnetic induction），用 $\boldsymbol{B}$ 表示.

我们知道，磁场对运动电荷有磁力作用，该磁力与电荷的电量、速度的大小及速度方向都有关. 当电荷速度 $\boldsymbol{v}$ 取某一特定方向时，所受磁力为零；当速度与这一特定方向垂直时，所受磁力最大. 实验表明，最大磁力 $\boldsymbol{F}_{\max}$ 的大小与电量 q 及速度 $\boldsymbol{v}$ 的大小成正比，但比值 $\dfrac{F_{\max}}{qv}$ 却只与空间位置有关，与 qv 的数值无关. 这一比值反映了该点磁场的强弱程度，定义为该点的磁感应强度 $\boldsymbol{B}$ 的大小

$$B=|\boldsymbol{B}|=\frac{F_{\max}}{qv} \tag{6-4}$$

$\boldsymbol{B}$ 的方向通常由小磁针来确定，一个可自由转动的小磁针，在磁场中某点静止时，N 极所指的方向就定义为该点磁感应强度 $\boldsymbol{B}$ 的方向.

在国际单位制中，磁感应强度 $\boldsymbol{B}$ 的单位为特斯拉(T). T 是一个较大的单位，地球磁场的磁感应强度数量级约为 10^{-4} T，一般永久磁铁的磁感应强度为 $10^{-1}\sim10^{-2}$ T，利用超导体可产生数量级为 10 T 的强磁场.

工程上还常用高斯(G)作为磁感应强度的单位，二者之间的换算关系为

$$1\ \text{T}=10^{4}\ \text{G}$$

§6.2 磁场中的高斯定理

6.2.1 磁感线

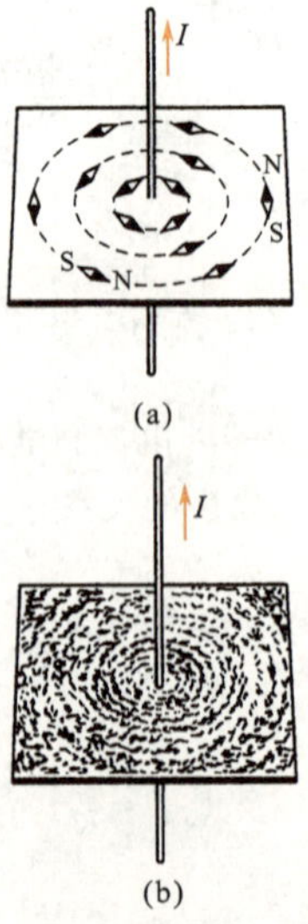

(a)

(b)

正像电场的分布可借助于电场线来描述一样，磁场的分布也可用磁感线来直观地描述. 磁感线又称为磁力线（magnetic line of force），线上每点的切线方向代表该点的磁感应强度 $\boldsymbol{B}$ 的方向；垂直通过单位面积的磁感线数目，等于该点 $\boldsymbol{B}$ 的大小，即

$$B=\frac{\mathrm{d}\Phi_{\mathrm{m}}}{\mathrm{d}S_{\perp}} \tag{6-5}$$

$\mathrm{d}\Phi_{\mathrm{m}}$ 为穿过与 $\boldsymbol{B}$ 垂直的面积元 $\mathrm{d}S_{\perp}$ 的磁感线条数，因此，磁感线的疏密程度反映了磁感应强度的强弱分布.

和电场线一样，磁感线也是人为地画出来的，并非磁场中真的有这种线存在. 磁场中的磁感线可借助小磁针或铁屑显示出来. 例如在垂直于长直载流导线的玻璃板上撒上一些铁屑，这些铁屑将被

磁场磁化，可以当作一些细小的磁针，它们在磁场中会形成如图 6－8(a)和 6－8(b)所示的分布图样. 载流长直导线磁感线的回转方向和电流之间的关系遵从右手螺旋定则，即用右手握住导线，使大拇指伸直并指向电流方向，这时其他四指弯曲的方向，就是磁感线的回转方向[见图 6－8(c)].

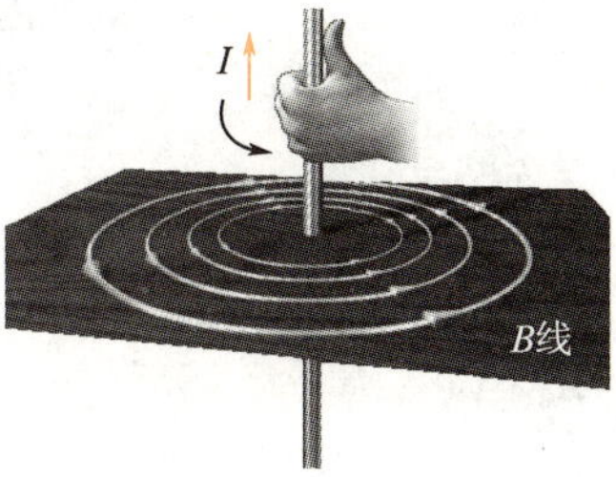

(c)

图 6－8　载流长直导线的磁感线

对于回路电流，如圆形电流和载流长直螺线管，它们的磁感线方向也可由右手螺旋定则来确定. 不过这时要用右手握住螺线管(或圆电流)，使四指弯曲的方向沿着电流方向，而伸直大拇指的指向就是螺线管内(或圆电流中心处)磁感线的方向(见图 6－9). 由于磁场中某点的磁场方向是确定的，所以磁场中任何两条磁感线都不会相交，磁感线的这一特性和电场线是相同的.

磁感线和电场线有重大区别. 电场线从正电荷出发，到负电荷终止，有头有尾，不构成闭合回线；而磁感线却无头无尾，磁感线从 N 极出发，并没有在 S 极终止，而是通过磁铁内部又回到 N 极，构成一闭合回线. 磁感线的这一性质，反映了磁场是涡旋场. 产生这种区别的根本原因在于有单独的正、负电荷，而没有单独的磁荷(magnetic charge)——磁单极子(magnetic monopole)，即没有单独存在的 S 极和 N 极.

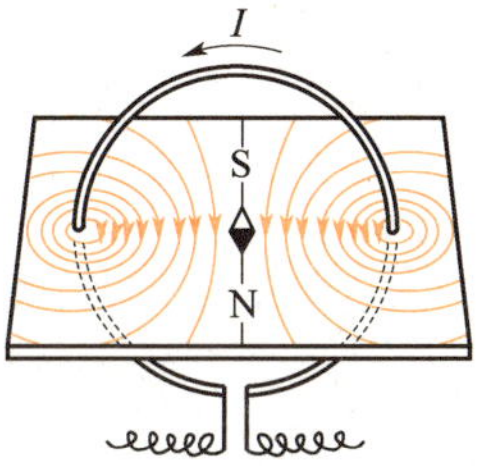

(a)

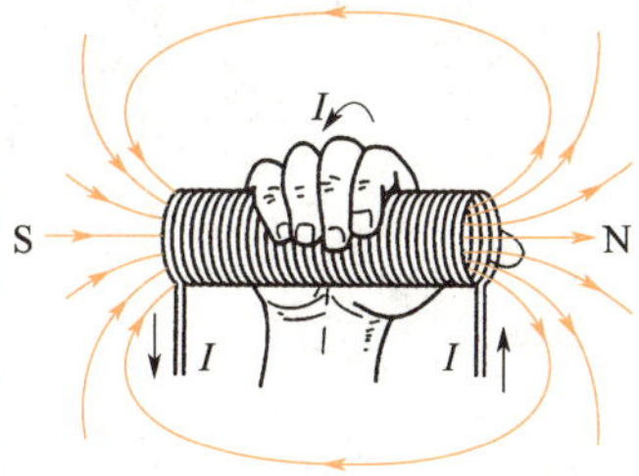

(b)

图 6－9　圆电流和载流长直螺线管的磁感线

6.2.2　磁通量

穿过磁场中任一曲面的磁感线条数，称为穿过该曲面的**磁通量**(magnetic flux). 由(6－5)式，穿过 $dS_\perp$ 的磁通量为

$$d\Phi_m = BdS_\perp$$

类似于电通量的讨论，穿过任一面元 dS 的磁通量为

$$d\Phi_m = B\cos\theta dS = \boldsymbol{B}\cdot d\boldsymbol{S} \tag{6-6}$$

其中 θ 为 $d\boldsymbol{S}$ 的法向与 $\boldsymbol{B}$ 的夹角.

若磁场均匀，如图 6－10(a)所示，穿过 S 面的磁通量为

$$\Phi_m = BS\cos\theta = \boldsymbol{B}\cdot\boldsymbol{S} \tag{6-7a}$$

若磁场非均匀，如图 6－10(b)所示，穿过任一曲面 S 的磁通量为

$$\Phi_m = \int_S d\Phi_m = \int_S \boldsymbol{B}\cdot d\boldsymbol{S} \tag{6-7b}$$

在国际单位制中，磁通量的单位为韦伯(Wb). 由(6－5)式可知，磁感应强度 $\boldsymbol{B}$ 也可理解为磁通密度，其单位为 $Wb\cdot m^{-2}$，即 $1T = 1Wb\cdot m^{-2}$.

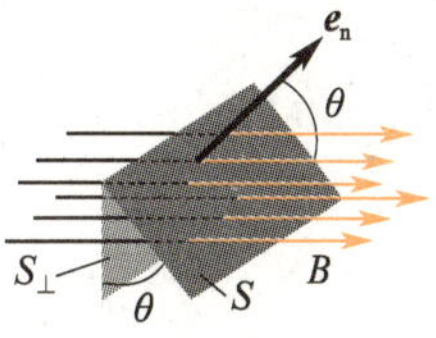

(a)

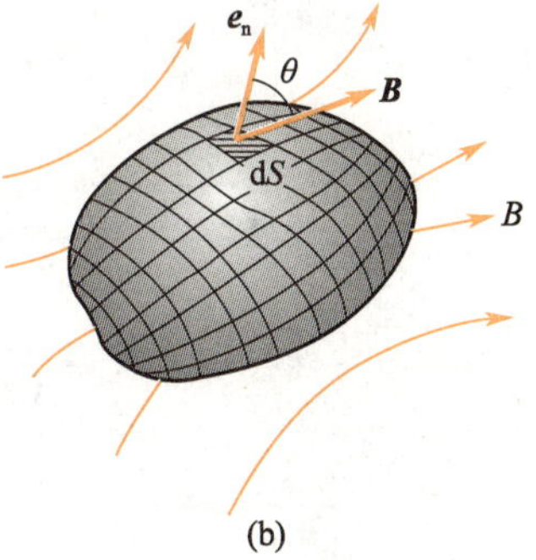

(b)

图 6－10　磁通量

6.2.3　磁场中的高斯定理

在(6－7b)式中，如果 S 是闭合曲面，类似于电通量的讨论，我

们仍规定由里向外为法线正方向，这样，当磁感线由闭合曲面穿出时磁通量为正，而磁感线进入闭合曲面时磁通量为负，穿过闭合曲面 S 的总磁通量可记为

$$\Phi_m = \oint_S \boldsymbol{B} \cdot \mathrm{d}\boldsymbol{S} \tag{6-8}$$

根据磁通量的定义，(6－8)式代表穿过任一闭合曲面的磁感线的条数. 由于磁感线是无头无尾的闭合曲线，因此，穿入闭合曲面的磁感线数必然等于穿出该闭合曲面的磁感线数，也就是说，穿过任一闭合曲面的总磁通量必然为零，即

$$\oint_S \boldsymbol{B} \cdot \mathrm{d}\boldsymbol{S} = 0 \tag{6-9}$$

(6－9)式称为**磁场中的高斯定理**，它表示磁场中磁感线总是闭合的整体特性，通常又称为磁场方程.

*利用矢量分析中的奥-高定理，(6－9)式可写为

$$\oint_S \boldsymbol{B} \cdot \mathrm{d}\boldsymbol{S} = \int_V \mathrm{div}\boldsymbol{B}\mathrm{d}V = 0$$

式中 $\mathrm{div}\boldsymbol{B}$ 称为**磁感应强度的散度**，可用算符 ∇ 与 $\boldsymbol{B}$ 的点积表示，即 $\mathrm{div}\boldsymbol{B} = \nabla \cdot \boldsymbol{B}$. 由于该等式对任意大小的体积 V 都成立，故被积函数应为零，即

$$\nabla \cdot \boldsymbol{B} = 0 \quad 或 \quad \mathrm{div}\boldsymbol{B} = 0 \tag{6-10}$$

(6－10)式称为磁场中高斯定理的微分形式，它表明磁场是一个无源场. 比较电场和磁场中的高斯定理，它们不仅仅是等式右边不等于零或等于零的不同，而是有源和无源的区别.

1931 年，英国物理学家狄拉克(P. A. M. Dirac)首先从理论上探讨了磁单极存在的可能性，指出磁单极的存在与电动力学和量子力学没有矛盾，而且由此可以导出电荷的量子化. 1974 年荷兰物理学家特霍夫脱和前苏联物理学家保尔亚科夫独立提出的阿贝尔规范场理论认为磁单极必然存在. 现代统一场理论也认为有磁单极存在. 但至今为止，人们还没有发现可以确定磁单极存在的实验证据. 当然，如果有朝一日实验上发现了磁单极子，则磁场中的高斯定理要作重大修改.

§6.3 毕奥－萨伐尔定律及其应用

6.3.1 稳恒电流的磁场

我们已经知道，运动的电荷(电流)要产生磁场，但还没有进行定量的计算.

实验表明，磁场和电场一样，都遵循叠加原理.

要求出任意电流分布在空间某点 P 产生的磁感应强度 $\boldsymbol{B}$，可以把载流导体看成由无限多个连续分布的电流元 $I\mathrm{d}\boldsymbol{l}$ 组成，其中 $\mathrm{d}\boldsymbol{l}$ 的

方向为电流流动的方向. 如图 6－11 所示，先求出每个电流元在该点产生的磁感应强度 d$\boldsymbol{B}$，再把所有的 d$\boldsymbol{B}$ 叠加，就可求得载流导线在该点产生的磁感应强度 $\boldsymbol{B}$.

19 世纪 20 年代，毕奥（J. B. Biot）和萨伐尔（E. Savart）对电流产生磁场的大量实验结果进行分析以后，得出如下结论：电流元 $I\mathrm{d}\boldsymbol{l}$ 在真空中某点产生的磁感应强度 d$\boldsymbol{B}$ 的大小与电流元的大小 $I\mathrm{d}l$ 成正比，与 $I\mathrm{d}\boldsymbol{l}$ 和径矢 $\boldsymbol{r}$ 间的夹角 θ 的正弦成正比，并与距离 r 的平方成反比，即

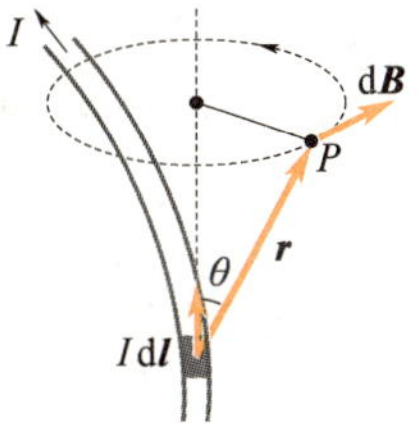

图 6－11　毕奥－萨伐尔定律

$$\mathrm{d}B=k\,\frac{I\mathrm{d}l\sin\theta}{r^2}$$

式中 k 为比例系数，与磁场中磁介质和单位制选取有关. 在国际单位制中，对于真空中磁场，比例系数 $k=\frac{\mu_0}{4\pi}$，其中 μ_0 叫作**真空磁导率**（permeability of vacuum），其大小为 $\mu_0=4\pi\times10^{-7}\,\mathrm{N\cdot A^{-2}}$.

实验表明，d$\boldsymbol{B}$ 的方向垂直于 $I\mathrm{d}\boldsymbol{l}$ 与 $\boldsymbol{r}$ 组成的平面，d$\boldsymbol{B}$ 和 $I\mathrm{d}\boldsymbol{l}$ 及 $\boldsymbol{r}$ 三矢量满足矢量叉乘关系. 考虑到 d$\boldsymbol{B}$ 的方向，上式可写成矢量式

$$\mathrm{d}\boldsymbol{B}=\frac{\mu_0}{4\pi}\frac{I\mathrm{d}\boldsymbol{l}\times\boldsymbol{r}}{r^3}\tag{6-11}$$

（6－11）式称为**毕奥-萨伐尔定律**（Biot-Savart law）.

根据叠加原理，任意形状的载流导体在真空中产生的磁感应强度为

$$\boldsymbol{B}=\int\mathrm{d}\boldsymbol{B}=\int\frac{\mu_0}{4\pi}\frac{I\mathrm{d}\boldsymbol{l}\times\boldsymbol{r}}{r^3}\tag{6-12}$$

因稳恒电流总是闭合的，不可能存在单独的电流元，因此，我们无法从实验直接得出电流元和它们所产生的磁场之间的关系，即（6－11）式无法由实验直接验证. 我们只能将实验结果与（6－12）式的计算结果对比来间接验证毕奥－萨伐尔定律.

6.3.2　运动电荷的磁场

电流是由电荷的运动形成的，既然电流可以产生磁场，运动的电荷也一定能产生磁场. 一个荷电为 q，速度为 $\boldsymbol{v}$ 的带电粒子在其周围空间产生的磁感应强度可由毕奥－萨伐尔定律导出.

设 S 是电流元 $I\mathrm{d}\boldsymbol{l}$ 的横截面，导体单位体积内带电粒子数为 n，每个粒子都带有电量 q，并以速度 $\boldsymbol{v}$ 沿 $I\mathrm{d}\boldsymbol{l}$ 方向匀速运动而形成电流，如图 6－12 所示. 根据电流的定义，通过截面 S 的电流与电荷运动速度的关系为

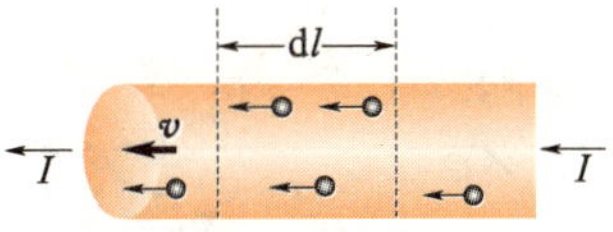

图 6－12　电荷运动与电流

$$I=qnvS$$

将 I 代入（6－11）式得

$$\mathrm{d}\boldsymbol{B}=\frac{\mu_0}{4\pi}\frac{qnSv\mathrm{d}\boldsymbol{l}\times\boldsymbol{r}}{r^3}=\frac{\mu_0}{4\pi}\frac{q(nS\mathrm{d}l)\boldsymbol{v}\times\boldsymbol{r}}{r^3}=\frac{\mu_0}{4\pi}\frac{q\mathrm{d}N\boldsymbol{v}\times\boldsymbol{r}}{r^3}$$

式中，$dN=nSdl$ 为电流元内带电粒子数，因速度是矢量，故 dl 不再写成矢量. 这样，每个以速度 $\boldsymbol{v}$ 运动的电荷 q 所产生的磁感应强度 $\boldsymbol{B}$ 为

$$\boldsymbol{B}=\frac{d\boldsymbol{B}}{dN}=\frac{\mu_0}{4\pi}\frac{q\boldsymbol{v}\times\boldsymbol{r}}{r^3} \tag{6-13}$$

若 $q>0$，则 $\boldsymbol{B}$ 与 $\boldsymbol{v}\times\boldsymbol{r}$ 同向；若 $q<0$，则 $\boldsymbol{B}$ 与 $\boldsymbol{v}\times\boldsymbol{r}$ 反向，如图 6-13 所示.

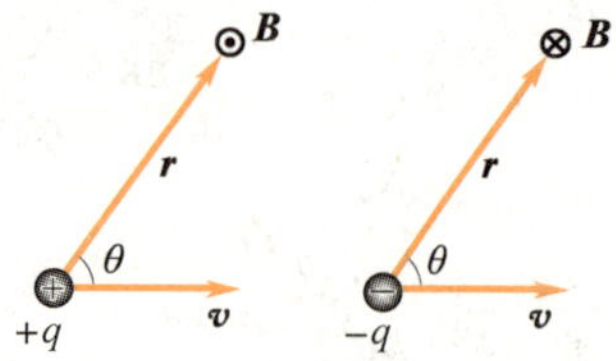

图 6-13 运动电荷的磁场

(6-13)式代表一个运动电荷产生的磁场，而毕奥－萨伐尔定律计算的则是多个运动电荷产生的磁场.

6.3.3 载流线圈的磁矩

对于通电平面载流线圈，我们引入**磁矩**(magnetic moment)的概念来描述其磁性，磁矩的定义为

$$\boldsymbol{p}_m=IS\boldsymbol{e}_n \tag{6-14}$$

式中 I 为电流，S 为线圈面积，$\boldsymbol{e}_n$ 为线圈平面的法向单位矢量，其方向与电流的环绕方向构成右手螺旋，如图 6-14 所示.

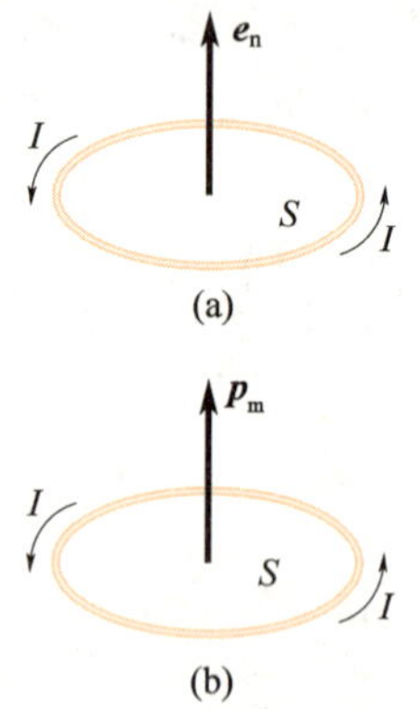

图 6-14 圆形电流的磁矩

由(6-14)式，电流的磁矩 $\boldsymbol{p}_m$ 大小为电流与电流所环绕的面积的乘积，方向为线圈的法线方向. 若线圈有 N 匝，则此线圈的磁矩为

$$\boldsymbol{p}_m=NIS\boldsymbol{e}_n \tag{6-15}$$

6.3.4 毕奥－萨伐尔定律的应用

利用毕奥－萨伐尔定律，原则上可求出任意载流导体产生的磁场的空间分布. 下面举几个例子说明毕奥－萨伐尔定律的应用.

一、载流直导线的磁场

设真空中有一段长为 L 的载流直导线，通过的电流为 I，计算与它的垂直距离为 a 的场点 P 的磁感应强度.

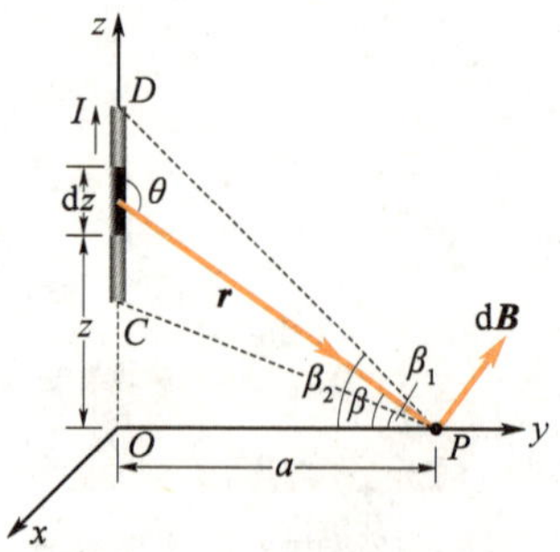

图 6-15 载流直导线的磁场

取坐标系如图 6-15 所示，在载流直导线上取一电流元 Idz，根据毕奥－萨伐尔定律，此电流元在场点 P 所产生的磁感应强度 $d\boldsymbol{B}$ 的大小为

$$dB=\frac{\mu_0}{4\pi}\frac{Idz\sin\theta}{r^2}$$

其方向沿 x 轴负方向. 在这一特例中，导线上各个电流元在 P 点所产生的磁感应强度方向相同，所以场点 P 的磁感应强度可写成标量积分，即

$$B=\int_L dB=\int_L\frac{\mu_0}{4\pi}\frac{Idz\sin\theta}{r^2}$$

式中 z，r 和 θ 都是变量，为求上述积分，取径矢 $\boldsymbol{r}$ 和垂线 PO 的夹角 β 为参变量(由 PO 顺时针转向 $\boldsymbol{r}$ 的角 β 取为正，反之为负)，则有

$$z=a\tan\beta,\quad \mathrm{d}z=a\sec^2\beta\mathrm{d}\beta$$

$$r=a\sec\beta,\quad \sin\theta=\cos\beta$$

将以上各式代入积分式，如图 6－15 所示，取积分下限为 β_1，上限为 β_2，得

$$B=\frac{\mu_0 I}{4\pi a}\int_{\beta_1}^{\beta_2}\cos\beta\mathrm{d}\beta=\frac{\mu_0 I}{4\pi a}(\sin\beta_2-\sin\beta_1)\tag{6－16}$$

要特别注意式中 β 的正负值：若电流起点 C 与终点 D 在垂线 PO 的同侧，则其相应的 β_1 和 β_2 同号(同正或同负)；若 C，D 在垂线 PO 两侧，则其相应的 β_1 和 β_2 异号.

如果载流导线为“无限长”，即导线的长度 L 比垂距 a 大得多($L\gg a$)，可认为 $\beta_1\to-\frac{\pi}{2}$，$\beta_2\to+\frac{\pi}{2}$，由(6－16)式可得

$$B=\frac{\mu_0 I}{2\pi a}\tag{6－17}$$

(6－17)式即为无限长载流直导线的磁感应强度. 如上所述，磁感线是一个个同心圆，P 点的磁感应强度 $\boldsymbol{B}$ 的方向垂直于纸面向里.

二、圆形电流轴线上的磁场

在真空中有一半径为 R 的圆形载流线圈，通有电流 I，计算其中心轴线上任一场点 P 的磁感应强度.

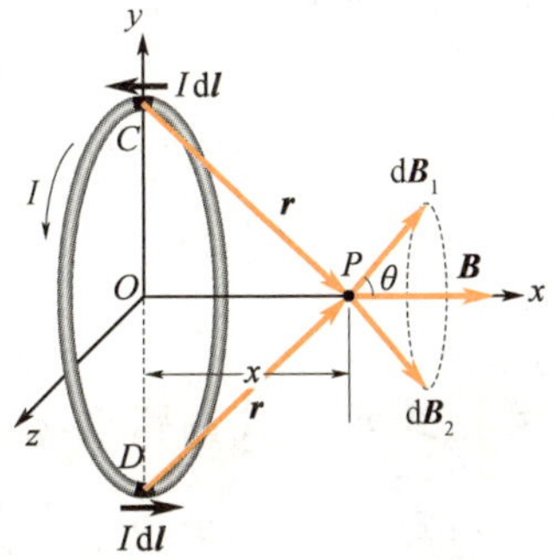

图 6－16　圆形电流轴线上的磁场

如图 6－16 所示选定坐标系，于圆电流上 C 点处取一电流元 $I\mathrm{d}\boldsymbol{l}$，它在 P 点产生的磁感应强度 $\mathrm{d}\boldsymbol{B}_1$ 的大小为

$$\mathrm{d}B_1=\frac{\mu_0 I\mathrm{d}l}{4\pi r^2}$$

$\mathrm{d}\boldsymbol{B}_1$ 的方向垂直于 $I\mathrm{d}\boldsymbol{l}$ 和 $\boldsymbol{r}$ 组成的平面. 在 C 的对称点 D 处也取一电流元 $I\mathrm{d}\boldsymbol{l}$，它在 P 点产生的磁感应强度 $\mathrm{d}\boldsymbol{B}_2$ 如图 6－16 所示. 对圆电流上所有的电流元产生的 $\mathrm{d}\boldsymbol{B}$ 作对称性分析可知

$$B_y=\int\mathrm{d}B_y=0$$

$$B_z=\int\mathrm{d}B_z=0$$

故圆电流在 P 点产生的磁感应强度为

$$B=\int\mathrm{d}B_x=\int\mathrm{d}B\cos\theta=\frac{\mu_0}{4\pi}\int\frac{I\mathrm{d}l}{r^2}\cdot\frac{R}{r}$$

$$=\frac{\mu_0 I}{4\pi}\cdot\frac{R}{r^3}\int_0^{2\pi R}\mathrm{d}l=\frac{\mu_0}{2}\frac{R^2 I}{(R^2+x^2)^{3/2}}\tag{6－18}$$

$\boldsymbol{B}$ 的方向沿 x 轴，与圆电流环绕方向构成右手螺旋：即右手四指的弯曲方向与电流方向相同，大拇指的指向为磁感应强度 $\boldsymbol{B}$ 的方向.

在圆电流的中心 O，$x=0$，故圆形电流在其圆心处产生的磁感应强度的量值为

$$B_o=\frac{\mu_0 I}{2R}\tag{6－19}$$

例 6-1

一无限长直载流导线，其中 CD 部分被弯成 120°圆弧，AC 与圆弧相切，如图 6-17 所示. 已知电流 $I=5.0$ A，圆弧半径 $R=2.0\times10^{-2}$ m，求圆心 O 处的磁感应强度.

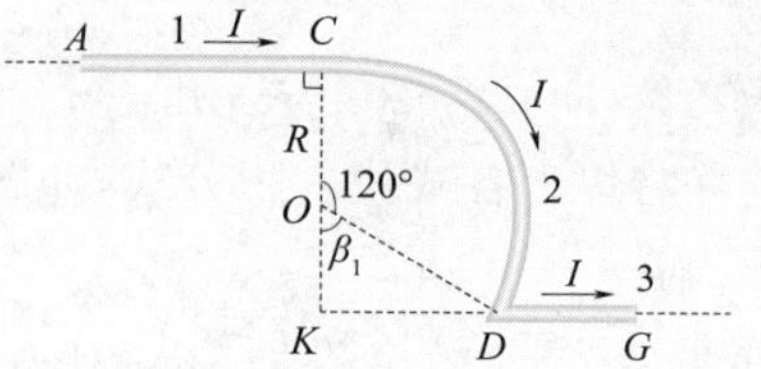

图 6-17 例 6-1 图

解 根据磁场的叠加性，可将载流导线分成三部分，如图 6-17 所示，分别将 AC，CD 和 DG 称为载流导线 1,2 和 3. 它们在 O 点产生的磁感应强度分别计算如下：

载流导线 1 相对于 O 点为半无限长，它在 O 点产生的磁感应强度 $\boldsymbol{B}_1$ 的方向垂直纸面向里，大小为无限长载流直导线产生磁场的一半.

$$B_1=\frac{1}{2}\frac{\mu_0 I}{2\pi R}=\frac{\mu_0 I}{4\pi R}$$

圆弧电流 2 在 O 点产生的磁感应强度 $\boldsymbol{B}_2$ 的方向垂直于纸面向里，大小可由毕奥-萨伐尔定律计算

$$B_2=\frac{\mu_0 IR\sin 90^\circ}{4\pi R^3}\int \mathrm{d}l=\frac{\mu_0 I}{4\pi R^2}\int \mathrm{d}l$$

$$=\frac{\mu_0 I}{4\pi R^2}\,\frac{2}{3}\pi R=\frac{1}{3}\,\frac{\mu_0 I}{2R}$$

由上式可见，$\frac{1}{3}$圆弧电流在圆心处产生的磁感应强度，其大小为一个完整的圆电流在圆心处产生的磁感应强度的$\frac{1}{3}$. 同理，半圆弧电流在圆心 O 处产生的磁感应强度为$\frac{1}{2}\frac{\mu_0 I}{2R}$，如此类推.

载流导线 3 在 O 点产生的磁感应强度 $\boldsymbol{B}_3$ 方向垂直于纸面向外，大小为

$$B_3=\frac{\mu_0 I}{4\pi a}(\sin\beta_2-\sin\beta_1)$$

$a=\overline{OK}=R\cos 60^\circ$，$\beta_2\to 90^\circ$，$\beta_1=60^\circ$，代入上式得

$$B_3=\frac{\mu_0 I}{2\pi R}\left(1-\frac{\sqrt{3}}{2}\right)$$

根据磁感应强度的叠加原理

$$\boldsymbol{B}_O=\boldsymbol{B}_1+\boldsymbol{B}_2+\boldsymbol{B}_3$$

设垂直于纸面向里为正，则电流 I 在 O 点产生的磁感应强度大小为

$$B_O=B_1+B_2-B_3=\frac{\mu_0 I}{4\pi R}\left(\frac{2\pi}{3}+\sqrt{3}-1\right)$$

代入数据得 $B_O=7.1\times10^{-5}$ T，方向垂直纸面向里.

例 6-2

相距 $d=40$ cm 的两根平行长直导线 1,2 放在真空中，每根导线载有电流 $I_1=I_2=20$ A，如图 6-18(a)所示. 求：

(1) 两导线所在平面内与两导线等距的点 A 处的磁感应强度；

(2) 通过图中阴影部分面积的磁通量（$r_1=r_3=10$ cm，$r_2=20$ cm，$l=25$ cm）.

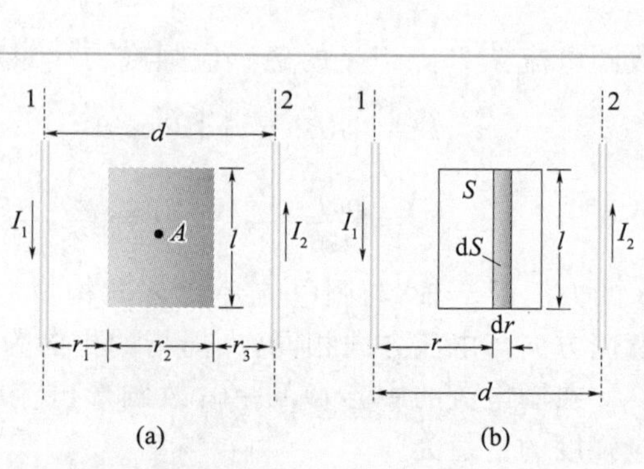

图 6-18 例 6-2 图

解　(1) 载流导线1,2在A点处产生的磁感应强度$\boldsymbol{B}_1$,$\boldsymbol{B}_2$方向均垂直于纸面向外. $\boldsymbol{B}_1$,$\boldsymbol{B}_2$的大小可按无限长直线电流的公式计算.由于$I_1=I_2$,且A点与两导线等距,得

$$B_1=B_2=\frac{\mu_0}{2\pi}\frac{I}{(r_1+\frac{r_2}{2})}=\frac{4\pi\times10^{-7}\times20}{2\pi\times0.20}\ \mathrm{T}$$

$$=2.0\times10^{-5}\ \mathrm{T}$$

所以A点的总磁感应强度

$$B=2B_1=4.0\times10^{-5}\ \mathrm{T}$$

方向垂直于纸面向外.

(2) 计算通过图中阴影部分面积的磁通量,可将该面积分割为许多面积元,如图6-18(b)所示,面积元$\mathrm{d}S(=l\mathrm{d}r)$与导线1相距$r$,与导线2相距$d-r$,该处磁感应强度$\boldsymbol{B}$垂直纸面向外,大小为

$$B=\frac{\mu_0}{2\pi}\frac{I_1}{r}+\frac{\mu_0}{2\pi}\frac{I_2}{d-r}$$

所以通过$\mathrm{d}S$的磁通量为

$$\mathrm{d}\Phi_\mathrm{m}=\boldsymbol{B}\cdot\mathrm{d}\boldsymbol{S}=B\mathrm{d}S=\frac{\mu_0 l}{2\pi}(\frac{I_1}{r}+\frac{I_2}{d-r})\mathrm{d}r$$

积分可得通过S面的磁通量

$$\Phi_\mathrm{m}=\int\mathrm{d}\Phi_\mathrm{m}=\frac{\mu_0 l}{2\pi}\int_{r_1}^{r_1+r_2}(\frac{I_1}{r}+\frac{I_2}{d-r})\mathrm{d}r$$

$$=\frac{\mu_0 lI_1}{2\pi}\ln\frac{r_1+r_2}{r_1}+\frac{\mu_0 lI_2}{2\pi}\ln\frac{d-r_1}{d-r_1-r_2}$$

由于$I_1=I_2$,且$d=r_1+r_2+r_3$,$r_1=r_3$,所以

$$\Phi_\mathrm{m}=\frac{\mu_0 lI_1}{2\pi}(\ln\frac{r_1+r_2}{r_1}+\ln\frac{r_2+r_3}{r_3})$$

$$=\frac{\mu_0 lI_1}{\pi}\ln\frac{r_1+r_2}{r_1}$$

代入数据后求得

$$\Phi_\mathrm{m}=\frac{4\pi\times10^{-7}\times0.25\times20}{\pi}\ln\frac{0.30}{0.10}\ \mathrm{Wb}$$

$$=2.2\times10^{-6}\ \mathrm{Wb}$$

例6-3

载流直螺线管内部的磁场,如图6-19所示,有一长为l,半径为R的载流密绕直螺线管,螺线管的总匝数为N,通有电流I,设把螺线管放在真空中,求管内轴线上一点处的磁感应强度.

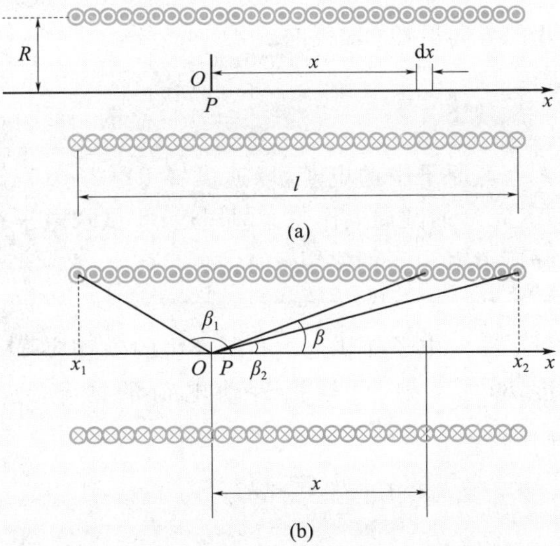

图6-19　例6-3图

解　由于直螺线管上线圈是密绕的,所以每匝线圈可近似当作闭合的圆形电流,于是,轴线上任意点P处的磁感应强度$\boldsymbol{B}$,可以认为是N个圆电流在该点各自激发的磁感应强度的叠加,现取图6-19(a)中轴线上的点P为坐标原点O,并以轴线为Ox轴,在螺线管上取长为$\mathrm{d}x$的一小段,匝数为$\frac{N}{l}\mathrm{d}x$,其中$\frac{N}{l}=n$为单位长度的匝数,这一小段载流线圈相当于通有电流为$In\mathrm{d}x$的圆形线圈,利用(6-18)式,可得它们在Ox轴上点P处产生的磁感应强度$\mathrm{d}\boldsymbol{B}$的值为

$$\mathrm{d}B=\frac{\mu_0}{2}\frac{R^2In\mathrm{d}x}{(R^2+x^2)^{3/2}}\qquad①$$

$\mathrm{d}\boldsymbol{B}$的方向沿Ox轴正向,考虑到螺线管上各小段载流线圈在Ox轴上点P所激发磁感应强度的方向相同,均沿Ox轴正向,所以整个载流螺线管在点P处的磁感应强度为

$$B=\int \mathrm{d}B=\frac{\mu_0 nI}{2}\int_{x_1}^{x_2}\frac{R^2\,\mathrm{d}x}{(R^2+x^2)^{3/2}} \qquad ②$$

为便于积分，用角变量 β 替换 x，β 为点 P 到小段线圈的连线与 Ox 轴之间的夹角，从图 6-19(b)可以看出

$$x=R\cot\beta$$

$$(R^2+x^2)=R^2(1+\cot^2\beta)=R^2\csc^2\beta$$

及 $$\mathrm{d}x=-R\csc^2\beta\mathrm{d}\beta$$

把它们代入式②，得

$$B=-\frac{\mu_0 nI}{2}\int_{\beta_1}^{\beta_2}\frac{R^3\csc^2\beta\mathrm{d}\beta}{R^3\csc^3\beta}$$

$$=-\frac{\mu_0 nI}{2}\int_{\beta_1}^{\beta_2}\sin\beta\mathrm{d}\beta$$

积分有

$$B=\frac{\mu_0 nI}{2}(\cos\beta_2-\cos\beta_1) \qquad ③$$

其中 β_1 和 β_2 用以标示螺线管的两个端面，其几何意义如图 6-19(b)所示.

若 $l\gg R$，细而长的螺线管可看作无限长，对"无限长"的螺线管，可取 $\beta_1=\pi$ 及 $\beta_2=0$，代入式③，可得

$$B=\mu_0 nI \qquad (6-20)$$

$\boldsymbol{B}$ 的方向沿 Ox 轴正向.

如点 P 处于半"无限长"载流螺线管的一端，则 $\beta_1=\frac{\pi}{2}$，$\beta_2=0$，或 $\beta_1=\pi$，$\beta_2=\pi/2$，由式(3)可得螺线管两端的磁感应强度的值均为

$$B=\frac{1}{2}\mu_0 nI \qquad (6-21)$$

比较上述结果可以看出，半"无限长"螺线管轴线上端点的磁感应强度只有管内轴线中点磁感应强度的一半.

图 6-20 给出长直螺线管内轴线上磁感应强度的分布，由图可见，密绕载流长直螺线管内轴线中部附近的磁场可以视作均匀磁场.

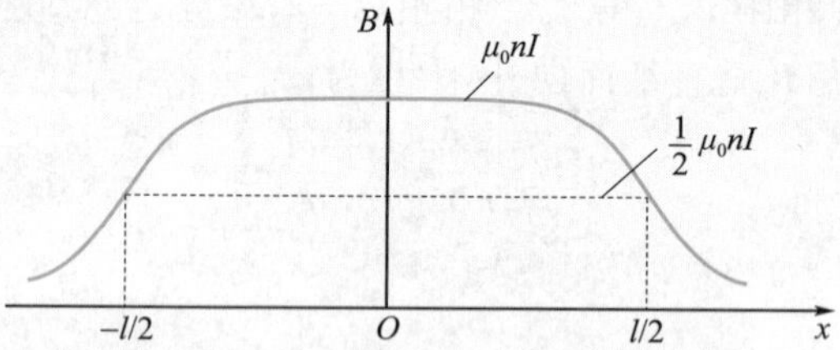

图 6-20 载流长直螺线管轴线上的磁感应强度分布

例 6-4

氢原子中的电子，以速度 $v=2.2\times10^6\ \mathrm{m\cdot s^{-1}}$，在半径 $r=0.53\times10^{-10}$ m 的圆周上作匀速圆周运动. 试求电子在轨道中心所产生的磁感应强度 $\boldsymbol{B}$ 和电子的磁矩 $\boldsymbol{p}_\mathrm{m}$.

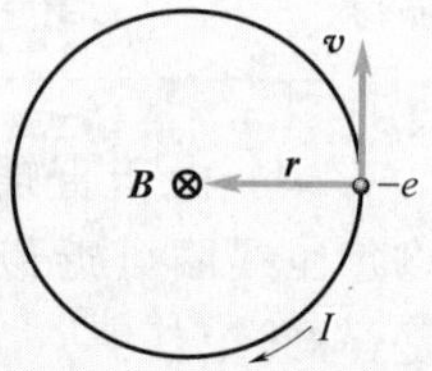

图 6-21 运动电子产生的磁场

解 电子在轨道中心所产生的磁感应强度 $\boldsymbol{B}$ 的大小，可根据运动电荷的磁场关系(6-13)式

$$B=\frac{\mu_0}{4\pi}\frac{qv}{r^2}\sin(\boldsymbol{v},\boldsymbol{r})$$

求得. 如图 6-21 所示，由于 $\boldsymbol{v}\perp\boldsymbol{r}$，$\sin(\boldsymbol{v},\boldsymbol{r})=1$，所以

$$B=10^{-7}\times\frac{1.6\times10^{-19}\times2.2\times10^6}{(0.53\times10^{-10})^2}\ \mathrm{T}=13\ \mathrm{T}$$

由于电子带负电，$\boldsymbol{B}$ 的方向与 $\boldsymbol{v}\times\boldsymbol{r}$ 相反，故 $\boldsymbol{B}$ 的方向垂直于纸面向里.

电子运动的速率为 v，轨道半径为 r，1 s 内电子通过轨道上任意一点的次数为 $n=\frac{v}{2\pi r}$.

作圆周运动的电子相当于一圆电流，其电流和面积分别为

$$I=ne=\frac{v}{2\pi r}e,\quad S=\pi r^2$$

由(6-14)式，电子磁矩的大小为

$$p_\mathrm{m}=IS=\frac{v}{2\pi r}e\pi r^2=\frac{1}{2}vre$$

$$=0.93\times10^{-23}\ \mathrm{A\cdot m^2}$$

按照右手螺旋法则，$\boldsymbol{p}_\mathrm{m}$ 的方向垂直于纸面向里.

例 6-5

半径为 R 的薄圆盘，均匀带电 q，令此圆盘绕通过盘心且垂直于盘面的轴以角速度 ω 匀速转动．求：(1)盘心处的磁感应强度 $\boldsymbol{B}$；(2)圆盘的磁矩 $\boldsymbol{p}_m$．

解　(1) 荷电薄圆盘转动形成运流电流，电流方向与圆盘径向垂直．这种电流可以看成是由一系列同心圆电流 dI 组成．在圆盘上任取一半径为 r，宽为 dr 的圆环，如图 6-22 所示．在 dr 圆环上流动的圆电流为 $dI=\dfrac{dq}{T}=\dfrac{\sigma dS}{\frac{2\pi}{\omega}}=\sigma 2\pi r dr \dfrac{\omega}{2\pi}$，其中 σ 为电荷面密度$(\sigma=\dfrac{q}{\pi R^2})$，故 $dI=\dfrac{q\omega}{\pi R^2}rdr$，此圆电流在圆心处产生的磁感应强度 $d\boldsymbol{B}$ 的大小为

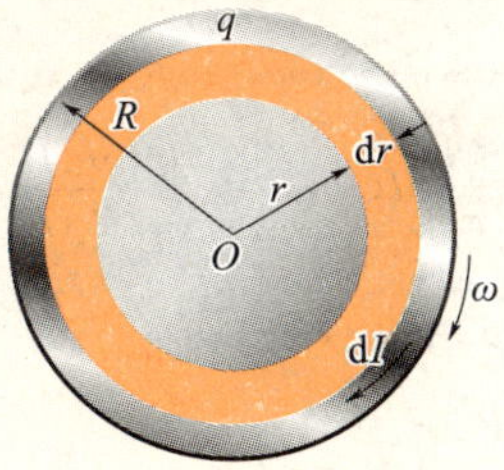

图 6-22　例 6-5 图

$$dB=\frac{\mu_0 dI}{2r}=\frac{\mu_0\omega}{2\pi R^2}qdr$$

由于各圆电流产生的 $d\boldsymbol{B}$ 方向均相同，故荷电旋转圆盘在 O 点产生的磁感应强度的大小为

$$B=\int dB=\frac{\mu_0\omega q}{2\pi R^2}\int_0^R dr=\frac{\mu_0\omega q}{2\pi R}$$

$\boldsymbol{B}$ 的方向垂直于纸面向里．

(2) 圆电流产生的磁矩大小为 $p_m=IS$，I 为圆电流，S 为电流所环绕的面积．圆盘的磁矩可以看成许多同心圆电流 dI 的磁矩 $d\boldsymbol{p}_m$ 的叠加．图 6-22 所示的圆电流 dI 产生的磁矩大小为

$$dp_m=\pi r^2 dI=\pi r^2\cdot\frac{q\omega}{\pi R^2}rdr=\frac{q\omega}{R^2}r^3dr$$

由于各同心圆电流产生的 $d\boldsymbol{p}_m$ 均同方向，故圆盘的磁矩大小为

$$p_m=\int dp_m=\frac{q\omega}{R^2}\int_0^R r^3dr=\frac{1}{4}q\omega R^2$$

$\boldsymbol{p}_m$ 的方向指向盘面法线，即

$$\boldsymbol{p}_m=\frac{1}{4}q\omega R^2\boldsymbol{e}_n$$

§6.4　磁场的安培环路定理

6.4.1　安培环路定理

在静电场中电场强度的环流等于零，反映了静电场是保守力场．在磁场中，磁感应强度 $\boldsymbol{B}$ 沿任意闭合曲线的积分，即磁感应强度的环流 $\oint_L \boldsymbol{B}\cdot d\boldsymbol{l}$ 等于多少呢？

我们先以无限长载流直导线为例，如图 6-23(a)所示，在无限长直线电流的磁场中取一个与电流垂直的平面，在该平面上任取一包围电流的闭合曲线 L，设 L 的绕行方向为逆时针方向，即 L 绕行

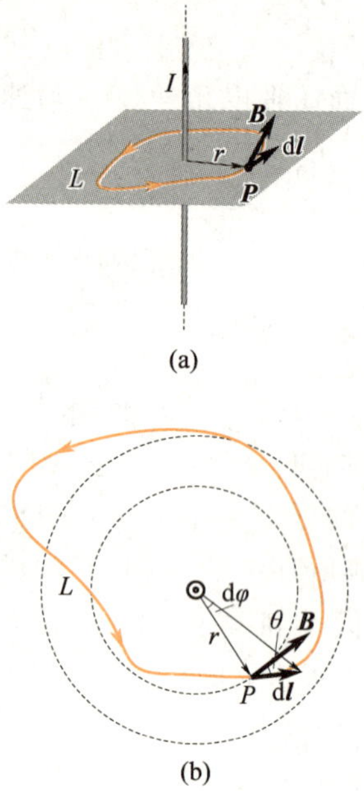

图 6－23　安培环路定律

方向与电流方向构成右手螺旋. 在 L 上任一点 P 处取线元 $\mathrm{d}\boldsymbol{l}$，P 处的磁感应强度 $\boldsymbol{B}$ 的大小为 $\frac{\mu_0 I}{2\pi r}$，其中 r 为 P 点到电流的距离，则 $\boldsymbol{B}$ 沿 L 的环流为

$$\oint_L \boldsymbol{B}\cdot\mathrm{d}\boldsymbol{l}=\oint_L B\cos\theta\mathrm{d}l$$

如图 6－23(b)所示，$\mathrm{d}l\cos\theta=r\mathrm{d}\varphi$，代入上式，得

$$\oint_L \boldsymbol{B}\cdot\mathrm{d}\boldsymbol{l}=\oint_L \frac{\mu_0 I}{2\pi r}\mathrm{d}l\cos\theta=\oint_L \frac{\mu_0 I}{2\pi r}r\mathrm{d}\varphi=\frac{\mu_0 I}{2\pi}\oint_L \mathrm{d}\varphi$$

对应一闭合环路 L，$\oint_L \mathrm{d}\varphi=2\pi$，故

$$\oint_L \boldsymbol{B}\cdot\mathrm{d}\boldsymbol{l}=\mu_0 I \tag{6-22}$$

若电流方向由上而下流动，如仍按上述环路计算 $\boldsymbol{B}$ 的环流，因 P 点 $\boldsymbol{B}$ 的方向与原来相反，$\mathrm{d}\boldsymbol{l}$ 方向不变，则必有

$$\oint_L \boldsymbol{B}\cdot\mathrm{d}\boldsymbol{l}=-\mu_0 I \tag{6-23}$$

若 L 不环绕电流 I，如图 6－24 所示，可以从长直导线出发作许多射线，将环路 L 分割成一对对线元，$\mathrm{d}\boldsymbol{l}_1$ 和 $\mathrm{d}\boldsymbol{l}_2$ 就是其中的一对，它们对长直导线有同一圆心角 $\mathrm{d}\varphi$，设 $\mathrm{d}\boldsymbol{l}_1$ 和 $\mathrm{d}\boldsymbol{l}_2$ 分别与导线相距 r_1 和 r_2，则有

$$\boldsymbol{B}_1\cdot\mathrm{d}\boldsymbol{l}_1=B_1\mathrm{d}l_1\cos\theta_1=B_1 r_1\mathrm{d}\varphi=\frac{\mu_0 I}{2\pi}\mathrm{d}\varphi$$

$$\boldsymbol{B}_2\cdot\mathrm{d}\boldsymbol{l}_2=B_2\mathrm{d}l_2\cos\theta_2=-B_2 r_2\mathrm{d}\varphi=-\frac{\mu_0 I}{2\pi}\mathrm{d}\varphi$$

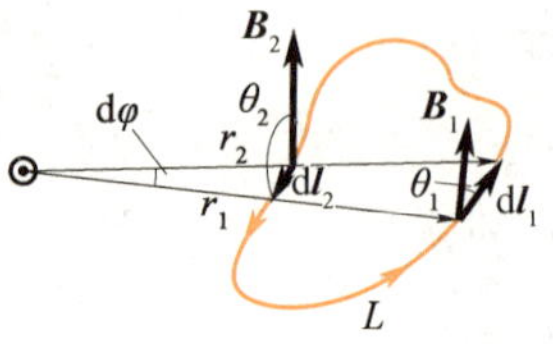

图 6－24　回路不环绕电流

于是对每一对 $\mathrm{d}\boldsymbol{l}_1$ 和 $\mathrm{d}\boldsymbol{l}_2$，都有

$$\boldsymbol{B}_1\cdot\mathrm{d}\boldsymbol{l}_1+\boldsymbol{B}_2\cdot\mathrm{d}\boldsymbol{l}_2=0$$

既然在闭合环路中，每一对线元对线积分的贡献互相抵消，所以 $\boldsymbol{B}$ 沿整个环路 L 的环流为零，即 $\oint_L \boldsymbol{B}\cdot\mathrm{d}\boldsymbol{l}=0$，也就是说，不穿过闭合环路的电流尽管在空间产生磁场，但是对环流没有贡献.

如果回路内外存在多个电流，则磁感应强度 $\boldsymbol{B}$ 应理解为所有电流在回路上产生磁感应强度的矢量和，即

$$\begin{aligned}\oint_L \boldsymbol{B}\cdot\mathrm{d}\boldsymbol{l}&=\oint_L(\boldsymbol{B}_1+\boldsymbol{B}_2+\cdots+\boldsymbol{B}_i+\cdots+\boldsymbol{B}_n)\cdot\mathrm{d}\boldsymbol{l}\\&=\oint_L \boldsymbol{B}_1\cdot\mathrm{d}\boldsymbol{l}+\oint_L \boldsymbol{B}_2\cdot\mathrm{d}\boldsymbol{l}+\cdots+\oint \boldsymbol{B}_i\cdot\mathrm{d}\boldsymbol{l}+\cdots+\oint_L \boldsymbol{B}_n\cdot\mathrm{d}\boldsymbol{l}\end{aligned}$$

其中 $\boldsymbol{B}_i$ 为 I_i 单独存在时在回路 L 上产生的磁感应强度，由以上分析可知，当 I_i 被 L 环绕时，$\oint_L \boldsymbol{B}_i\cdot\mathrm{d}\boldsymbol{l}=\mu_0 I_i$，当 I_i 不被回路环绕时，$\oint_L \boldsymbol{B}_i\cdot\mathrm{d}\boldsymbol{l}=0$. 因而

$$\oint_L \boldsymbol{B}\cdot\mathrm{d}\boldsymbol{l}=\mu_0\sum I_i \tag{6-24}$$

上式表明：**在真空中的稳恒磁场中，磁感应强度 $\boldsymbol{B}$ 沿任意闭合曲线的积分(环流)，等于该闭合曲线所环绕的电流的代数和的 μ_0 倍. 这一结论，称为磁场中的安培环路定理**(Ampere circuital theorem). 在(6－24)式中，若电流流向与积分环路构成右手螺旋，I 取正值；反之，I 取负值.

以上我们仅对载流长直导线进行了讨论，而且把闭合回路限制在与导线垂直的平面内. 实际上，安培环路定理对任一稳恒磁场中的任意闭合环路都是普遍成立的，它是稳恒磁场的基本定理之一. 磁场的高斯定理(6－9)式和环路定理(6－22)式是描述稳恒磁场整体特性的两个基本的场方程.

利用矢量分析中的斯托克斯公式，若 S 是闭合环路所围成的面积，则有

$$\oint_L \boldsymbol{B} \cdot \mathrm{d}\boldsymbol{l} = \int_S \mathrm{rot}\,\boldsymbol{B} \cdot \mathrm{d}\boldsymbol{S}$$

rot$\boldsymbol{B}$ 称为**磁感应强度 $\boldsymbol{B}$ 的旋度**，可表达为 rot$\boldsymbol{B}=\nabla\times\boldsymbol{B}$. 再利用关系式

$$\sum I_i = \int_S \boldsymbol{j} \cdot \mathrm{d}\boldsymbol{S} \quad (\boldsymbol{j}\text{ 为电流密度})$$

可以得到

$$\int_S \nabla\times\boldsymbol{B} \cdot \mathrm{d}\boldsymbol{S} = \mu_0 \int_S \boldsymbol{j} \cdot \mathrm{d}\boldsymbol{S}$$

该等式对任意大小的面积都成立，所以被积函数应相等，即

$$\nabla\times\boldsymbol{B}=\mu_0\boldsymbol{j} \quad \text{或} \quad \mathrm{rot}\,\boldsymbol{B}=\mu_0\boldsymbol{j} \tag{6－25}$$

这就是稳恒磁场的安培环路定理的微分形式. 它把每一点的磁场与该点的电流密度联系起来了. (6－25)式右边不等于零，说明磁场是有旋场(rotational field)，磁感线是环绕电流的闭合回线，磁场力是非保守力，因而不能引入势能的概念.

6.4.2 安培环路定理的应用

如同在静电场中利用高斯定理可方便地计算某些具有对称性的电场分布一样，利用安培环路定理，也可方便地计算某些具有对称分布的电流的磁场.

一、无限长圆柱载流导体的磁场分布

设圆柱半径为 R，电流 I 均匀流过导体横截面(见图6－25). 根据电流分布的轴对称性，可以判断，在圆柱体内外空间中的磁感应强度也具有轴对称性，磁感线是以轴线为中心的一系列同心圆.

先求圆柱导体外的磁场分布，在圆柱导体外任取一点 P，P 点与轴线距离为 $r(r>R)$. 过 P 点沿磁感线方向作圆形积分环路 L，该环路上的 $\boldsymbol{B}$ 值处处相等，$\boldsymbol{B}$ 在 L 上的环流为

$$\oint_L \boldsymbol{B} \cdot \mathrm{d}\boldsymbol{l} = \oint B\cos 0^\circ \mathrm{d}l = B\oint_L \mathrm{d}l = B2\pi r$$

全部电流 I 都被回路所环绕，所以

$$\sum I_i = I$$

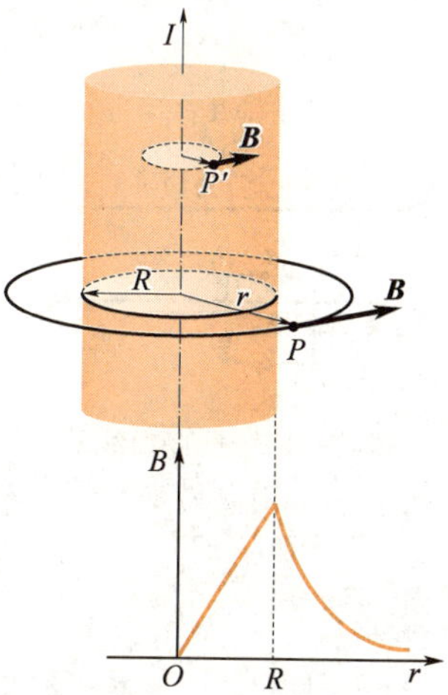

图 6－25 无限长圆柱电流的磁场

根据安培环路定理可得

$$2\pi rB=\mu_0 I$$

$$B=\frac{\mu_0 I}{2\pi r}\quad (r>R) \tag{6-26}$$

(6-26)式表明，在载流圆柱导体外部，磁场分布与全部电流 I 集中在轴线上的直线电流相同.

如果所求场点在载流圆柱导体内部($r<R$)，则在其内部过 P' 点沿磁感线方向取一圆形积分环路，导体中只有一部分电流被环路 L 所环绕. 因导体内的电流密度 $j=\frac{I}{\pi R^2}$，环路 L 所环绕的电流 $I'=j\pi r^2=\frac{r^2}{R^2}I$，代入安培环路定理得

$$2\pi rB=\mu_0 I'=\mu_0\frac{r^2}{R^2}I$$

即

$$B=\frac{\mu_0 I}{2\pi R^2}r\quad (r<R) \tag{6-27}$$

B 沿圆柱导体径向 r 的分布曲线如图 6-25 所示. $r<R$ 时，B 与 r 成正比；$r>R$ 时，B 与 r 成反比；在导体表面处($r=R$)，B 的数值最大.

用类似的方法，可得圆柱表面上通有平行轴线方向的电流时的磁场分布，这时磁感应强度大小分布为

$$B(r)=\begin{cases}0 & (r<R)\\ \dfrac{\mu_0 I}{2\pi r} & (r\geqslant R)\end{cases} \tag{6-28}$$

二、长直载流螺线管内的磁场分布

设螺线管导线中的电流为 I，沿轴线方向每单位长度均匀密绕 n 匝线圈. 由于螺线管相当长，可当作无限长理想螺线管模型处理. 根据电流分布的对称性可以断定：螺线管内部各点情况基本相同，因而管内中央部分的磁场是匀强磁场，方向与螺线管轴线平行. 管的外面，由于磁感线非常稀疏，磁场强度很微弱，可以忽略不计.

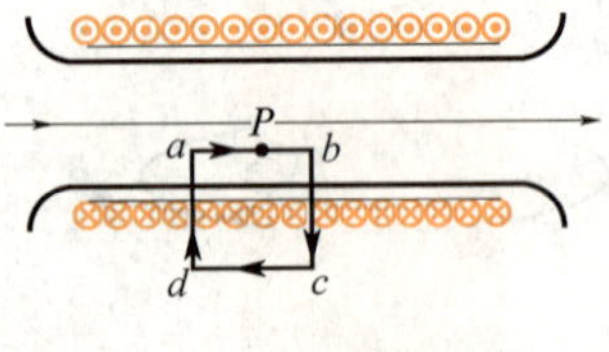

图 6-26 长直螺线管内磁场

根据上述定性分析，为了计算管内任一点 P 的磁感应强度，可过 P 点作一矩形闭合环路 $abcda$(如图 6-26 所示)，此闭合环路绕行方向为 $a\to b\to c\to d\to a$，则磁感应强度沿此闭合环路的环流为

$$\oint_L \boldsymbol{B}\cdot d\boldsymbol{l}=\int_a^b \boldsymbol{B}\cdot d\boldsymbol{l}+\int_b^c \boldsymbol{B}\cdot d\boldsymbol{l}+\int_c^d \boldsymbol{B}\cdot d\boldsymbol{l}+\int_d^a \boldsymbol{B}\cdot d\boldsymbol{l}$$

其中 cd 段在螺线管外部，$B=0$，bc 段和 da 段一部分在管外，另一部分虽在管内，但 $\boldsymbol{B}$ 与 $d\boldsymbol{l}$ 垂直，故上述积分中后三项积分均为零，而 ab 段上各点磁场方向与量值均相同，故 $\int_a^b \boldsymbol{B}\cdot d\boldsymbol{l}=B\overline{ab}$，代入上式可得

$$\oint_L \boldsymbol{B} \cdot \mathrm{d}\boldsymbol{l} = B\overline{ab}$$

该闭合环路所环绕的电流 $\sum I_i = n\overline{ab}I$，代入安培环路定理

$$B\overline{ab} = \mu_0 n\overline{ab}I$$

所以

$$B = \mu_0 nI \tag{6-29}$$

此式与例 6-3 中利用叠加原理求得的结果(6-20)式相同，但计算过程要简单得多.

三、载流环形螺线管内的磁场分布

均匀密绕在环形管上的线圈形成环形螺线管，称为螺绕环. 如图 6-27 所示，设螺绕环环绕有 N 匝线圈，通有电流 I. 由于线圈密绕，螺绕环管外的磁场非常微弱，磁场几乎全部集中在管内. 根据电流分布的对称性，可以判断磁感线为以螺绕环中心 O 为圆心的一系列同心圆，磁感应强度 $\boldsymbol{B}$ 在圆周线上各点大小相等. 在管内过 P 点沿磁感线作一积分环路 L，$\boldsymbol{B}$ 沿 L 的环流为

$$\oint_L \boldsymbol{B} \cdot \mathrm{d}\boldsymbol{l} = B\oint_L \mathrm{d}l = B2\pi r$$

r 为 P 点到中心 O 的距离，L 所环绕的电流为 NI. 运用安培环路定理可得

$$B2\pi r = \mu_0 NI$$

$$B = \mu_0 \frac{N}{2\pi r} I$$

如果环的管径 $d \ll r$，则可令 $n = \dfrac{N}{2\pi r}$，因此，这种细管径螺绕环管内可近似看作均匀磁场，其磁感强度可近似地表述为

$$B = \mu_0 nI \tag{6-30}$$

n 为单位长度上的线圈匝数，$\boldsymbol{B}$ 的方向与电流方向构成右手螺旋.

(6-29)式和(6-30)式表明，无限长直螺线管和环形细长螺线管内部的磁感应强度有相同的表达式，这不难直观地理解，无限长直螺线管的两端可看作在无限远处闭合，这当然类似于一个环形螺线管.

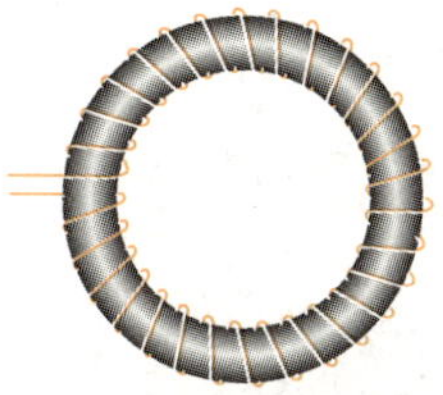

(a) 环形螺线管

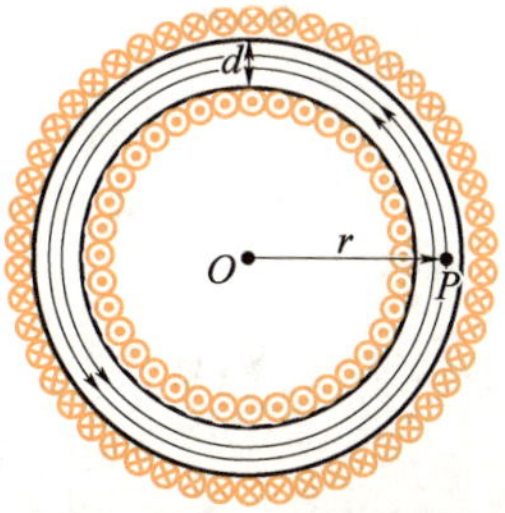

(b) 环形螺线管内磁场的计算用图

图 6-27 环形螺线管的磁场

例 6-6

在半径为 R 的无限长金属圆柱体内部挖去一半径为 r 的无限长圆柱体，两圆柱的轴线平行，相距为 d，如图 6-28 所示，今有电流 I 沿圆柱体的轴线方向流动，且电流密度均匀，分别求圆柱轴线上和空心部分轴线上磁感应强度的大小.

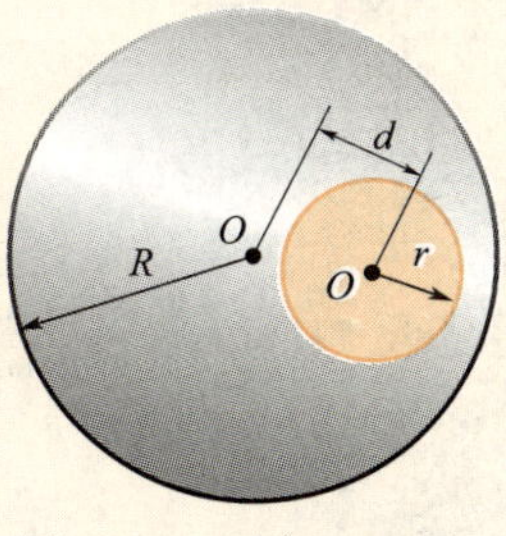

图 6-28 例 6-6 图

解 利用补偿法和磁场叠加原理计算空间任一点的磁场，将挖去的空心部分等效为电流密度大小相同、方向相反、电流

沿轴线的两个载流圆柱体，则空间任一点的 B 等效于一个完整的载流大圆柱体所产生的磁感应强度与一个反向流动的载流小圆柱体所产生的磁感应强度的矢量和.

由已知条件得，导体横截面上电流密度的大小为

$$j=\frac{1}{\pi(R^2-r^2)}$$

根据安培环路定理，可求得无限长实心大圆柱体电流在其内部所产生的磁感应强度为

$$B_{\text{大内}}=\frac{\mu_0}{2\pi r_1}\frac{I}{\pi(R^2-r^2)}\pi r_1^2=\frac{I\mu_0 r_1}{2\pi(R^2-r^2)}$$

方向与电流呈右手螺旋关系，r_1 为柱内某点到轴线的距离，可见大圆柱体在其自身轴线上（$r_1=0$）产生的磁感应强度为零，该处的磁感应强度仅由小圆柱体产生，同理可得小圆柱体轴线上的磁感应强度仅由大圆柱体产生. 于是，圆柱轴线上的 $B_{\text{大}}$ 和空心部分轴线上的 $B_{\text{小}}$ 分别为

$$B_{\text{大}}=B_{\text{小外}}=\frac{\mu_0 I}{2\pi d}\frac{r^2}{R^2-r^2}$$

$$B_{\text{小}}=B_{\text{大内}}=\frac{\mu_0 I}{2\pi}\frac{d}{R^2-r^2}$$

显然，$B_{\text{大}}$ 和 $B_{\text{小}}$ 方向相反.

由以上计算可以看出，利用毕奥－萨伐尔定律，原则上可以计算任意形状的电流分布所产生的磁场分布，而安培环路定理却只能用以计算一些具有某种对称性的磁场分布. 利用安培环路定理求解时，关键是要选取合适的积分环路，以使得 $\boldsymbol{B}$ 能提出积分号外或 $\boldsymbol{B}$ 在环路上某些部分积分为零.

最后，对于安培环路定理，特别说明如下两点：

① $\sum I_i$ 虽是闭合环路所环绕的电流，但并非意味着环路上的 $\boldsymbol{B}$ 仅由其内部的电流所产生，$\boldsymbol{B}$ 是由环路内外所有电流共同产生的，环路外部的电流只是对积分 $\oint_L \boldsymbol{B}\cdot \mathrm{d}\boldsymbol{l}$ 无贡献.

② 当 $\boldsymbol{B}$ 无对称性时，安培环路定理仍成立，只是此时因 $\boldsymbol{B}$ 不能提出积分号外，利用安培环路定理已不能求解 $\boldsymbol{B}$，必须利用毕奥－萨伐尔定律及叠加原理求解.

③ 安培环路定理中的电流 I 必须是闭合、恒定的，而且与闭合曲线呈铰链状，对于一段有限长度恒定电流的磁场，安培环路定理是不成立的，对于非恒定电流的磁场，安培环路定理也不成立. 当然，无限长直导线可认为在无限远处闭合.

④ 如果一根导线呈螺旋状，多次穿入同一闭合回路，则在 $\sum_i I_i$ 中要多次计入，如图 6－29 中，$\sum_i I_i=-2I$.

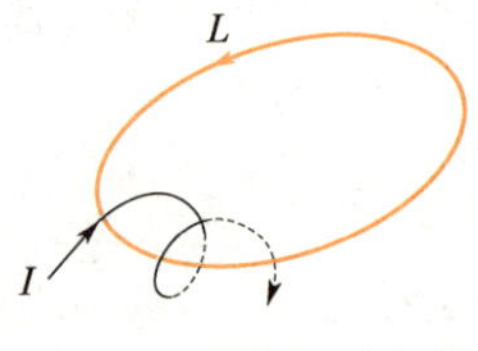

图 6－29 闭合回路与闭合电流的关系

§6.5 磁场对运动电荷和载流导线的作用

一方面，运动电荷或电流在其周围空间激发磁场；另一方面，处

在磁场中的运动电荷或电流会受到磁场力的作用. 通常，磁场力可分成两种类型：运动电荷所受到的磁场力称为洛伦兹力；电流所受到的磁场力称为安培力. 本节先讨论洛伦兹力，并简要介绍其应用，后讨论安培力.

6.5.1 洛伦兹力

运动电荷在磁场中所受的力称为**洛伦兹力**(Lorentz force)，是荷兰物理学家洛伦兹(H. A. Lorentz)由实验总结出来的，其大小和方向可用下式表示：

$$\boldsymbol{F}_{\mathrm{m}}=q\boldsymbol{v}\times\boldsymbol{B} \tag{6-31}$$

(6-31)式表明，洛伦兹力的大小与电荷运动速度$\boldsymbol{v}$和磁感应强度$\boldsymbol{B}$的大小以及$\boldsymbol{v}$和$\boldsymbol{B}$夹角的正弦成正比，方向垂直于$\boldsymbol{v}$和$\boldsymbol{B}$所确定的平面，与$\boldsymbol{v}$和$\boldsymbol{B}$构成右手螺旋，如图6-30所示. 若$q>0$，则$\boldsymbol{F}_{\mathrm{m}}$与$\boldsymbol{v}\times\boldsymbol{B}$同向；$q<0$，$\boldsymbol{F}_m$与$\boldsymbol{v}\times\boldsymbol{B}$方向相反.

洛伦兹力与速度方向垂直，因而不做功. 它不能改变运动电荷的速度大小，只能改变速度的方向，使其运动路径发生弯曲.

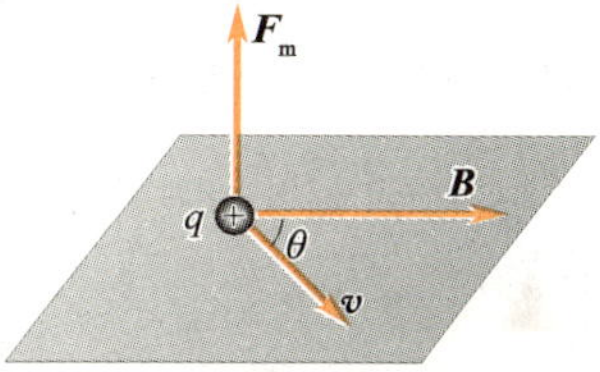

图6-30　洛伦兹力

6.5.2 带电粒子在磁场中的运动

设有一均匀磁场，磁感应强度为$\boldsymbol{B}$，带电粒子以初速度$\boldsymbol{v}_0$进入磁场，根据牛顿定律，有

$$\boldsymbol{F}_{\mathrm{m}}=q\boldsymbol{v}\times\boldsymbol{B}=m\frac{\mathrm{d}\boldsymbol{v}}{\mathrm{d}t} \tag{6-32}$$

粒子的运动轨迹不仅由(6-32)式确定，且与粒子的初速度$\boldsymbol{v}_0$有关. 下面分三种情况进行讨论：

(1) $\boldsymbol{v}_0 /\!/ \boldsymbol{B}$

由(6-32)式，$F_{\mathrm{m}}=0$，粒子不受磁力作用，始终以初速度$\boldsymbol{v}_0$作匀速直线运动.

(2) $\boldsymbol{v}_0\perp\boldsymbol{B}$

此时，带电粒子在大小为$F_{\mathrm{m}}=qv_0B$的恒定向心力作用下，在垂直于$\boldsymbol{B}$的平面内作匀速圆周运动，如图6-31所示. 由运动方程

$$F_{\mathrm{m}}=qv_0B=m\frac{v_0^2}{R}$$

可得带电粒子作圆周运动的半径为

$$R=\frac{mv_0}{qB} \tag{6-33}$$

带电粒子作圆周运动的周期为

$$T=\frac{2\pi R}{v_0}=\frac{2\pi m}{qB} \tag{6-34}$$

相应的频率(即单位时间内所绕圈数)为

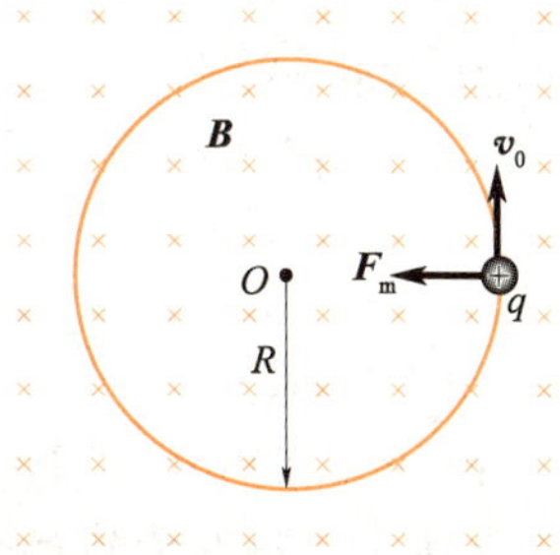

图6-31　$\boldsymbol{v}_0\perp\boldsymbol{B}$时的运动

$$\nu=\frac{1}{T}=\frac{qB}{2\pi m} \tag{6-35}$$

ν 称为带电粒子在磁场中的回旋频率(cyclotron frequency).(6－35)式表明:回旋频率与带电粒子的速率及回旋半径无关.

(3) $\boldsymbol{v}_0$ 与 $\boldsymbol{B}$ 有一夹角 θ

此时,可将 $\boldsymbol{v}_0$ 分解为

$$v_{/\!/}=v_0\cos\theta \qquad v_{\perp}=v_0\sin\theta$$

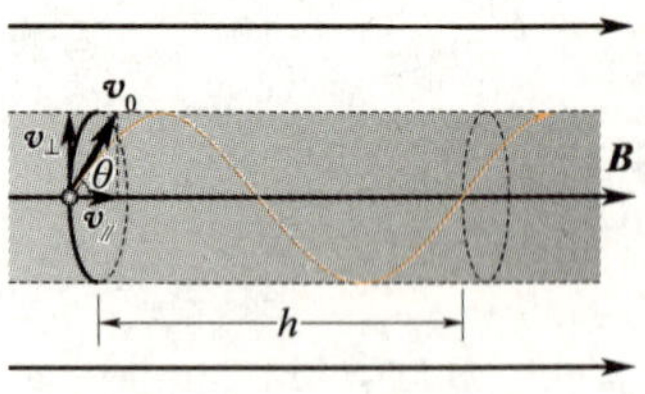

图 6－32 $\boldsymbol{v}_0$ 与 $\boldsymbol{B}$ 斜交时的运动

两个分量,它们分别平行和垂直于 $\boldsymbol{B}$. 如前所述,$v_\perp$ 将使粒子作匀速圆周运动,而 $v_{/\!/}$ 使粒子作匀速直线运动,两种运动合成的结果,使带电粒子在均匀磁场中作等螺距的螺旋运动(见图6－32). 此螺旋线的半径是

$$R=\frac{mv_\perp}{qB}=\frac{mv_0\sin\theta}{qB} \tag{6-36}$$

回旋周期仍为

$$T=\frac{2\pi R}{v_\perp}=\frac{2\pi m}{qB}$$

螺距是

$$h=v_{/\!/}T=v_0\cos\theta T=\frac{2\pi m v_0\cos\theta}{qB} \tag{6-37}$$

从以上讨论不难看出,前述磁感应强度 $\boldsymbol{B}$ 的定义,正是利用了洛伦兹力的公式.

例 6－7

电量为 q_1 和 q_2 的两个电荷,在真空中以相同速度 $\boldsymbol{v}$ 平行运动,某一时刻二者相距为 a,计算它们之间电磁相互作用的合力(设 $v\ll c$).

解 如图 6－33 所示,电荷 q_1 受到电荷 q_2 的电场力,其大小为

$$F_{1e}=\frac{q_1q_2}{4\pi\varepsilon_0 a^2}$$

$\boldsymbol{F}_{1e}$ 的方向垂直于 $\boldsymbol{v}$,为一斥力. 由于电荷 q_1 具有速度 $\boldsymbol{v}$,它必受到运动电荷 q_2 的磁场 $\boldsymbol{B}_2$ 的洛伦兹力作用,其大小为

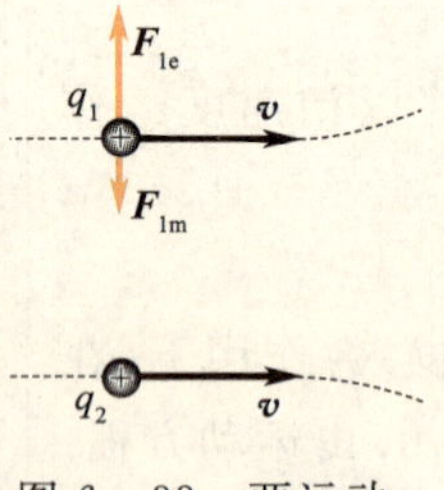

图 6－33 两运动电荷间的作用力

$$F_{1m}=q_1vB_2=q_1v\frac{\mu_0q_2v}{4\pi a^2}$$

$\boldsymbol{F}_{1m}$ 的方向垂直于 $\boldsymbol{v}$,为一引力. 因此,电荷 q_1 所受到的合力大小为

$$F_1=F_{1e}-F_{1m}=\frac{q_1q_2}{4\pi\varepsilon_0a^2}(1-\varepsilon_0\mu_0v^2)$$

由于 $\frac{1}{4\pi\varepsilon_0}=9\times10^9\ \mathrm{N\cdot m^2\cdot C^{-2}}$,$\frac{\mu_0}{4\pi}=10^{-7}\ \mathrm{N\cdot A^{-2}}$,则

$$\varepsilon_0\mu_0=4\pi\varepsilon_0\frac{\mu_0}{4\pi}=\frac{10^{-7}}{9\times10^9}=\frac{1}{9\times10^{16}}=\frac{1}{c^2}$$

c 为光在真空中的速度. 由上式可知 $c=\frac{1}{\sqrt{\varepsilon_0\mu_0}}$,代入可得

$$F_1=\frac{q_1q_2}{4\pi\varepsilon_0a^2}(1-v^2/c^2)$$

由于 $v\ll c$,故电荷 q_1 所受到的电场力远大于磁场力,其合力 $\boldsymbol{F}_1$ 为一斥力. 同理,电荷 q_2 所受到的合力 $\boldsymbol{F}_2$ 也为一斥力,且大小相同,

即

$$\boldsymbol{F}_2=-\boldsymbol{F}_1$$

由上面讨论可知,由电子枪或离子源射出的一细束带电粒子在真空中运动时,由于上述斥力的作用而呈现发散状,形成所谓的扩束现象.

6.5.3 霍耳效应

1879 年,年仅 24 岁的美国物理学家霍耳(E. H. Hall)首先发现,在匀强磁场中放一片状金属导体,使金属片与磁感应强度 $\boldsymbol{B}$ 的方向垂直.金属片宽度为 a,厚度为 b,如图 6 - 34(a)所示,当金属片中通有与磁感应强度 $\boldsymbol{B}$ 的方向垂直的电流 I 时,在金属片前后两表面之间就会出现电势差 U_H,此种效应称为**霍耳效应**(Hall effect),电势差 U_H 称为**霍耳电势差**(或**霍耳电压**).

实验表明,霍耳电势差 U_H 的大小与磁感应强度 $\boldsymbol{B}$ 的大小和电流 I 成正比,与金属片的厚度 b 成反比,即

$$U_H=R_H\frac{IB}{b} \qquad (6-38)$$

式中 R_H 是仅与导体材料有关的常数,称为**霍耳系数**(Hall coefficient).

霍耳效应可用带电粒子在磁场中运动受到洛伦兹力来解释.在金属片中,设自由电子的平均定向速度为$\boldsymbol{v}$,因电子逆电流 I 方向垂直于磁场运动,因而受到洛伦兹力 $\boldsymbol{F}=-e\,\boldsymbol{v}\times\boldsymbol{B}$ 的作用而沿 $\boldsymbol{F}$ 所指方向漂移,如图 6 - 34(b)所示.结果使导体的前表面出现电子积累,后表面则剩余正离子,从而在导体内产生如图所示的电场 $\boldsymbol{E}_H$.当该电场对电子的作用力 $-e\boldsymbol{E}_H$ 与洛伦兹力相平衡时,达到稳定状态,这时

$$e|\boldsymbol{E}_H|=e|\boldsymbol{v}\times\boldsymbol{B}|$$

即

$$E_H=vB$$

E_H 可看成是均匀电场,它和电势差的关系为

$$E_H=\frac{U_H}{a}$$

所以霍耳电势差大小为

$$U_H=avB$$

设导体内电子数密度为 n,由 $I=nevab$,得 $av=\dfrac{I}{neb}$,代入上式,可得

$$U_H=\frac{1}{ne}\frac{IB}{b} \qquad (6-39)$$

与(6 - 38)式相比较,得金属导体的霍耳系数

$$R_H=\frac{1}{ne}$$

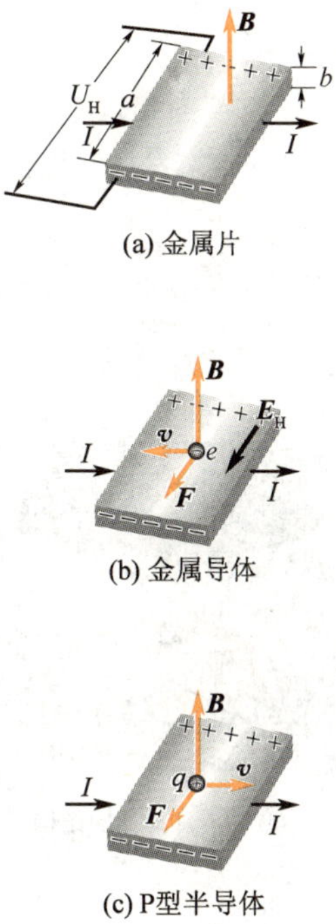

(a) 金属片

(b) 金属导体

(c) P型半导体

图 6 - 34　霍耳效应

霍尔效应不只会在金属导体中产生，在半导体和导电流体(如等离子体)中也会产生. 不同的是，金属导体中的载流子是带负电的电子；而半导体中的载流子有两种：N 型半导体中为电子，P 型半导体中为带正电的空穴. 图 6-34(c)为 P 型半导体的霍耳效应示意图.

由霍耳系数 $R_H=\frac{1}{ne}$可以看出，R_H 与电荷数密度 n 成反比. 在金属导体中，由于自由电子数密度很大，因而金属的霍耳系数很小，相应的霍耳电压也很弱. 在半导体中，载流子浓度很低，因而半导体的霍耳系数与霍耳电压比金属的大得多. 因此，在实际应用中，大多利用半导体的霍耳效应.

霍耳效应有多种应用，在测量技术、电子技术和自动化技术中都有重要的应用价值. 在半导体的测试中，由测出的霍耳电压的正负(即哪端电势高)可以判断半导体的载流子种类，是电子导电还是空穴导电，还可由(6-39)式计算出载流子浓度. 用一块半导体薄片通以给定的电流，在预先校准的条件下，还可以通过霍耳电压来测量磁场，据此而制成的磁强计是一种较为精确的磁场测量仪表.

6.5.4 洛伦兹力在科学与工程技术中的应用实例

在科学技术中，广泛利用磁场对带电粒子的洛伦兹力来控制粒子束的运动，例如，质谱仪、回旋加速度、磁聚焦技术、磁流体发电机、磁推进器等.

一、磁场与粒子加速器

物理学家对原子核内部结构及其内在规律的研究方法，是采用高速粒子轰击原子核，从而观察这些粒子进入原子核后所引起的核反应. 由于原子核是一个非常“坚固”的结构，轰击的粒子必须具有较高的能量才能进入核内，加速器就是用人工方法产生高能粒子的设备.

加速器种类很多，主要有静电加速器、直线加速器、回旋加速器、同步回旋加速器、同步加速器、电子感应加速器以及对撞机等. 静电加速器和直线加速器无需磁场，仅靠电场对粒子进行加速. 后几种加速器均需有磁场的存在，才能对粒子进行加速. 在此我们只对其中几种加速器的工作原理作一些简单介绍，有关加速器的构造等问题，可参阅有关专著及文献.

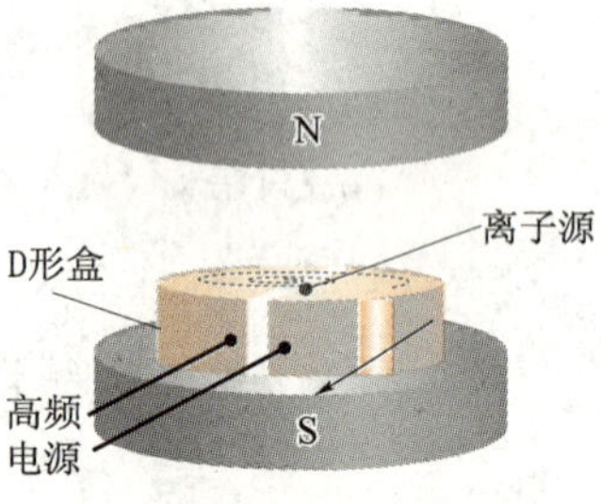

(a) 回旋加速器的结构

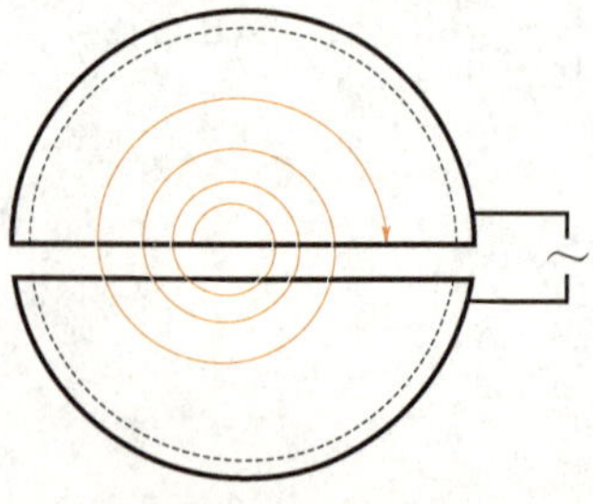

(b) 带电粒子的运动轨迹

图 6-35 回旋加速器

1. 回旋加速器(cyclotron)

回旋加速器的结构如图 6-35(a)所示，在真空中的两个半圆形 D 形电极置于电磁铁的两极间，D 形电极分别接到高频振荡器的两极，由离子源发出的离子，经过两电极的间隙时被加速电位加速. 由于带电粒子在磁场中运动时要受到洛伦兹力作用，所以，离子在D形盒中将做圆形轨道运动. 这样，如果粒子在一个D形盒中运动的时间(即粒子走半个周期所需的时间)等于振荡周期的1/2，那么，每当粒子到达两极的空隙时，均被加速，如此往复，就可获得很高的能量.

粒子作圆周运动的周期

$$T=\frac{2\pi m}{qB}$$

因此，粒子在D形盒中绕半圈所需的时间

$$t=\frac{T}{2}=\frac{\pi m}{qB}$$

由此可得到一个非常重要的结论，就是粒子每走半圈所需的时间只与它的质量和电荷以及磁场有关，与它们的速度无关. 对一定的粒子，q 是不变的，B 也可维持不变，当 $v\ll c$ 时，m 也可看作常量，因此，粒子绕半圈所需的时间不变，速度小时，绕的圈子小，速度大时绕的圈子大. 所以，粒子在两个D形盒中是走螺旋轨道的，如图6-35(b)所示. 这样，只要将交变电压的周期调节至 $T=\frac{2\pi m}{qB}$，就能使粒子每经D形盒的间隙时总是被加速.

粒子最终所走圆周的半径为D形盒的半径 R，即

$$R=\frac{mv}{qB}$$

故粒子最终的动能为

$$E=\frac{1}{2}mv^2=\frac{1}{2m}q^2B^2R^2$$

用回旋加速器能够获得的粒子能量值有一定界限，这是因为粒子速度接近光速时，质量将开始显著改变，因而 T 不再是恒量，这时就不可能再用固定频率的交变电场来进一步加速粒子. 用回旋加速器可能获得的质子的最大能量约为30 MeV. 回旋加速器不能加速电子，因为达到1 MeV能量时，电子的速度已达 $0.94c$，相对论效应(粒子质量随速度而改变)已非常显著.

2. 同步回旋加速器(synchrocyclotron)

如上所述，由于高速时，粒子质量随速度的增大而有显著的变化，因此回旋加速器加速粒子的能量受到了限制. 但如果改变加在电极上的交流电压的频率(也就是改变周期 T)，即不再用固定的频率，而采用逐渐缓慢减少的频率，这样当粒子的能量很高而在电极内绕圈所需时间逐步增加时，频率跟着减少，粒子在每次通过电极间的隙缝时，还是恰好得到加速. 这种改良的回旋加速器就叫作同步回旋加速器，它所加速的粒子的最高能量是由磁感应强度和磁极直径的大小所决定的.

这种加速器，每当加在电极上的交流电压的频率改变一次，即

从起始值减小到最终值，就出来一群粒子，所以从同步回旋加速器出来的粒子是一群一群的.

3. 同步加速器(synchrotron)

上面讲到，同步回旋加速器所产生的粒子的最高能量，是由磁感应强度和磁极的直径大小所决定的. 因此，要想将粒子加速到很高能量，加速器必须做得很笨重. 例如，要想到得 680 MeV 的质子，磁极直径就要 6 m，需磁铁 7000 t 左右. 如果要把它的能量再提高 10 倍，磁铁质量还要增加约 1000 倍，这不仅不经济，而且在技术上也是非常困难的.

如果能够找到一种加速方法，使粒子的轨道不是充满整个圆平面，而是仅仅在这个圆外缘的一个狭窄的环上，那么就可以省去同步回旋加速器的中心部分，因而就有可能建造一个能量很大而质量却比回旋加速器轻得多的加速器.

一个以速度 v 沿半径 R 作圆周运动的粒子，其回旋周期为

$$T=\frac{2\pi R}{v}$$

若要求 R 为常数，则回旋周期需依速度成反比地减小. 为了使粒子沿半径不变的轨道进行加速，用以加速粒子的交变电场的周期 T_0 应等于 T，即

$$T_0=T=\frac{2\pi R}{v}$$

初看起来，为了实现粒子沿固定圆周加速，我们只需一直不断地测量粒子的速度，并且按速度值来相应地改变加速电场的周期就可以了. 但事情并没有这么简单，因为在均匀磁场中，粒子作圆周运动的半径为

$$R=\frac{mv}{qB}$$

所以

$$B(t)=\frac{mv}{qR}=\frac{m_0 v}{\sqrt{1-v^2/c^2}}\frac{1}{qR}$$

由上式可见，粒子的速度和磁场是一一对应的，若要求 R 为常数，则磁感应强度 B 必须随 v 的变化而作相应的变化. 如果二者配合得非常精确，那么就有可能实现粒子在半径不变的轨道上进行共振加速，根据这一原理建成的加速器，称为同步加速器. 在同步加速器中，交变电压的周期和磁感应强度 B 必须同时随粒子速度的变化而作相应的变化.

由于 B 不能从零开始，而是必须从一最小值开始增大(否则剩磁效应将使磁场不准)，所以要保持 R 固定，v 也不能从零开始，因而粒子的能量也必须有一最小值限制. 故这种高能同步加速器需要一个前级注入器，把粒子预先加速到一定能量后，再把束流注入主

加速器的轨道.

同步加速器既可以加速电子，也可以加速质子等重粒子，可加速电子到 12 GeV 的能量，也可将质子加速到 400 GeV 的能量. 若进一步使用超导强磁场，还可将质子的能量提高到 1 000 GeV.

用质子同步加速器加速的高能质子去轰击靶时，可以产生多种次级的高能粒子流，如反质子流、π 介子流、μ 子流……并可把这些次级粒子流分别引到不同的实验室，进行多种高能物理实验.

4. 对撞机(collider)

加速器主要用来把带电粒子(如质子、电子、原子核等)加速到一定的能量，提供给多种不同的实验使用，以探索物质的微观结构. 现在对物质微观结构的探索，已进入研究"基本粒子"的结构及其运动规律的阶段. 研究"基本粒子"所涉及的能量比原子核变化中的能量转移更高，所以，我们希望能建造能量水平高、粒子流强度大、体积小、投资少的高效率加速器. 对撞机就是经过改进了的、能够获得高能量的一种加速器.

顾名思义，对撞机就是让粒子实现对撞的机器，它的结构与同步加速器很相似. 高能粒子要用别的加速器注入，这些粒子在对撞机的环形真空室"储存"起来不断地回旋，将粒子积累到较高密度(有的对撞机还兼有加速作用)，以增加对撞的机会. 在对撞机上专门建有供对撞的直线段(对撞区). 为了有利于对撞的进行，真空室内需有很高的真空度，而且粒子束由于受到"聚集"作用，截面积也特别小. 与用一个运动的粒子和一个静止的粒子相撞比较，两个高能粒子的"对撞"能大大提高能量的利用率.

*二、磁流体发电

磁流体发电是 20 世纪 50 年代末开始进行实验研究的一项新技术. 磁流体发电机的电动势是等离子体通过磁场时，其中正、负带电粒子在磁场作用下相互分离而产生的. 在普通发电机中，电动势是由线圈在磁场中转动产生的. 为此必须先把初级能源(化学燃料或核燃料)燃烧放出的热能经过锅炉、热机等变成机械能，然后再变成电能. 在磁流体发电机中，是利用热能加热等离子体，然后使等离子体通过磁场产生电动势而直接得到电能，不经过热能到机械能的转变，从而可以提高热能利用的效率，这是磁流体发电的特点，也是人们对它感兴趣的主要原因.

磁流体发电机的主要结构如图 6－36 所示. 在燃烧室中利用燃料燃烧的热能加热气体使之成为等离子体，温度约为 3000 K(为了加速等离子体的形成，往往在气体中加一定量的容易电离的碱金属，如钾元素作"种子")，然后使等离子体进入发电通道. 发电通道的两侧有磁极以产生磁场，其上、下两面有电极相连. 等离子体通过通道时，两电极间就有电动势产生. 离开通道的气体成为废气，它的温度仍然很高，可达2300 K. 废气可以导入普通发电厂的锅炉，以便进一步加以利用. 废气不再回收的磁流体发电机称为开环系统. 在利用核能的磁流体发电机内，气体等离子体是在闭合管道中循环流动反复使用的，这

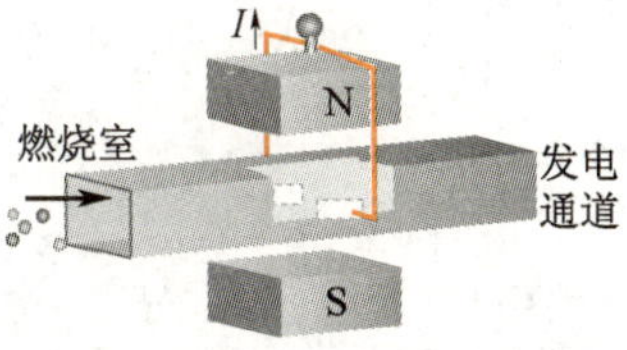

图 6－36 磁流体发电机结构示意图

样的发电机称为闭环系统.

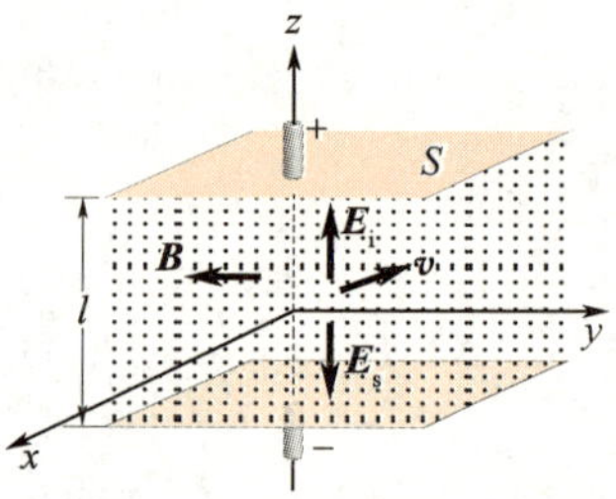

图 6－37　磁流体发电机原理

磁流体发电机产生电动势,输出电功率的原理如下.如图 6－37 所示,设磁场沿－y方向,而等离子体以速度 v 沿－x 方向流动.带电粒子在运动中要受到洛伦兹力作用而上、下分离,此力的大小为

$$F=qvB$$

这是一种非静电力,相当于一个外来场强 E_i,而

$$E_i=\frac{F}{q}=vB$$

以 l 表示两电极之间的距离,则可得此发电机的电动势为

$$\varepsilon=E_i l=vBl$$

由于洛伦兹力的作用,正、负电荷将在上、下两极积累,因而在等离子体内又形成一静电场 E_s.因而两极间的总场强为

$$E=E_i-E_s$$

以 σ 表示等离子体的电导率,则通过等离子体的电流密度(从负极向正极)为

$$j=\sigma(E_i-E_s)$$

以 S 表示电极的面积,则总电流为

$$I=\sigma S(E_i-E_s)$$

发电机输出的总功率为

$$\begin{aligned}P&=IE_s l=\sigma(E_i-E_s)E_s Sl\\&=\sigma(vB-E_s)E_s V\end{aligned}$$

式中 $E_s l$ 为发电机两极间的端电压,$V=Sl$ 为电极间总体积.

令 $K=\frac{E_s}{vB}$,则上式可写成

$$P=\sigma v^2B^2(1-K)KV$$

此式当 $K=1/2$,即 $E_s=\frac{1}{2}E_i$ 时有最大值.因此,磁流体发电机输出功率的最大值由下式决定

$$P_{\max}=\frac{1}{4}\sigma v^2B^2V$$

1959 年,美国阿夫柯公司建造了第一台磁流体发电机,功率为 115 kW.此后其他国家纷纷研究制造,美国和前苏联联合研制的磁流体发电机 U－25B 在 1978 年 8 月进行了第四次试验,气体—等离子体流量为 2～4kg · s^{-1},温度为 2950 K,磁场为 5 T,输出功率 1300 kW,共运行了 50 h.许多国家正在研制百万千瓦的磁流体发电机.

磁流体发电机制造中的主要问题是:发电通道效率低,只有 10%左右.通道和电极材料都要求耐高温、耐碱腐蚀、耐化学烧蚀等.目前所用材料的寿命都比较短,因而使磁流体发电机不能长时间运行.

*三、带电粒子比荷的测定、质谱仪

带电粒子比荷是指带电粒子的电荷量与质量之比(荷质比),比荷可通过观察离子在电场或磁场中的运动来测定,汤姆孙(J. J. Thomson)首先测定了气体放电管中正离子的比荷,证实了正离子是失去价电子后的原子,测定离子比荷的仪器称为质谱仪(mass spectrometer).最早的质谱仪是根据汤姆孙的方法而设计的,以后阿斯通(F. W. Aston)、倍恩勃立奇(Bainbridge)等采用了一些新的方法.

现在我们介绍倍恩勃立奇的方法.

倍恩勃立奇质谱仪的结构如图 6－38(a)所示，离子源所产生的离子经过狭缝 S_1 与 S_2 之间的加速电场后，进入 P_1 与 P_2 两板之间的狭缝. P_1 和 P_2 两板构成**速度选择器**，使用速度选择器的目的是使具有一定速度的离子被选择出来. 选择器[见图 6－38(*b*)]的原理如下：设在 P_1，P_2 两板之间加一电场，方向垂直于板面，大小为 E. 如离子所带的电量为 $+q$，则离子所受的电场力 $F_e=qE$，方向和板面垂直向右. 同时在 P_1，P_2 两板之间，另加一垂直于图面向外的磁场，磁感应强度为 B'，如离子的速度为 v，则离子所受的磁场力为 $F_m=qvB'$，方向也与板面垂直，但指向向左. 因此，仅当离子的速度恰好使电场力和磁场力等值而反向，即满足下式时

$$qE=qvB' \quad 或 \quad v=\frac{E}{B'}$$

才可能穿过 P_1 和 P_2 两板间的狭缝，而从 S_0 射出. 速度大于或小于 E/B' 的离子都要射向 P_1 或 P_2 板而不能从 S_0 射出.

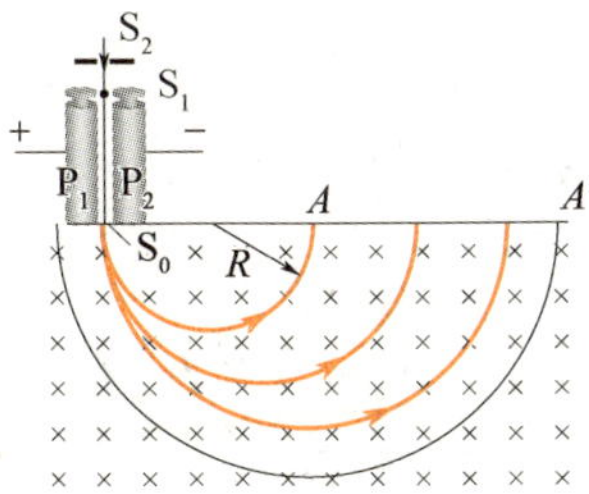

(a) 质谱仪结构图

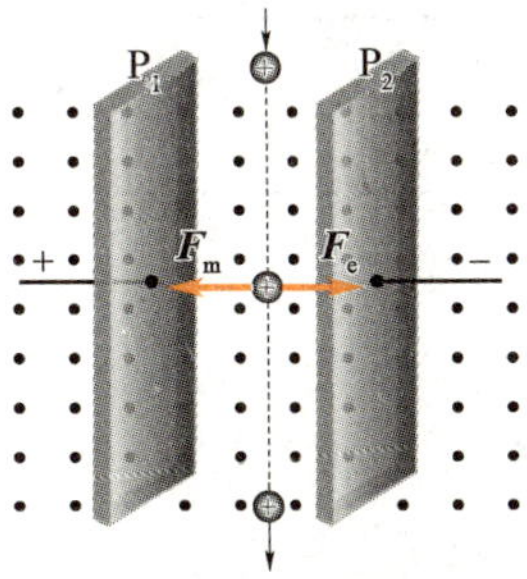

(b) 速度选择器

图 6－38 离子荷质比的测定（倍恩勃立奇方法示意图）

离子经过速度选择器后从 S_0 射出，在狭缝 S_0 以外的空间中没有电场，仅有垂直于图面的匀强磁场，磁感应强度为 B. 离子进入该磁场后，将作匀速圆周运动，设半径为 R，由(6－33)式可得

$$\frac{q}{m}=\frac{v}{RB}$$

以离子的速度 $v=E/B'$ 代入，得

$$\frac{q}{m}=\frac{E}{RB'B}$$

式中 m 为离子的质量. 如果离子是一价的，q 与电子电量 e 等值；如果是二价的，q 为 $2e$，其余类推. 上式右边各量都可直接测量，因而 q/m 值可算出.

从狭缝 S_0 射出来的离子速度 v 与电量 q 都是相等的，如果这些离子中有质量不同的同位素，在磁场 B 中作圆周运动的半径 R 就不一样. 因此，这些离子就将按照质量的不同而分别射到照相底片 AA' 上的不同位置，形成若干条线状谱. 每一条谱线对应于一定的质量. 根据谱线的位置，可知圆周的半径 R，因此可算出相应的质量. 所以，这种仪器叫作质谱仪. 利用质谱仪可以精确地测定同位素的原子量. 图 6－39 为用质谱仪测得的锗元素的质谱，数字表示各同位素的质量数，即最靠近原子量的整数.

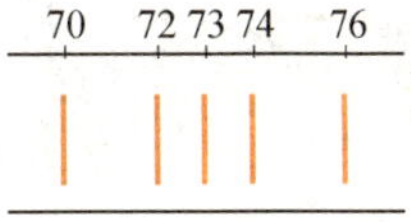

图 6－39 锗的质谱

6.5.5 安培力

一、安培定律、安培力

在 6.1 节中，我们已经提到，放置在磁场中的载流导体或载流线圈将受到磁场力的作用. 1820 年，安培首先通过实验发现并总结出如下结论：在磁场中任一点处，电流元 $Id\boldsymbol{l}$ 所受的磁力可用下式表示

$$d\boldsymbol{F}=Id\boldsymbol{l}\times\boldsymbol{B} \tag{6-40}$$

其中 $\boldsymbol{B}$ 是场点处的磁感应强度. 通常将(6－40)式称为**安培定律**，$d\boldsymbol{F}$ 称为**安培力**(Ampere force)，如图 6－40 所示.

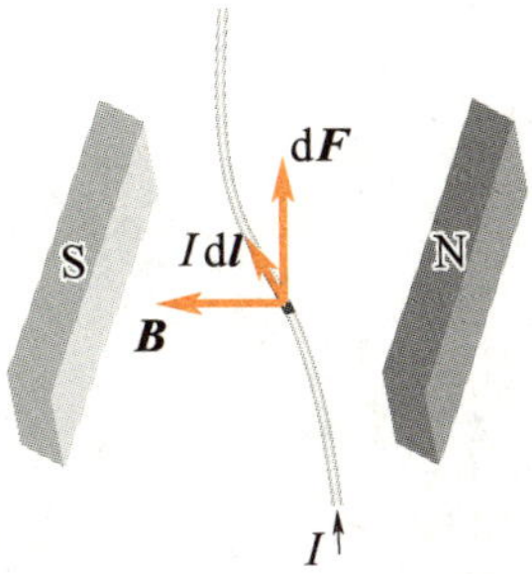

图 6－40 安培力

对于某段载流导线 L，它所受到的安培力等于组成它的各电流

元所受安培力的叠加，即

$$\boldsymbol{F}=\int \mathrm{d}\boldsymbol{F}=\int I\mathrm{d}\boldsymbol{l}\times\boldsymbol{B} \tag{6-41}$$

如前所述，由于不存在单独的电流元，因此安培定律只能通过(6-41)式间接验证.

由于载流导线上连续分布的各电流元所受到的安培力分布于导线上各处，故整个导线所受到的安培力是一种分布力. 一般情况下这种分布力的计算比较复杂，下面仅计算几种特殊情况下载流导体受到的安培力.

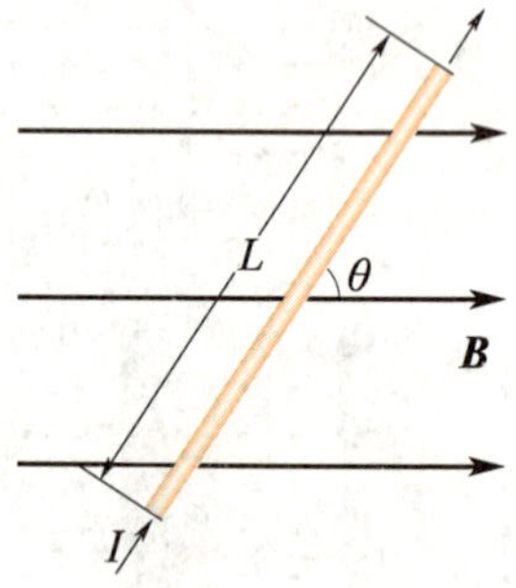

图 6-41　均匀磁场中一段载流直导线所受的安培力

1. 载流直导线在均匀磁场中所受的安培力

如图 6-41 所示，磁感应强度为 $\boldsymbol{B}$ 的均匀磁场中，长为 L 的载流直导线通有电流 I，电流方向与 $\boldsymbol{B}$ 的夹角为 θ. 导线上各个电流元 $I\mathrm{d}\boldsymbol{l}$ 受到的安培力方向相同. 这种分布于同一平面的平行力的合成，可采用标量积分. 于是 L 所受的安培力大小为

$$F=\int \mathrm{d}\boldsymbol{F}=\int_0^L IB\sin\theta \mathrm{d}l=IBL\sin\theta \tag{6-42}$$

根据 $I\mathrm{d}\boldsymbol{l}\times\boldsymbol{B}$ 判断，$\boldsymbol{F}$ 的方向垂直于纸面向里. 若导线与 $\boldsymbol{B}$ 平行，$\theta=0$，$F=0$；若导线与 $\boldsymbol{B}$ 垂直，$\theta=\dfrac{\pi}{2}$，$F=F_{\mathrm{m}}=BIL$.

2. 两根平行的无限长载流直导线间的相互作用力

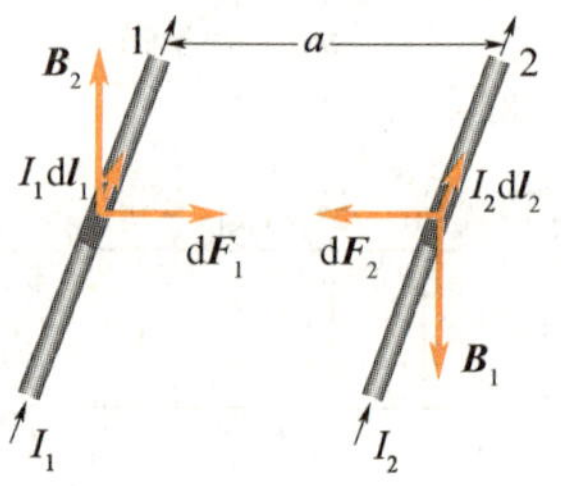

图 6-42　平行电流之间的相互作用力

设两根无限长载流直导线相距为 a，分别通有同方向电流 I_1 和 I_2，如图6-42所示，电流元 $I_1\mathrm{d}\boldsymbol{l}_1$ 所受安培力 $\mathrm{d}\boldsymbol{F}_1$ 的大小为

$$\mathrm{d}F_1=B_2I_1\mathrm{d}l_1$$

式中 $\boldsymbol{B}_2$ 是 I_2 在 $I_1\mathrm{d}\boldsymbol{l}_1$ 处产生的磁感应强度，其值为 $B_2=\dfrac{\mu_0 I_2}{2\pi a}$，所以，导线 1 单位长度上所受磁力为

$$\frac{\mathrm{d}F_1}{\mathrm{d}l_1}=\frac{\mu_0 I_1 I_2}{2\pi a} \tag{6-43}$$

根据安培定律不难判断，两同向电流间的磁力是引力，如图 6-42 所示. 两反向电流间的磁力是排斥力. 单位长度导线所受力的大小彼此相等.

在国际单位制中，规定电流的单位安培为基本单位，在(6-43)式中，令 $I_1=I_2=I$，$a=1\ \mathrm{m}$，当$\dfrac{\mathrm{d}F}{\mathrm{d}l}=2\times10^{-7}\ \mathrm{N}$时，$I=1\ \mathrm{A}$. 因此，电流的单位可定义如下：**在真空中相距 1 m 的两条无限长平行导线中通以相等的电流，若每米长度导线受到的磁力为 2×10^{-7} N，则导线中的电流定义为 1 A.**

例 6-8

在磁感应强度为 $\boldsymbol{B}$ 的均匀磁场中，垂直于磁场方向的平面内有一段载流曲形导线，电流为 I，求该导线所受安培力.

解 本题可用两种方法求解

解法1:分解法

如图6-43所示,在曲形导线所在平面取 xOy 坐标系,原点 O 取为电流流入端 a,电流流出端为 b. 在曲线上任取一电流元 $I\mathrm{d}\boldsymbol{l}$,由于 $I\mathrm{d}\boldsymbol{l}$ 与 $\boldsymbol{B}$ 垂直,故其所受安培力大小为

$$\mathrm{d}F=BI\mathrm{d}l$$

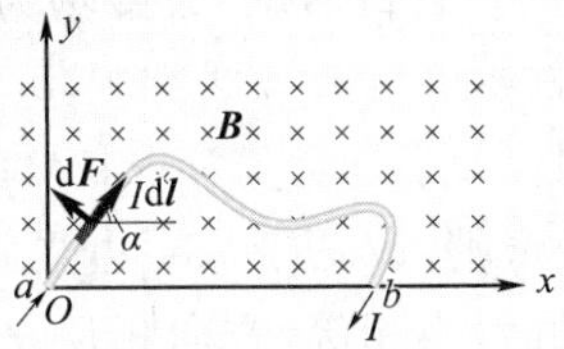

图6-43 例6-8图

$\mathrm{d}\boldsymbol{F}$ 在 xOy 平面内,方向由 $I\mathrm{d}\boldsymbol{l}\times\boldsymbol{B}$ 确定. 由于各电流元 $I\mathrm{d}\boldsymbol{l}$ 所受安培力方向不同,故应采用分量积分. 将 $\mathrm{d}\boldsymbol{F}$ 在直角坐标系中分解得

$$\mathrm{d}F_x=-\mathrm{d}F\sin\alpha=-BI\mathrm{d}l\sin\alpha$$

$$\mathrm{d}F_y=\mathrm{d}F\cos\alpha=BI\mathrm{d}l\cos\alpha$$

式中 α 是 $I\mathrm{d}\boldsymbol{l}$ 与 Ox 轴的夹角. 由于 $\mathrm{d}l\sin\alpha=\mathrm{d}y$,$\mathrm{d}l\cos\alpha=\mathrm{d}x$,故上两式分别为

$$\mathrm{d}F_x=-BI\mathrm{d}y$$

$$\mathrm{d}F_y=BI\mathrm{d}x$$

因此,整个曲形导线所受安培力 $\boldsymbol{F}$ 在 Ox 和 Oy 轴上的分量为

$$F_x=\int\mathrm{d}F_x=-BI\int_0^0\mathrm{d}y=0$$

$$F_y=\int\mathrm{d}F_y=BI\int_a^b\mathrm{d}x=BI\,\overline{ab}$$

写成矢量形式,曲形导线所受安培力

$$\boldsymbol{F}=BI\,\overline{ab}\boldsymbol{j}$$

解法2:矢量积分法

如图6-43所示:$\boldsymbol{B}$ 和 $\mathrm{d}\boldsymbol{l}$ 都可写成矢量形式,$\boldsymbol{B}=-B\boldsymbol{k}$,$\mathrm{d}\boldsymbol{l}=\mathrm{d}x_i\boldsymbol{i}+\mathrm{d}y\boldsymbol{j}$,电流元 $I\mathrm{d}\boldsymbol{l}$ 所受的安培力可表述为:

$$\mathrm{d}\boldsymbol{F}=I\mathrm{d}\boldsymbol{l}\times\boldsymbol{B}=I(\mathrm{d}x\boldsymbol{i}+\mathrm{d}y\boldsymbol{j})\times(-B\boldsymbol{k})$$

根据矢量运算规则:$\boldsymbol{i}\times\boldsymbol{k}=-\boldsymbol{j}$,$\boldsymbol{j}\times\boldsymbol{k}=\boldsymbol{i}$,有

$$\mathrm{d}\boldsymbol{F}=IB\mathrm{d}x\boldsymbol{j}-IB\mathrm{d}y\boldsymbol{i}$$

两边积分得

$$\boldsymbol{F}=\int_a^b\mathrm{d}\,\boldsymbol{F}=IB\int_a^b\mathrm{d}x\boldsymbol{j}-Ib\int_0^0\mathrm{d}y\boldsymbol{i}$$

故曲形导线所受的安培力为:

$$\boldsymbol{F}=IB\,\overline{ab}\boldsymbol{j}$$

上述计算表明,在均匀磁场中,垂直于磁场方向的平面内,一段载流曲形导线所受到的磁力,与始点和终点相连的载流直导线所受磁力相同. 由此也可推论,均匀磁场中,闭合载流线圈所受合磁场力为零.

例6-9

一"无限长"直线电流 I_1 旁,有一长为 L,载流为 I_2 的直导线 $\overline{ab}$,$\overline{ab}$ 与电流 I_1 共面正交,a 端与 I_1 垂距为 d,求 $\overline{ab}$ 导线上所受的安培力.

解 电流 I_2 受电流 I_1 的磁力作用,由于电流 I_1 产生非均匀磁场分布,因此要按非均匀磁场计算安培力. 如图6-44(a)所示,在 $\overline{ab}$ 上任取一电流元 $I_2\mathrm{d}\boldsymbol{l}$,它距电流 I_1 为 x,电流 I_1 在此处产生的磁感应强度方向垂直纸面向里,大小为 $B=\dfrac{\mu_0 I_1}{2\pi x}$,电流元受到的安培力垂直 $\overline{ab}$ 向上,大小为

$$\mathrm{d}F=BI_2\mathrm{d}x=\frac{\mu_0 I_1 I_2}{2\pi x}\mathrm{d}x$$

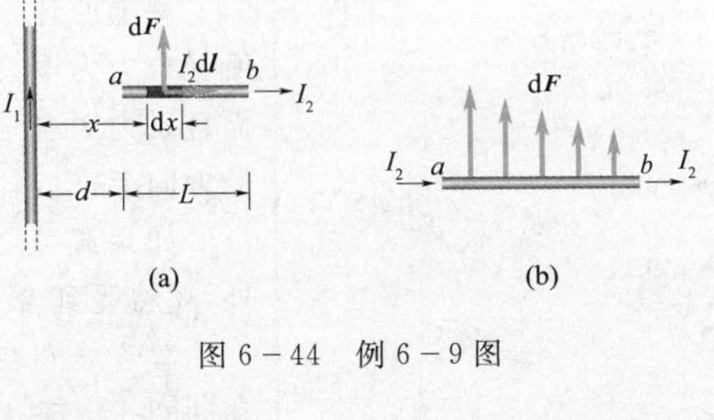

图6-44 例6-9图

由于各电流元所受的安培力方向相同,所以 $\overline{ab}$ 所受的安培力为

$$F=\int_L \mathrm{d}F=\int_d^{d+L}\frac{\mu_0 I_1 I_2}{2\pi x}\mathrm{d}x$$
$$=\frac{\mu_0 I_1 I_2}{2\pi}\ln\frac{d+L}{d}$$

因为 a 端处磁场比 b 端处磁场强，故 a 端附近的电流受到的安培力也较大，安培力分布如图6－44(b)所示.

二、磁场对载流线圈的作用

如图 6－45(a)所示，考虑一个边长分别为 l_1 和 l_2 的刚性平面载流矩形线圈，可绕垂直于磁场的轴自由转动. 设磁场为均匀磁场，$\boldsymbol{B}$ 与线圈法向单位矢量 $\boldsymbol{e}_n$ 之间的夹角为 θ. 该线圈中，bc 和 da 两边受的磁力 $\boldsymbol{F}_1'$ 和 $\boldsymbol{F}_1$ 在同一直线上，大小均为 $BIl_1\cos\theta$，但因电流方向相反，因而两力方向相反相互抵消. ab 边和 cd 边受到的磁力大小为 $F_2=F_2'=BIl_2$，$\boldsymbol{F}_2$ 与 $\boldsymbol{F}_2'$ 虽大小相等，方向相反，但不在同一直线上，因而形成力偶. 如图 6－45(b)所示，若以 cd 为轴，F_2 的力臂为 $l_1\cos\varphi$，则载流线圈所受的磁力矩大小为

$$M=F_2 l_1\cos\varphi=BIl_2 l_1\sin\theta=BIS\sin\theta$$

若线圈共有 N 匝，则

$$M=NBIS\sin\theta=p_m B\sin\theta$$

其中，$S=l_1 l_2$ 为线圈面积，$p_m=NIS$ 为载流线圈的磁矩大小.

由磁矩的定义 $\boldsymbol{p}_m=NIS\boldsymbol{e}_n$ 及线圈的转动方向可知，线圈所受的磁力矩与线圈磁矩及磁感应强度的关系为

$$\boldsymbol{M}=\boldsymbol{p}_m\times\boldsymbol{B} \tag{6-44}$$

上式虽是从矩形线圈这一特例导出的，然而可以证明，对于任意形状的平面载流线圈，此式同样适用.

由(6－44)式可看出，当 $\boldsymbol{e}_n$ 与 $\boldsymbol{B}$ 的夹角为 0 或 π 时，$M=0$，此时线圈处于平衡状态. 但这两种平衡状态是不同的，$\theta=0$ 时，若线圈稍偏离平衡位置，磁力矩的作用将使其回到平衡位置，这种平衡称为稳定平衡；$\theta=\pi$ 时，一旦线圈稍偏离平衡位置，磁力矩的作用将使其继续偏离直至稳定平衡的位置为止，此种平衡称为非稳定平衡.

综上所述，任意形状的载流平面线圈，作为整体在均匀磁场中所受合力为零，因而不会发生平动，仅在磁力矩的作用下发生转动，而且磁力矩总是力图使线圈磁矩转到和外磁场方向一致(即 $\theta=0$)的方向上来. 当 $\boldsymbol{e}_n$ 与 $\boldsymbol{B}$ 垂直时，所受磁力矩最大.

如果载流线圈处在非均匀磁场中，则线圈除受到磁力矩作用外，还将受到合力作用. 线圈将在转动的同时发生平动.

载流线圈在均匀磁场中受到磁力矩作用而转动，这正是电动机和动圈式电磁仪表的工作原理.

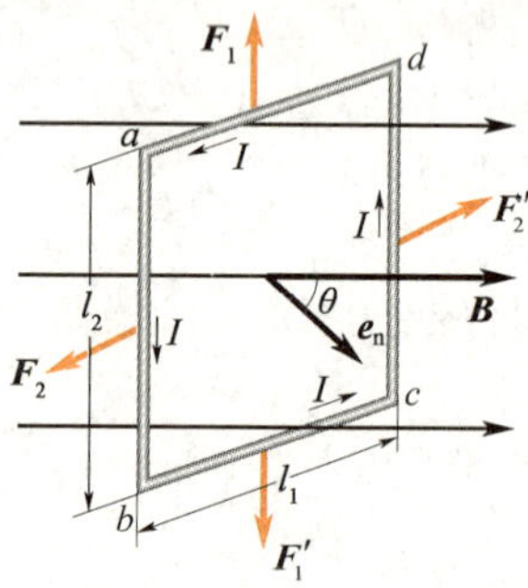

(a)

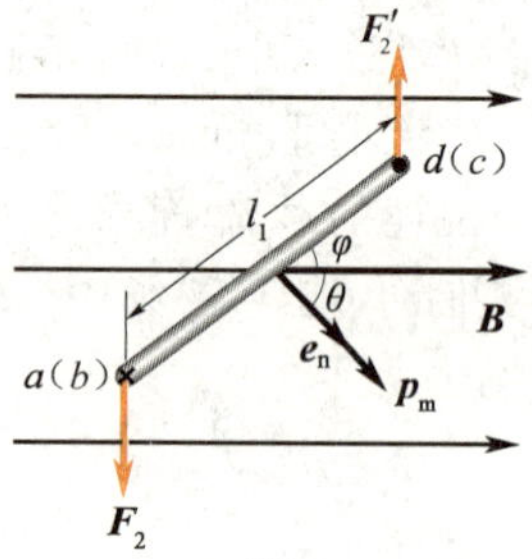

(b)

图 6－45 均匀磁场对载流线圈的磁力矩

§6.6　磁力的功

载流导线或线圈在磁场中受到磁力或磁力矩作用，在导线或线圈运动过程中磁力或磁力矩将对其做功.

6.6.1　磁力对载流导线做功

如图 6－46 所示，设载流导线 ab，长为 L，与两平行导轨构成闭合回路，电流 I 保持恒定，置于均匀磁场 $\boldsymbol{B}$ 中，则 ab 受到的磁力 $\boldsymbol{F}$ 方向向右，大小为

$$F=BIL$$

当 ab 从初始位置从右位移 Δx 距离时，磁力做功为

$$W=F\Delta x=BI\Delta S=I\Delta\Phi_m \tag{6-45}$$

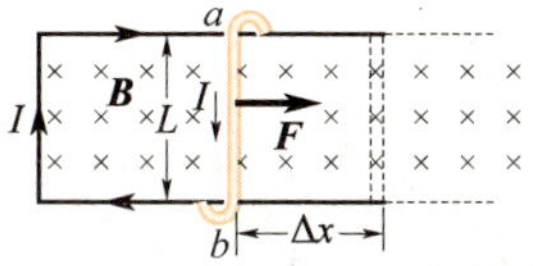

图 6－46　磁力做功

6.6.2　磁力矩对转动载流线圈做功

设线圈处在匀强磁场中，磁矩 $\boldsymbol{p}_m$ 与 $\boldsymbol{B}$ 成 θ 角，线圈通有电流 I，面积为 S，磁感应强度为 $\boldsymbol{B}$，则此载流线圈受到的磁力矩的大小为

$$M=p_mB\sin\theta=ISB\sin\theta$$

令线圈转动 dθ 角，如图 6－47 所示，在此转动过程中，磁力矩做负功（磁力矩总是力图使 $\boldsymbol{p}_m /\!/ \boldsymbol{B}$），故

$$\begin{aligned}\mathrm{d}W&=-M\mathrm{d}\theta=-ISB\sin\theta\mathrm{d}\theta=ISB\mathrm{d}(\cos\theta)\\&=I\mathrm{d}(BS\cos\theta)=I\mathrm{d}\Phi_m\end{aligned}$$

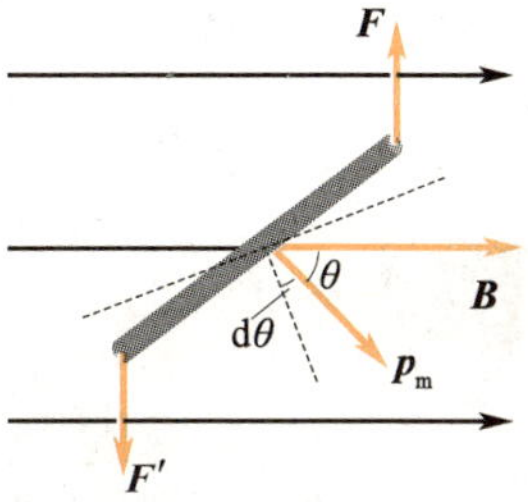

图 6－47　磁力矩做功

在线圈从角度 θ_1 转到 θ_2 的过程中，若维持线圈内电流不变，则磁力矩做功为

$$\begin{aligned}W&=\int\mathrm{d}W=\int_{\Phi_{m1}}^{\Phi_{m2}}I\mathrm{d}\Phi_m\\&=I(\Phi_{m2}-\Phi_{m1})=I\Delta\Phi_m\end{aligned} \tag{6-46}$$

式中 Φ_{m1} 和 Φ_{m2} 分别为线圈在 θ_1 和 θ_2 位置时，通过线圈的磁通量.

可以证明，一个任意的闭合电流回路在磁场中改变位置或改变形状时，磁力或磁力矩所做的功都可按 $W=I\Delta\Phi_m$ 来计算，即磁力或磁力矩做功等于电流乘以通过线圈的磁通量的增量.

如果电流随时间而改变，此时磁力或磁力矩所做的功要用积分计算，即

$$W=\int_{\Phi_{m1}}^{\Phi_{m2}}I\mathrm{d}\Phi_m \tag{6-47}$$

例 6-10

一半径为 R 的半圆形闭合线圈，通有电流 I，线圈放在均匀外磁场 $\boldsymbol{B}$ 中，$\boldsymbol{B}$ 的方向与线圈平面成 30°角，如图 6-48 所示，设线圈有 N 匝. 求：(1)线圈的磁矩；(2)此时线圈所受力矩的大小和方向；(3)由图示位置转至平衡位置时，磁力矩做功多少.

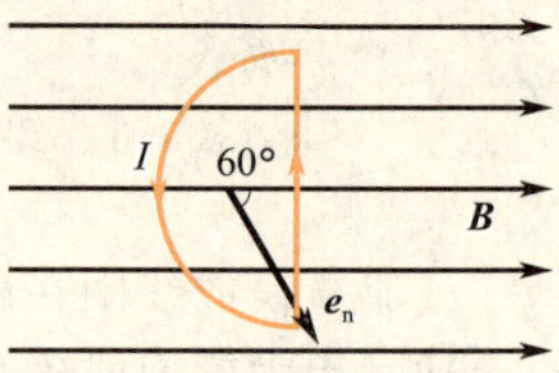

图 6-48 例 6-10 用图

解 (1) 线圈的磁矩

$$\boldsymbol{p}_m = NIS\boldsymbol{e}_n = IN\frac{\pi}{2}R^2\boldsymbol{e}_n$$

$\boldsymbol{p}_m$ 的方向与 $\boldsymbol{B}$ 成 60°夹角.

(2) 图示位置线圈所受磁力矩大小为

$$M = p_m B\sin 60° = NIB\frac{\sqrt{3}}{4}\pi R^2$$

$\boldsymbol{M}$ 的方向由 $\boldsymbol{p}_m \times \boldsymbol{B}$ 确定，为垂直于 $\boldsymbol{B}$ 的方向向上，即从上往下俯视，线圈是逆时针旋转的.

(3) 线圈旋转时磁力矩做功

$$W = NI\Delta\Phi_m = NI(\Phi_{m2} - \Phi_{m1}) = NIB\frac{\pi}{2}R^2(\cos 0° - \cos 60°) = \frac{1}{4}\pi NIBR^2$$

洛伦兹力和安培力本质上一样，都是磁场对运动电荷的作用力. 洛伦兹力是一个运动电荷所受的磁力，安培力则是多个定向运动的电荷所受的磁力，若将载流导体置于磁场中，每个定向运动的电荷都受到洛伦兹力的作用，再通过导体内部电荷与晶体点阵的相互作用，就会使导体在宏观上表现出受到磁场力——安培力的作用.

对比(6-11)和(6-13)式，只需用 $q\boldsymbol{v}$ 代替 $I\mathrm{d}\boldsymbol{l}$，电流元产生的磁场的公式就转变为运动电荷产生的磁场的公式；作同样的替换，安培力的计算公式(6-40)式就转变为洛伦兹力的计算公式(6-31)式.

§6.7 磁 介 质

6.7.1 磁介质的分类

实验发现，不论何种物质，在磁场的作用下，内部的运动电荷都将受到磁力的作用而使物质发生某种变化，这种变化又反过来影响原来磁场的分布. 我们称能与磁场产生相互作用的物质为**磁介质**

(magnetic medium). 磁介质在磁场作用下所发生的这种变化,称为**磁化**(magnetization). 事实上,一切物质都可以认为是磁介质.

磁介质放入磁场后产生附加磁场,设无磁介质时(真空状态)某处的磁感应强度为 $\boldsymbol{B}_0$,放入磁介质后因磁化而产生的附加磁场为 $\boldsymbol{B}'$,那么该处磁场的磁感应强度为

$$\boldsymbol{B}=\boldsymbol{B}_0+\boldsymbol{B}' \tag{6-48}$$

附加磁感应强度 $\boldsymbol{B}'$ 的大小和方向随磁介质而异,据此可将磁介质分为四类:

(1) **顺磁质**(paramagnet)

磁化后,附加磁场与外磁场方向相同,即 $\boldsymbol{B}'$ 与 $\boldsymbol{B}_0$ 同向,因而总磁场大于原来磁场,即 $B>B_0$,如氧、锰、铝、氮等都是顺磁质.

(2) **抗磁质**(diamagnet)

磁化后,$\boldsymbol{B}'$ 与 $\boldsymbol{B}_0$ 方向相反,使得 $B<B_0$,如铜、铋、氢、金、银等都是抗磁质.

顺磁质与抗磁质因磁性都很弱,$B'\ll B_0$($B'\approx 10^{-5}B_0$),因而统称为弱磁质.

(3) **铁磁质**(ferromagnetics)

在外磁场中能产生很强的同方向的附加磁场,即 $\boldsymbol{B}'$ 与 $\boldsymbol{B}_0$ 方向相同,且 $B'\gg B_0$,因而总磁感应强度 $B\gg B_0$,如铁、钴、镍以及它们的合金都是铁磁物质. 由于铁磁质磁性极强,故又称为强磁质.

(4) **超导体**(superconductor)

超导材料在外磁场中处于超导态时,体内原有的磁感线立即被排出体外,使材料内部磁场为零,这表明超导体具有完全抗磁性,这种现象称为迈斯纳效应(Meissner effect).

不同磁介质的磁性差别很大,这是由于它们的内部结构不同所致. 下面分别介绍前 3 类磁介质磁化过程的微观机理及所呈现的宏观磁性. 关于超导体,读者可参看有关专著.

6.7.2　顺磁质与抗磁质的磁化

物质都是由分子或原子构成的,原子中的每一个电子都同时参与两种运动,即电子环绕原子核的轨道运动和电子本身的自旋. 这两种运动都对应着一定的磁矩,分别称为**轨道磁矩**(orbital magnetic moment)和**自旋磁矩**(spin magnetic moment). 整个分子的磁矩,是它所包含的所有电子的轨道磁矩和自旋磁矩的矢量和,称为**分子的固有磁矩**(intrinsic magnetic moment),简称**分子磁矩**. 每一个分子磁矩都可以用一个等效的圆电流来表示,称为**分子电流**(molecular current).

顺磁质分子具有固有磁矩 $\boldsymbol{p}_{\mathrm{m}}$,无外磁场时,由于分子热运动,各分子磁矩的取向是杂乱无章的,因而在磁介质中任取一宏观小、

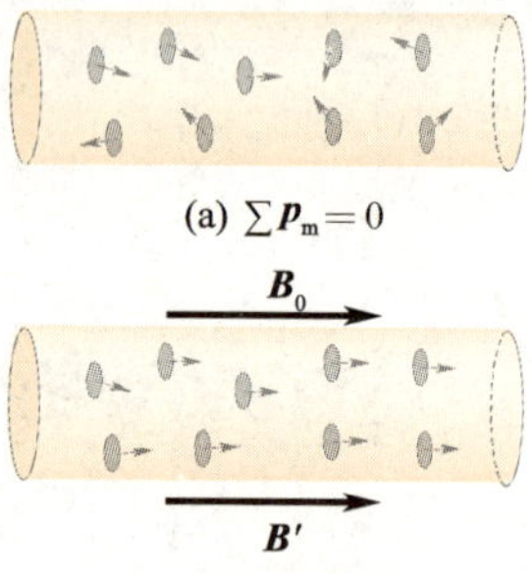

(a) $\sum \boldsymbol{p}_m = 0$

(b) $\sum \boldsymbol{p}_m \neq 0$

图 6－49 顺磁质中分子磁矩的取向

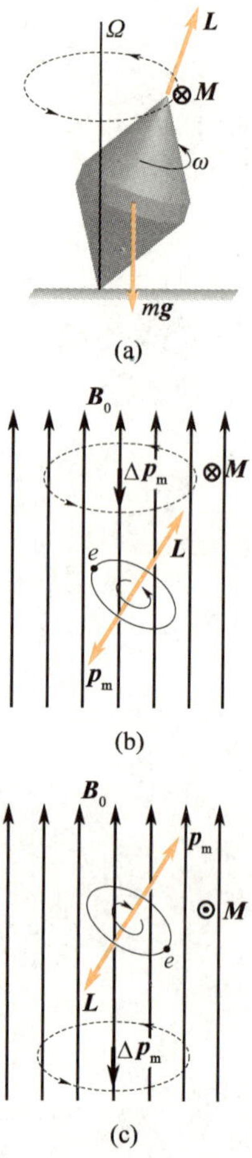

(a) (b) (c)

图 6－50 外磁场中电子的进动和附加磁矩

微观大的体积，所有分子磁矩的矢量和为零，即 $\sum \boldsymbol{p}_m = 0$．此时顺磁质对外不显磁性，如图 6－49(a)所示．但在外磁场作用下，分子磁矩所受到的力矩将使其倾向于沿外磁场方向排列．虽然由于分子热运动，此种排列不可能完全整齐，但至少各分子磁矩的矢量和不再为零，即 $\sum \boldsymbol{p}_m \neq 0$，在磁介质中产生了与外磁场 $\boldsymbol{B}_0$ 同方向的附加磁场 $\boldsymbol{B}'$，如图 6－49(b)所示．于是顺磁质内磁感应强度的大小 $B = B_0 + B' > B_0$，这就是顺磁质的磁化机理．

抗磁质分子中各电子的轨道磁矩和自旋磁矩矢量和为零，因而分子无固有磁矩，抗磁质的磁化是因为在外磁场中，抗磁质分子产生了附加磁矩的缘故．

有多种理论可以解释抗磁性，这些解释均表明，原子中的每个电子的轨道运动和自旋运动所对应的电子磁矩 $\boldsymbol{p}_m$，在外磁场的作用下会产生一附加磁矩 $\Delta\boldsymbol{p}_m$，而且不管原有磁矩 $\boldsymbol{p}_m$ 的方向如何，其附加磁矩 $\Delta\boldsymbol{p}_m$ 的方向总是和外磁场的方向相反，即**电子的附加磁矩总是起削弱外磁场的作用**．这样，原子或分子中所有电子的附加磁矩的总和也就必然削弱外磁场，这就是抗磁性的起因．

应该指出，**抗磁性是一切磁介质共同具有的特性**，顺磁质分子也有抗磁性，只是顺磁质的抗磁效应较之顺磁效应要小得多，因此，在研究顺磁质的磁化时，可以略去抗磁性的影响．

抗磁性的一种经典解释：

以电子的轨道运动为例，如图 6－50 所示，由于电子带负电，电子的磁矩 $\boldsymbol{p}_m$ 与轨道角动量 $\boldsymbol{L}$ 方向相反．在外磁场 $\boldsymbol{B}_0$ 中，电子磁矩受到的磁力矩为

$$\boldsymbol{M} = \boldsymbol{p}_m \times \boldsymbol{B}_0$$

因 $\boldsymbol{M} \perp \boldsymbol{L}$，故 $\boldsymbol{M}$ 不改变 $\boldsymbol{L}$ 的大小，只改变其方向，又根据角动量定理

$$\mathrm{d}\boldsymbol{L} = \boldsymbol{M}\mathrm{d}t$$

可见，角动量增量与力矩方向相同，在图 6－50 中，$\mathrm{d}\boldsymbol{L}$ 的方向则垂直于纸面向里或向外，或者说，电子在垂直于其角动量 $\boldsymbol{L}$ 的力矩作用下发生进动．这与陀螺在重力矩的作用下的进动类似[见图 6－50(a)]．与这一进动相对应，电子除了原有轨道磁矩 $\boldsymbol{p}_m$ 外，又具有一个附加磁矩 $\Delta\boldsymbol{p}_m$．图 6－50 表明，无论电子的运动方向如何，$\Delta\boldsymbol{p}_m$ 的方向都与外磁场方向相反，因而附加磁矩总是起到削弱外磁场的作用，这就是抗磁质抗磁性的来源．

6.7.3 磁场强度、磁介质中的安培环路定理

一、磁化强度和磁化电流

为描述磁介质在磁场中的磁化程度和磁化方向，我们引入**磁化强度**(magnetization intensity)的概念，定义如下

$$\boldsymbol{M} = \frac{\sum \boldsymbol{p}_m}{\Delta V} \tag{6-49}$$

即介质内某点处的磁化强度 $\boldsymbol{M}$ 等于该点处单位体积内分子磁矩的矢量和.

由(6－49)式,磁介质中分子磁矩排列的整齐程度越高,相互抵消的成分越少, $\sum \boldsymbol{p}_m$ 值越大,因而 $\boldsymbol{M}$ 的值越大. 可见, $\boldsymbol{M}$ 是一个描述分子磁矩排列整齐程度的物理量. 顺磁质中, $\boldsymbol{M}$ 与 $\boldsymbol{B}_0$ 同向;抗磁质中, $\boldsymbol{M}$ 与 $\boldsymbol{B}_0$ 反向.

在国际单位制中,磁化强度 $\boldsymbol{M}$ 的单位是 $\mathrm{A \cdot m^{-1}}$.

如图 6－51(a)所示,设一无限长直螺线管内充满各向同性的均匀顺磁质,线圈中通以电流 I_0 后在螺线管内产生均匀磁场 $\boldsymbol{B}_0$,磁介质被均匀磁化后磁化强度为 $\boldsymbol{M}$. 图 6－51(b)所示为磁介质内任一横截面上分子电流的排列情况. 可见在磁介质内部任意位置处,分子电流成对出现,而且方向相反,结果互相抵消. 只有在横截面的边缘处,分子电流未被抵消,形成与横截面边缘重合的圆电流 I_S,称为**磁化电流**(magnetization current),如图 6－51(c)所示. 整体看来,磁化了的介质就像是一个由磁化电流构成的螺线管,设沿轴线单位长度上的磁化电流为 i_S,则对于截面积为 S,长为 l 的一段磁介质圆柱,有

$$|\boldsymbol{p}_m| = I_S S = i_S l S$$

$$M = |\boldsymbol{M}| = \frac{|\boldsymbol{p}_m|}{\Delta V} = \frac{i_S l S}{l S} = i_S \qquad (6-50)$$

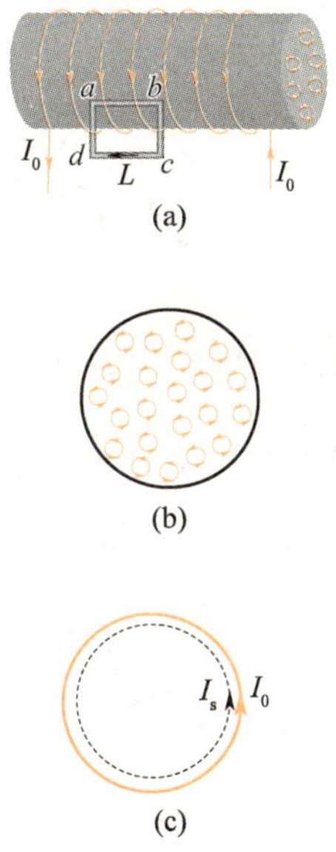

图 6－51　充满磁介质的直螺线管

由此可见,磁化强度 $\boldsymbol{M}$ 在量值上等于单位长度上的磁化电流, $\boldsymbol{M}$ 的方向与外磁场 $\boldsymbol{B}_0$ 方向相同(顺磁质). 对于非均匀磁介质,不仅表面上,而且在体内,都可以存在由未被抵消的分子电流所形成的磁化电流.

我们来计算磁化强度 $\boldsymbol{M}$ 的线积分,如图 6－51(a)所示,选取 $abcda$ 为积分环路,其中 bc, ad 与 $\boldsymbol{M}$ 垂直, cd 在磁介质外, $|\boldsymbol{M}|=0$,所以

$$\oint_L \boldsymbol{M} \cdot \mathrm{d}\boldsymbol{l} = M\overline{ab} = i_S\,\overline{ab} = \sum I_S \qquad (6-51)$$

上式不仅对矩形回路成立,对任意形状的回路都成立. 由(6－51)式可见,**磁化强度对闭合回路 L 的线积分,等于穿过以 L 为边界的任意曲面的磁化电流的代数和.**

二、磁场强度、磁介质中的安培环路定理

在有磁介质存在时,任一点的磁场是由传导电流 I_0 和磁化电流 I_S 共同产生的. 在安培环路定理

$$\oint_L \boldsymbol{B} \cdot \mathrm{d}\boldsymbol{l} = \mu_0 \sum I_i$$

中, $\sum I_i$ 为积分回路 L 所环绕的传导电流和磁化电流的代数和,即

$$\oint_L \boldsymbol{B} \cdot \mathrm{d}\boldsymbol{l} = \mu_0 \sum (I_0 + I_S) \tag{6-52}$$

上式中，磁化电流 I_S 与磁介质的磁化状态有关，而磁化状态又依赖于介质中的总磁感应强度 $\boldsymbol{B}$，即磁化电流 I_S 与 $\boldsymbol{B}$ 相互关联，且 I_S 无法直接测量. 因此，我们希望将复杂的磁化电流从等式右方去掉，以简化磁介质中磁场的讨论.

将(6－51)式代入(6－52)式，并化简得

$$\oint_L \boldsymbol{B} \cdot \mathrm{d}\boldsymbol{l} = \mu_0 (\sum I_0 + \oint_L \boldsymbol{M} \cdot \mathrm{d}\boldsymbol{l})$$

$$\oint_L (\frac{\boldsymbol{B}}{\mu_0} - \boldsymbol{M}) \cdot \mathrm{d}\boldsymbol{l} = \sum I_0 \tag{6-53}$$

引进一辅助矢量

$$\boldsymbol{H} = \frac{\boldsymbol{B}}{\mu_0} - \boldsymbol{M} \tag{6-54}$$

称为**磁场强度**(magnetic field intensity). 这样，有磁介质存在时，安培环路定理可写成如下简单形式

$$\oint_L \boldsymbol{H} \cdot \mathrm{d}\boldsymbol{l} = \sum I_0 \tag{6-55}$$

这就是**磁介质中的安培环路定理：磁场强度 $\boldsymbol{H}$ 沿任意回路的环流等于该回路环绕的传导电流的代数和**. 这样，引进辅助矢量 $\boldsymbol{H}$ 后，安培环路定理中不再包含磁化电流.

(6－54)式是 $\boldsymbol{H}$ 的普遍定义，它表示了磁场中任一点处 $\boldsymbol{H}$，$\boldsymbol{B}$，$\boldsymbol{M}$ 三个物理量之间的关系. 对于各类磁介质，不论均匀或非均匀，该式总是成立的. 在国际单位制中，$\boldsymbol{H}$ 的单位是 $\mathrm{A} \cdot \mathrm{m}^{-1}$.

实验表明，对于各向同性的均匀磁介质，介质内任一点处的磁化强度 $\boldsymbol{M}$ 与该点磁场强度 $\boldsymbol{H}$ 成正比，写成等式为

$$\boldsymbol{M} = \chi_m \boldsymbol{H} \tag{6-56}$$

式中 χ_m 是比例系数，称为介质的**磁化率**(magnetic susceptibility)，它是描述介质磁化特性的物理量，由介质本身的性质决定. (6－56)式不难直观地理解，因为 $\boldsymbol{M}$ 是描述介质内分子磁矩排列整齐程度的物理量，磁场越强，分子磁矩排列的整齐程度当然越高，因此 $\boldsymbol{M}$ 与 $\boldsymbol{H}$ 成正比.

将(6－56)式代入式(6－54)式得

$$\boldsymbol{H} = \frac{\boldsymbol{B}}{\mu_0} - \chi_m \boldsymbol{H}$$

$$\boldsymbol{B} = \mu_0 (1 + \chi_m) \boldsymbol{H} \tag{6-57}$$

令

$$1 + \chi_m = \mu_r, \quad \mu_0 \mu_r = \mu$$

则有

$$\boldsymbol{B} = \mu_0 \mu_r \boldsymbol{H} = \mu \boldsymbol{H} \tag{6-58}$$

式中 μ 称为**介质的磁导率**(permeability)，μ_r 称为**介质的相对磁导率**(relative permeability). 在国际单位制中，μ_r 是一个纯数，μ 的单

位与 μ_0 相同.

在真空中(空气中情况近似相同),$\boldsymbol{M}=0$,故 $\chi_m=0$,$\mu_r=1$,$\boldsymbol{B}=\mu_0\boldsymbol{H}$;对于顺磁质,$\chi_m>0$,$\mu_r>1$;对于抗磁质,$\chi_m<0$,$\mu_r<1$. 表 6.1 给出了几种顺磁质和抗磁质的磁化率的实验值.

表 6.1　磁介质的磁化率实验值(20 ℃时)

顺磁质	$\chi_m(=\mu_r-1)$	抗磁质	$\chi_m(=\mu_r-1)$
氮	0.013×10^{-6}	氢	-0.063×10^{-6}
氧	1.9×10^{-6}	铜	-9.6×10^{-6}
铝	22×10^{-6}	汞	-32×10^{-6}
钯	800×10^{-6}	铋	-176×10^{-6}

最后,必须强调指出,虽然 $\boldsymbol{H}$ 只由传导电流激发,但并不意味着介质中磁化电流对磁场不产生影响,磁介质对磁场的影响反映在相对磁导率 μ_r 上. 不同的磁介质对磁场的影响不同,因而 μ_r 不同. 真正具有直接物理意义的是磁感应强度 $\boldsymbol{B}$,而不是磁场强度 $\boldsymbol{H}$. $\boldsymbol{H}$ 仅仅是一个辅助量,引入 $\boldsymbol{H}$ 的目的是为了更方便地得到 $\boldsymbol{B}$. $\boldsymbol{H}$ 与电场中电位移矢量 $\boldsymbol{D}$ 的地位相当,只是由于历史的原因,才把它叫作磁场强度.

例 6－11

无限长圆柱形导体外面包有一层相对磁导率为 μ_r 的圆筒形磁介质. 导体半径为 R_1,磁介质的外半径为 R_2,如图 6－52 所示. 当导体内有电流 I 通过时,求介质内、外磁场强度和磁感应强度的分布.

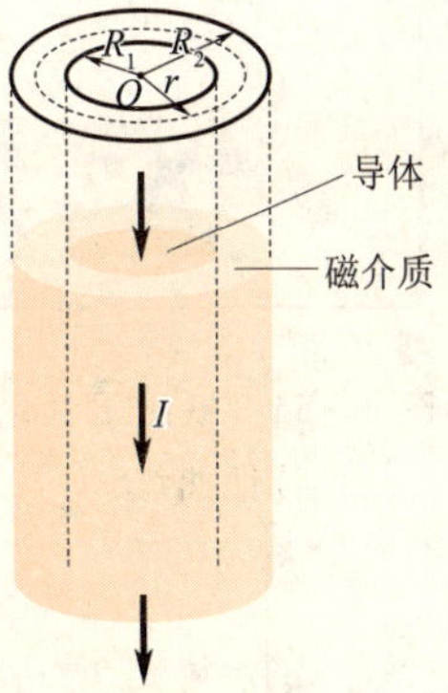

图 6－52　例 6－11 图

解　由于电流分布的轴对称性,磁场分布也具有轴对称性. $r<R_1$ 区域为金属导体内部,由安培环路定理可得

$$2\pi r H_1=\frac{I}{\pi R_1^2}\pi r^2$$

所以

$$H_1=\frac{I}{2\pi R_1^2}r\quad(r<R_1)$$

导体的 μ_r 接近于1,可作真空处理,即 $\mu_r=1$,故导体内的磁感应强度的大小为

$$B_1=\mu_0 H_1=\frac{\mu_0 I}{2\pi R_1^2}r\quad(r<R_1)$$

$R_1<r<R_2$ 的区域是相对磁导率为 μ_r 的磁介质,由安培环路定理可得

$$2\pi r H_2=I$$

$$H_2=\frac{I}{2\pi r}\quad(R_1\leqslant r<R_2)$$

$$B_2=\mu_0\mu_r H_2=\frac{\mu_0\mu_r I}{2\pi r}\quad(R_1\leqslant r<R_2)$$

$r>R_2$ 的区域为真空,由安培环路定理

$$2\pi r H_3=I$$

$$H_3=\frac{I}{2\pi r}\quad(r\geqslant R_2)$$

$$B_3=\mu_0 H_3=\frac{\mu_0 I}{2\pi r}\quad(r\geqslant R_2)$$

6.7.4 铁磁质

顺磁质和抗磁质磁化后，磁性均很微弱，它们的相对磁导率 μ_r 都接近于 1. 而铁磁质磁化后，其磁性可增强 $10^2 \sim 10^4$ 倍，且 μ_r 不为常数，在外磁场撤销后还会保留部分磁性. 铁磁质应用极为广泛，但磁化机理比较复杂，本节只能作一简单介绍.

一、铁磁质的磁化规律

铁磁质的磁化规律是由实验测得的磁化曲线及磁滞回线来描述的. 实验装置如图6－53所示，用铁磁质做成的半径为 R 的圆环上密绕 N 匝线圈，构成铁芯螺绕环. 当线圈中通有电流 I 时，螺绕环内的磁场强度为

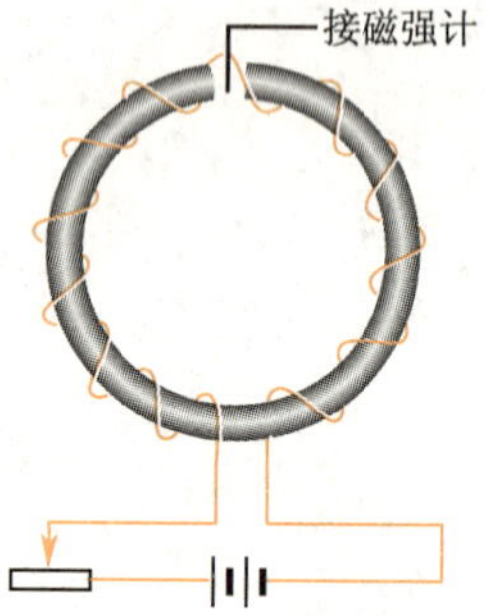

图 6－53 铁磁质磁化特性曲线的测定

$$H=\frac{NI}{2\pi R}$$

用磁强计可测得螺绕环内的 B 值，然后应用公式 $\mu=\frac{B}{H}$ 算出 μ 的量值，改变电流 I 可得许多组这样的值，因而可以作出 $B-H$ 和 $\mu-H$ 等磁化曲线，如图6－54所示. 下面以 $B-H$ 磁化曲线为例，具体说明铁磁质的磁化规律.

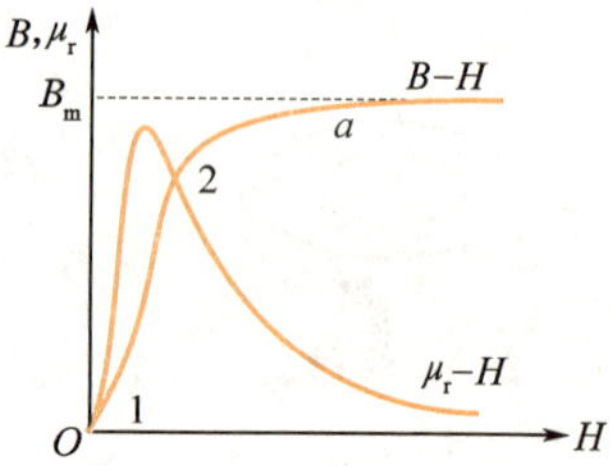

图 6－54 铁磁质磁化特性曲线

在 $B-H$ 曲线（见图 6－54）中，$H=0, B=0$，相当于介质未被磁化的情况. 当逐渐增大线圈中的电流 I 时，H 值随之增大，开始时 B 值增加较慢（$O \sim 1$ 段），接着急剧增加（$1 \sim 2$ 段），然后再缓慢增加（$2 \sim a$ 段），过了 a 点后，再继续增大 H 值，B 值几乎不再增加，曲线近似成为与 H 轴平行的直线，我们称这种状态为饱和磁化状态，这时的磁感应强度 B_m 称为**饱和磁感应强度**，这条曲线叫作起始磁化曲线. 由于 B 和 H 之间不是直线关系，故铁磁质的相对磁导率 μ_r 也随 H 的增加而非线性变化.

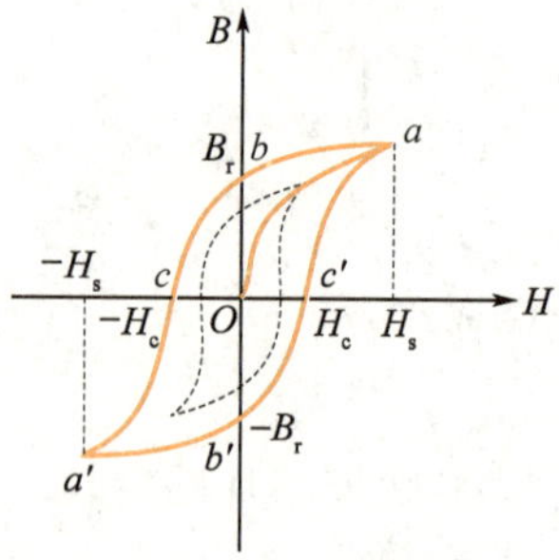

图 6－55 磁滞回线

实验证明，各种铁磁质的起始磁化曲线都是“不可逆”的，即当铁磁质达到饱和状态以后，再减小 H，B 也随之减小，但 B 值并不沿原来的起始磁化曲线（aO 曲线）下降，而是沿着另一曲线 ab 下降，见图 6－55. 当到达 $I=0$，即 $H=0$ 时，B 并不回到零，而是保留了一定的值 B_r，称为剩余磁感应强度，简称**剩磁**（remanent magnetism）. 到了 b 点以后，按下列顺序，继续改变磁场强度 H：$0 \to -H_c \to -H_s \to 0 \to +H_c \to +H_s \to 0$，相应的磁感应强度 B 也随之变化，$B-H$ 曲线沿着 $b \to c \to a' \to b' \to c' \to a \to b$ 形成闭合曲线. 由上述变化过程可以看出，磁感应强度 B 的变化总是滞后于磁场强度 H，这种现象称为**磁滞**（hysteresis），铁磁质的这种 $B-H$ 闭合曲线叫作**磁滞回线**（hysteresis loop）. 如果在还未达到饱和状态以前，就将 H 减小，B 将沿另一较小的磁滞回线变化，如图 6－55 中虚线所示.

根据上述实验结果，对铁磁质而言，B 不是 H 的单值函数，对同一磁场强度，磁感应强度可能有不同的量值，即 B 的值不仅与 H 有关，还取决于铁磁质的磁化历史.

若要完全消除铁磁质内的剩磁，需要加上反向磁场. 使铁磁质完全退磁所需的反向磁场强度 H_c 的量值叫作**矫顽力**(coercive force). 实际应用中通常不采用加恒定的反向电流消除剩磁的方法，而是施加一个由强变弱的交变磁场，使铁磁质的剩磁逐渐减弱到零. 例如手表、录音机和录像机的磁头、磁带等的退磁大都采用这一方法.

实验指出：铁磁质反复磁化时要发热，这种耗散为热量的能量损失称为**磁滞损耗**(hysteresis loss). 这是因为铁磁质在反复磁化时，分子的振动加剧，其能量来自于产生磁化场的电流. 可以证明：一次磁化的磁滞损耗与磁滞回线所围成的面积成正比，磁滞损耗的功率与磁化的频率成正比. 因此，对一具有铁芯的线圈来说，通过的交流电频率越高，以及铁芯材料的磁滞回线面积愈大时，磁滞损耗的功率也越大.

二、磁畴

铁磁质的单个原子或分子的磁矩和顺磁质并无特殊差异，如铁原子与铬原子的结构大致相同，但铁是典型的铁磁质，而铬是普通顺磁质，可见铁磁质的强磁性并非来源于单个原子或分子的磁性，那么铁磁质的磁性起源是什么呢？

近代量子理论和实验研究表明，铁磁质的磁性来自于电子的**自旋磁矩**(spin magnetic moment)，相邻原子间的电子存在着很强的“交互作用”，使电子自旋磁矩都自发地取相同方向. 在铁磁质内形成一个小的“自发饱和磁化区”，其体积约为 10^{-12} m^3，含有 10^{12}～10^{15} 个原子. 这种自发磁化区叫作**磁畴**(magnetic domain). 同一磁畴内的分子磁矩取向一致，在未被磁化的铁磁质中，各个磁畴的磁矩方向杂乱排列，宏观上对外不显磁性，如图 6－56(a)所示. 加上磁化场后，磁矩方向与磁化场方向相近的磁畴体积增大，其他磁矩方向的磁畴体积变小；同时磁畴整体转向——其磁矩方向转向磁化场方向，宏观上就显示出很强的磁性，如图 6－56(b)所示. 当所有磁畴的磁矩方向都和磁化场方向相同时，磁化达到饱和，这就是饱和磁感应强度 B_m 形成的原因.

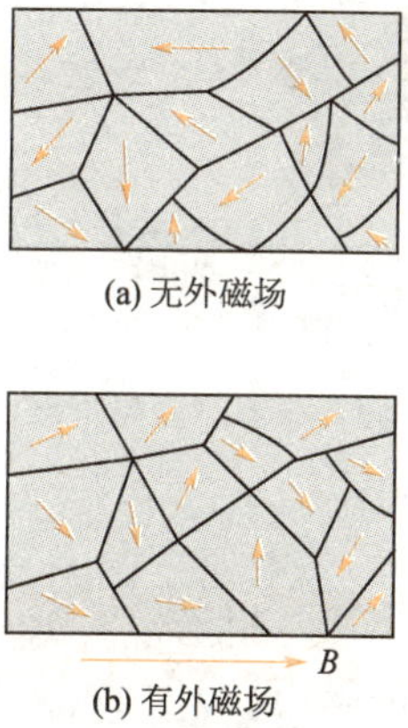

图 6－56　多晶铁磁质的磁畴示意图

由于铁磁质存在杂质和内应力，因此磁畴在磁化和退磁过程中体积变化和转向时，表现出磁滞现象. 又由于相邻磁畴之间存在摩擦力，故撤掉磁化场后，磁畴不能完全恢复磁化前的状态，这就呈现剩磁 B_r. 升高温度，分子热运动加剧，磁畴内部分子磁矩的规则排列受到一定程度的破坏. 当温度高于某一值时，磁畴全部瓦解，铁磁性消失而转变成普通顺磁质，这个温度叫作**居里点**(Curie point).

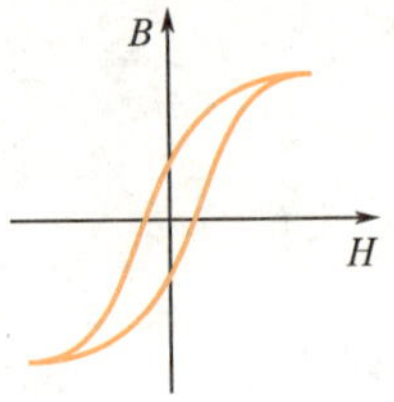

(a) 软磁材料

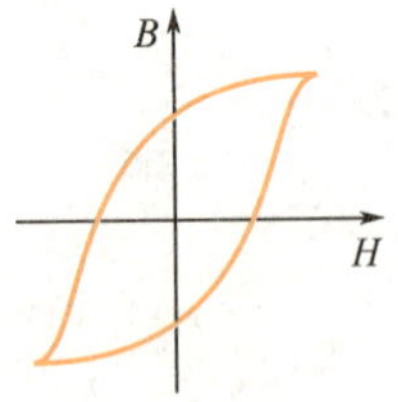

(b) 硬磁材料

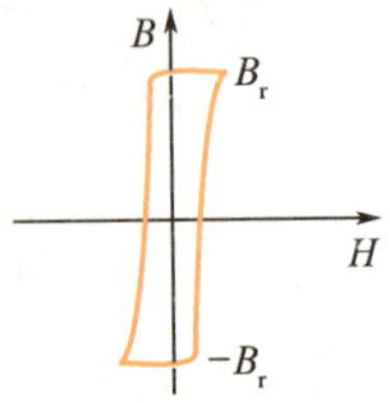

(a) 矩磁材料

图 6－57 几种铁磁质的磁滞回线

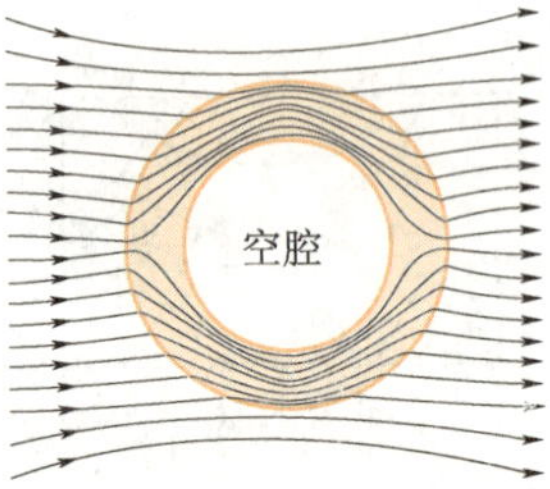

图 6－58 静磁屏蔽

通常铁磁质的居里点较高，如铁、镍、钴的居里点分别为 770 ℃，358 ℃，1 115 ℃.

三、铁磁材料的应用

铁磁材料在工程技术上的应用极为广泛. 从铁磁质的性能和使用方面来看，按矫顽力的大小可将铁磁质分为软磁材料、硬磁材料和矩磁材料.

矫顽力小的铁磁体（$H_c<100\ \mathrm{A\cdot m^{-1}}$）叫作软磁体，这种材料的磁滞回线狭长，如图 6－57(a) 所示. 软磁体容易磁化，也容易退磁，适合于在交变电路中使用. 如各种电感元件、变压器、整流器、继电器等，一旦切断电流后，剩磁很小. 常用的金属软磁材料有工业纯铁、硅钢、坡莫合金等；还有非金属软磁铁氧体，如锰铁氧体、镍锌铁氧体等.

矫顽力较大的铁磁体（$H_c>100\ \mathrm{A\cdot m^{-1}}$）叫作硬磁体，这种材料的磁滞回线宽大，如图 6－57(b) 所示. 在磁化后能保留很强的剩磁（B_r），且不易退磁，故适合于制成永久磁体. 硬磁材料可用于磁电式电表、永磁扬声器、扩音器、电话、录音机、耳机等. 常用的金属硬磁材料有碳钢、钨钢、铝钢等.

还有一类铁磁质叫作矩磁材料，其特点是剩磁很大，接近于饱和磁感应强度 B_m，而矫顽力小，其磁滞回线接近于矩形，如图 6－57(c) 所示. 当它被外磁场磁化时，总是处于 B_r 或 $-B_r$ 两种不同的剩磁状态. 通常计算机中采用二进制，只有“0”和“1”两个数码. 因此，可用矩磁材料的两种剩磁状态代表这两个数码，起到“记忆”和“储存”的作用. 最常用的矩磁材料是锰镁铁氧体和锂-锰铁氧体等.

铁磁质具有集中磁通量的本领. 若把一个铁磁质空腔放入磁场中，则磁感线将沿铁壳通过，进入空腔的磁通很少，如图 6－58 所示. 这时铁壳就起到一个防止磁感线进入空腔的静磁屏蔽作用. 示波管、显像管中的电子束聚焦部分，为了防止外界磁场的干扰，常在它的外部加上用软磁材料做成的磁屏蔽罩.

本章提要

1. 磁通量

$$\Phi_m=\int_S \boldsymbol{B}\cdot d\boldsymbol{S}$$

2. 磁场的计算

(1) 毕奥－萨伐尔定律

$$d\boldsymbol{B}=\frac{\mu_0}{4\pi}\frac{I d\boldsymbol{l}\times\boldsymbol{r}}{r^3}$$

(2) 电流产生磁场

$$\boldsymbol{B}=\frac{\mu_0}{4\pi}\int\frac{I d\boldsymbol{l}\times\boldsymbol{r}}{r^3}$$

(3) 安培环路定理

$$\oint_L \boldsymbol{B}\cdot d\boldsymbol{l}=\mu_0\sum I_i$$

(4) 运动电荷产生的磁场

$$\boldsymbol{B}=\frac{\mu_0}{4\pi}\frac{q\boldsymbol{v}\times\boldsymbol{r}}{r^3}$$

3. 稳恒磁场方程

(1) 磁场高斯定理积分形式

$$\oint_S \boldsymbol{B} \cdot \mathrm{d}\boldsymbol{S} = 0$$

* 微分形式 $\nabla \cdot \boldsymbol{B}=0$ (稳恒磁场无源)

(2) 安培环路定理积分形式

$$\oint_L \boldsymbol{B} \cdot \mathrm{d}\boldsymbol{l} = \mu_0 \sum I_i$$

* 微分形式 $\nabla \times \boldsymbol{B}=\mu_0 \boldsymbol{j}$ (稳恒磁场有旋)

4. 载流线圈的磁矩

$$\boldsymbol{p}_{\mathrm{m}} = NIS\boldsymbol{n}$$

5. 电磁相互作用

(1) 磁场对运动电荷的洛伦兹力

$$\boldsymbol{F}=q\boldsymbol{v}\times\boldsymbol{B}$$

(2) 安培定律 $\mathrm{d}\boldsymbol{F}=I\mathrm{d}\boldsymbol{l}\times\boldsymbol{B}$

(3) 磁场对载流导线的安培力

$$\boldsymbol{F} = \int_L I\mathrm{d}\boldsymbol{l} \times \boldsymbol{B}$$

(4) 磁场对载流线圈的作用力矩

$$\boldsymbol{M}=\boldsymbol{p}_{\mathrm{m}}\times\boldsymbol{B}$$

(5) 磁力做功

$$W = \int_{\Phi_{\mathrm{m1}}}^{\Phi_{\mathrm{m2}}} I\mathrm{d}\Phi_{\mathrm{m}}$$

6. 霍耳电压

$$U_{\mathrm{H}}=R_{\mathrm{H}}\frac{IB}{b} \qquad (R_{\mathrm{H}}=\frac{1}{ne})$$

7. 磁场强度

$$\boldsymbol{H}=\frac{\boldsymbol{B}}{\mu_0}-\boldsymbol{M}$$

对于各向同性磁介质，$\boldsymbol{B}=\mu_0\mu_{\mathrm{r}}\boldsymbol{H}=\mu\boldsymbol{H}$.

8. 磁介质分类

顺磁质，$\mu_{\mathrm{r}}>1$；抗磁质，$\mu_{\mathrm{r}}<1$；铁磁质，$\mu_{\mathrm{r}}\gg1$，且随磁场改变.

9. 磁介质中安培环路定理

$$\oint_L \boldsymbol{H} \cdot \mathrm{d}\boldsymbol{l} = \sum I_0$$

10. 铁磁质的磁化

磁滞：B 的变化滞后于 H

剩磁 B_{r}：撤销外磁场后，铁磁体内的磁感应强度 $B=B_{\mathrm{r}}$

矫顽力 H_{c}：使铁磁体完全退磁所需的反向外加磁场

磁滞回线：$B-H$ 变化曲线形成的闭合回线

阅读材料(六) 磁单极

在麦克斯韦电磁场理论中，就场源来说，电和磁是不相同的. 有单独存在的正电荷或负电荷而无单独存在的“磁荷”——磁单极子(即单独存在的N极或S极). 这导致静电场是有源场，而稳恒磁场是无源场. 根据“对称性”的观点，这似乎是“不合理的”. 因此，人们总有寻找磁荷的念头，并进行了一些探索.

1931年，英国物理学家狄拉克(P. A. M. Dirac)首先从理论上探索了磁单极(magnetic monopole)存在的可能性. 指出磁单极的存在与电动力学和量子力学没有矛盾，而且由此可以导出电荷的量子化. 他指出，如果磁单极存在，则单位磁荷 g_0 与电荷 e 应该有下述关系

$$g_0=68.5e$$

由于 g_0 远比 e 大，按照库仑定理，两个磁单极之间的作用力要比电荷之间的作用力大得多.

此后，关于磁单极的理论有了进一步的发展. 1974年荷兰物理

学家特霍夫脱(G. T. Hooft)和前苏联物理学家保尔亚科夫(A. M. Polykov)独立提出的非阿贝尔规范理论,认为磁单极必然存在,并指出它比已经发现的或是曾经预言的任何粒子的质量都要大得多.现代关于弱相互作用、电磁相互作用和强相互作用统一的“大统一理论”也认为有磁单极存在,并预言其质量为 2×10^{-8} g.有人还计算出磁单极的质量为质子质量的 10^{20} 倍.

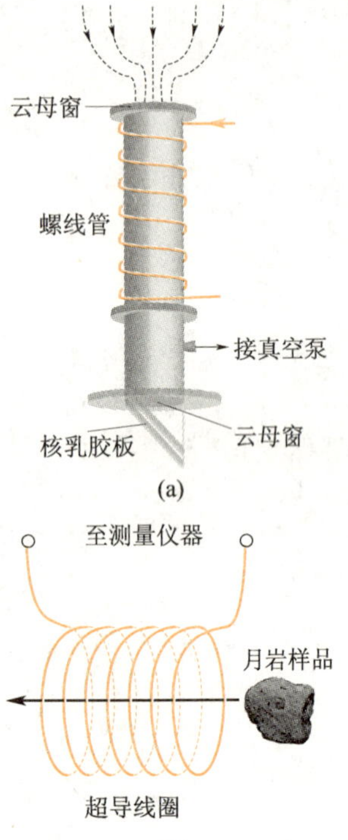

图 Y6－1 利用感应电流检测磁单极

磁单极在现代宇宙论中占有重要地位.有一种大爆炸理论认为超重的磁单极粒子只能在诞生宇宙的大爆炸发生后 10^{-35} s 产生,因为只有这时才有合适的温度(10^{30} K).当时单独的 N 极和 S 极都已产生,其中一小部分后来结合在一起湮没掉了,大部分则留了下来.今天的宇宙中还有磁单极存在,并且在相当于一个足球场的面积上,一年可能约有一个磁单极粒子穿过.

以上都是理论的预言.与此同时,也有人试图通过实验来发现磁单极的存在.例如,1951 年,美国的密尔斯曾用通电螺线管来捕集宇宙射线中的磁单极[见图 Y6－1(a)].如果磁单极进入螺线管中,则会被磁场加速而在管下部的照相乳胶片上显示出它的径迹.但实验结果没有发现磁单极.

有人利用磁单极穿过线圈时引起的磁通量变化能产生感应电流这一规律来检测磁单极.例如,在 20 世纪 70 年代初,美国埃尔维瑞斯等人试图利用超导线圈中的电流变化来确认是否有磁单极通过了线圈.他们想看看登月飞船取回的月岩样品中有无磁单极.当月岩样品通过超导线圈时[见图 Y6－1(b)],并未发现线圈中电流有什么变化,因而也不曾发现磁单极.

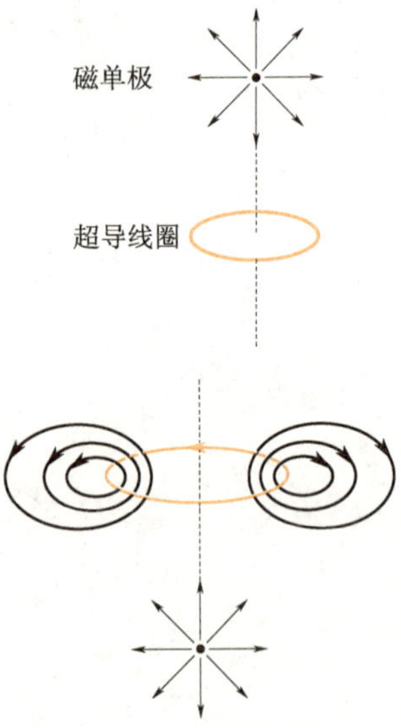

图 Y6－2 超导线圈探测原理示意图

1982 年美国卡勃莱拉(Blas Cabrera)也设计制造了一套超导线圈探测装置,并用超导量子干涉器(SQUID)来测量线圈内磁通的微小变化.他的测量是自动记录的,1982 年 2 月 14 日,他发现记录仪上的电流有了突变(见图 Y6－2).这是他连续等待了 151 天所得到的唯一事例.以后虽经扩大线圈面积也没有再测到第二个事例.

还有其他的实验尝试,但直到目前还不能说在实验上确认了磁单极的存在.如果真有磁单极子存在的话,至少意味着麦克斯韦的电磁场理论需要修改.

真空的“极化”

真空的相对介电常数和相对磁导率都是 1,这就是说,真空的介电性质与导磁性质与实物介质的介电性质和导磁性质是可以比拟的.这也暗示着,真空具有物质性,它不可能是绝对的“真空”,没有任何物质的空间是不可思议的.真空中之所以能形成电场与磁场,是由于带电物质的运动状态对真空的“极化”造成的.

真空能影响电荷之间的相互作用力，因而它也是一种电介质，由相对论能量和动量的关系式 $E^2=E_0^2+p^2c^2$ 可得 $E=\pm\sqrt{E_0^2+p^2c^2}=mc^2$，可见 m 可正可负．质量为正称为实物粒子，其能量为正，易于探测；虚粒子能量为负，不易探测．现代量子理论指出，宇宙是由实粒子和虚粒子组成的，真空是虚粒子的海洋，和实物粒子一样，虚粒子也有正负粒子之分．带电实物粒子置于真空中，将吸引异号虚粒子，排斥同号虚粒子，从而发生电场力的传递．天文研究表明，宇宙空间中的实物粒子密度非常之小，约为每立方米一个，无法解释宇宙具有 3.5 K 背景温度这一事实，这不能不说是虚粒子运动的表象．从场的观点看，真空是多种场的基态，即能量最低的状态，而各种场则是真空的激发态．置于真空中的带电粒子与真空中的虚电子对相互作用，使真空激发形成静电场，真空因而被“极化”．

综上所述，带电物质的运动状态引起了空间的“极化”，即改变了真空的性质；反过来，“极化”了的真空（空间）又决定了具有电磁性质的物质的运动规律，即空间的介电常量与磁导率决定了电磁场的运动速度．

思考题

6－1　在磁场中一根磁感线上各点，磁感应强度的方向一定相同，且大小也一定相等．你认为这种说法正确否？正确的表述应如何？

6－2　由电流元 $Id\boldsymbol{l}$ 激发的磁感应强度 $d\boldsymbol{B}$ 的量值一定比由 $d\boldsymbol{B}$ 叠加后的合磁感应强度 $\boldsymbol{B}$ 的量值要小得多吗？为什么？

6－3　无限长直线电流的磁感应强度公式为 $B=\frac{\mu_0 I}{2\pi r}$，当场点无限接近于导线时（即 $r\to 0$），磁感应强度 $B\to\infty$，这个结论正确吗？如何解释？

6－4　如思考题 6－4 图所示，过一个圆形电流 I 附近的 P 点，作一个同心共面圆形环路 L，由于电流分布的轴对称性，L 上各点的 B 大小相等，应用安培环路定理，可得 $\oint_L \boldsymbol{B}\cdot d\boldsymbol{l}=0$，是否可由此得出结论，$L$ 上各点的 B 均为零？为什么？

6－5　设思考题 6－5 图中两导线中的电流 I_1，I_2 均为 8 A，试对如图所示的三条闭合线 a，b，c 分别写出安培环路定理等式右边电流的代数和，并讨论：

（1）在每条闭合线上各点的磁感应强度是否相等？

（2）在闭合线 c 上各点的 $\boldsymbol{B}$ 是否为零？为什么？

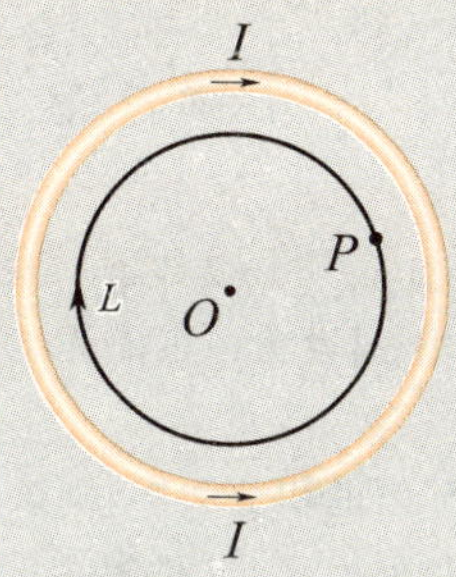

思考题 6－4 图

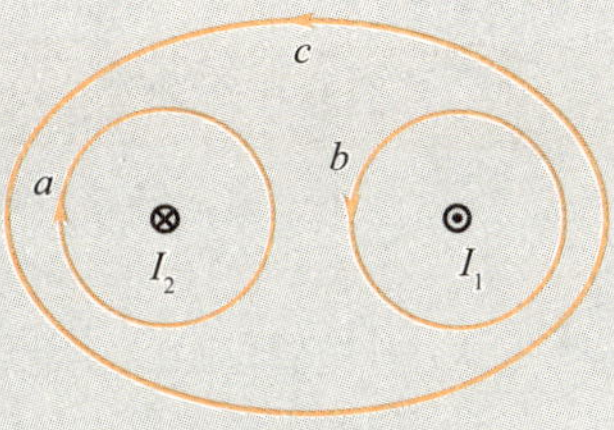

思考题 6－5 图

6－6　长直螺线管中部的磁感应强度为 $\mu_0 nI$，边缘部分轴线上则为 $\frac{\mu_0 nI}{2}$，这是否说明螺线管中部的磁感线数比边缘部分的磁感线数多，因而可能在螺线管内部某一处磁感线突然中断了．

6－7　用安培环路定理是否能求得有限长一段载流直导线周围的磁场？

6－8　图示为相互垂直的两个电流元，它们之间的相互作用力是否等值、反向？由此可得出什么结论？

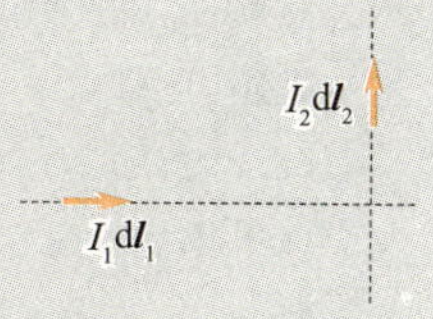

思考题 6－8 图

6－9　把一根柔软的螺旋形弹簧挂起来，使它的下端和盛在杯里的水银刚好接触，形成串联电路，再把它们接到直流电源上通以电流，如思考题 6－9 图所示，问弹簧会发生什么现象？怎样解释？

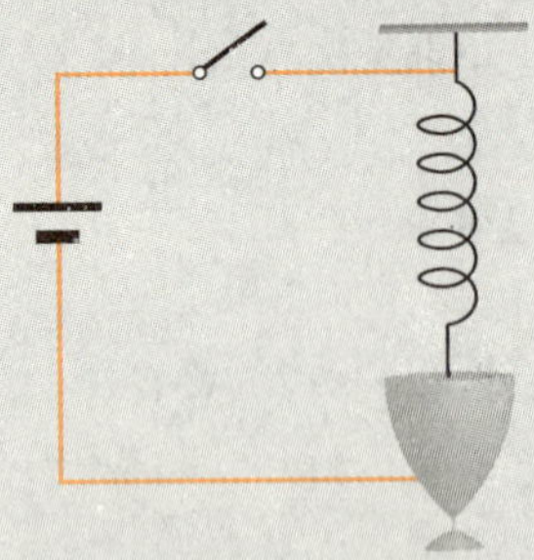

思考题 6－9 图

6－10　一个载流的刚性线圈放置在非均匀磁场中，如思考题 6－10 图所示，磁场对载流线圈将产生哪些作用，线圈将如何运动？

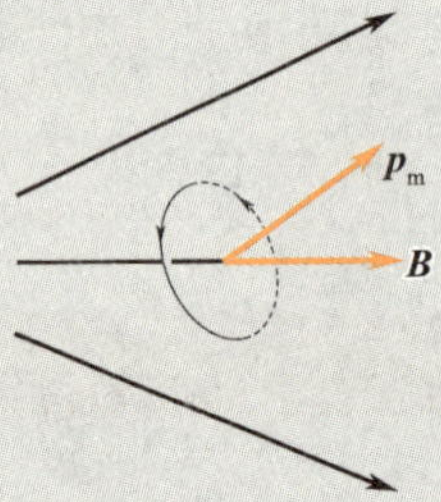

思考题 6－10 图

6－11　磁场强度 $\boldsymbol{H}$ 和磁感应强度 $\boldsymbol{B}$ 有何区别和联系？为什么要引入 $\boldsymbol{H}$ 来描述磁场？

6－12　搬运烧得赤红的钢锭时，可否用电磁铁起重机起吊？为什么？

6－13　有人说顺磁质的 $\boldsymbol{B}$ 与 $\boldsymbol{H}$ 同方向，而抗磁质的 $\boldsymbol{B}$ 与 $\boldsymbol{H}$ 两者方向相反，你认为正确吗？为什么？

6－14　思考题 6－14 图中给出三种不同磁介质的 $B-H$ 曲线，试指出属于顺磁质、抗磁质和铁磁质关系曲线的是哪一条？

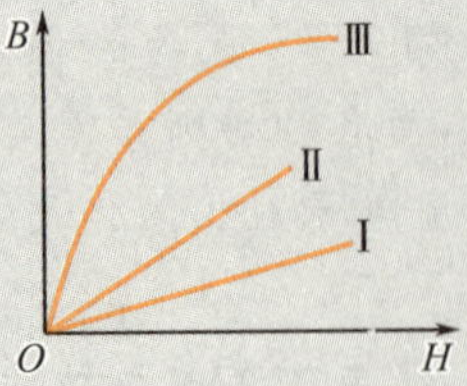

思考题 6－14 图

习　题

6－1　关于安培环路定理，下列说法中正确的是(　　).

(A) 若磁感应强度沿闭合回路的积分为零，则该回路上的磁感应强度处处为零

(B) 若磁感应强度沿闭合回路的积分为零，则该回路内一定没有电流穿过

(C) 若磁感应强度沿闭合回路的积分为零，则穿过该回路电流的代数和为零

(D) 闭合回路上各点的磁感应强度仅与该回路环绕的电流有关

6－2　质量为 m 带电量为 q 的粒子，以速率 v 与均匀磁场 B 成 θ 射入磁场，其轨迹为一螺旋线，若要增大螺距，则需(　　).

(A) 增大磁场　　(B) 减小磁场

(C) 增大 θ 角　　(D) 减小速率

6－3　两根长度相同的细导线分别密绕在半径 R 和 $r(R=2r)$ 的两个长直圆筒上形成两个螺线管，两螺线管的长度相同，通以相同的电流，则两螺线管中磁感应强度 B_R、B_r 的大小满足(　　).

(A) $B_R=2B_r$　　(B) $B_R=B_r$

(C) $2B_R=B_r$　　(D) $B_R=4B_r$

6－4　如习题 6－4 图所示：三边质量均为 m、边长均为 a 的正方形线框处在均匀磁场 $\boldsymbol{B}$ 中，线框可绕 O_1O_2 轴转动. 将线框通以电流 I，若线框处于水平位置时恰好平衡，那么磁感应强度的大小和方向为(　　).

(A) $\dfrac{3mg}{aI}$，水平向左　　(B) $\dfrac{3mg}{aI}$，水平向右

(C) $\dfrac{2mg}{aI}$，水平向左　　(D) $\dfrac{2mg}{aI}$，水平向右

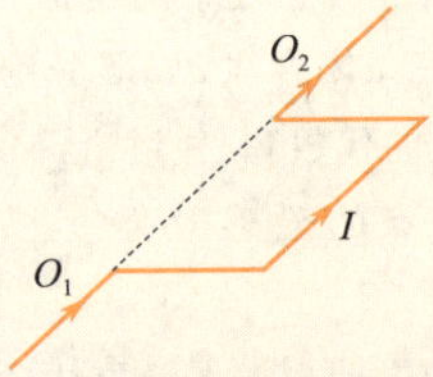

习题 6－4 图

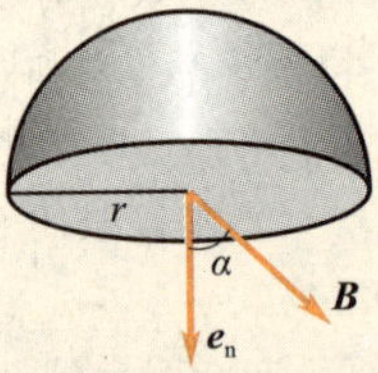

习题 6－5 图

6－5 如习题 6－5 图所示：一个半径为 r 的半球面放在均匀磁场中，通过半球面的磁通量为________．

6－6 边长为 a 的正方形导线回路载有电流，则其中心处的磁感应强度 $\boldsymbol{B}$ 的大小为________．

6－7 一个半径为 R 的圆形线圈，通有电流 I，线圈匝数为 N，当线圈在磁感应强度为 B 的磁场中从 $\theta=0$ 的位置转至 180°时（θ 为磁场方向和线圈磁矩方向的夹角），磁场力做功为________．

6－8 长为 l、载流 I 的直导线处在均匀磁场 $\boldsymbol{B}$ 中，I 及 $\boldsymbol{B}$ 的方向如习题 6－8 图所示．该导线受到安培力的大小为________；方向为________．

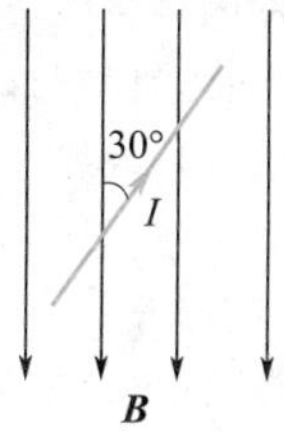

习题 6－8 图

6－9 长直载流导线过原点沿 Oy 放置，电流 I 指向 y 轴正向，试计算在原点 O 处的电流元 $I\mathrm{d}\boldsymbol{l}$ 产生的磁场中，在$(a,0,0)$，$(0,a,0)$，$(0,0,a)$，$(a,a,0)$，$(a,0,a)$各点处的磁感应强度．

6－10 如习题 6－10 图所示为两根垂直于 xy 平面放置的导线俯视图，它们各载有大小为 I 但方向相反的电流．求：(1) x 轴上任意一点的磁感应强度；(2) x 为何值时，B 值最大，并给出最大值 $B_{\max}$．

6－11 如习题 6－11 图所示被折成钝角的长直载流导线中，通有电流 $I=20$ A，$\theta=120°$，$a=2.0$ mm，求 A 点的磁感应强度．

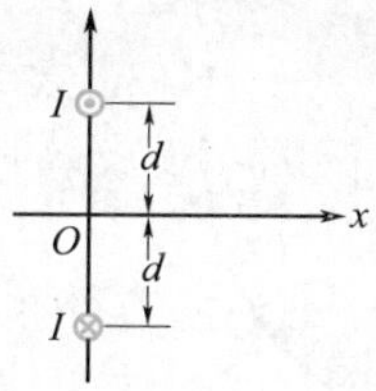

习题 6－10 图

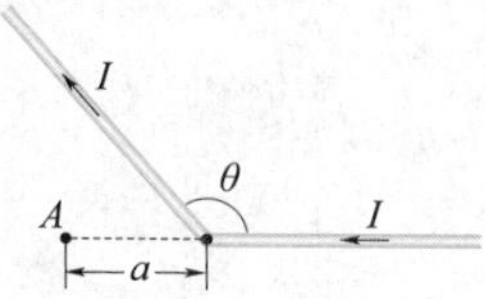

习题 6－11 图

6－12 一根无限长直导线弯成如习题 6－12 图所示形状，通以电流 I，求 O 点的磁感应强度．

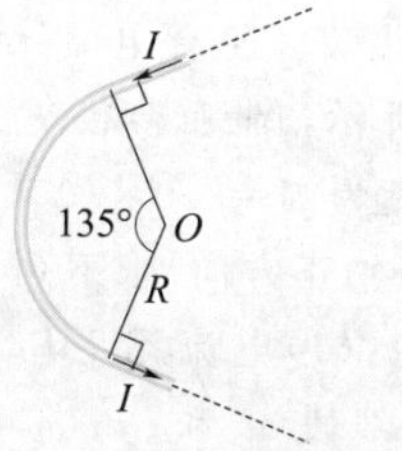

习题 6－12 图

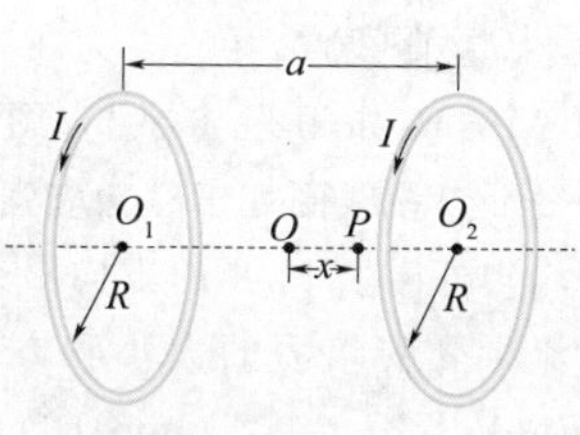

习题 6－13 图

6－13 两同轴圆线圈，各有 N 匝，半径为 R，平行地放置，两圆心 O_1，O_2 相距为 a，均通有同方向的电流 I，如习题 6－13 图所示．

(1) 以 O_1O_2 连线的中点 O 为原点，求轴线上任一点 P（坐标为 x）处的磁感应强度．

(2) 实验室中常用以获得均匀磁场的亥姆霍兹线圈，其结构即为本题图示，但要求两线圈中心相距等于半径，即 $a=R$．试证明：当 $a=R$ 时，中点 O 处的磁场最为均匀，并求出此处的磁感应强度．（提示：可由 $\left.\dfrac{\mathrm{d}B}{\mathrm{d}x}\right|_{x=0}=0$ 和 $\left.\dfrac{\mathrm{d}^2B}{\mathrm{d}x^2}\right|_{x=0}=0$ 来证明）

6－14 如习题 6－14 图所示，宽度为 a 的薄长金属板中通有电流 I，电流沿薄板宽度方向均匀分布．求在薄板所在平面内距板的边缘为 x 的 P 点处的磁感应强度．

6－15 如习题 6－15 图所示，半径为 R 的木质半球上绕有密集的细导线，线圈平面彼此平行，且以单层排列盖住半个球面，共有 N 匝．当导线中通有电流 I 时，求球心 O 处的磁感应强度．

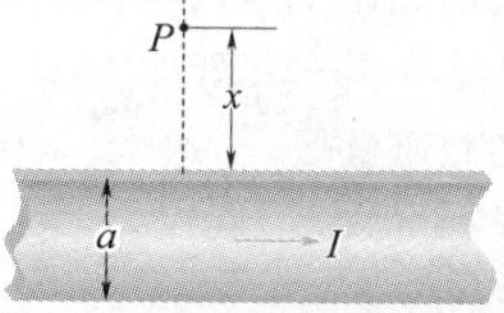

习题 6－14 图

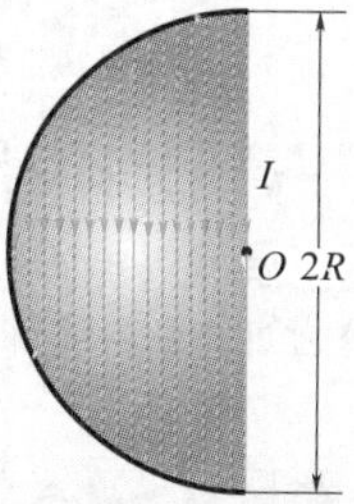

习题 6－15 图

6－16 如习题 6－16 图所示，在半径 $R=1.0$ cm 的无限长半圆形金属薄片中，自上而下通以电流 $I=5.0$ A，试求圆柱轴线上任一点 P 处的磁感应强度．

6－17 如习题 6－17 图所示，半径为 R 的圆盘上均匀分布着电荷，面密度为 $+\sigma$，当这圆盘以角速度 ω 绕中心垂轴旋转时，求轴线上距圆盘中心 O 为 x 处的 P 点的磁感应强度．

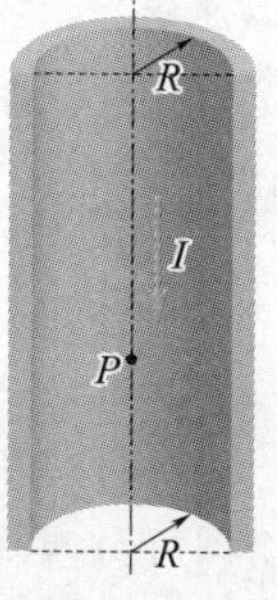

习题 6－16 图

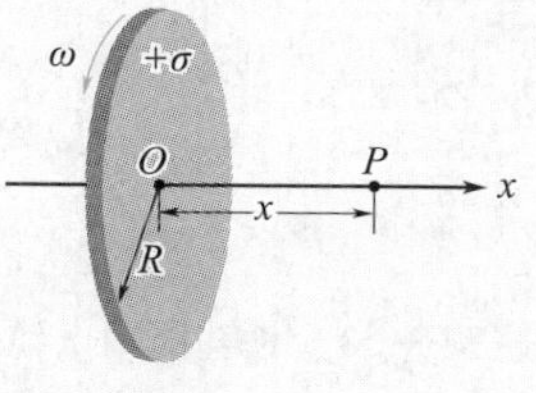

习题 6－17 图

6-18　半径为 R 的均匀带电细圆环，单位长度上所带电量为 λ，以每秒 n 转绕通过环心，并与环面垂直的转轴匀速转动. 求：(1)轴上任一点处的磁感应强度；(2)圆环的磁矩.

6-19　氢原子处在基态时，它的电子可看作是在半径 $a=0.53\times10^{-8}$ cm 的轨道上作匀速圆周运动，速率为 $v=2.2\times10^{8}$ cm·s^{-1}. 求电子在轨道中心所产生的磁感应强度和电子磁矩的值.

6-20　已知磁感应强度 $B=2.0$ T 的均匀磁场，方向沿 x 轴正方向，如习题 6-20 图所示. 试求：(1)通过图中 $abcd$ 面的磁通量；(2)通过图中 $befc$ 面的磁通量；(3)通过图中 $aefd$ 面的磁通量.

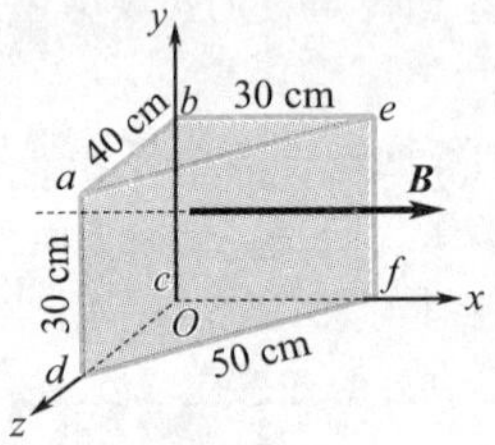

习题 6-20 图

6-21　两平行长直导线，相距 0.4 m，每根导线载有电流 $I_1=I_2=20$ A，如习题 6-21 图所示，试计算通过图中斜线部分面积的磁通量.

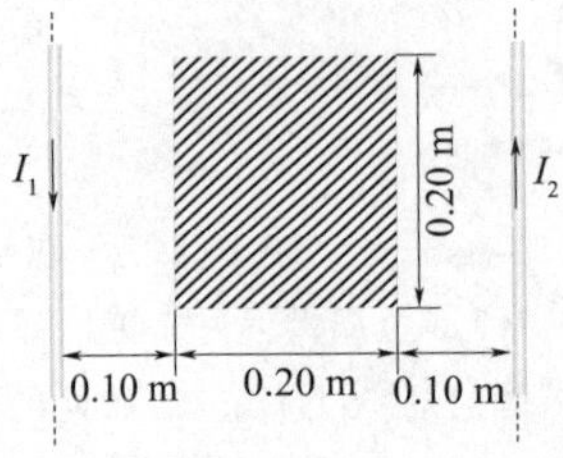

习题 6-21 图

6-22　一根很长的铜导线，载有电流 10 A，在导线内部过中心线作一平面 S，如习题 6-22 图所示. 试计算通过长为 1 m 的导线平面 S 的磁通量.

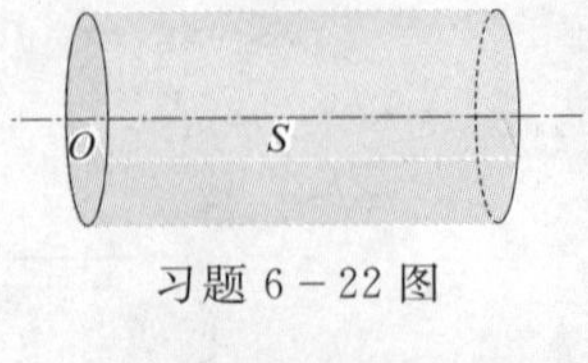

习题 6-22 图

6-23　长直同轴电缆由一根圆柱形导线外套同轴圆筒形导体组成，尺寸如习题 6-23 图所示. 电缆中的电流从中心导线流出，由外面导体圆筒流回. 设电流均匀分布，内圆柱与外圆筒之间可作真空处理，求磁感应强度的分布.

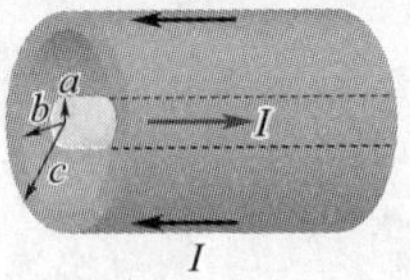

习题 6-23 图

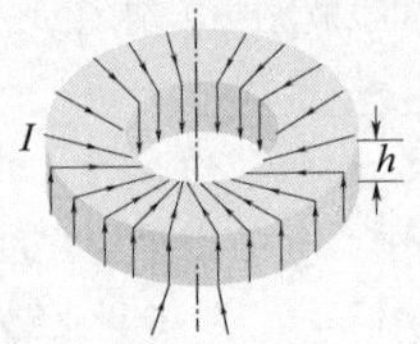

习题 6-24 图

6-24　如习题 6-24 图所示，一截面为长方形的闭合绕线环，通有电流 $I=1.7$ A，总匝数 $N=1000$ 匝，外直径与内直径之比为 $\eta=1.6$，高 $h=5.0$ cm. 求：(1)绕线环内的磁感应强度分布；(2)通过截面的磁通量.

6-25　设有两无限大平行平面通有等值反向电流，面电流密度(流过单位长度的电流)为 k. 求：(1)两载流平面之间的磁感应强度；(2)两面之外空间的磁感应强度.

6-26　在半径为 R 的长直圆柱形导体内部，与轴线平行地挖出一半径为 r 的长直圆柱形空腔. 两圆柱形轴线间距离为 a，横截面如习题 6-26 图所示. 当沿轴向通有电流 I(方向如图)，且在横截面上均匀分布时，求在下列各处的磁感应强度：(1)轴线 O 上；(2)空腔部分轴线 O' 上；(3)OO' 联线上的 P 点，且 $OP=a$；(4)证明空腔内的磁场为均匀磁场.

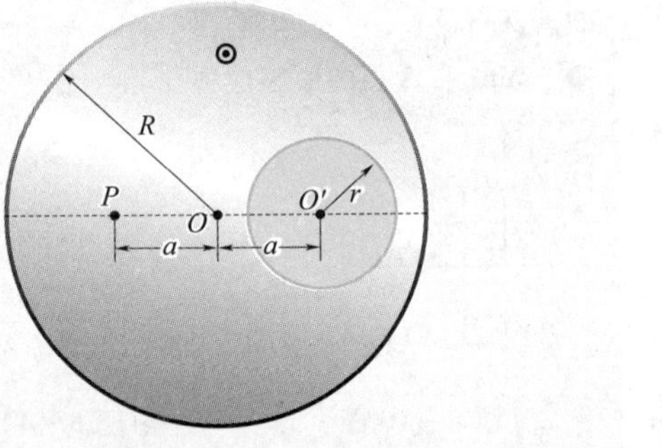

习题 6-26 图

6-27　xOy 平面内有一载流线圈 $abcd$，其中 ab，cd 为直线，bc 和 ad 为 1/4 圆弧，通有电流 $I=20$ A，方向如习题 6-27 图所示，圆弧半径 $R=20$ cm. 设该线圈处于磁感应强度为 $B=8.0\times10^{-2}$ T 的均匀外磁场中，$\boldsymbol{B}$ 的方向沿 x 轴正方向. 求下列各电流所受安培力的大小和方向：(1)电流元 $Id\boldsymbol{l}_1$ 和 $Id\boldsymbol{l}_2$，$dl_1=dl_2=0.10$ mm；(2)直线段 ab 和 cd；(3)圆弧段 bc 和 da.

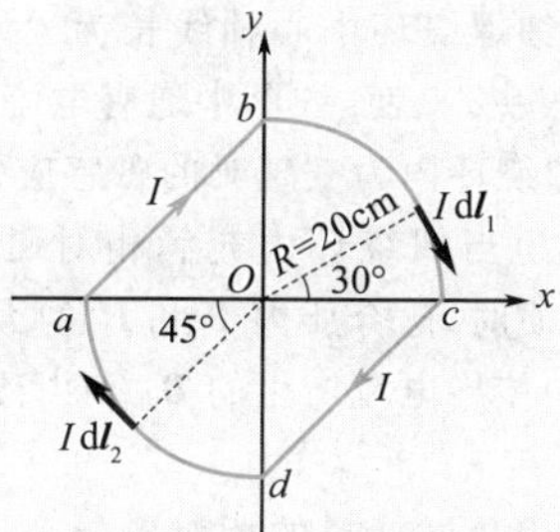

习题 6－27 图

6－28　一根 $m=1.0$ kg 的铜棒静止在两根相距为 $l=1.0$ m 的水平导轨上，棒载有电流 $I=50$ A，如图习题 6－28 所示．(1)如果导轨光滑，均匀磁场的磁感应强度 $\boldsymbol{B}$ 垂直回路平面向上，且 $B=0.5$ T，欲保持其静止，须加怎样的力(大小与方向)？(2)如果导轨与铜棒间静摩擦系数 0.6，求能使棒滑动的最小磁感应强度 $\boldsymbol{B}$．

6－29　一长直导线通有电流 $I_1=20$ A，矩形线圈中通以电流 $I_2=10$ A，直线与线圈共面，如习题 6－29 图所示．已知 $a=9.0$ cm，$b=20.0$ cm，$d=1.0$ cm．求：(1)电流 I_1 的磁场对线圈各边作用的安培力；(2)线圈所受合力和磁力矩．

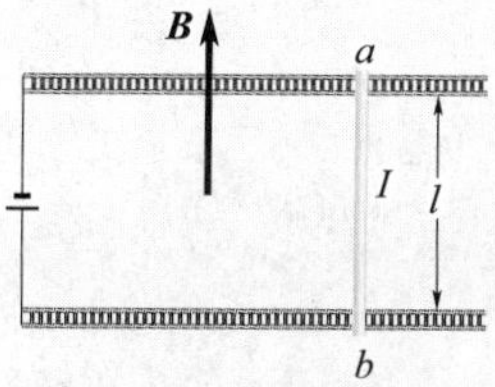

习题 6－28 图

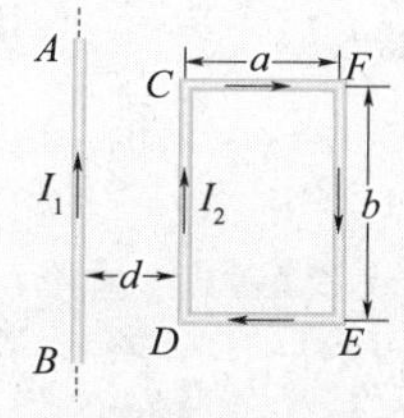

习题 6－29 图

6－30　边长为 $l=0.1$ m 的正三角形线圈放在磁感应强度 $B=1$ T 的均匀磁场中，如习题 6－30 图所示，使线圈通以电流 $I=10$ A．求：(1)每边所受的安培力；(2)对 OO' 轴的磁力矩大小；(3)从图示位置转到线圈平面与磁场垂直时磁力所做的功．

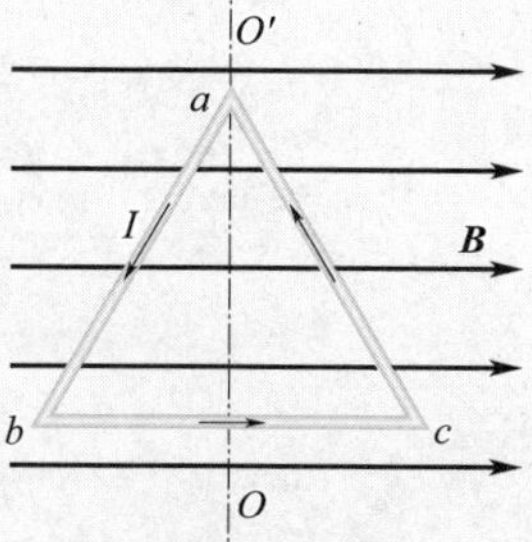

习题 6－30 图

6－31　半径为 R，载有电流 I_1 的导体圆环，与载有电流 I_2 的长直导线 AB 共面，AB 与圆环的直径重合但二者间相互绝缘，如习题 6－31 图所示．试求圆环所受安培力的大小和方向．

6－32　横截面积 $S=2.0\ \mathrm{mm}^2$ 的铜线，密度 $\rho=8.9\times10^3\ \mathrm{kg\cdot m^{-3}}$，弯成正方形的三边，可以绕水平轴 OO' 转动，如图所示．均匀磁场方向向上，当导线中通有电流 $I=10$ A，导线 AD 段和 BC 段与竖直方向的夹角 $\theta=15°$ 时处于平衡状态，求磁感应强度 $\boldsymbol{B}$ 的量值．

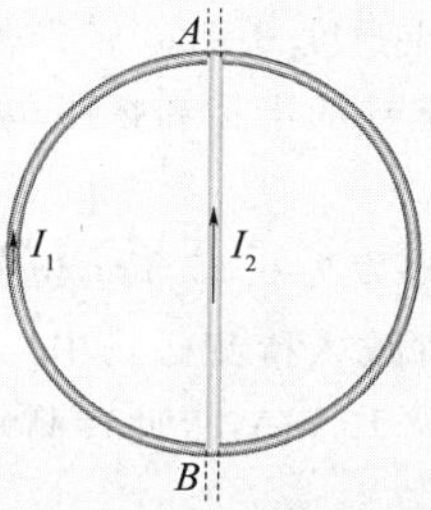

习题 6－31 图

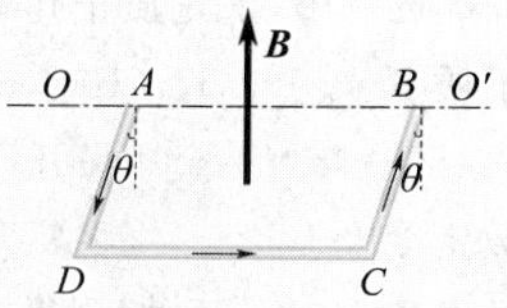

习题 6－32 图

6－33　与水平面成 θ 角的斜面上放一木圆柱，圆柱的质量为 m，半径为 R，长为 l，在圆柱上密绕有 N 匝导线，圆柱轴线位于导线回路平面内，如习题 6－33 图所示．均匀磁场 $\boldsymbol{B}$ 的方向竖直向上，回路平面与斜面平行．问通过回路的电流至少要多大，圆柱体才不致沿斜面向下滚动．

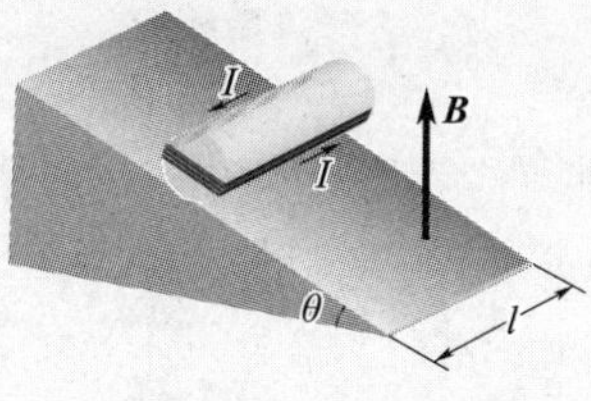

习题 6－33 图

6－34　塑料圆环盘，内外半径分别为 a 和 R，如图所示．均匀带电 $+q$，令此盘以 ω 绕过环心 O 处的垂直轴匀角速转动．求：(1)环心 O 处的磁感应强度 $\boldsymbol{B}$；(2)若施加一均匀外磁场，其磁感应强度 $\boldsymbol{B}$ 平行于环盘平面，计算圆环受到的磁力矩．

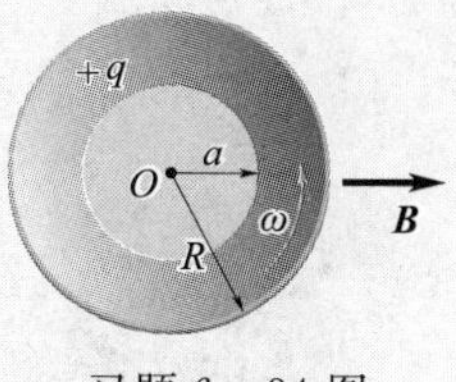

习题 6－34 图

6-35　在一电视显像管的电子枪中，电子的能量为 1.2×10^4 eV，显像管的取向使电子水平地由南向北运动，地磁场的垂直分量向下，大小为 $B=5.5\times10^{-5}$ T. 求：(1)电子束偏向什么方向？(2)电子在磁场中的加速度是多少？(3)电子束在显像管内沿管轴方向通过 20 cm 时偏转多远.

6-36　一电子具有速度 $\boldsymbol{v}=(2.0\times10^6\boldsymbol{i}+3.0\times10^6\boldsymbol{j})$ m·s^{-1}，进入磁场 $\boldsymbol{B}=(0.03\boldsymbol{i}-0.15\boldsymbol{j})$ T 中，求作用在电子上的洛伦兹力.

6-37　一质子以 $\boldsymbol{v}=(2.0\times10^5\boldsymbol{i}+3.0\times10^5\boldsymbol{j})$ m·s^{-1}的速度射入磁感应强度 $\boldsymbol{B}=0.08\boldsymbol{i}$ T 的均匀磁场中，求这质子作螺线运动的半径和螺距（质子质量 $m_p=1.67\times10^{-27}$ kg).

6-38　一金属霍耳元件，厚度为 0.15 mm，电荷数密度为 10^{24} m^{-3}，将霍耳元件放入待测磁场中，霍耳电压为 42 μV 时，测得电流为 10 mA，求此待测磁场的磁感应强度的大小.

6-39　在一匀强磁场中放一横截面积为 1.2×10^{-3} m^2 的铁芯，设其中磁通量为 4.5×10^{-3} Wb，铁的相对磁导率为 $\mu_r=5\,000$，求磁场强度.

6-40　细螺绕环中心轴线长为 $l=10$ cm，环上线圈总匝数 $N=200$ 匝，线圈中通有电流 $I=100$ mA. 试计算：(1)螺绕环内为空气时的磁感应强度 B_0 和磁场强度 H_0；(2)当螺绕环内充满相对磁导率为 $\mu_r=4\,200$ 的磁介质时，磁介质内 $\boldsymbol{B}$ 和 $\boldsymbol{H}$ 的大小；(3)磁介质中由导线中传导电流产生的 $\boldsymbol{B}_0$ 和由磁化电流产生的 $\boldsymbol{B}'$ 的大小.

6-41　为测试材料的相对磁导率 μ_r，常将该种材料做成截面为矩形的环形样品，然后用漆包线绕成一环形螺线管. 设圆环的平均周长为 0.10 m，横截面积为 0.5×10^{-4} m^2，线圈的匝数为 200 匝. 当线圈中通以0.1 A 的电流时，测得通过圆环横截面的磁通量为 6×10^{-5} Wb，计算该材料的相对磁导率 μ_r.

6-42　有两个半径为 r 和 R 的无限长同轴导体圆柱面，通以相反方向的电流 I，两圆柱面间充以相对磁导率为 μ_r 的均匀磁介质. 求：(1)磁介质中的磁感应强度；(2)两圆柱面外的磁感应强度.

6-43　一根细磁棒，其矫顽力 $H_c=4\times10^3$ A·m^{-1}，把它放进长 12 cm，绕有 60 匝线圈的长直螺线管中退磁，此螺线管应通以多大的电流才能使磁棒完全退磁.

第 7 章

电磁感应　电磁场

前三章我们分别研究了静电场和稳恒磁场的基本规律，并未涉及随时间变化的电磁场．电磁感应定律的发现，进一步揭示了电与磁之间的相互联系及转化规律，为电气化时代的到来开辟了道路．

麦克斯韦在全面系统地总结前人电磁学研究成就的基础上，根据电场和磁场的内在联系，提出了“感生电场”和“位移电流”两个假说，从而建立了完整的电磁场理论体系——麦克斯韦方程组．据此方程组，麦克斯韦从理论上预言了电磁波的存在．赫兹通过实验证实了电磁波的理论，打开了人类进入电信时代的大门．

本章主要研究电场和磁场相互激发的规律，其主要内容有：电磁感应定律、动生和感生电动势、自感和互感现象、磁场的能量、位移电流、麦克斯韦方程组以及电磁场的物质性等．

§7.1 电磁感应的基本定律

7.1.1 电磁感应现象

1820年奥斯特发现了电流的磁效应，从一个侧面揭示了长期以来一直被认为是彼此独立的电现象和磁现象之间的联系. 既然电流可以产生磁场，人们自然想到，磁场是否也能产生电流？于是许多科学家开始对这个问题进行探索和研究.

然而这两个问题显然有不同之处，因为电流的周围存在磁场，而磁铁的周围却没有电流. 自然，研究磁场产生电流存在着更大的困难.

这一最终导致人类进入电气化时代的伟大发现归功于英国物理学家法拉第(M. Faraday). 与他同时代的许多物理学家都力图能观察到磁生电流的效应，但由于他们总是将其和静电感应现象类比而未能成功. 他们仅仅试验了磁石和导线的静态配置，如将一根导线绕一磁棒，当把导线的两端引到一起时，它们从来不会产生什么电火花. 法拉第通过近10年的努力，经历了无数次的挫折和失败，终于在1831年发现，当磁棒插入螺线管或从螺线管内抽出时，连接在螺线管回路中的检流计的指针发生了偏转，说明回路中有电流产生.

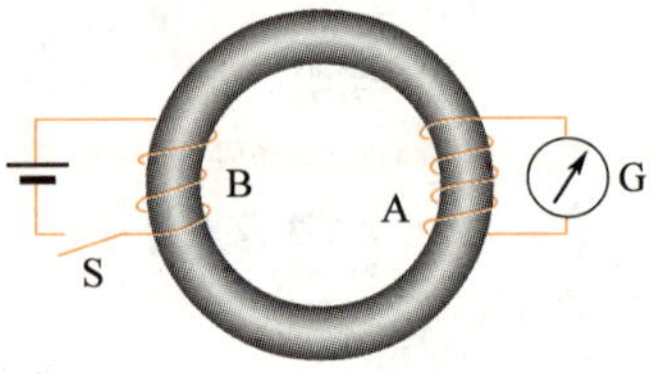

图7－1　电键S闭合和断开的瞬间，线圈A中电流计指针发生偏转

1831年，法拉第在关于电磁感应的第一篇重要论文中，总结出以下五种情况都可产生**感应电流**(induction current)：变化着的电流；变化着的磁场；运动中的恒定电流；运动着的磁铁；在磁场中运动着的导体. 并且正确地指出，感应电流并不是与原电流本身有关，而是与原电流的变化有关. 法拉第将这种现象正式定名为**电磁感应**(electromagnetic induction). 图7－1和图7－2分别为变化的电流和运动的磁铁在回路中产生感应电流的实验装置示意图.

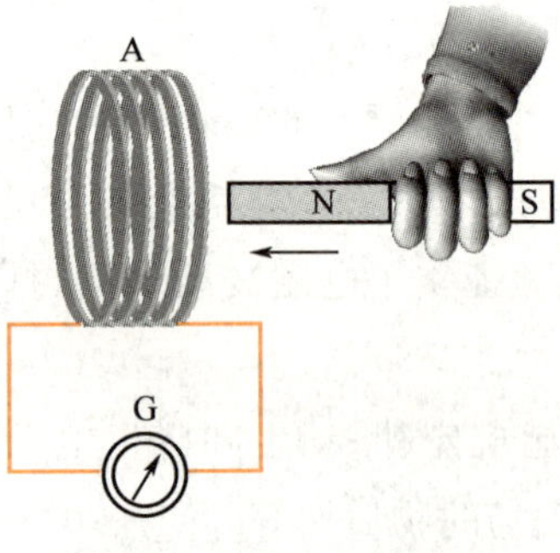

图7－2　磁铁与线圈有相对运动时，电流计的指针发生偏转

1832年，法拉第又发现，感应电流是由与导体性质无关的**感应电动势**(induction electromotive force)产生的. 即使不形成闭合回路，此时当然不存在感应电流，但感应电动势却仍有可能存在. 在试图解释电磁感应现象的过程中，法拉第认为，当通过回路的磁通量变化时，回路中就会产生感应电动势，从而揭示了产生感应电动势的原因.

7.1.2 法拉第电磁感应定律

法拉第在发现电磁感应现象的基础上，又对其进行了定量的研究，发现**导体回路中感应电动势的大小，与穿过导体回路的磁通量的变化率成正比**. 这一结论称为**法拉第电磁感应定律**. 其数学表达式为

$$\varepsilon_i = -k\frac{d\Phi_m}{dt} \tag{7-1}$$

式中负号表明感应电动势的方向，这将在后面有更详细的说明. 在国际单位制中，$k=1$.

若回路由 N 匝密绕线圈组成，则总的电动势是各匝电动势之和，此时线圈中产生的感应电动势为

$$\varepsilon_i = -N\frac{d\Phi_m}{dt} = -\frac{d(N\Phi_m)}{dt} = -\frac{d\Psi}{dt} \tag{7-2}$$

式中 $\Psi = N\Phi_m$ 是穿过各匝线圈的磁通量匝链数，简称**磁通链**(magnetic flux linkage).

由磁通量的定义 $\Phi_m = \int_S \boldsymbol{B}\cdot d\boldsymbol{S}$ 可知，当回路中的磁感应强度、回路的面积或回路的取向发生变化时，都将在回路中激起感应电动势.

若闭合回路的电阻为 R，则回路中的感应电流为

$$I_i = -\frac{1}{R}\frac{d\Phi_m}{dt} \tag{7-3}$$

在 t_1 和 t_2 时间间隔内通过导线中任一截面的感应电量为

$$q = \int_{t_1}^{t_2} I_i dt = -\frac{1}{R}\int_{\Phi_{m1}}^{\Phi_{m2}} d\Phi_m = \frac{1}{R}(\Phi_{m1} - \Phi_{m2}) \tag{7-4}$$

式中 Φ_{m1} 和 Φ_{m2} 分别为时刻 t_1 和 t_2 穿过回路的磁通量. (7－4)式表明，一段时间内通过导线任一截面的感应电量，与这段时间内导线所围绕面积内磁通量的变化量成正比，而与磁通量变化的快慢无关，这一点与感应电流不同. 如果测出感应电量，回路中电阻又为已知，就可计算出磁通量的变化量，常用的磁通计就是根据这一原理制成的. 磁通计(又称高斯计)常可用以测量空间的磁感应强度 $\boldsymbol{B}$ 的分布.

7.1.3 楞次定律

如何判定感应电流的方向呢? 为解决这一问题，楞次(F. E. Lenz)在大量实验的基础上，于 1833 年总结出一条可以直接判断感应电流方向的定律，人们将它为**楞次定律**(Lenz law). 楞次定律可以表述为：**闭合回路中感应电流的方向，总是使感应电流激**

发的磁场阻止或补偿引起感应电流的磁通量的变化. 或者可以更简单地表述为:**感应电流的效果,总是反抗引起感应电流的原因.**

法拉第电磁感应定律(7-1)式中的负号正是楞次定律的数学表述,反映了回路中感应电动势的方向.用数学语言来描述感应电动势方向时,应先规定回路绕行的正方向,如图 7-3 所示,设回路 L 箭头所示为回路绕行的正方向,按右手螺旋定则,回路所围 S 面的正法线方向向右,如图中的 $\boldsymbol{e}_n$ 所示.使条形磁铁 N 极靠近闭合回路 L,穿过 L 回路的磁通量为负且绝对值随时间增加,此时 $\frac{d\Phi_m}{dt}<0$,$\varepsilon>0$,说明感应电动势(或感应电流)的方向与选定回路的绕行方向一致.感应电流激发磁场的 N 极一定沿 S 面的正法线方向.

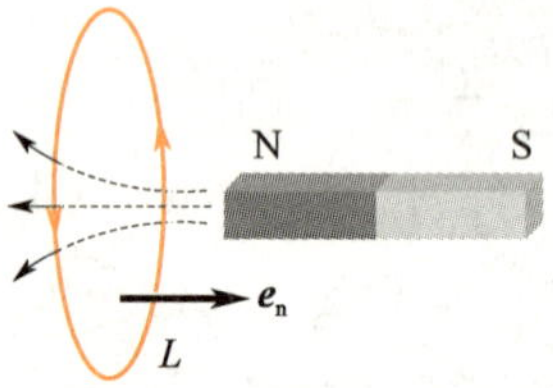

图 7-3　楞次定律

感应电流的方向还可从另一角度出发来判断.如图 7-3 所示,当磁铁向左运动时,将在回路中激发感应电流,或者说,引起感应电流的原因是磁铁向左运动.按照楞次定律,感应电流的效果将阻止磁铁向左运动,因而感应电流激发的磁场右端必为 N 极,由右手螺旋可判断其流向只能是逆时针方向.读者可以自己分析,当磁铁向右远离线圈运动时,感应电流一定按顺时针方向流动.

从能量的观点分析,我们不难定性地理解楞次定律和能量守恒间的关系.如图 7-3 所示,当磁铁向左运动时,必然受到感应电流产生磁场的阻力作用,要使磁铁继续向左运动,外力必须克服阻力做功,外力做的功一部分转化为磁铁的动能,另一部分转化为电能,这是符合能量守恒定律的.反之,设想楞次定律可以违反,即当磁铁向左运动时,感应电流产生的磁场不是阻止,而是有助于磁铁继续向左运动,那么一旦磁铁开始向左运动,它就会在感应电流产生磁场的引力作用下加速,其运动动能越来越大,与此同时,电能也必然越来越大,这显然违背了能量守恒定律.因此我们可以得出结论,**楞次定律是能量守恒定律的必然结果.**

例 7-1

一无限长直导线载有交变电流 $i=i_0\sin\omega t$,旁边有一个和它共面的矩形线圈 $abcd$,如图 7-4 所示.求线圈中的感应电动势.

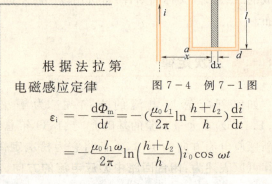

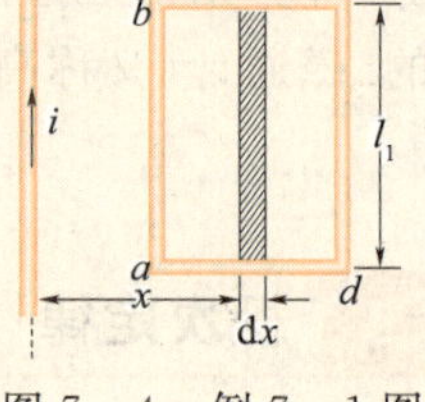

图 7-4　例 7-1 图

解　先求出长直导线的磁场穿过矩形线圈的磁通量,取顺时针为回路正方向(线圈法线方向垂直于纸面向里),则

$$\Phi_m=\int_S \boldsymbol{B}\cdot d\boldsymbol{S}=\int_h^{h+l_2}\frac{\mu_0 i}{2\pi x}l_1\,dx$$

$$=\frac{\mu_0 i l_1}{2\pi}\ln\frac{h+l_2}{h}$$

根据法拉第电磁感应定律

$$\varepsilon_i=-\frac{d\Phi_m}{dt}=-\left(\frac{\mu_0 l_1}{2\pi}\ln\frac{h+l_2}{h}\right)\frac{di}{dt}$$

$$=-\frac{\mu_0 l_1\omega}{2\pi}\ln\left(\frac{h+l_2}{h}\right)i_0\cos\omega t$$

讨论：当 $0<\omega t<\frac{\pi}{2}$ 时，$\cos\omega t>0$，$\varepsilon_i<0$，ε_i 的方向与回路正方向相反，即逆时针方向．同理，当 $\frac{\pi}{2}<\omega t<\pi$ 时，$\cos\omega t<0$，$\varepsilon_i>0$，ε_i 的方向与回路正方向相同，即顺时针方向．

ε_i 的方向还可由楞次定律直接判断．例如，$0<\omega t<\frac{\pi}{2}$ 时，$\sin\omega t>0$ 且不断增加，说明图示方向的电流不断增加，也就是垂直纸面向里的磁场不断增加．根据楞次定律，感应电流的效果要阻碍这种增加，即感应电流产生的磁场必然垂直纸面向外，由右手螺旋法则判断，感应电流为逆时针方向．

例 7－2

交流发电机的原理如图7－5所示，面积为 S 的线圈共有 N 匝，使其在匀强磁场中绕定轴 OO' 以角速度 ω 作匀速转动，求线圈中的感应电动势．

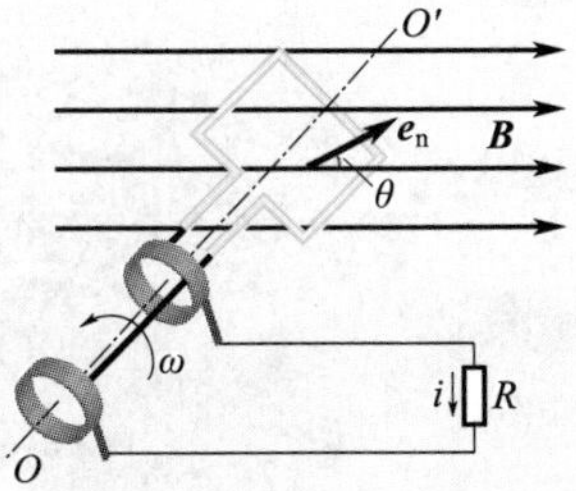

图 7－5　交流发电机原理

解　设 $t=0$ 时，线圈平面的法线方向 $\boldsymbol{e}_n$ 与磁感应强度 $\boldsymbol{B}$ 的方向平行，那么，在时刻 t，$\boldsymbol{e}_n$ 与 $\boldsymbol{B}$ 之间的夹角为 $\theta=\omega t$，这样，穿过 N 匝线圈的磁通链为

$$\Psi=NBS\cos\theta=NBS\cos\omega t$$

由电磁感应定律可得线圈中的感应电动势为

$$\varepsilon_i=-\frac{d\Psi}{dt}=NBS\omega\sin\omega t$$

式中 B，S 和 ω 都是常量，令 $\varepsilon_m=NBS\omega$，则

$$\varepsilon_i=\varepsilon_m\sin\omega t=\varepsilon_m\sin 2\pi\nu t$$

ν 为线圈转动频率，即单位时间的转数．

设回路中电阻为 R，线圈中的感应电流为

$$i=\frac{\varepsilon_m}{R}\sin(\omega t-\varphi)=I_m\sin(\omega t-\varphi)$$

$I_m=\frac{\varepsilon_m}{R}$ 叫电流振幅，上式中电流叫作正弦交变电流，简称交流电．由于线圈内有自感，故交变电流的相位比交变电动势的相位落后一个 φ 值．

闭合回路在均匀磁场中转动，在回路中产生正弦交流电，这正是交流发电机的工作原理．

§7.2　动生电动势

7.2.1　电源　电动势

为了进一步研究感应电动势，我们还需先给**电动势**（electromotive force)一个准确的定义.

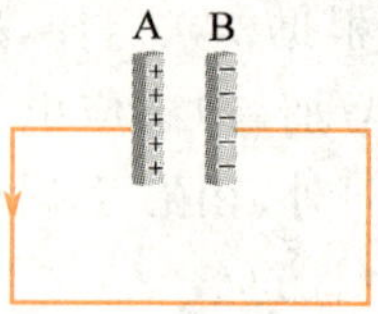

图 7－6　电容器放电

如图 7－6 所示,电容器的两极板 A 和 B 分别带有正、负电荷,用导线将其连接.在电场力作用下,正电荷通过导线移到负极板 B 上,电荷的流动形成了电流.但随着 A,B 两板上电荷的中和,两板间电势差越来越小,因而电流也越来越小,直至最后为零.可见,利用电容器放电,可以产生电流,但其电流随时间而变化,不是稳恒电流.

要想维持导线中的电流不变,必须把正电荷从负极板 B 沿两板间路线送回到正极板 A 上,以维持 A,B 两板间的电势差.显然,这种移动电荷的力不可能是静电力,因为在静电力的作用下,正电荷的运动方向与此相反,我们把这种力统称为**非静电力**(nonelectrostatic force).

能够提供非静电力的装置称为电源(power supply),类似于静电场中场强的概念,我们引入非静电场强 $\boldsymbol{E}_{\mathrm{k}}$,它等于作用在单位正电荷上的非静电力.即

$$\boldsymbol{E}_{\mathrm{k}}=\frac{\boldsymbol{F}_{\mathrm{k}}}{q} \tag{7-5}$$

若电荷 q 在非静电力的作用下位移 $\mathrm{d}\boldsymbol{l}$,非静电力做的元功为

$$\mathrm{d}W=\boldsymbol{F}_{\mathrm{k}}\cdot\mathrm{d}\boldsymbol{l}=q\boldsymbol{E}_{\mathrm{k}}\cdot\mathrm{d}\boldsymbol{l} \tag{7-6}$$

电荷 q 在含有电源的闭合回路中绕行一周时,非静电力做的功为

$$W=\oint_L q\boldsymbol{E}_{\mathrm{k}}\cdot\mathrm{d}\boldsymbol{l} \tag{7-7}$$

从能量的角度,非静电力对电荷做正功,将使系统的电势能增加,因此,电源又可以看成是将其他形式的能量转换成电能的装置.为了定量地描述电源进行能量转化的本领,我们引入电动势的概念:**电源电动势等于单位正电荷绕闭合回路一周过程中,非静电力所做的功.**

$$\varepsilon=\frac{W}{q}=\oint_L \boldsymbol{E}_{\mathrm{k}}\cdot\mathrm{d}\boldsymbol{l} \tag{7-8}$$

对于干电池等电源来说,非静电力集中在电源的内部,在外电路中没有非静电力存在,(7－8)式简化为

$$\varepsilon=\int_{-}^{+}\boldsymbol{E}_{\mathrm{k}}\cdot\mathrm{d}\boldsymbol{l} \tag{7-9}$$

对于某些电源,如感应电动势等,非静电力分布在整个电路中,电源并无内、外电路之分,此时必须用(7－8)式计算电动势.

电动势是标量,本不具有方向性,但在电路理论中为了便于计算,通常规定电源内部从负极到正极的方向为电动势的方向.

电动势的单位与电势差相同,在国际单位制中,两者均为伏特(V),但电动势与电势差是两个不同的物理量.**电动势是描述电路中非静电力做功本领的物理量;而电势差则是描述电路中静电力做**

功的物理量.

7.2.2　动生电动势

顾名思义,**动生电动势**(motional electromotive force)**就是由于导体或导体回路在恒定磁场中运动而产生的电动势.** 运动分为平动和转动,平动导致回路面积变化,转动导致回路取向变化.

由(7－9)式可知,电动势是由于电源内部非静电力做功所致,那么什么是动生电动势的非静电力的来源呢?下面结合实例分析.

如图 7－7 所示的 $abGa$ 回路中,长度为 l 的导体棒 ab 在均匀恒定磁场 $\boldsymbol{B}$ 中以速度 $\boldsymbol{v}$ 向右运动,ab 内的自由电子也以速度 $\boldsymbol{v}$ 随之一起向右运动,每个电子所受的洛伦兹力为

$$\boldsymbol{F}_{\mathrm{m}}=e(\boldsymbol{v}\times\boldsymbol{B})$$

$\boldsymbol{F}_{\mathrm{m}}$ 的方向与 $\boldsymbol{v}\times\boldsymbol{B}$ 反向($e<0$),它驱使电子向 b 端运动,致使 b 端积累负电荷,a 端剩余正电荷,这些电荷在导体内部产生静电场 $\boldsymbol{E}$. 平衡时,电子所受到的静电力 $\boldsymbol{F}_{\mathrm{e}}=e\boldsymbol{E}$ 与洛伦兹力大小相等、方向相反,此时电荷停止积累,ab 两端形成了稳定的电势差. 由于 a 端电势高,b 端电势低,故导体 ab 相当于一个电源,电源电动势的方向由低电势指向高电势,即由 $b\rightarrow a$.

根据非静电场强及电动势的定义,由洛伦兹力产生的非静电场强和动生电动势分别为

$$\boldsymbol{E}_{\mathrm{k}}=\frac{\boldsymbol{F}_{\mathrm{m}}}{e}=\boldsymbol{v}\times\boldsymbol{B} \tag{7-10}$$

$$\varepsilon_{\mathrm{i}}=\int_{-}^{+}\boldsymbol{E}_{\mathrm{k}}\cdot\mathrm{d}\boldsymbol{l}=\int_{b}^{a}(\boldsymbol{v}\times\boldsymbol{B})\cdot\mathrm{d}\boldsymbol{l} \tag{7-11}$$

ε_{i} 的方向与 $\boldsymbol{v}\times\boldsymbol{B}$ 相同. 显然,洛伦兹力是产生动生电动势的根本原因.

上式不仅适用于直导线、均匀磁场、匀速运动的特殊情况,也适用于曲形导线、非均匀磁场和变速运动等一般情况.

动生电动势属于感应电动势的一种,除了(7－11)式以外,感应电动势的公式 $\varepsilon_{\mathrm{i}}=-\dfrac{\mathrm{d}\Phi_{\mathrm{m}}}{\mathrm{d}t}$ 也可用于计算动生电动势. 到底使用哪个公式,可视具体情况如何计算简单而定.

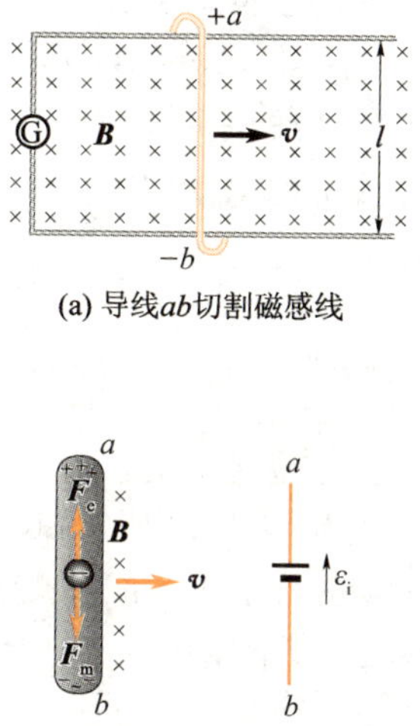

(a) 导线ab切割磁感线

(b) 洛伦兹力产生动生电动势ε_{i}

图 7－7　动生电动势

例 7－3

如图 7－8 所示,长度为 L 的铜棒在磁感应强度为 $\boldsymbol{B}$ 的均匀磁场中,以角速度 ω 绕 O 轴逆时针方向转动. 求:(1)棒中感应电动势的大小和方向;(2)如果将铜棒换成半径为 L 的金属圆盘,求盘心与边缘间的电势差.

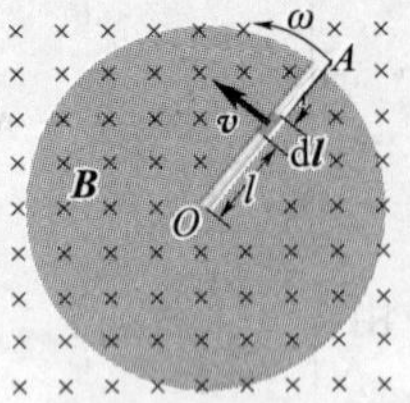

图 7-8 例 7-3 图

解 (1) 在铜棒上取一线段元 d$\boldsymbol{l}$,其速度大小 $v=l\omega$,由于$\boldsymbol{v}$,$\boldsymbol{B}$,d$\boldsymbol{l}$ 相互垂直,故 d$\boldsymbol{l}$ 上的动生电动势为

$$\mathrm{d}\varepsilon_{\mathrm{i}}=(\boldsymbol{v}\times\boldsymbol{B})\cdot\mathrm{d}\boldsymbol{l}=Bv\mathrm{d}l=Bl\omega\mathrm{d}l$$

由于各线段元上 $\mathrm{d}\varepsilon_i$ 的方向相同,所以整个铜棒上的电动势为

$$\varepsilon_{\mathrm{i}}=\int\mathrm{d}\varepsilon_{\mathrm{i}}=\int_0^L B\omega l\,\mathrm{d}l=\frac{1}{2}B\omega L^2$$

$\boldsymbol{v}\times\boldsymbol{B}$ 方向由 A 指向 O,故 O 端电势高.

此题也可用感应电动势的公式求解,设棒 OA 在 $\mathrm{d}t$ 时间内转过角度 $\mathrm{d}\theta$,则 $\mathrm{d}\Phi_{\mathrm{m}}=\boldsymbol{B}\cdot\mathrm{d}\boldsymbol{S}=B\mathrm{d}S=B\dfrac{1}{2}L^2\mathrm{d}\theta$

感应电动势的大小为

$$\varepsilon_{\mathrm{i}}=\frac{\mathrm{d}\Phi_{\mathrm{m}}}{\mathrm{d}t}=\frac{1}{2}BL^2\frac{\mathrm{d}\theta}{\mathrm{d}t}=\frac{1}{2}B\omega L^2$$

根据楞次定律,可以判断感应电动势的方向,读者可自己判断.

(2) 将铜棒换成金属圆盘,可将圆盘看作是由无数根并联的金属棒 OA 组合而成,故盘心 O 与边缘 A 之间的动生电动势仍为

$$\varepsilon_{\mathrm{i}}=\frac{1}{2}B\omega L^2$$

例 7-4

如图 7-9 所示,长直导线中通有电流 I,长为 l 的金属棒 ab,以速度$\boldsymbol{v}$平行于直导线作匀速运动,棒与电流 I 垂直,它的 a 端距离导线为 d,求金属棒中的动生电动势.

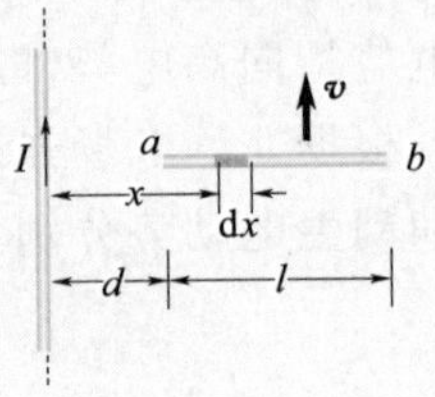

图 7-9 例 7-4 图

解 由于金属棒 ab 处于非均匀磁场中,取长度元 $\mathrm{d}l=\mathrm{d}x$,则 $\mathrm{d}x$ 上的感应电动势为

$$\mathrm{d}\varepsilon_{\mathrm{i}}=(\boldsymbol{v}\times\boldsymbol{B})\cdot\mathrm{d}\boldsymbol{l}=-Bv\mathrm{d}x=-\frac{\mu_0 Iv}{2\pi x}\mathrm{d}x$$

所有线段元上的 $\mathrm{d}\varepsilon_i$ 方向相同,所以金属棒 ab 中的电动势为

$$\varepsilon_{\mathrm{i}}=\int\mathrm{d}\varepsilon_i=-\int_d^{d+l}\frac{\mu_0 Iv}{2\pi}\frac{\mathrm{d}x}{x}$$

$$=-\frac{\mu_0 Iv}{2\pi}\ln\frac{d+l}{d}$$

负号表示 ε_{i} 的方向与 x 轴正方向相反,即 a 端电势高. 当然,根据$\boldsymbol{v}\times\boldsymbol{B}$ 的方向,也可判断 a 端电势高.

例 7-5

在均匀磁场中有一条半径为 R 的半圆形导线$\widehat{PQ}$,导线所在平面与磁场垂直,导线以速度$\boldsymbol{v}$沿导线的对称轴方向向上运动,如图 7-10 所示. 求导线中的动生电动势 ε,并判断导线两端电势的高低.

图 7-10 例 7-5 图

解 本题中$\boldsymbol{v}$ 垂直于 $\boldsymbol{B}$,$\mathrm{d}l=R\mathrm{d}\theta$,d$\boldsymbol{l}$ 与 $(\boldsymbol{v}\times\boldsymbol{B})$的夹角为 $\pi/2+\theta$,故

$$\varepsilon = \int_P^Q (\boldsymbol{v} \times \boldsymbol{B}) \cdot \mathrm{d}\boldsymbol{l}$$

$$= \int_0^{\pi} vBR\cos\left(\frac{\pi}{2} + \theta\right)\mathrm{d}\theta = -2vBR$$

另解：$\varepsilon = \int_P^Q (\boldsymbol{v} \times \boldsymbol{B}) \cdot \mathrm{d}\boldsymbol{l} = (\boldsymbol{v} \times \boldsymbol{B}) \cdot \int_P^Q \mathrm{d}\boldsymbol{l} = (\boldsymbol{v} \times \boldsymbol{B}) \cdot \overrightarrow{PQ}$

$\overrightarrow{PQ}$为由 $P \to Q$ 的矢量，大小为 $2R$，所以

$$\varepsilon = -2vBR$$

负号表示半圆形导线中电动势的方向是由 Q 端经导线指向 P 端，即 P 端电势高于 Q 端电势.

由计算结果可见，半圆弧导线在均匀磁场中移动所产生的动生电动势等于其直径在磁场中作同样运动时所产生的电动势. 这个结论可以推广到一般情况，即**一段任意形状的导线在均匀磁场中移动时，其上的动生电动势等于连接其起点和终点的一段直导线上的动生电动势**. 实际上，连接 PQ 与半圆弧构成回路，由于运动过程中磁通量不变，因而整个回路的感应电动势为零，当然$\overline{PQ}$上的电动势与半圆弧上的电动势大小相等.

§7.3　感生电动势和感生电场

7.3.1　感生电动势　涡旋电场

导体回路不动，回路中的磁感应强度发生变化，也会产生感应电动势，我们把这种**由于磁场发生变化而激发的电动势叫作感生电动势**(induced electromotive force).

由于导体回路不动，产生感生电动势的非静电力不可能是洛伦兹力，它只能是由变化的磁场本身引起的. 在分析电磁感应现象的基础上，麦克斯韦(J. C. Maxwell)敏锐地提出如下假设：**变化的磁场在其周围空间会激发一种涡旋状的非静电场强**，称为**感生电场**(induced electric field)，记为 $\boldsymbol{E}_{\mathrm{k}}$，以区别于由静止电荷激发的静电场. 大量的实验事实证实了麦克斯韦假设的正确性.

根据电动势的定义，感生电场在回路中产生的感生电动势为

$$\varepsilon_{\mathrm{i}} = \oint_L \boldsymbol{E}_{\mathrm{k}} \cdot \mathrm{d}\boldsymbol{l} \qquad (7-12)$$

应该指出，基于麦克斯韦感生电场假设而得到的感生电动势的表达式具有普遍的意义，即无论有无导体回路，也不论回路是在真空中还是在介质中，(7-12)式都是适用的. 在变化的磁场周围的空间里，到处充满感生电场，如果有导体回路置于感生电场中，感生电场就驱使导体中的自由电荷运动，产生感生电流；如果不存在导体回路，感生电场仍然存在，只不过没有感生电流而已.

另一方面，感生电动势是感应电动势的一种(另一种是动生电

动势)，当然可以根据法拉第电磁感应定律(7－1)式来计算.比较(7－1)式和(7－12)式得

$$\oint_L \boldsymbol{E}_k \cdot d\boldsymbol{l} = -\frac{d\Phi_m}{dt} \tag{7-13}$$

Φ_m 为穿过任意闭合回路 L 所环绕面积 S 的磁通量，代入上式可得

$$\oint_L \boldsymbol{E}_k \cdot d\boldsymbol{l} = -\frac{d}{dt}\int_S \boldsymbol{B} \cdot d\boldsymbol{S} \tag{7-14}$$

由于回路不变动，面积 S 和夹角 θ 均与时间无关，上式对时间求导和对曲面的积分可更换顺序，即

$$\varepsilon_i = \oint_L \boldsymbol{E}_k \cdot d\boldsymbol{l} = -\int_S \frac{\partial \boldsymbol{B}}{\partial t} \cdot d\boldsymbol{S} \tag{7-15}$$

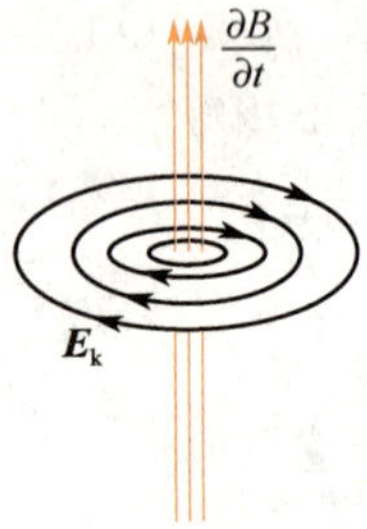

图 7－11 感生电场与变化磁场间的关系

式中负号表示 $\boldsymbol{E}_k$ 与 $\frac{\partial \boldsymbol{B}}{\partial t}$ 两者的方向关系与右手螺旋定则相反，亦可由楞次定律判断，如图 7－11所示.

感生电场与静电场有相同之处，它们对电荷都要施与作用力，而且均有能量和动量.但不同之处更多，静电场由静止的电荷所激发，而感生电场是由变化的磁场所激发.其次，静电场是保守场，电场线始于正电荷止于负电荷，其环流为零，因而可以引进电势能的概念；而感生电场是非保守场，其电场线是闭合的，所以感生电场又称**涡旋电场**，感生电场力做功与路径有关，在场中某确定位置并没有与之相对应的确定的电势能，因此引入电势的概念是无意义的.另外，由于感生电场的电场线闭合，所以穿过任一闭合曲面的通量等于零，这一点与静电场也是不同的.静电场是有源无旋场，而感生电场则是有旋无源场，从这一方面看，感生电场的电场线更加类似于磁力线.

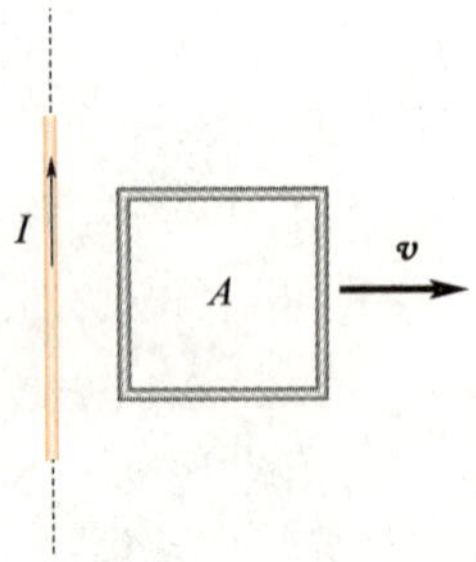

图 7－12 动生和感生电动势的相对性

必须指出，动生电动势和感生电动势产生的原因虽然不同，但对它们的区分具有相对性，依赖于参考系的选择.如图 7－12 所示，若选择长直电流 I 为参考系 S，则线圈 A 在 S 系中以速度 $\boldsymbol{v}$ 平动，A 中产生动生电动势 $\varepsilon = \oint_L (\boldsymbol{v} \times \boldsymbol{B}) \cdot d\boldsymbol{l}$；若选择线圈 A 为参考系 S'，则长直电流相对于 A 以 $-\boldsymbol{v}$ 运动，导致 A 中磁场随时间变化，即 $-\frac{\partial \boldsymbol{B}}{\partial t} \neq 0$，因此 A 中产生感生电动势 $\varepsilon_i = -\int_S \frac{\partial \boldsymbol{B}}{\partial t} \cdot d\boldsymbol{S}$.如有一观察者以速度 $\boldsymbol{u}$ 相对长直电流向右运动，则此观察者会认为在线圈 A 中既产生动生电动势，又产生感生电动势.以上各种情况，只要长直导线和线圈的相对运动相同，其计算结果就完全相同，都遵从法拉第电磁感应定律 $\varepsilon_i = -\frac{d\Phi_m}{dt}$，这正是相对性原理的必然结果.

例 7 - 6

如图 7 - 13 所示，半径为 R 的圆柱形空间内分布有均匀磁场，方向垂直于纸面向里，磁场的变化率 $\frac{dB}{dt}=$ 正常数，求圆柱内、外感生电场的分布.

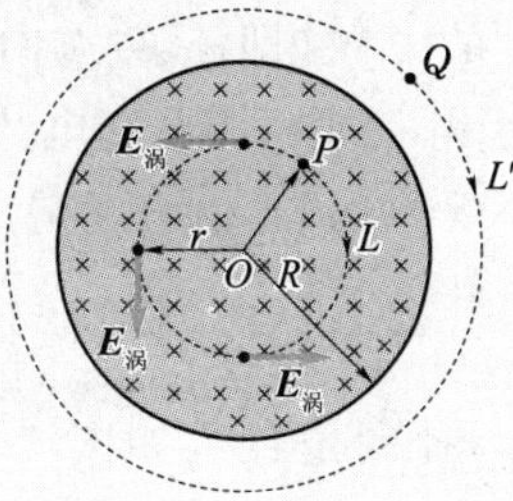

图 7 - 13　涡旋电场

解　根据磁场分布的轴对称性可知，空间感生电场的电场线应是围绕着磁场的一系列同心圆. 在圆柱体内过 P 点作半径为 r ($r<R$)的圆形回路 L，使 L 的环绕方向与磁感应强度 $\boldsymbol{B}$ 的方向构成右手螺旋关系，即

$$\oint_L \boldsymbol{E}_k \cdot d\boldsymbol{l} = -\int_S \frac{\partial \boldsymbol{B}}{\partial t} \cdot d\boldsymbol{S}$$

由于 $\boldsymbol{E}_k$ 具有轴对称性，$\frac{\partial B}{\partial t}$ 为常数，可得

$E_k 2\pi r = -\frac{\partial B}{\partial t}\pi r^2$，即有

$$E_k = -\frac{r}{2}\frac{\partial B}{\partial t} \quad (r<R) \qquad (7-16)$$

在圆柱体外过 Q 点作半径 $r(r\geqslant R)$的圆形回路 L'，注意磁感应强度 $\boldsymbol{B}$ 仅局限于 $r<R$ 的范围内，依照上面计算可得

$$E_k 2\pi r = -\frac{\partial B}{\partial t}\pi R^2$$

$$E_k = -\frac{R^2}{2r}\frac{\partial B}{\partial t} \quad (r\geqslant R) \qquad (7-17)$$

上述两式中负号表明，$\boldsymbol{E}_k$ 与右手螺旋反向，即 $\boldsymbol{E}_k$ 的电场线是逆时针的，回路上各点 $\boldsymbol{E}_k$ 沿圆周切线方向.

$\boldsymbol{E}_k$ 的方向也可由楞次定律判断：因 $\frac{dB}{dt}>0$，表明垂直于纸面向里的磁场增加；根据楞次定律，感应电流产生的磁场必然垂直于纸面向外，据此可判断 $\boldsymbol{E}_k$ 电场线是逆时针的.

和干电池不同(干电池中非静电场强只存在于电源内部)，涡旋电场并无内、外电路之分，回路 L 上的任一点均存在非静电场强，整个回路相当于无数个电池的串联.

例 7 - 7

在圆柱形的均匀磁场中，若 $\frac{\partial B}{\partial t}>0$，柱内直导线 ab 的长度为 L，与圆心垂直距离为 h，如图7 - 14所示，求此直导线 ab 上的感应电动势.

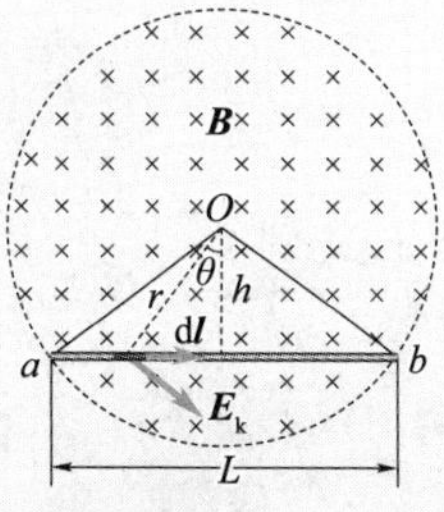

图 7 - 14　例 7 - 7 图

解　方法一：由法拉第电磁感应定律求解.

作假想回路 $OabO$，回路内的电动势大小为

$$\varepsilon_i = \left|\int \frac{\partial \boldsymbol{B}}{\partial t}\cdot d\boldsymbol{S}\right| = \frac{\partial B}{\partial t}\cdot S = \frac{hL}{2}\frac{\partial B}{\partial t}$$

因为 Oa 和 Ob 沿径向，而 $\boldsymbol{E}_k$ 与径向垂直，因此

$$\begin{aligned}\varepsilon_i &= \oint_{OabO} \boldsymbol{E}_k \cdot d\boldsymbol{l} \\ &= \int_O^a \boldsymbol{E}_k \cdot d\boldsymbol{l} + \int_a^b \boldsymbol{E}_k \cdot d\boldsymbol{l} + \int_b^O \boldsymbol{E}_k \cdot d\boldsymbol{l} \\ &= 0 + \varepsilon_{ab} + 0\end{aligned}$$

$$\varepsilon_{ab}=\varepsilon_i=\frac{hL}{2}\frac{\partial B}{\partial t}$$

ε_{ab} 的方向（即 ε_i 的方向）可由楞次定律确定为由 a 到 b，即 b 端电势高.

方法二：由电动势定义求解.

在圆柱内部，$|\boldsymbol{E}_k|=\frac{r}{2}\frac{\partial B}{\partial t}$，方向沿切向（与径向垂直），如图所示，在 ab 上任取线段元 $\mathrm{d}\boldsymbol{l}$，其上的感生电动势为

$$\mathrm{d}\varepsilon_i=\boldsymbol{E}_k\cdot\mathrm{d}\boldsymbol{l}=\frac{r}{2}\frac{\partial B}{\partial t}\mathrm{d}l\cos\theta=\frac{h}{2}\frac{\partial B}{\partial t}\mathrm{d}l$$

所以 ab 上感生电动势为

$$\varepsilon_i=\int\mathrm{d}\varepsilon_i=\int_0^L\frac{h}{2}\frac{\partial B}{\partial t}\mathrm{d}l=\frac{hL}{2}\frac{\partial B}{\partial t}$$

ab 上 ε_i 的方向由 $\boldsymbol{E}_k$ 在 $\mathrm{d}\boldsymbol{l}$ 上的投影确定，即由 a 到 b，b 端电势高.

7.3.2 电子感应加速器

作为感生电动势的一个重要应用，我们先介绍电子感应加速器，它是利用涡旋电场对电子进行加速的装置，其主要结构如图 7-15 所示. 在电磁铁的两极间放一环形真空室，电磁铁中通以强大的交流电来激励磁场，使两极间的磁感应强度随时间交变，从而在环形真空室内感应出很强的涡旋电场. 用电子枪将电子注入环形真空室，电子既在磁场中受到洛伦兹力的作用而在环形室内沿圆形轨道运动，又在涡旋电场的作用下沿轨道切线方向得到加速.

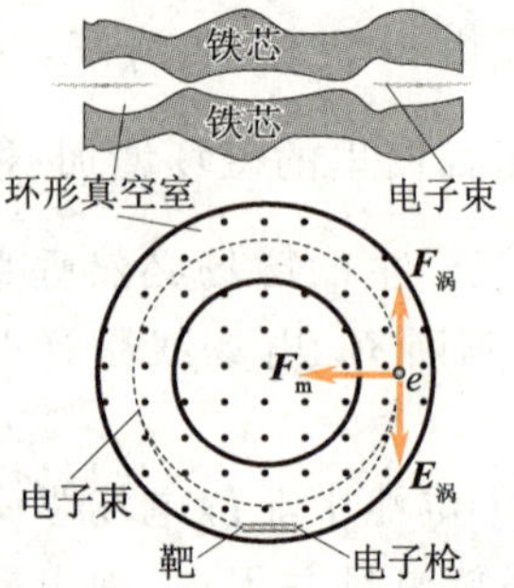

图 7-15 电子感应加速器

由于磁场和涡旋电场都是交变的，所以在交变电流一个周期内，只有当涡旋电场的方向与电子绕行方向相反时，电子才能得到加速. 电场方向一变，电子就会受到减速. 因此，在每次电子束注入并得到加速以后，一定要在电场方向改变之前把电子束引出使用. 通常电子束注入真空室时的初速度相当大，在电场还未改变方向之前，电子束已在环内加速绕行了几十万圈.

在各类加速器中，电子感应加速器的结构比较简单，造价低，一般小型加速器可将电子加速到 0.1～1 MeV，用其产生出 X 射线，供工业应用和医学治疗使用. 大型加速器的能量可达数百 MeV，电子速度可高达 0.999986 c，主要用于科学研究，特别是核物理的研究.

7.3.3 涡电流

在一些电器设备中，常常遇到大块的金属在磁场中运动，或者处在变化的磁场中. 此时，金属内部也要产生感应电流. 这种电流在金属体内部自成闭合回路，称为**涡电流或涡流**（edddy current）. 由于大块金属中电流流经的截面积大，电阻很小，涡电流可达到很大的数值. 在科学实验和生产中，涡电流有时可加以利用，有时则应予以消除.

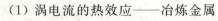

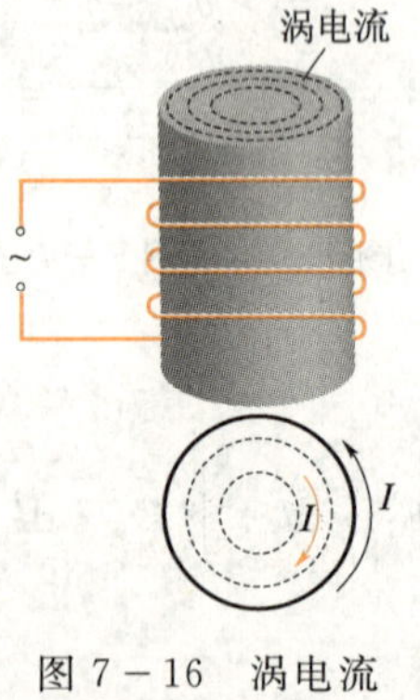

图 7-16 涡电流

（1）涡电流的热效应——冶炼金属

利用涡电流进行加热的方法叫作感应加热. 如图 7-16 所示，

线圈绕在圆柱形铁芯上，当通以交变电流时，在铁芯内沿轴线方向产生交变的磁通量，从而在铁芯横截面上形成很大的涡流，产生巨大热量. 例如，在冶金工业中，熔化易氧化或冶炼难熔的金属（如钛、钽、铌、钼等）以及冶炼特种合金，常常采用工频或高频感应冶金炉进行加热冶炼（见图 7－17）. 又如制造电子管、显像管或激光管时要抽气封口，但管子里金属电极上吸附的气体不易放出，这时就利用涡电流加热驱逐吸附气体的方法，一边加热，一边抽气，然后封口（见图 7－18）. 家用电器中的电磁灶（如电饭煲等），也是利用涡流的热效应来加热和烹饪. 感应加热的主要优点是温度高、加热快、易控制，由于可与真空系统相连，加热时不易被氧化，工件的杂质也易于清除，是一种理想的加热方式.

图 7－17　工频感应炉示意图

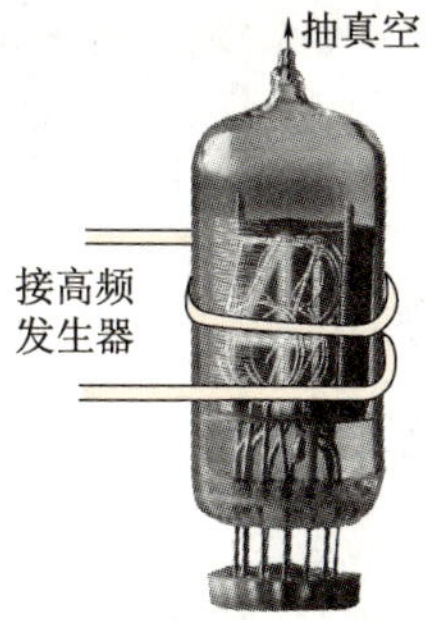

图 7－18　用涡电流加热电子管中金属电极

涡电流热效应也有危害的一面，它对变压器、电动机等设备运行极为不利，涡流的热效应会导致铁芯温度升高，损害绝缘材料，消耗部分电能. 为了减少涡流损耗，一般变压器、电极及其他交流仪器的铁芯不采用整块材料，而是用互相绝缘的硅钢片叠压而成. 这样增大了电阻，减少了涡电流，使损耗降低.

（2）电磁阻尼

大块金属在磁场中运动会产生涡流，根据楞次定律，涡流本身将产生磁场阻碍引起涡流的原因——大块金属的运动，这必然使正在运动的金属块受到一个阻力矩作用，这种现象称为**电磁阻尼**（electromagnetic damping）. 如图 7－19 所示，磁场垂直于一金属圆盘平面且局限于一有限区域，当圆盘转动时，由于电磁阻尼，圆盘必然很快停止转动.

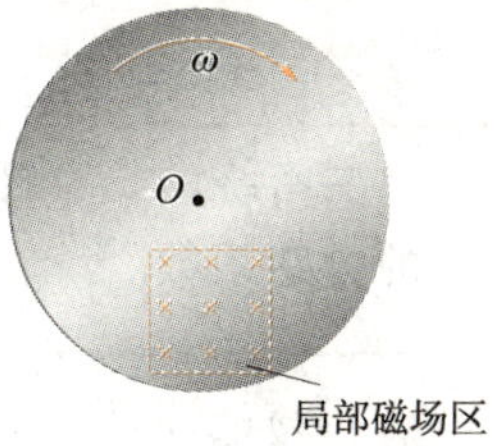

图 7－19　电磁阻尼

图 7－20 是电磁阻尼摆示意图. 如果用绝缘体制成的摆放入磁场中，其振动衰减很弱；如果改用金属摆，由于金属摆中的涡电流产生电磁阻尼，振动急剧衰减而停止摆动. 电磁阻尼的应用非常广泛，一般电磁测量仪器中，通常都配有这种阻尼装置，使与摆相连的指针很快静止下来，以方便读数.

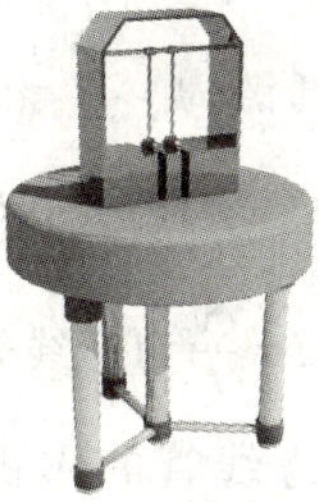
图 7－20　阻尼摆

§7.4　自感应　互感应

7.4.1　自感

根据法拉第电磁感应定律，只要穿过闭合回路的磁通量发生变化，就会在闭合回路中激起感应电动势. 如果通过回路自身的电流、回路的形状或回路周围的磁介质发生变化时，穿过该回路自身的磁通量将随之变化，从而在该回路中也会产生感应电动势，这种现象称为自感现象，相应的电动势叫作**自感电动势**(emf by self-induction).

由于磁感应强度正比于电流 I，故穿过线圈回路自身的磁通链 Ψ 与电流成正比，即

$$\Psi = LI \tag{7-18}$$

L 称为线圈的自感系数，简称**自感**(self-inductance).

根据法拉第电磁感应定律，线圈中的自感电动势为

$$\varepsilon_L = -\frac{d\Psi}{dt} = -\left(L\frac{dI}{dt} + I\frac{dL}{dt}\right)$$

若回路的匝数、大小、形状及回路周围磁介质不变，则 L 为一常量，$\frac{dL}{dt}=0$，因而

$$\varepsilon_L = -L\frac{dI}{dt} \tag{7-19}$$

自感电动势的方向可由楞次定律判断. 在国际单位制中，自感系数的单位是亨利(H). 由于 H 单位较大，实用上常用 mH 和 μH.

例 7-8

单层密绕的长直螺线管，长为 l，截面积为 S，匝数为 N，管中介质的磁导率为 μ，求此直螺线管的自感系数.

解 忽略边缘效应，则长直螺线管内的磁感应强度为 $B=\mu\frac{N}{l}I$，因此穿过该螺线管的磁通链为

$$\Psi = N\Phi_m = NBS = \mu\frac{N^2}{l}SI = \mu n^2 VI$$

式中 $n=\frac{N}{l}$ 为螺线管单位长度上的匝数，$V=Sl$ 为螺线管的体积. 由(7-18)式可得直螺线管的自感系数为

$$L = \frac{\Psi}{I} = \mu n^2 V \tag{7-20}$$

可见，螺线管的自感系数只取决于其本身特性，而与电流无关，为了得到自感系数较大的螺线管，通常采用较细的导线绕制线圈绕组，以增加 n，并在管内充以磁导率 μ 大的磁介质.

例 7-9

同轴电缆是由半径为 R_1 的内导体和半径为 R_2 的圆筒状外导体组成，其间充满磁导率为 μ 的绝缘介质，内、外导体构成电流回路，求单位长度同轴电缆的自感.

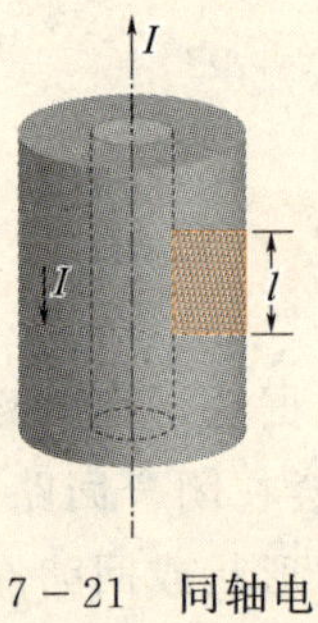

图 7-21 同轴电缆

解 设电缆内、外导体中电流 I 的方向如图 7-21 所示，两导体间($R_1<r<R_2$)的磁感应强度大小为 $B=\frac{\mu I}{2\pi r}$，在两导体间任取一长度为 l 的截面，通过此截面的磁通量为

$$\Phi_m = \int_S \boldsymbol{B} \cdot d\boldsymbol{S} = \int_{R_1}^{R_2} \frac{\mu I}{2\pi r} l\,dr$$
$$= \frac{\mu l I}{2\pi} \ln \frac{R_2}{R_1}$$

所以单位长度同轴电缆的自感为

$$L_0 = \frac{\Phi_m}{Il} = \frac{\mu}{2\pi} \ln \frac{R_2}{R_1}$$

7.4.2 互感

当一个线圈中的电流发生变化时，将在它周围空间产生变化的磁场，从而可在附近的另一线圈中产生感应电动势，这种因两个载流线圈中的电流变化而相互在对方线圈中激起感应电动势的现象称为**互感现象**，相应的电动势叫**互感电动势**(emf by mutual induction). 显然，一个线圈中的互感电动势不仅与另一线圈中电流改变的快慢有关，而且还与两个线圈的结构以及它们之间的相对位置有关.

如图 7 - 22 所示，有两个相邻的线圈 1 和 2，设由线圈 1 中电流 I_1 产生的，且穿过线圈 2 的磁通链为 Ψ_{21}；由线圈 2 中电流 I_2 产生的，且穿过线圈 1 的磁通链为 Ψ_{12}. 若线圈形状大小和相对位置均保持不变，周围又无铁磁质存在，则由毕奥-萨伐尔定律可推知，Ψ_{21} 与 I_1 成正比，Ψ_{12} 与 I_2 成正比，即

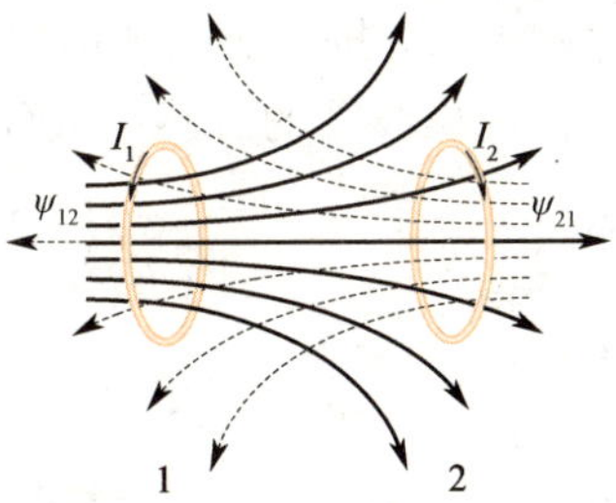

图 7 - 22　互感现象

$$\Psi_{21} = M_{21} I_1 \qquad (7-21)$$

$$\Psi_{12} = M_{12} I_2 \qquad (7-22)$$

式中 M_{21} 和 M_{12} 分别称为线圈 1 对线圈 2 的互感系数和线圈 2 对线圈 1 的互感系数，简称**互感**(mutual induction)，可以证明(见例 7 - 12)

$$M_{21} = M_{12} = M$$

根据法拉第电磁感应定律，当 I_1 发生变化时，在线圈 2 中激起的互感电动势为

$$\varepsilon_{21} = -\frac{d\Psi_{21}}{dt} = -M\frac{dI_1}{dt} \qquad (7-23)$$

同理，I_2 发生变化时，在线圈 1 中激起的互感电动势为

$$\varepsilon_{12} = -\frac{d\Psi_{12}}{dt} = -M\frac{dI_2}{dt} \qquad (7-24)$$

互感系数的单位与自感系数相同.

互感系数的计算一般比较复杂，实际常用实验方法测定，仅对一些简单的情况，可用定义(7 - 21)式或(7 - 22)式作出计算.

例 7-10

计算：(1)共轴的两个长螺线管 c_1 与 c_2 之间的互感系数.(2)两螺线管的自感系数与互感系数的关系.设螺线管 c_1 的长度 l 比其截面积 S 的线度大得多，管内充满磁导率为 μ 的磁介质. c_1 有 N_1 匝，c_2 有 N_2 匝，如图 7-23 所示.

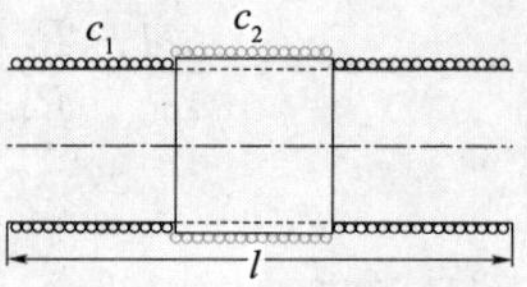

图 7-23 例 7-10 图

解 (1) 设 c_1 中通有电流 I_1，则螺线管内的磁感应强度为

$$B=\mu \frac{N_1}{l} I_1$$

穿过 c_2 的磁通链为

$$\Psi_{21}=N_2 BS=\frac{\mu N_1 N_2 I_1}{l} S$$

按互感系数的定义

$$M=\frac{\Psi_{21}}{I_1}=\mu \frac{N_1 N_2}{l} S$$

(2) 按自感系数的定义，例 7-8 中已算得两螺线管的自感系数分别为

$$L_1=\mu \frac{N_1^2}{l} S$$

$$L_2=\mu \frac{N_2^2}{l'} S$$

式中 l' 为 c_2 的长度.若二者长度相同，即 $l=l'$，则有

$$M^2=L_1 L_2,\ M=\sqrt{L_1 L_2}$$

必须指出，上式仅对完全耦合(穿过一线圈的磁通量完全穿过另一线圈)的情况成立.一般情况下，$M=k\sqrt{L_1 L_2}$，而 $0 \leqslant k \leqslant 1$，$k$ 称为耦合系数，其值取决于两线圈的相对位置.当两线圈垂直放置时 $k \approx 0$.

例 7-11

如图 7-24 所示，在磁导率为 μ 的均匀无限大磁介质中，一无限长直载流导线与矩形线圈共面，直导线与线圈一边相距为 a，线圈共 N 匝，尺寸如图所示，求它们的互感系数.

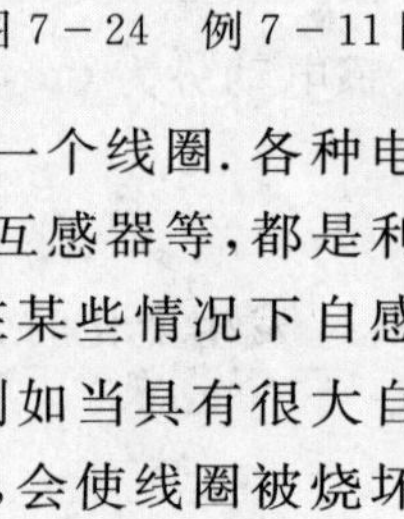

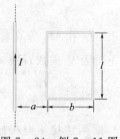

图 7-24 例 7-11 图

解 长直导线可看成是在无限远处闭合的回路，故此处计算的也是两回路的互感.

设长直导线中通有自下而上的电流 I，则通过矩形线圈的磁通链为

$$\Psi=N\Phi_{\mathrm{m}}=N\int \boldsymbol{B}\cdot \mathrm{d}\boldsymbol{S}=N\int_a^{a+b} \frac{\mu I}{2\pi r} l\,\mathrm{d}r$$

$$=\frac{\mu N l I}{2\pi} \ln \frac{a+b}{a}$$

$$M=\frac{\Psi}{I}=\frac{\mu N l}{2\pi} \ln \frac{a+b}{a}$$

由上述结果可知，互感系数取决于两回路的匝数、形状、相对位置以及磁介质的磁导率.

自感和互感现象应用广泛.例如：利用线圈具有阻碍电流变化的特性，可以稳定电路中的电流；无线电设备中常用自感线圈和电容器组合构成共振电路或滤波器等.通过互感线圈能够使能量或信号由一个线圈传递到另一个线圈.各种电源变压器以及电压和电流互感器等，都是利用互感现象的原理制成.在某些情况下自感和互感现象又是有害的.例如当具有很大自感的自感线圈电路断开时，会使线圈被烧坏或在电闸间隙产生强烈的电弧，这在实际应用中是要设法避免的；又如，两路电话之间由于互感而串音，电子仪器中电路之间会由于互感而互相干扰，影响正常工作，这时人们不得不采用磁屏蔽方法来减小这种干扰.

7.4.3 RL 串联电路的暂态过程

RL 串联电路是由电阻 R 和自感线圈 L 组成的电路. 在 RL 电路中,当通过线圈的电流发生变化时,线圈中就会产生自感电动势,并阻碍电流的变化. 如果把线圈接到电路中,那么线圈的自感对电路会有什么影响呢? 我们分两种情况进行讨论:

(1) RL 电路与直流电源接通时的情况

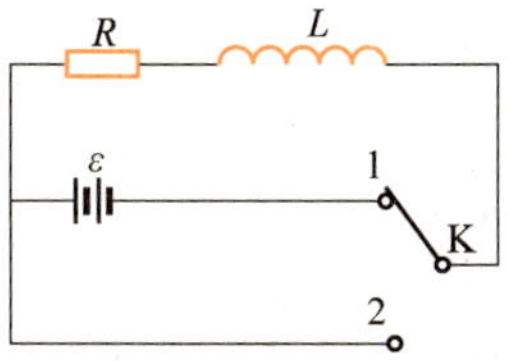

图 7－25　RL 串联电路

如图 7－25 所示,设电源的电动势为 ε,内阻可以忽略不计,线圈 L 的电阻已计入 R 之中,将开关 K 与 1 接通后,电路中就会出现电流,设在某一时刻 t,电路的电流强度为 I,线圈因自感而产生的感应电动势为 $\varepsilon_i=-L\dfrac{dI}{dt}$,其中 L 为自感系数. 于是电路的总电动势为

$$\varepsilon+\varepsilon_i=\varepsilon-L\frac{dI}{dt}$$

由欧姆定律可得

$$I=\frac{\varepsilon}{R}-\frac{L}{R}\frac{dI}{dt} \tag{7-25}$$

$$\frac{dI}{\dfrac{\varepsilon}{R}-I}=\frac{R}{L}dt$$

两边积分,

$$\ln\left(\frac{\varepsilon}{R}-I\right)=-\frac{R}{L}t+C$$

代入初始条件:$t=0$ 时,$I=0$,可得 $C=\ln\dfrac{\varepsilon}{R}$. 代入上式整理后得

$$I=\frac{\varepsilon}{R}(1-e^{-\frac{R}{L}t})=I_0(1-e^{-\frac{R}{L}t}) \tag{7-26}$$

由此可见,I 是随时间变化的. 当 $t\to\infty$时,I 达到其最大值 $I_0=\dfrac{\varepsilon}{R}$. 上式表明,电路接通后,电流并不是立即就达到最大值,而是逐渐增大的. L 越大,R 越小,达到最大值所需要的时间越长. 所以称 $\tau=\dfrac{L}{R}$ 为电路的**时间常量或弛豫时间**(relaxation time). 当 $t=\tau$ 时,$I=0.63I_0$. 可见,经过时间 τ,电路的电流达到其最大值的 63%,电流与时间的关系曲线由图 7－26 给出.

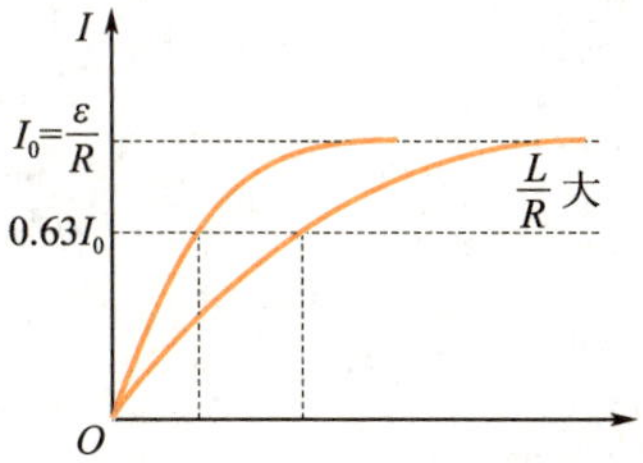

图 7－26　RL 电路中电流随时间增长的关系曲线

从理论上看,只有当 $t\to\infty$时,I 才能达到最大值 I_0. 但实际上,当 $t=5\tau$ 时,$I\approx0.994I_0$,I 已非常接近 I_0. 所以一般认为,经过 5τ 的时间后,电流已基本上趋于稳定,并且可以认为已达到最大值. 而在此以前,电流随时间变化的过程称为暂态过程. 暂态过程的时间一般是很短的,例如,当 $L=0.1$H,$R=10\ \Omega$ 时,暂态过程所经历的时间为 0.05 s. 根据这一原理,我们可以测出 RL 串联回路的时间

常量 τ，并进而测出自感线圈的自感系数 L.

(2) 已通电 RL 电路短接时的情况

在图 7－25 中，在电流基本上达到稳定值 I_0 以后，将开关 K 从 1 处断开并同时与 2 相接，则由欧姆定律可知：

$$I=\frac{\varepsilon_i}{R}=-\frac{L}{R}\frac{dI}{dt} \tag{7-27}$$

分离变量

$$\frac{dI}{I}=-\frac{R}{L}dt$$

积分可得

$$\ln I=-\frac{R}{L}t+C$$

由初始条件：$t=0$ 时，$I=I_0$，可得 $C=\ln I_0$，于是可得

$$I=I_0e^{-\frac{R}{L}t} \tag{7-28}$$

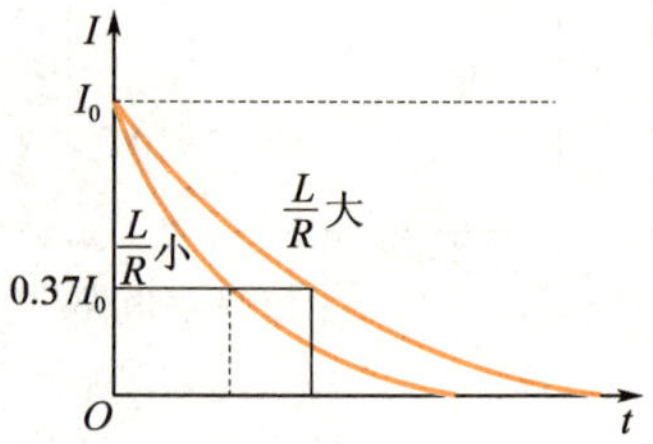

图 7－27 RL 电路中电流随时间衰减的关系曲线

上式表明电流 I 是按指数规律下降的. L 越大，R 越小，电流下降越慢. 当 $t=\tau=\frac{L}{R}$ 时，电流降至 I_0 的 37%，如图 7－27 所示，即此时 $I\approx0.37I_0$.

§7.5 磁场的能量

7.5.1 自感磁能

磁场与电场一样，是一种特殊的物质，因此也必然具有能量. 如图 7－25 所示，当开关 K 倒向 1，自感为 L 的线圈与电源接通，回路中的电流 i 将由零逐渐增至恒定值 I_0. 根据全电路欧姆定律可得

$$\varepsilon-L\frac{di}{dt}=iR$$

两边乘以 idt，再积分得

$$\begin{aligned}\int_0^{\infty}\varepsilon i\,dt&=\int_0^{I_0}Li\,di+\int_0^{\infty}i^2R\,dt\\&=\frac{1}{2}LI_0^2+\int_0^{\infty}i^2R\,dt\end{aligned} \tag{7-29}$$

式中等式左边为电流增长过程中电源所做的功，等式右边第二项为电阻 R 产生的焦耳热. 由于在电流增长过程中，电源必须克服自感电动势，因此，等式右边第一项 $\frac{1}{2}LI_0^2$ 必为电源克服自感电动势所做的功，该功将转化成某种能量储存在线圈中.

另一方面，当电路中的电流由零增至 I 时，在周围空间将逐渐建立起一定强度的磁场. 因此，电源反抗自感电动势所做的功，就在

建立磁场的过程中，转化成磁场能量，称为**自感磁能**，其量值为

$$W_m=\frac{1}{2}LI^2 \tag{7-30}$$

考虑自感线圈放电的情况，可更进一步证实上述结论. 在图7-25中，将开关K倒向2，电源断开，但回路中的电流并不立即消失，而是按(7-28)式衰减，因此，放电过程(电流I由$I_0\to0$)中电阻R上产生的焦耳热为

$$\int_0^\infty i^2R\mathrm{d}t=\int_0^\infty I_0^2Re^{-\frac{2R}{L}t}\mathrm{d}t=\frac{1}{2}LI_0^2 \tag{7-31}$$

上式表明，放电过程中电阻上产生的焦耳热正是来源于自感磁能.

7.5.2　互感磁能

设两个相邻的线圈1和2，它们的自感分别为L_1和L_2，互感分别为M_{21}和M_{12}. 其中分别通有电流I_1和I_2. 在建立电流的过程中，电源除了供给线圈中产生的焦耳热和反抗自感电动势做功外，还要反抗互感电动势做功，这部分功也将转变成磁场能量，称为**互感磁能**.

例7-12

用磁场能量的方法推证两个线圈的互感系数相等，即$M_{12}=M_{21}$.

解　设两线圈在最初状态都是断开的(见图7-28)，先接通线圈1，使其中的电流由零增加到I_{10}，线圈1中的磁能为$\frac{1}{2}L_1I_{10}^2$，L_1为线圈1的自感系数. 在线圈1接通后，再接通线圈2，使线圈2的电流从零增加至I_{20}，线圈2中的磁能为$\frac{1}{2}L_2I_{20}^2$，L_2是线圈2的自感系数. 由于在线圈2接通并增加电流的同时，线圈1是闭合的，因而在线圈1中有互感电流存在. 为了保持线圈1中的电流I_{10}不变，在线圈1电路中，必须有附加的能量来克服这一互感电动势.

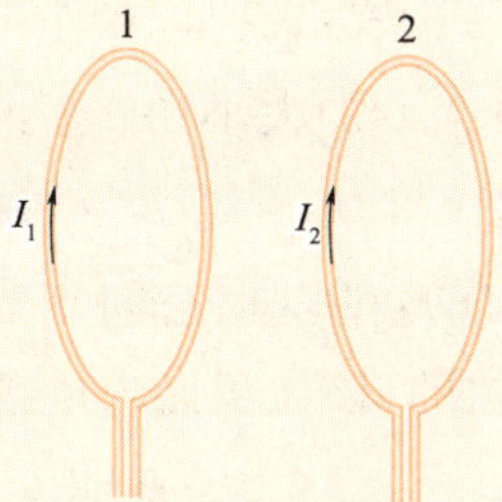

图7-28　两线圈互感系数相等的理论证明

因这互感电动势的量值为$\varepsilon_{12}=M_{12}\frac{\mathrm{d}I_2}{\mathrm{d}t}$，$M_{12}$是线圈2相对于线圈1的互感系数，所以附加的能量为

$$\int_0^t\varepsilon_{12}I_{10}\mathrm{d}t=\int M_{12}\frac{\mathrm{d}I_2}{\mathrm{d}t}I_{10}\mathrm{d}t=M_{12}I_{10}\int_0^{I_{20}}\mathrm{d}I_2=M_{12}I_{10}I_{20}$$

因此在两线圈组成的系统中，当线圈1中的电流为I_{10}，线圈2中的电流为I_{20}时，这系统所具有的磁能为

$$W_m=\frac{1}{2}L_1I_{10}^2+\frac{1}{2}L_2I_{20}^2+M_{12}I_{10}I_{20}$$

同理，我们也可以先在线圈2中产生电流I_{20}，然后再在线圈1中产生电流I_{10}，重作上述讨论，可以得到相应的关系式

$$W_m'=\frac{1}{2}L_1I_{10}^2+\frac{1}{2}L_2I_{20}^2+M_{21}I_{10}I_{20}$$

M_{21}是线圈 1 相对于线圈 2 的互感系数，因为系统的能量不应与电流形成的先后次序有关，所以 W_m 与 W_m'应该相等，由此得出

$$M_{12}=M_{21}$$

令 $M=M_{12}=M_{21}$，则表示两线圈磁能的公式为

$$W_m=\frac{1}{2}L_1 I_{10}^2+\frac{1}{2}L_2 I_{20}^2+MI_{10}I_{20} \tag{7-32}$$

式中前两项为自感磁能，第三项为互感磁能.(7-32)式表明，系统的总磁能为自感磁能和互感磁能之和.

7.5.3 磁场能量

与电场情况类似，磁能既然储存在磁场中，我们当然希望建立磁场能量与描述磁场的物理量——磁感应强度 **B** 的关系.

为简单起见，以长直螺线管为例进行讨论. 当长直螺线管中通有电流 I 时，管内磁感应强度为 $B=\mu nI$. 螺线管的自感系数 $L=\mu n^2 V$，把它们代入(7-30)式中可得

$$W_m=\frac{1}{2}LI^2=\frac{1}{2}\mu n^2 V\left(\frac{B}{\mu n}\right)^2=\frac{1}{2}\frac{B^2}{\mu}V=\frac{1}{2}BHV$$

式中 V 为长直螺线管的体积，因此磁场的能量密度可表示为

$$w_m=\frac{W_m}{V}=\frac{1}{2}\frac{B^2}{\mu}=\frac{1}{2}BH=\frac{1}{2}\mu H^2 \tag{7-33}$$

上式虽是从螺线管中均匀磁场特例导出，但可以证明，它是适用于任何形式磁场的普遍公式. 该式说明，在任何磁场中，某点的磁能密度只与该点的磁感应强度 **B** 的大小和介质的性质有关，这充分说明了磁能储存于磁场中这个客观事实.

如果磁场是非均匀的，可以把空间划分为无数体积元 dV，在 dV 内磁场可看作是均匀的，该体积元内磁场能量为

$$dW_m=w_m dV=\frac{1}{2}BH dV$$

则体积 V 内的总磁场能量为

$$W_m=\int_V dW_m=\int_V \frac{1}{2}BH\,dV \tag{7-34}$$

(7-30)式和(7-34)式虽均可用于计算磁场能量，但两者的物理意义是有区别的. (7-30)式表明电流是磁场能量的携带者，而(7-34)式则表明磁场是磁场能量的携带者. 在稳恒情况下，磁场是由电流产生的，有电流就有磁场，有磁场也必存在电流，因而两种说法等价. 但在非稳恒的情况下，磁场可以脱离电流而单独存在，所以(7-34)式更具普遍意义.

例 7 - 13

求无限长同轴传输电缆 l 长度内所储存的能量及自感系数. 已知电缆内、外半径分别为 R_1 和 R_2，电流 I 分布在两圆筒导体表面，两筒间充满磁导率为 μ 的介质(见图7 - 29).

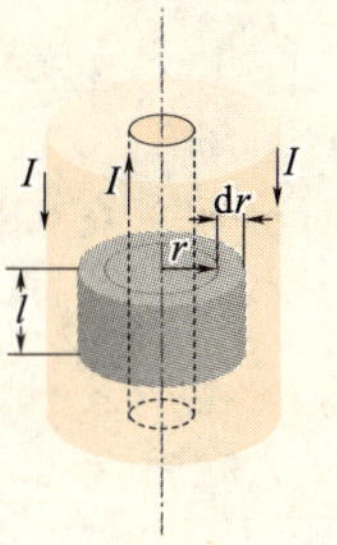

图 7 - 29　例 7 - 13 图

解　由安培环路定理可知，同轴电缆的磁场集中在 $R_1<r<R_2$ 之间，其余空间 $B=0$，两圆筒之间为非均匀磁场，离轴 r 处的磁感应强度为

$$B=\frac{\mu I}{2\pi r}\quad (R_1<r<R_2)$$

在 r 处取一厚度为 $\mathrm{d}r$ 的圆柱形薄壳，该体积元的体积为 $\mathrm{d}V=2\pi r l\mathrm{d}r$，如图所示. 在此体积元中磁场能量为

$$\mathrm{d}W_\mathrm{m}=w_\mathrm{m}\mathrm{d}V=\frac{B^2}{2\mu}\mathrm{d}V$$
$$=\frac{\mu I^2}{8\pi^2 r^2}2\pi r l\mathrm{d}r$$

长为 l 的一段电缆内储存的磁能为

$$W_\mathrm{m}=\int \mathrm{d}W_\mathrm{m}=\int_V w_\mathrm{m}\mathrm{d}V=\int_{R_1}^{R_2}\frac{\mu I^2}{8\pi^2 r^2}2\pi r l\,\mathrm{d}r$$
$$=\frac{\mu I^2 l}{4\pi}\ln\frac{R_2}{R_1}=\frac{1}{2}\left(\frac{\mu l}{2\pi}\ln\frac{R_2}{R_1}\right)I^2$$

将上式与自感磁能 $W_\mathrm{m}=\frac{1}{2}LI^2$ 比较可得

$$L=\frac{\mu l}{2\pi}\ln\frac{R_2}{R_1}$$

这一结果与例 7 - 9 的计算结果是一致的.

§7.6　位移电流和全电流定律

7.6.1　位移电流

前面我们讨论了感生电场的概念，感生电场是由变化的磁场激发的电场.

既然变化的磁场能激发电场，那么是否存在着这样一种对称性，变化的电场反过来也能激发磁场呢？下面我们以电容器充、放电时变化的电场为例进行研究.

设有图 7 - 30 所示的电容器充、放电电路，在电容器充、放电的非稳恒过程中，稳恒条件下的安培环路定理是否仍然成立？

当平行板电容器充、放电时，导线中存在传导电流，而电容器极板间无传导电流. 取一闭合回路 L，并以它为边界作两个曲面 S_1 和 S_2，S_1 中有传导电流穿过，而 S_2 底面在电容器两极板间，其外侧和底面均无传导电流流过. 因此

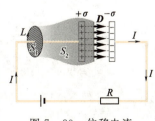

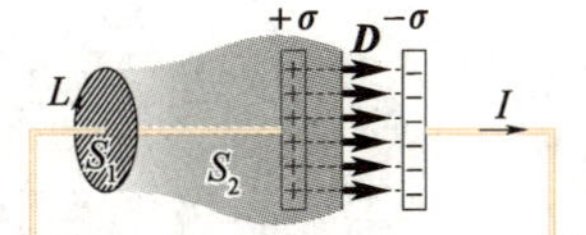

图 7 - 30　位移电流

$$\oint_L \boldsymbol{H}\cdot d\boldsymbol{l} = I \quad (对曲面 S_1)$$

$$\oint_L \boldsymbol{H}\cdot d\boldsymbol{l} = 0 \quad (对曲面 S_2)$$

可见，电容器的存在破坏了电路中传导电流的连续性，稳恒磁场中的安培环路定理已不适用于非稳恒电流的情况，应以新的规律来代替它.

电容器充、放电时，极板间虽无传导电流，但极板上电荷随时间变化，因而两极板间的电位移矢量大小$\left(D=\sigma=\dfrac{Q}{S}\right)$及电位移通量($\Phi_e=DS=Q$)都随时间变化. 根据电荷守恒定律，单位时间内极板上电荷的增加（或减小）应等于流入（或流出）极板的电流 I，即

$$I=\frac{dQ}{dt}=\frac{d\Phi_e}{dt}=S\,\frac{dD}{dt}$$

等式左边是流过回路的电流，而等式右边却是两极板间电位移通量随时间的变化率，说明这两个表面上无关的物理量之间必然存在一定的联系. 据此，麦克斯韦提出了一个大胆假设：**变化的电场能在其周围空间激发磁场**. 为了定量表述这种变化电场$\dfrac{d\boldsymbol{D}}{dt}$和激发的磁场 $\boldsymbol{H}$ 之间的关系，麦克斯韦引入一等效电流的概念，称之为**位移电流**(displacement current)，并定义为

$$I_d = \frac{d\Phi_e}{dt} = \frac{d}{dt}\int_S \boldsymbol{D}\cdot d\boldsymbol{S} = \int_S \frac{\partial \boldsymbol{D}}{\partial t}\cdot d\boldsymbol{S} \qquad (7-35)$$

其**位移电流密度**(displacement current density)为

$$\boldsymbol{j}_d=\frac{d\boldsymbol{D}}{dt} \qquad (7-36)$$

(7－35)式和(7－36)式表明，**通过某截面的位移电流 I_d 等于穿过该截面的电位移通量对时间的变化率；通过某点的位移电流密度 $\boldsymbol{j}_d$ 等于该点电位移对时间的变化率.**

对位移电流的方向可作如下分析：如图 7－30 所示，充电时，D 值增加，$\dfrac{d\boldsymbol{D}}{dt}$与 $\boldsymbol{D}$ 同向，因而 I_d 与回路中传导电流方向一致；放电时，D 值减少，$\dfrac{d\boldsymbol{D}}{dt}$与 $\boldsymbol{D}$ 反向，I_d 仍与回路中传导电流方向一致. 因此，回路中位移电流的方向始终与传导电流方向一致.

7.6.2 全电流定律

麦克斯韦引入**全电流**(total current)的概念，**通过某截面的全电流是通过该截面的传导电流、运流电流和位移电流的代数和.** 这一概念修正了电流连续性的定义，如上所述，当电容器充、放电时，回路中只有传导电流存在，电容器两极板间又只有位移电流存在，

无论是传导电流还是位移电流，都是不连续的. 但由于在电容器两极板间中断的传导电流，又由位移电流接续下去. 因此，在任何情况下，**全电流总是连续的.**

全电流概念的引入，不仅修正了电流连续性的概念，而且扩充了安培环路定理的应用范围.

我们已经知道，在非稳恒电流的情况下，安培环路定理$\oint_L \boldsymbol{H}\cdot \mathrm{d}\boldsymbol{l}=\sum I$不再适用. 麦克斯韦指出，只要用全电流来代替传导电流$\sum I$，则安培环路定理就可推广至非稳恒的情况，其普遍表达式为

$$\oint_L \boldsymbol{H}\cdot \mathrm{d}\boldsymbol{l}=\sum I+I_{\mathrm{d}} \qquad (7-37)$$

式中$\sum I$表示回路L所环绕的所有传导电流和运流电流的代数和. 将其写成更一般的形式

$$\oint_L \boldsymbol{H}\cdot \mathrm{d}\boldsymbol{l}=\int_S \boldsymbol{j}\cdot \mathrm{d}\boldsymbol{S}+\int_S \frac{\partial \boldsymbol{D}}{\partial t}\cdot \mathrm{d}\boldsymbol{S} \qquad (7-38)$$

利用矢量分析中的斯托克斯定理，有

$$\int_S \nabla\times\boldsymbol{H}\cdot \mathrm{d}\boldsymbol{S}=\int_S\left(\boldsymbol{j}+\frac{\partial \boldsymbol{D}}{\partial t}\right)\cdot \mathrm{d}\boldsymbol{S}$$

因为面积S是任意的，所以上式中的被积函数应相等，即

$$\nabla\times\boldsymbol{H}=\boldsymbol{j}+\frac{\partial \boldsymbol{D}}{\partial t}\quad 或\quad \mathrm{rot}\boldsymbol{H}=\boldsymbol{j}+\frac{\partial \boldsymbol{D}}{\partial t} \qquad (7-39)$$

(7－38)式和(7－39)式分别是**普遍的安培环路定理的积分和微分形式**. 该定理表明，**位移电流和传导电流一样，都能激发磁场.**

应该强调指出，位移电流与传导电流是两个截然不同的概念. 传导电流是自由电荷的定向运动，位移电流本质上不是一种电流，而是一种变化的电场，两者仅在激发磁场方面等效. 例如，传导电流通过导体会产生焦耳热，而位移电流则不需导体传送，也不会产生热效应.

麦克斯韦提出了两个大胆假设：**变化的磁场在空间产生涡旋电场；变化的电场在空间产生涡旋磁场.** 它们深刻揭示了电场和磁场的内在联系以及物理规律的对称性. 在没有自由电荷存在，即$\sum I=0$的空间，如果发生电场的扰动，(7－38)式可表述为

$$\oint_L \boldsymbol{H}_{\mathrm{d}}\cdot \mathrm{d}\boldsymbol{l}=\int_S \frac{\partial \boldsymbol{D}}{\partial t}\cdot \mathrm{d}\boldsymbol{S}$$

这时仅由位移电流I_{d}激发涡旋磁场$\boldsymbol{H}_{\mathrm{d}}$，即变化的电场产生磁场. 将它与感生电场的环路定理

$$\oint_L \boldsymbol{E}_{\mathrm{k}}\cdot \mathrm{d}\boldsymbol{l}=-\int_S \frac{\partial \boldsymbol{B}}{\partial t}\cdot \mathrm{d}\boldsymbol{S}$$

比较，两方程是完美对称的. 其对称图像如图 7－31 所示，变化电场与它产生的磁场之间呈右螺旋关系，而变化磁场与它产生的电场之间呈左螺旋关系，这种左、右对称的图像关系，反映了自然现象优美的对称性，并为电磁波理论的形成奠定了基础.

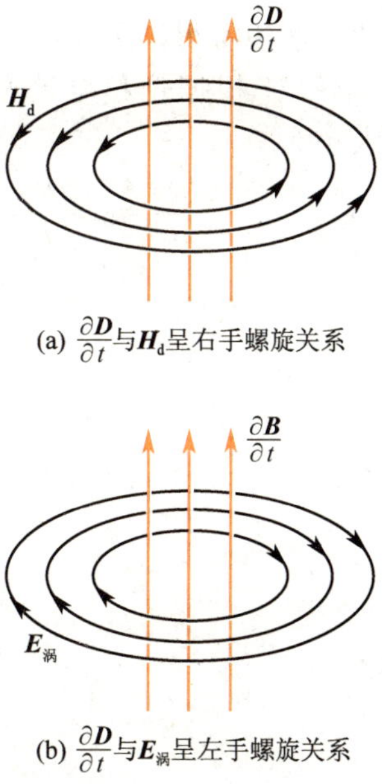

(a) $\frac{\partial \boldsymbol{D}}{\partial t}$与$\boldsymbol{H}_{\mathrm{d}}$呈右手螺旋关系

(b) $\frac{\partial \boldsymbol{D}}{\partial t}$与$\boldsymbol{E}_{涡}$呈左手螺旋关系

图 7－31　两种变化的场相互感生

例 7-14

如图 7-32 所示，半径为 R，相距 $l(l \ll R)$ 的圆形空气平板电容器，两端加上交变电压 $U=U_0\sin\omega t$，求电容器极板间的：(1)位移电流；(2)位移电流密度 $\boldsymbol{j}_d$ 的大小；(3)位移电流激发的磁场分布 $B(r)$（r 为离轴线的距离）.

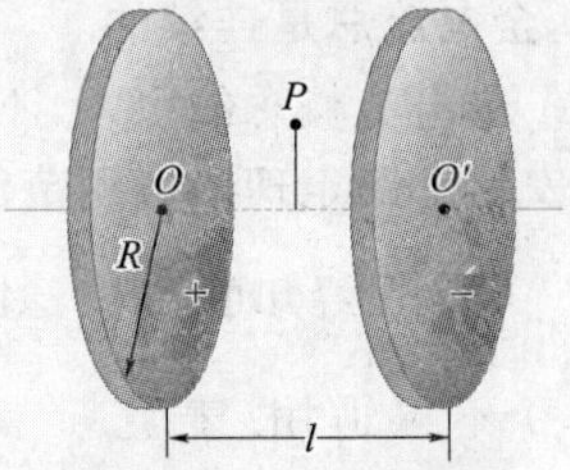

图 7-32 例 7-14 图

解 (1) 由于 $l \ll R$，故平板间可看作匀强电场，其电场强度为 $E=\dfrac{U}{l}$，根据位移电流的定义，可得

$$I_d=\frac{d\Phi_e}{dt}=\frac{d(DS)}{dt}=\varepsilon_0\frac{dE}{dt}\pi R^2$$

$$=\frac{\varepsilon_0\pi R^2}{l}\frac{dU}{dt}=\frac{\varepsilon_0\pi R^2}{l}U_0\omega\cos\omega t$$

还可用另一种方法求位移电流. 根据全电流的连续性，位移电流等于电容器极板上的电量对时间的变化率，即

$$I_d=\frac{dQ}{dt}=\frac{d}{dt}(CU)=C\frac{dU}{dt}$$

平板电容器的电容 $C=\dfrac{\varepsilon_0\pi R^2}{l}$，代入上式得

$$I_d=\frac{\varepsilon_0\pi R^2}{l}U_0\omega\cos\omega t$$

两种解法所得结果相同.

(2) 根据位移电流密度的定义，可得其大小为

$$j_d=\frac{\partial D}{\partial t}=\varepsilon_0\frac{\partial E}{\partial t}=\frac{\varepsilon_0 U_0}{l}\omega\cos\omega t$$

(3) 磁场分布应具有轴对称性，应用全电流安培定律可得

$$\oint_{L_1}\boldsymbol{H}_1\cdot d\boldsymbol{l}=\int_S\boldsymbol{j}_d\cdot d\boldsymbol{S}=j_d\pi r^2 \quad (r<R)$$

$$H_1 2\pi r=\frac{\varepsilon_0 U_0}{l}\pi r^2\omega\cos\omega t$$

$$H_1=\left(\frac{\varepsilon_0 U_0}{2l}\omega\cos\omega t\right)r$$

$$B_1=\mu_0 H_1=\left(\frac{\varepsilon_0\mu_0}{2l}U_0\omega\cos\omega t\right)r$$

$$\oint_{L_2}\boldsymbol{H}_2\cdot d\boldsymbol{l}=I_d=j_d\pi R^2 \quad (r\geqslant R)$$

$$H_2=\frac{I_d}{2\pi r}=\left(\frac{\varepsilon_0 R^2}{2l}U_0\omega\cos\omega t\right)\frac{1}{r}$$

$$B_2=\mu_0 H_2=\left(\frac{\varepsilon_0\mu_0 R^2}{2l}U_0\omega\cos\omega t\right)\frac{1}{r}$$

§7.7 麦克斯韦方程组

在前面关于电磁学的各章中，我们已经系统地研究了静电场和稳恒磁场的基本性质和规律，现将其归纳如下：

静电场的高斯定理

$$\oint_S\boldsymbol{D}\cdot d\boldsymbol{S}=\int_V\rho dV=\sum q_i \tag{7-40a}$$

它表明静电场是有源场，电荷是电场的源.

静电场的环路定理

$$\oint_L \boldsymbol{E} \cdot \mathrm{d}\boldsymbol{l} = 0 \tag{7-40b}$$

表明静电场是保守(无旋、有势)场.

稳恒磁场的高斯定理

$$\oint_S \boldsymbol{B} \cdot \mathrm{d}\boldsymbol{S} = 0 \tag{7-40c}$$

表明稳恒磁场是无源场.

稳恒磁场的环路定理

$$\oint_L \boldsymbol{H} \cdot \mathrm{d}\boldsymbol{l} = \int_S \boldsymbol{j} \cdot \mathrm{d}\boldsymbol{S} = \sum I_i \tag{7-40d}$$

表明稳恒磁场是非保守(有旋、无势)场.

相应的微分形式为

$$\begin{cases} \nabla \cdot \boldsymbol{D} = \rho \\ \nabla \times \boldsymbol{E} = 0 \\ \nabla \cdot \boldsymbol{B} = 0 \\ \nabla \times \boldsymbol{H} = \boldsymbol{j} \end{cases} \tag{7-41}$$

上述方程组只是独立地表明了静电场和稳恒磁场的性质:**静电场,有源无旋;稳恒磁场,有旋无源**. 对于变化电场和变化磁场并不适用.

麦克斯韦引入感生电场和位移电流两个重要概念后,将静电场的环路定理修改为

$$\oint_L \boldsymbol{E} \cdot \mathrm{d}\boldsymbol{l} = -\int_S \frac{\partial \boldsymbol{B}}{\partial t} \cdot \mathrm{d}\boldsymbol{S}$$

将稳恒磁场的环路定理修改为

$$\oint_L \boldsymbol{H} \cdot \mathrm{d}\boldsymbol{l} = \int_S \left(\boldsymbol{j} + \frac{\partial \boldsymbol{D}}{\partial t}\right) \cdot \mathrm{d}\boldsymbol{S}$$

方程组(7-40)和(7-41)最终修改为下述形式,称为**麦克斯韦方程组**(Maxwell equations)**的积分和微分形式**.

$$\begin{cases} \oint_S \boldsymbol{D} \cdot \mathrm{d}\boldsymbol{S} = \int_V \rho \mathrm{d}V \\ \oint_L \boldsymbol{E} \cdot \mathrm{d}\boldsymbol{l} = -\int_S \frac{\partial \boldsymbol{B}}{\partial t} \cdot \mathrm{d}\boldsymbol{S} \\ \oint_S \boldsymbol{B} \cdot \mathrm{d}\boldsymbol{S} = 0 \\ \oint_L \boldsymbol{H} \cdot \mathrm{d}\boldsymbol{l} = \int_S \left(\boldsymbol{j} + \frac{\partial \boldsymbol{D}}{\partial t}\right) \cdot \mathrm{d}\boldsymbol{S} \end{cases} \tag{7-42}$$

相应的微分形式为

$$
\begin{cases}
\nabla \cdot \boldsymbol{D}=\rho \\
\nabla \times \boldsymbol{E}=-\dfrac{\partial \boldsymbol{B}}{\partial t} \\
\nabla \cdot \boldsymbol{B}=0 \\
\nabla \times \boldsymbol{H}=\boldsymbol{j}+\dfrac{\partial \boldsymbol{D}}{\partial t}
\end{cases} \tag{7-43}
$$

麦克斯韦方程组与方程组(7－40)和(7－41)相比，不管其形式是否被修改，其电场和磁场都有了新的涵义. 在(7－40)和(7－41)式中，电场和磁场分别由静止电荷和稳恒电流激发；但在麦克斯韦方程组(7－42)和(7－43)中，电场由静止电荷和变化的磁场共同激发，磁场则由稳恒电流和变化的电场共同激发.

在有介质存在时，上述麦克斯韦方程组还需补充描述介质性质的方程. 对于各向同性的介质，它们是

$$
\begin{cases}
\boldsymbol{D}=\varepsilon \boldsymbol{E} \\
\boldsymbol{B}=\mu \boldsymbol{H}
\end{cases} \tag{7-44}
$$

麦克斯韦方程组适用于任何形式的电磁场，是电磁场基本规律的高度概括和总结. 麦克斯韦不仅建立了完整的电磁场理论，更重要的是，他从这一理论出发，预言了电磁波的存在，为人类进入电信时代奠定了理论基础.

本章提要

1. 电磁感应

电磁感应定律 $\varepsilon_i=-\dfrac{d\Phi_m}{dt}$

楞次定律：感应电流的方向总是反抗引起感应电流的原因.

2. 动生电动势

$$\varepsilon_i=\int \boldsymbol{v}\times\boldsymbol{B}\cdot d\boldsymbol{l}$$

3. 感生电动势

$$\varepsilon_i=\oint_L \boldsymbol{E}_k\cdot d\boldsymbol{l}=-\int_S \frac{\partial \boldsymbol{B}}{\partial t}\cdot d\boldsymbol{S}$$

4. 自感

自感系数 $L=\dfrac{\Psi}{I}$

自感电动势 $\varepsilon_L=-L\dfrac{dI}{dt}$

5. 互感

互感系数

$$M_{21}=\frac{\Psi_{21}}{I_1},\quad M_{12}=\frac{\Psi_{12}}{I_2},\quad M_{21}=M_{12}=M$$

互感电动势

$$\varepsilon_{21}=-M\frac{dI_1}{dt},\quad \varepsilon_{12}=-M\frac{dI_2}{dt}$$

6. 磁场能量

自感磁能 $W_{自}=\dfrac{1}{2}LI^2$

互感磁能 $W_{互}=MI_1I_2$

磁能密度 $w_m=\dfrac{1}{2}\dfrac{B^2}{\mu}=\dfrac{1}{2}\mu H^2=\dfrac{1}{2}BH$

磁场能量 $W_m=\int_V \dfrac{1}{2}\dfrac{B^2}{\mu}dV$

7. 位移电流：表征变化电场在其周围空间激发磁场而引入的等效电流.

位移电流密度

$$\boldsymbol{j}_d=\frac{d\boldsymbol{D}}{dt}$$

位移电流

$$I_d = \frac{d\Phi_e}{dt} = \int_S \frac{\partial \boldsymbol{D}}{\partial t} \cdot d\boldsymbol{S}$$

8. 麦克斯韦方程组(电磁场基本方程，据此预言了电磁波的存在)

积分形式

$$\oint_S \boldsymbol{D} \cdot d\boldsymbol{S} = \int_V \rho dV$$

$$\oint_L \boldsymbol{E} \cdot d\boldsymbol{l} = -\int_S \frac{\partial \boldsymbol{B}}{\partial t} \cdot d\boldsymbol{S}$$

$$\oint_S \boldsymbol{B} \cdot d\boldsymbol{S} = 0$$

$$\oint_L \boldsymbol{H} \cdot d\boldsymbol{l} = \int_S \left(\boldsymbol{j} + \frac{\partial \boldsymbol{D}}{\partial t}\right) \cdot d\boldsymbol{S}$$

* 微分形式

$$\nabla \cdot \boldsymbol{D} = \rho$$

$$\nabla \times \boldsymbol{E} = -\frac{\partial \boldsymbol{B}}{\partial t}$$

$$\nabla \cdot \boldsymbol{B} = 0$$

$$\nabla \times \boldsymbol{H} = \boldsymbol{j} + \frac{\partial \boldsymbol{D}}{\partial t}$$

介质性质方程

$$\boldsymbol{D} = \varepsilon \boldsymbol{E}$$

$$\boldsymbol{B} = \mu \boldsymbol{H}$$

阅读材料(七)　统一场论

物质聚集起来，从微观粒子到巨大的星体，从细菌到人，这些都是怎样发生的？在原理上，我们可以用“**相互作用**(interaction)”这个概念来回答. 物理学的重大成就之一就是，我们已经认识到物质世界千变万化的现象，归根到底只通过四种基本相互作用起作用，如表Y7.1所示：

表 Y7.1　四种基本的相互作用

类　型	媒介粒子	强　度	作用距离
强相互作用	胶子和介子	1	短($\sim10^{-15}$ m)
电磁相互作用	光子	10^{-2}	长
弱相互作用	中间玻色子	10^{-13}	短($\sim10^{-18}$ m)
引力相互作用	引力子	10^{-38}	长

在自然界中，所谓**强相互作用**(strong interaction)是一种短程相互作用，它使原子核牢固地保持为一个整体，尽管所有带正电的质子之间存在着很大的静电排斥相互作用，但原子核并未解体，就是因为在原子核内部，存在着比电磁相互作用强 100 倍的强相互作用；**电磁相互作用**(electromagnetic interaction)是发生在荷电粒子间的长程相互作用，它使原子核和电子能聚集在一起而形成原子；**弱相互作用**(weak interaction)引起粒子之间的某些过程，如中子和原子的放射性衰变，以及许多其他粒子的衰变；**引力相互作用**(gravitational interaction)虽然是已知的相互作用中最弱的一种，然而它在宇宙的构造和演化过程中却起了主要的作

用.在宏观物体之间所能观测到的,只是长程的电磁相互作用和引力相互作用.

在物理学的发展过程中,最初人们认为微粒是物质存在的基本形式,微粒在空间占有一定的有限体积.为了描述微粒之间的相互作用,人们引进了场的概念,如电磁场和引力场等.场是充满全空间的,没有不可入性.随着科学技术的进一步发展,人们逐渐发现,场与微粒一样具有能量和动量,也具有不连续的微观结构.因此,人们就把微粒和场看成是物质存在的两种基本形式.量子场论则明确指出,物质存在的两种基本形式中,场是更基本的.

量子场论所给出的新的基本物理图像是:每种粒子对应一种场,对应于各种不同粒子的场互相重叠地充满全空间;所有的场都处于基态时为物理真空;场的激发状态表现为出现相应的粒子,互为复共轭的两种激发状态表现为**粒子和反粒子**(antiparticle)互换的两种物理状态,粒子之间的相互作用来自场之间的相互作用.

按照量子场论,基本相互作用是通过在相互作用着的粒子之间交换某种粒子来传递的,这些粒子统称为**规范玻色子**(gauge boson).例如,光子是传递电磁相互作用的媒介粒子,1983年发现的W^+,W^-和Z^0中间玻色子(intermediate boson)是传递弱相互作用的媒介粒子,强相互作用是由介子(meson)来传递的.此外,理论还预言了传递引力相互作用的媒介粒子是引力子.但是,迄今为止在实验中还没有发现引力子.

物理学家总是试图得出能统一理解一切物理现象的基本规律,但绝大部分努力都没有成功.如法拉第曾试图建立电磁力和引力之间的关系;爱因斯坦绞尽脑汁几十年之久,试图建立一个所谓的"统一场论",把电磁作用和引力作用统一起来,但都没能成功;1967年,温伯格(S. Weinberg)和萨拉姆(S. Salam)在格拉肖(S. L. Glashow)理论的基础上,先后提出了电磁相互作用和弱相互作用统一的规范理论,并为随后的一系列实验所证实.因此,电磁相互作用和弱相互作用是同一种基本的相互作用——**电弱相互作用**(electroweak interaction)的两种表现形式.

电弱统一理论的成功促使人们对大统一理论进行进一步探索和研究,试图把强相互作用和电弱相互作用统一起来.目前,虽然在粒子物理中引力所起的作用还不太清楚,然而,基本相互作用之间数学上的相似性,预示着存在一种更基本的统一的可能性:可能所有的相互作用只是同一种基本相互作用的不同表现形式,或许整个自然界可归结为某种深刻的对称性.许多物理学家都试图找出这样的"统一场论",从而打破"物质"与"相互作用"之间的传统界限.

正负电子对的产生和湮灭

1928 年，狄拉克(P. A. M. Dirac)由相对论量子力学理论预言有正电子(positron)的存在. 在求解自由电子的狄拉克方程时，给出两部分电子能量本征值，一部分从 m_0c^2 到 $+\infty$，另一部分从 $-m_0c^2$ 到 $-\infty$，也就是说电子除了有正能量外还有负能量. 因此，电子的能量分布在两个间隔为 $2m_0c^2$ 的连续区域内，如图 Y7 - 1 所示. 如果电子从负能量区向正能量区过渡时，至少需要 $2m_0c^2$ 的能量.

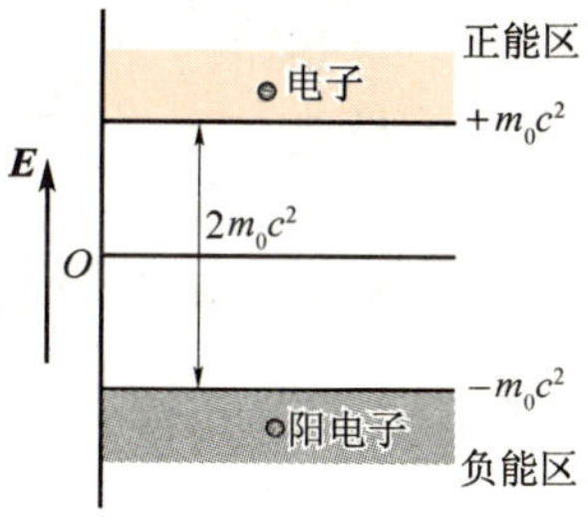

图 Y7 - 1　负能电子的跃迁

处于负能区的电子将表现出奇怪的特性，因为它的能量是负的，它应具有负质量，所以，它将具有与力的方向相反的加速度等异于通常粒子的性质. 然而这种电子，人们却从来没有观察到. 为克服这一困难，狄拉克提出了下列假设：在正常状态下，所有负能区的能量状态都被电子所填满，而正能量的状态则仅局部被占据. 因为所有负能量的状态都被填满，因此有无限多的负能量电子均匀分布在负能量区域，形成所谓“本底”. 平时不易察见它们，但当某个负能量电子吸收了能量 $E(E\geqslant 2m_0c^2)$ 从负能量区跃迁到正能量区后，在均匀的本底中就留下了所谓“空穴”(hole). 这样，我们就可一方面发现具有正能量的通常电子，另一方面又可察见那个“空穴”，但这个“空穴”和具有负能量的电子本身不同，而与带有正电的通常粒子的性质相类似. 狄拉克起初认为这种“空穴”就是质子，但后来知道它们的性能应该和具有电子质量的粒子相同，正电子的发现证实了这种带正电的和电子质量相同的电子的存在.

1931 年，安德孙(C. D. Anderson)用威尔孙云室(Wilson cloud chamber)研究宇宙线时，发现当 γ 光子能量大于电子静止能量 2 倍($h\nu\geqslant 2m_0c^2\approx 1.02$ MeV)时，它与实物的相互作用将产生一种新的现象，即当 γ 光子经过原子核附近时，被吸收而转变成正负电子对. 图 Y7 - 2 是 γ 光子产生电子对的云室照片，云室是放在磁场中的，由图可见两粒子在磁场中的径迹，其曲率与粗细完全相似，但弯曲方向相反. 进一步研究表明，形成这些径迹的粒子的质量和电荷数应该与电子相同，这充分说明两粒子中必有一个是带有正电荷的电子，称为“阳电子”(或“正电子”).

电子对的产生可用狄拉克理论来说明，如有一个 γ 光子，它的能量 $E_\gamma>1.02$MeV，就有可能被负能量区的一个电子所吸收. 该电子被激发而跃迁至正能量区域时，表现为一个正能量的电子 e^-，同时留下的“空穴”则表现为一个正能量的正电子(positron) e^+，其过程可用下式表示

$$\gamma \xrightarrow[\text{原子核旁}]{E_\gamma>1.02\ \text{MeV}} e^- + e^+$$

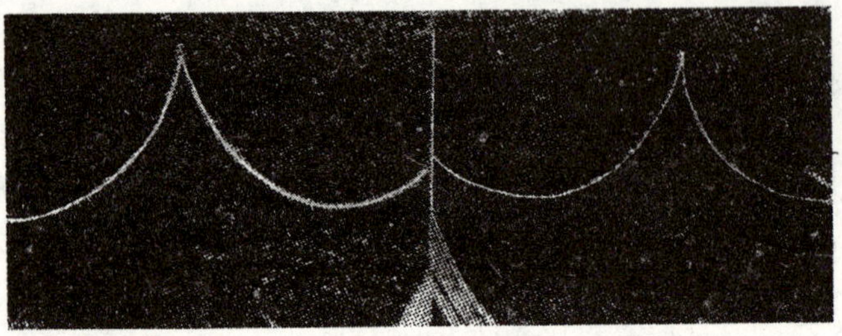

图 Y7－2　γ光子产生电子对的云室照片

与产生电子对相反的过程，即一个正电子和一个负电子相结合而转变为γ光子的过程也曾被观察到. 因为这种效应要同时遵守能量守恒与动量守恒，所以γ光子必然成对产生，而且在质心坐标系中两个γ光子的投射方向相反. 正负电子对转变为γ光子的过程，在一般文献中被称为“湮灭辐射”. 物理学界的一些唯心主义流派将正负电子对转变为γ光子的现象当作“物质消灭了”的证据. 实际上，这是物质由一种形式（实物）向另一种形式（场）的转变过程，物质并没有消灭，在转变过程中，根据质量能量守恒定律，实物的静止质量变成了场的运动质量，实物的“潜在的”能量变成了场的“活跃的”能量，质量与能量仍然守恒.

正电子(Positron)e^+ 是人类第一次在实验上发现的“反粒子”. e^+ 和 e^- 是一对正、反粒子，而正、反粒子的成对存在是自然界的普遍现象，凡有一种正粒子，必然有其对应的反粒子存在，即使不带电的中性粒子也不例外. 从 1955 年起陆续发现了反质子、反中子、反中微子、反介子和反超子等. 正粒子与反粒子有相同的质量、自旋、寿命，而电荷等值异号、磁矩方向相反. 从理论上讲，还应该有反原子核、反原子、反物质、反星体等.

思考题

7－1　假定一矩形框以匀加速度 $\boldsymbol{a}$，自磁场外进入均匀磁场后又穿出该磁场，如思考题 7－1 图所示，问哪个图最适合表示感应电流 I_i 随时间 t 的变化关系，I_i 的正负规定：逆时针为正，顺时针为负.

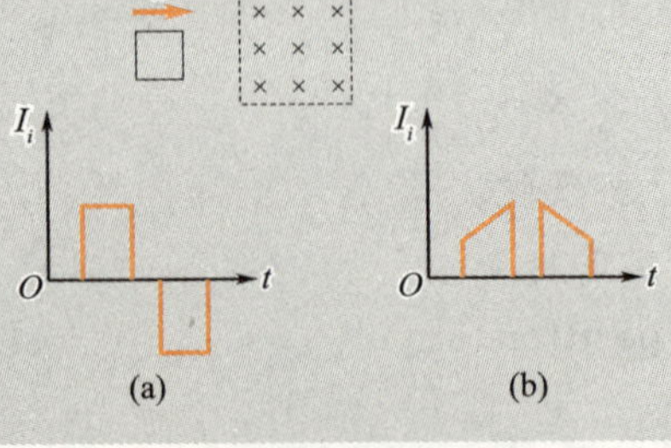

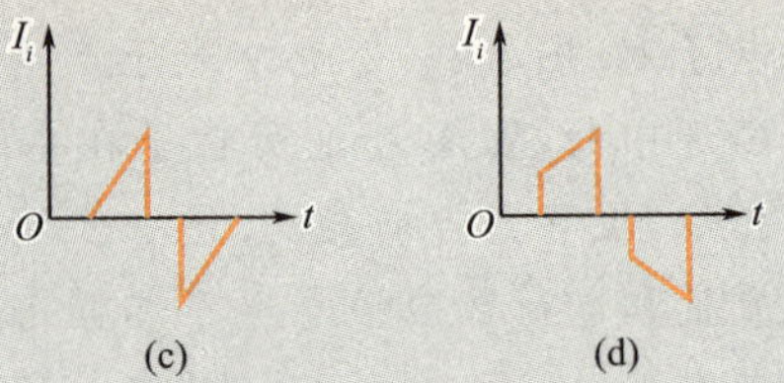

思考题 7－1 图

7－2　如思考题 7－2 图所示，在一长直导线中通有电流 I，$ABCD$ 为一矩形线圈，其中 AB 边平行于直导线，试确定在下列情况下，$ABCD$ 上的感应电动势的方向：(1)矩形线圈在纸面内向右平移；(2)矩形线圈绕 AB 轴旋转；(3)矩形线圈以直导线为轴转动.

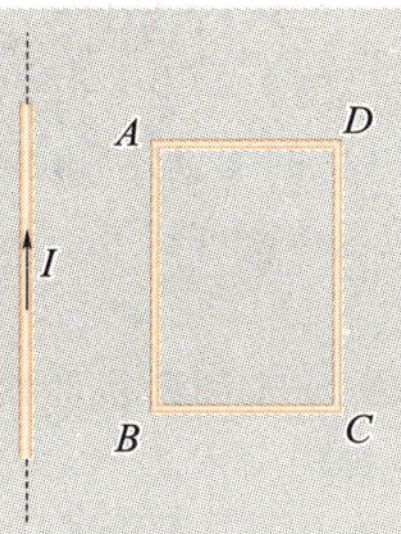

思考题 7－2 图

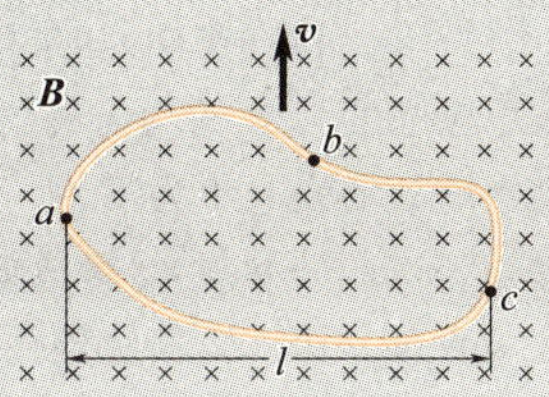

思考题 7－3 图

7－3　线圈 $abca$ 在匀强磁场中以速度$\boldsymbol{v}$运动，磁感应强度 $\boldsymbol{B}$ 与$\boldsymbol{v}$ 垂直，如思考题 7－3 图所示. 问：(1)线圈中的感应电动势多大？(2)a,b 两点的非静电场强多大、方向如何？(3)在 a,b 两点处沿导线取一相同的长度元 dl，它们产生的元电动势 $d\varepsilon_a$，$d\varepsilon_b$ 各为多少？(4)a,c 两点间的电势差多大？

7－4　让一块磁铁在一根很长的竖直铜管内落下，不计空气阻力，试说明磁铁最后将达到一恒定收尾速度.

7－5　有一铜环和木环，二环尺寸全同，今用相同磁铁从同样的高度、相同的速度沿环中心轴线插入. 问：(1)在同一时刻，通过这两环的磁通量是否相同？(2)两环中感生电动势是否相同？(3)两环中涡旋电场 $\boldsymbol{E}_{涡}$ 的分布是否相同？为什么？

7－6　将一磁铁插入一闭合线圈，一次迅速插入，一次缓慢地插入. 试问：(1)通过线圈某一截面的感应电量是否相同？(2)手推磁铁之力(反抗电磁力)所做的功是否相同？

7－7　铜片放在磁场中，如思考题 7－7 图所示，若将铜片从磁场中拉出或推进，则受到一阻力，试说明之.

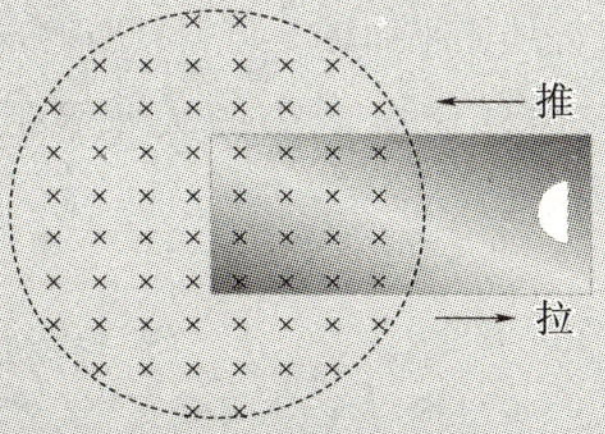

思考题 7－7 图

7－8　一局限在半径为 R 的圆柱形空间的均匀磁场 $\boldsymbol{B}$ 的方向垂直于纸面向里，如思考题 7－8 图所示. 令$\dfrac{dB}{dt}>0$，金属杆 Oa，ab 和 ac 分别沿半径、弦和切线方向放置，设三者长度相同，电阻相等. 今用一电流计，一端固接于 a 点，另一端依次与 O,b,c 相接，设电流计 G 分别测得电流 I_1,I_2,I_3，判断下述答案哪个正确，并说明理由.

(1)$I_1=0,I_2\neq0,I_3=0$；　(2)$I_1>I_2>I_3\neq0$；

(3)$I_1<I_2<I_3\neq0$；　(4)$I_1>I_2,I_3=0$.

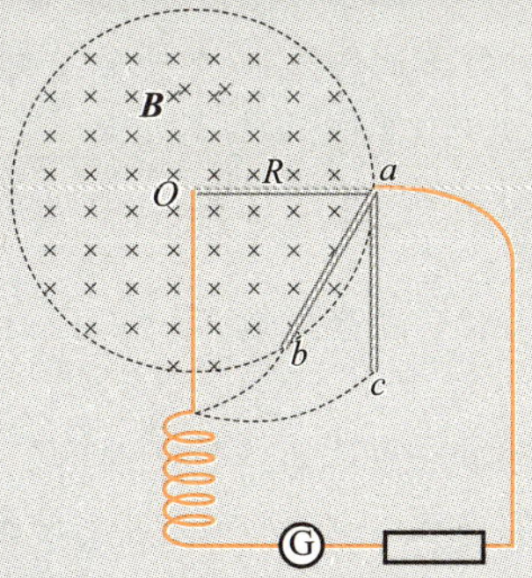

思考题 7－8 图

7－9　(1)两个相似的扁平圆线圈，怎样放置，它们的互感系数最小？设二者中心距离不变；(2)交流收音机中一般有一个电源变压器和一个输出变压器，为了减小它们之间的相互干扰，这两个变压器的位置应如何放置？为什么？

7－10　一根长为 l 的导线，通以电流 I，问在下述的哪一种情况中，磁场能量较大？

(1)把导线拉成直线后通以电流；(2)把导线卷成螺线管后通以电流.

7－11　磁能的两种表述式 $W_m=\dfrac{1}{2}LI^2$ 和$W_m=\dfrac{1}{2}\dfrac{B^2}{\mu}V$ 的物理意义有何不同？

7－12　什么是位移电流？什么是全电流？位移电流和传导电流有什么不同？

7－13　试证：(1)平行板电容器中的位移电流可写为 $I_d=C\dfrac{dU}{dt}$. 式中 C 为电容器的电容，U 是两极板间的电势差；(2)如果不是平行板电容器，上式还可以应用吗？

7－14　(1)真空中静电场和真空中一般电磁场的高斯定理形式皆为$\oint_S \boldsymbol{D}\cdot d\boldsymbol{S}=\sum q$，但在理解上有何不同？(2)真空中稳恒电流的磁场和真空中一般电磁场的磁高斯定理皆为$\oint_S \boldsymbol{B}\cdot d\boldsymbol{S}=0$，但在理解上有何不同？

习　题

7－1　将形状完全相同的铜环和木环静止放置在交变磁场中，并假设通过两环面的磁通量随时间的变化率相等，不计自感，则(　　).

(A) 铜环中有感应电动势，木环中无感应电动势

(B) 铜环中有感应电流，木环中无感应电流

(C) 铜环中有感应电流，木环中有感应电流

(D) 铜环中感生电场强度大，木环中感生电场强度小

7－2　关于位移电流，下列说法中正确的是(　　).

(A) 位移电流的本质是变化的电场

(B) 位移电流由电荷的定向运动形成

(C) 位移电流服从传导电流遵循的所有定律

(D) 位移电流的磁效应不服从安培环路定理

7－3　将一根导线弯成半径为 R 的 $\frac{3}{4}$ 圆弧 $abcd$，置于均匀磁场 $\boldsymbol{B}$ 中，$\boldsymbol{B}$ 的方向垂直于导线平面，如习题 7－3 图所示. 当导线沿角 aod 的角平分线方向以速度$\boldsymbol{v}$ 向右运动时，导线中感应电动势 ε_i 的大小为(　　).

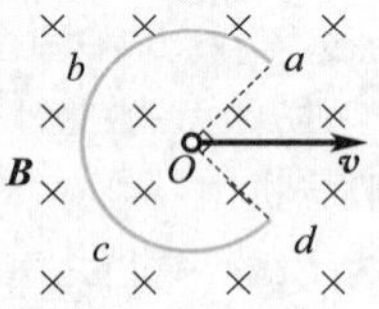

习题 7－3 图

(A) O　　　　(B) vBR

(C) $\sqrt{2}vBR$　　　　(D) $\frac{\sqrt{2}}{2}vBR$

7－4　真空中一长直螺线管通有电流 I_1 时，储存的磁能为 W_1，若螺线管中充以相对磁导率 $\mu_r=4$ 的磁介质，且电流增加为 $I_2=2I_1$，螺线管中储存的磁能为 W_2，则 $W_1:W_2$ 为(　　).

(A) 1∶8　　　　(B) 1∶4

(C) 1∶2　　　　(D) 1∶16

7－5　产生动生电动势的非静电力是________；产生感生电动势的非电力是________；激发感生电场的场源是________.

7－6　一半径为 $r=10$ cm 的圆形回路置于 $B=0.8$T 的均匀磁场中，回路平面与磁场垂直. 当回路半径以恒定速率 $\frac{dr}{dt}=80$ cm/s 开始收缩时，回路中感应电动势的大小为________ V.

7－7　一电子在感应加速器中沿半径 1 m 的轨道作圆周运动，如电子每转一周增加动能 700 eV，轨道内磁感应强度的变化率为________ $\mathrm{T\cdot s^{-1}}$.

7－8　在真空中，如果均匀电场的能量体密度与磁感应强度为 B 的均匀磁场的能量体密度相等，那么此电场的场强大小为 $E=$________

7－9　一导线 ac 弯成如习题 7－9 图所示形状，且 $ab=bc=10$ cm，若使导线在磁感应强度 $B=2.5\times10^{-2}$ T 的均匀磁场中，以速度 $v=1.5\ \mathrm{cm\cdot s^{-1}}$ 向右运动. 问 ac 间电势差多大？哪一端电势高？

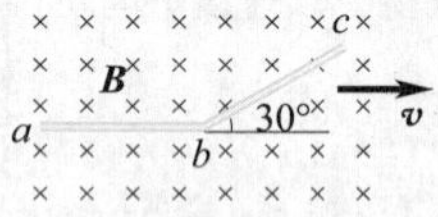

习题 7－9 图

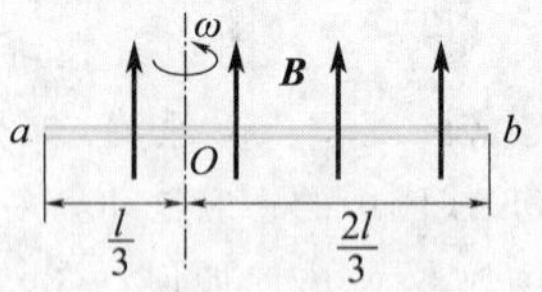

习题 7－10 图

7－10　导线 ab 长为 l，绕过 O 点的垂直轴以匀角速度 ω 转动，$aO=\frac{l}{3}$，磁感应强度 $\boldsymbol{B}$ 平行转轴，如习题 7－10 图所示. 求：(1) a，b 两端的电势差；(2) a，b 两端哪一点电势高？

7－11　磁换能器常用来检查微小的振动. 例如，在振动杆的一端接一个线圈(N 匝)，则线圈随杆在均匀磁场 $\boldsymbol{B}$ 中来回进出地振动，如习题 7－11 图所示. 试证杆端的速率 $\frac{dx}{dt}$ 与线圈中感应电动势 ε 有下列关系：

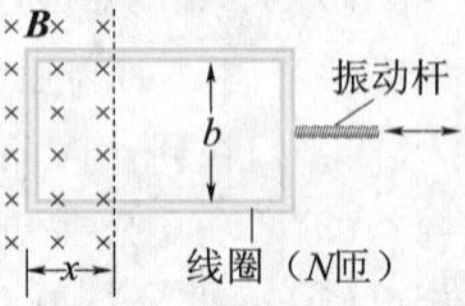

习题 7－11 图

$$\varepsilon=NBb\left(\frac{dx}{dt}\right)$$

7－12　半径为 R 的圆线圈，在磁感应强度为 $\boldsymbol{B}$ 的均匀磁场中以匀角速度 ω 绕轴 OO' 转动；轴垂直于 $\boldsymbol{B}$，忽略自感. 当线圈平面转至与 $\boldsymbol{B}$ 平行时，如习题 7－12 图所示，求 $\overset{\frown}{ab}$ 间感应电动势的大小及其方向. 已知 $\overset{\frown}{ab}=\frac{1}{8}2\pi R$.

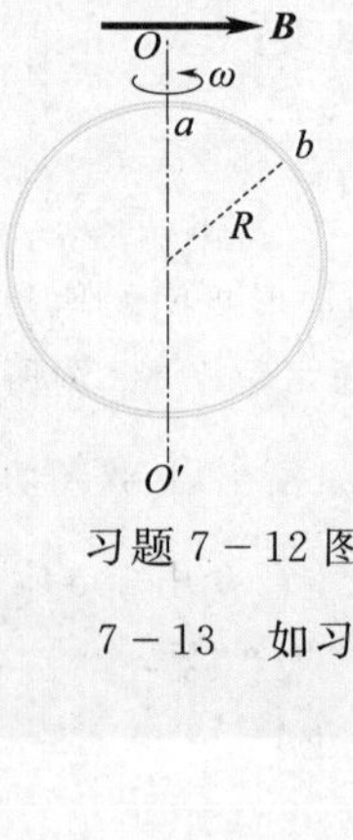

习题 7－12 图

习题 7－13 图

7－13　如习题 7－13 图所示，用一根硬导线弯

成半径为 r 的一个半圆，令这个半圆形导线在磁感应强度为 $\boldsymbol{B}$ 的匀强磁场中以频率 ν 旋转，整个电路的电阻为 R，求感应电流的最大值.

7－14　平均半径为 12 cm 的 4 000 匝线圈，在强度为 0.5×10^{-4} T 的地球磁场中每秒钟旋转 30 周，线圈中最大感应电动势是多少？

7－15　如习题 7－15 图所示，长直导线通以电流 $I=5$ A，在其右方放一长方形线圈，两者共面，线圈长 $l_1=0.20$ m，宽 $l_2=0.10$ m，共 1000 匝，令线圈以速度 $v=3.0\ \mathrm{m\cdot s^{-1}}$ 垂直于直导线运动，求 $a=0.10$ m 时，线圈中的感应电动势的大小和方向.

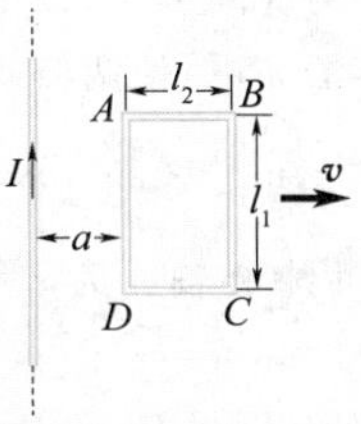

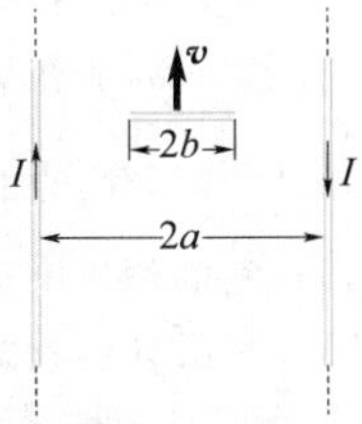

习题 7－15 图　　习题 7－16 图

7－16　长度为 $2b$ 的金属杆位于两无限长导线平面的正中间，并以速度 $\boldsymbol{v}$ 平行于两直导线运动，两直导线中通以大小相同、方向相反的电流 I，相距为 $2a$，如习题 7－16 图所示. 求金属杆两端的电势差及其方向.

7－17　如习题 7－17 图所示，两平行载流无限长直导线平面内有一矩形线圈，两导线中电流大小相等、方向相反，且以 $\dfrac{\mathrm{d}I}{\mathrm{d}t}$ 的变化率增长. 求：(1) 任一时刻通过线圈的磁通量；(2) 线圈中的感生电动势.

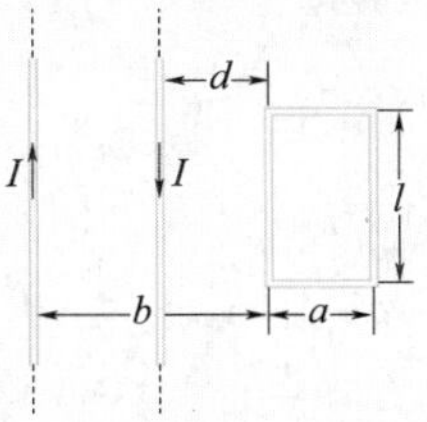

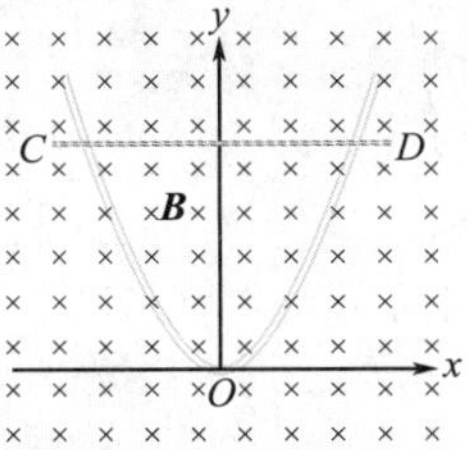

习题 7－17 图　　习题 7－18 图

7－18　如习题 7－18 图所示，一根导线弯成抛物线形状 $y=kx^2$，k 为常数，放在均匀磁场中，$\boldsymbol{B}$ 与 xy 平面垂直，细杆 CD 平行于 x 轴以加速度 $\boldsymbol{a}$ 从抛物线的底部向开口处平动，求回路中产生的感应电动势.

7－19　一对互相垂直的相等半圆形导线构成回路，半径 $R=5$ cm，如习题 7－19 图所示. 均匀磁场的磁感应强度 $B=80$ mT，$\boldsymbol{B}$ 的方向与两半圆的共同直径(在 Oz 轴上)垂直，且与两个半圆面构成相等的角. 当磁场在 5 ms 内均匀降为零时，求回路中感应电动势的大小及方向.

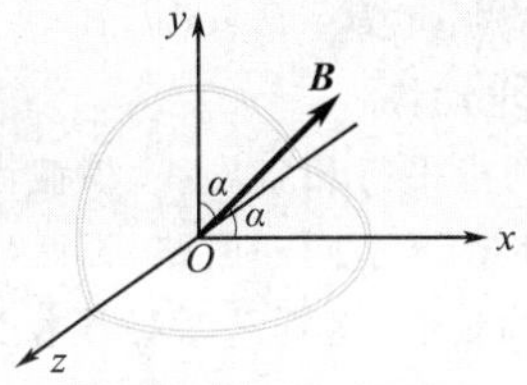

习题 7－19 图

7－20　在半径为 R 的圆筒内，均匀磁场的磁感应强度 $\boldsymbol{B}$ 的方向与轴线平行，$\dfrac{\mathrm{d}B}{\mathrm{d}t}=-1.0\times10^{-2}\ \mathrm{T\cdot s^{-1}}$，$a$ 点离轴线的距离为 $r=5.0$ cm，如习题 7－20 图所示. 求：(1) a 点涡旋电场的大小和方向；(2) 在 a 点放一电子可获得多大加速度？方向如何？

7－21　磁感应强度为 $\boldsymbol{B}$ 的均匀磁场，充满半径为 R 的圆柱形空间，一金属杆放在习题 7－21 图示位置，杆长为 $2R$，其中一半位于磁场内，另一半在磁场外，当 $\dfrac{\mathrm{d}B}{\mathrm{d}t}>0$ 时，求杆两端的感应电动势的大小及方向.

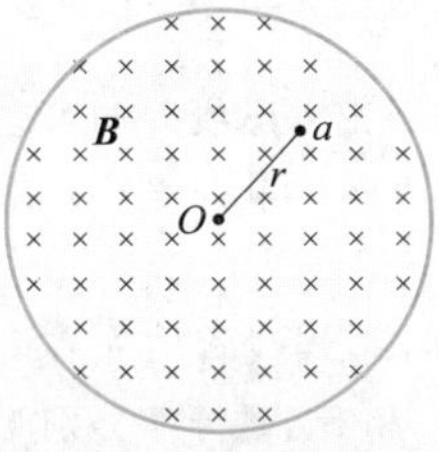

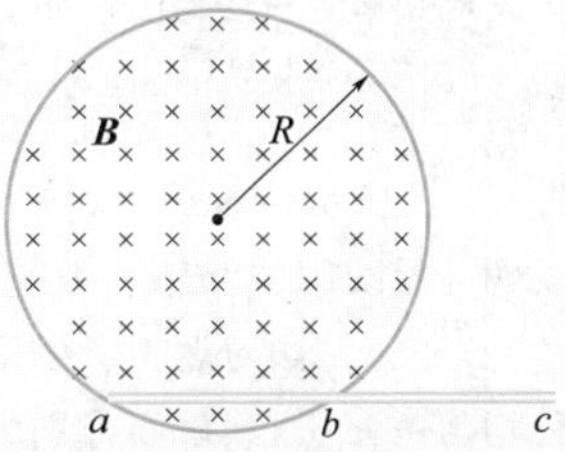

习题 7－20 图　　习题 7－21 图

7－22　半径为 R 的直螺线管中，磁场 $\dfrac{\mathrm{d}B}{\mathrm{d}t}>0$，一任意闭合导线 abc，一部分在螺线管内绷直成 ab 弦，a，b 两点从螺线管绝缘穿出，如习题 7－22 图所示，设 $ab=R$，求闭合导线中的感应电动势.

7－23　一矩形截面螺绕环，高为 h，共有 N 匝，如习题 7－23 图所示. 求：(1) 此螺绕环的自感系数；(2) 若导线内通有电流 I，环内磁能为多少？

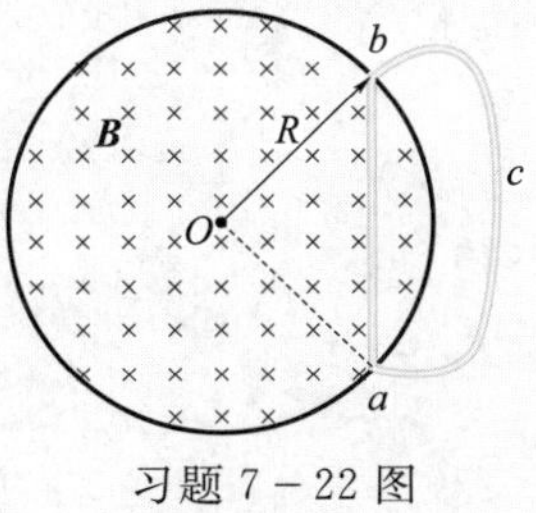

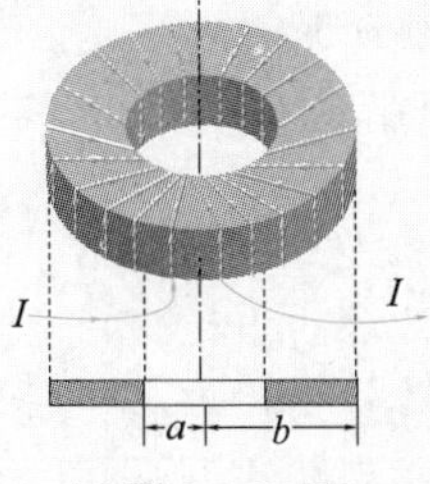

习题 7－22 图　　习题 7－23 图

7－24 一个由中心开始密绕的平面螺线形线圈，共有 N 匝，其外半径为 a，放在与平面垂直的均匀磁场中，磁感应强度 $B=B_0\sin\omega t$，B_0，ω 均为常数，求线圈中的感应电动势.

7－25 两根平行长直导线，横截面的半径都是 a，中心距离为 d，属于同一回路，设两导线内部的磁通量略去不计. 证明：这样一对导线长为 l 的一段自感系数为 $L=\frac{\mu_0 l}{\pi}\ln\frac{d-a}{a}$.

7－26 “磁控管”的构件是由很薄的金属片弯成一半径为 r，长为 a 的空心圆柱面和两块相距为 d，边长为 a 的正方形平行板构成，$r\ll a$，$d\ll a$，如习题 7－26 图所示. 求此构件的自感系数.

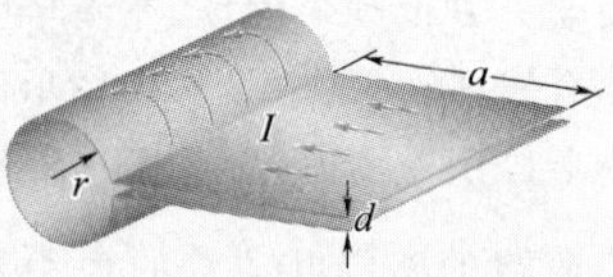

习题 7－26 图

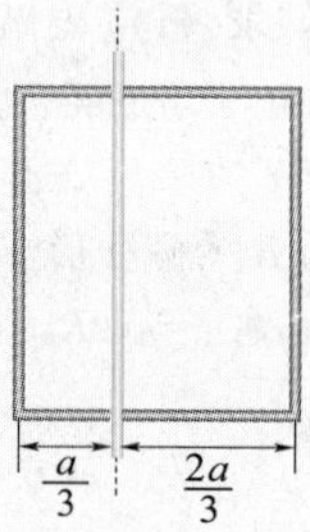

习题 7－27 图

7－27 一无限长直导线和一正方形线圈如习题 7－27 图所示位置放置(导线和线圈接触处绝缘)，求线圈与导线间的互感系数.

7－28 如习题 7－28 图所示，螺线管内充有两种均匀磁介质，其截面分别为 S_1 和 S_2，磁导率分别为 μ_1 和 μ_2，两种介质的分界面为与螺线管同轴的圆柱面. 螺线管长为 l，匝数为 N，管的直径远小于管长，设螺线管通有电流 I，求螺线管的自感系数和单位长度储存的磁能.

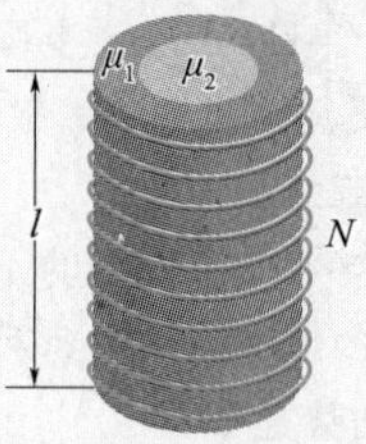

习题 7－28 图

7－29 一无限长直粗导线，截面各处的电流密度相等，总电流为 I. 求：(1)导线内部单位长度所储存的磁能；(2)导线内部单位长度的自感系数.

7－30 半径为 $R=0.10$ m 的两块圆板，构成平行板电容器，放在真空中，今对电容器充电，使两板间电场的变化率为 $\frac{dE}{dt}=1.0\times10^{13}\ \mathrm{V\cdot m^{-1}\cdot s^{-1}}$. 求：(1)板间的位移电流；(2)电容器内距中心轴线为 $r=9\times10^{-3}$ m 处的磁感应强度.

7－31 圆柱形电容器内、外半径分别为 R_1 和 R_2，中间充满介电常量为 ε 的介质，当内、外两极板间的电压随时间的变化率为 $\frac{dU}{dt}=k$ 时，求介质内距轴线为 r 处的位移电流密度.

7－32 如习题 7－32 图所示，电荷 $+q$ 以速度 $\boldsymbol{v}$ 向 O 点运动($+q$ 到 O 点的距离为 x)，以 O 为圆心作一半径为 a 的圆，圆面与 $\boldsymbol{v}$ 垂直，求通过此圆面的位移电流.

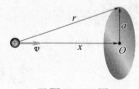

习题 7－32 图

附录 I

国际单位制（SI）

鉴于国际上使用的单位制种类繁多，换算十分复杂，对科学与技术交流带来许多困难，根据 1954 年国际度量衡会议的决定，自 1978 年 1 月 1 日起实行国际单位制，简称国际制，国际单位制代号为 SI. 我国国务院于 1977 年 5 月 27 日颁发《中华人民共和国计量管理条例（试行）》，其中第三条规定：“我国的基本计量制度是米制（即‘公制’），逐步采用国际单位制.”这样做不仅有利于加强同世界各国人民的经济文化交流，而且可以使我国的计量制度进一步统一.

国际单位制是在国际公制和米千克秒制基础上发展起来的. 在国际单位制中，规定了 7 个基本单位，即米（长度单位）、千克（质量单位）、秒（时间单位）、安培（电流单位）、开尔文（热力学温度单位）、摩尔（物质的量单位）、坎德拉（发光强度单位）. 还规定了两个辅助单位，即弧度（平面角单位）、球面度（立体角单位）. 其他单位均由这些基本单位和辅助单位导出. 现将国际单位制的基本单位及辅助单位的名称、符号及其定义列表如下：

表 1　国际单位制（SI）的基本单位

量的名称	单位名称	单位符号	定　　义
长度	米	m	“米是光在真空中 1/299 792 458 s 的时间间隔内所经路程的长度”. （第 17 届国际计量大会，1983 年）
质量	千克（公斤）	kg	“千克是质量单位，等于国际千克原器的质量”. （第 1 和第 3 届国际计量大会，1889 年，1901 年）
时间	秒	s	“秒是铯—133 原子基态的两个超精细能级之间跃迁所对应的辐射的 9 192 631 770 个周期的持续时间” （第 13 届国际计量大会，1967 年，决议 1）
电流	安培	A	“安培是一恒定电流，若保持在处于真空中相距 1m 的两无限长而圆截面可忽略的平行直导线内，则此两导线之间产生的力在每米长度上等于 2×10^{-7}N” （国际计量委员会，1946 年，决议 2；1948 年第 9 届国际计量大会批准）
热力学温度	开尔文	K	“热力学温度单位开尔文是水三相点热力学温度的 1/273.16” （第 13 届国际计量大会，1967 年，决议 4）

续表

量的名称	单位名称	单位符号	定　　义
物质的量	摩尔	mol	“(1)摩尔是一系统的物质的量,该系统中所包含的基本单元数与0.012kg碳-12的原子数目相等.(2)在使用摩尔时,基本单元应予指明,可以是原子、分子、离子、电子及其他粒子,或是这些粒子的特定组合” (国际计量委员会1969年提出,1971年第14届国际计量大会通过,决议3)
发光强度	坎德拉	cd	“坎德拉是一光源在给定方向上的发光强度,该光源发出频率 540×10^{12} Hz的单色辐射,且在此方向上的辐射强度为(1/683)W/sr.” (第16届国际计量大会,1979年决议3)

表2　国际单位制的辅助单位

量的名称	单位名称	单位符号	定　　义
平面角	弧度	rad	“弧度是一个圆内两条半径之间的平面角,这两条半径在圆周上截取的弧长与半径相等” (国际标准化组织建议书R31第1部分,1965年12月第2版)
立体角	球面度	sr	“球面度是一个立体角,其顶点位于球心,而它在球面上所截取的面积等于以球半径为边长的正方形面积”　(同上)

附录 II

常用基本物理常量表

（1986 年国际推荐值）

物理量	符号	数　值	不确定度 ($\times 10^{-6}$)
真空中光速	c	299 792 458m · s^{-1}	（精确）
真空磁导率	μ_0	$4\pi\times10^{-7}$N · A^{-2}	
		12.566 370 614$\times10^{-7}$N · A^{-2}	（精确）
真空介电常数	ε_0	8.854 187 817$\times10^{-12}$F · m^{-1}	（精确）
万有引力常量	G	6.672 59(85)$\times10^{-11}$$m^3$ · kg^{-1} · s^{-2}	128
普朗克常量	h	6.626 075 5(40)$\times10^{-34}$J · s	0.60
	$\hbar=h/2\pi$	1.054 572 66(63)$\times10^{-34}$J · s	0.60
阿伏伽德罗常量	N_A	6.022 136 7(36)$\times10^{23}$$mol^{-1}$	0.59
摩尔气体常量	R	8.314 510(70)J · mol^{-1} · K^{-1}	8.4
玻耳兹曼常量	k	1.380 658(12)$\times10^{-23}$J · K^{-1}	8.4
斯特藩－玻耳兹曼常量	σ	5.670 51(19)$\times10^{-8}$W · m^{-2} · K^{-4}	34
摩尔体积(理想气体，$T=273.15$K，$p=101325$Pa)	V_m	0.022 414 10(19)m^3 · mol^{-1}	8.4
维恩位移定律常量	b	2.897 756(24)$\times10^{-3}$m · K	8.4
基本电荷	e	1.602 177 33(49)$\times10^{-19}$C	0.30
电子静质量	m_e	9.109 389 7(54)$\times10^{-31}$kg	0.59
质子静质量	m_p	1.672 623 1(10)$\times10^{-27}$kg	0.59
中子静质量	m_n	1.674 928 6(10)$\times10^{-27}$kg	0.59
电子荷质比	e/m	1.758 819 62(53)$\times10^{11}$C · kg^{-1}	0.30
电子磁矩	μ_e	9.284 770 1(31)$\times10^{-24}$A · m^2	0.34
质子磁矩	μ_p	1.410 607 61(47)$\times10^{-26}$A · m^2	0.34
中子磁矩	μ_n	0.966 237 07(40)$\times10^{-26}$A · m^2	0.41
康普顿波长	λ_c	2.426 310 58(22)$\times10^{-12}$m	0.089
磁通量子($h/2e$)	Φ	2.067 834 61(61)$\times10^{-15}$Wb	0.30
玻尔磁子($e\hbar/2m_e$)	μ_B	9.274 015 4(31)$\times10^{-24}$A · m^2	0.34
核磁子($e\hbar/2m_p$)	μ_N	5.050 786 6(17)$\times10^{-27}$A · m^2	0.34
里德伯常量	R_∞	10 973 731.534(13)m^{-1}	0.0012
原子质量常量	m_u	1.660 540 2(10)$\times10^{-27}$kg	0.59

附录 III

物理量的名称、符号和单位(SI)一览表

下表列出本书中常用物理量的名称、符号和单位.

物理量名称	物理量符号	单位名称	单位符号
长度	l, L	米	m
面积	S, A	平方米	m^2
体积,容积	V	立方米	m^3
时间	t	秒	s
[平面]角	$\alpha, \beta, \gamma, \theta, \varphi$ 等	弧度	rad
立体角	Ω	球面度	sr
角速度	ω	弧度每秒	$rad \cdot s^{-1}$
角加速度	α	弧度每二次方秒	$rad \cdot s^{-2}$
速度	v, u, c	米每秒	$m \cdot s^{-1}$
加速度	a	米每二次方秒	$m \cdot s^{-2}$
周期	T	秒	s
频率	ν, f	赫[兹]	Hz($1Hz=1s^{-1}$)
角频率	ω	弧度每秒	$rad \cdot s^{-1}$
波长	λ	米	m
波数	$\tilde{\lambda}$	每米	m^{-1}
振幅	A	米	m
质量	m	千克(公斤)	kg
密度	ρ	千克每立方米	$kg \cdot m^{-3}$
面密度	ρ_S, ρ_A	千克每平方米	$kg \cdot m^{-2}$
线密度	ρ_l	千克每米	$kg \cdot m^{-1}$
动量 冲量	P, p I	千克米每秒	$kg \cdot m \cdot s^{-1}$
动量矩　角动量	L	千克二次方米每秒	$kg \cdot m^2 \cdot s^{-1}$

续表

物理量名称	物理量符号	单位名称	单位符号
转动惯量	I	千克二次方米	$kg \cdot m^2$
力	F,f	牛[顿]	N
力矩	M	牛[顿]米	$N \cdot m$
压力,压强	p	帕[斯卡]	$N \cdot m^{-2}$,Pa
相[位]	φ	弧度	rad
功 能[量] 动能 势能	W,A E,W E_k,T E_p,V	焦[耳] 电子伏[特]	J eV
功率	P	瓦[特]	$J \cdot s^{-1}$,W
热力学温度	T,Θ	开[尔文]	K
摄氏温度	t,θ	摄氏度	℃
热量	Q	焦[耳]	$N \cdot m$,J
热导率 (导热系数)	k,λ	瓦[特]每米开[尔文]	$W \cdot m^{-1} \cdot K^{-1}$
热容[量]	C	焦[耳]每开[尔文]	$J \cdot K^{-1}$
质量热容 (比热容)	c	焦[耳]每千克开[尔文]	$J \cdot kg^{-1} \cdot K^{-1}$
摩尔质量	M_{mol}	千克每摩[尔]	$kg \cdot mol^{-1}$
摩尔定压热容 摩尔定体热容	$C_{p,m}$ $C_{V,m}$	焦[耳]每摩[尔]开[尔文]	$J \cdot mol^{-1} \cdot K^{-1}$
内能	U,E	焦[耳]	J
熵	S	焦[耳]每开[尔文]	$J \cdot K^{-1}$
平均自由程	$\bar{\lambda}$	米	m
扩散系数	D	米二次方每秒	$m^2 \cdot s^{-1}$
电量	Q,q	库[仑]	C
电流	I,i	安[培]	A
电荷密度	ρ	库[仑]每立方米	$C \cdot m^{-3}$
电荷面密度	σ	库[仑]每平方米	$C \cdot m^{-2}$
电荷线密度	λ	库[仑]每米	$C \cdot m^{-1}$
电场强度	E	伏[特]每米	$V \cdot m^{-1}$
电势 电势差,电压	U,V U_{12},U_1-U_2	伏[特]	V
电动势	$\mathscr{E}$	伏(特)	V
电位移	D	库[仑]每平方米	$C \cdot m^{-2}$

续表

物理量名称	物理量符号	单位名称	单位符号
电位移通量	Ψ,Φ_e	库[仑]	C
电容	C	法[拉]	$F(1F=1C\cdot V^{-1})$
电容率(介电常数)	ε	法[拉]每米	$F\cdot m^{-1}$
相对电容率(相对介电常数)	ε_r	—	
电[偶极]矩	p,p_e	库[仑]米	$C\cdot m$
电流密度	j,δ	安[培]每平方米	$A\cdot m^{-2}$
磁场强度	H	安[培]每米	$A\cdot m^{-1}$
磁感应强度	B	特[斯拉]	$T(1T=1Wb\cdot m^{-2})$
磁通量	Φ_m	韦[伯]	$Wb(1Wb=1V\cdot s)$
自感 互感	L M,L_{12}	亨[利]	$H(1H=1Wb\cdot A^{-1})$
磁导率	μ	亨[利]每米	$H\cdot m^{-1}$
磁矩	m,P_m	安[培]平方米	$A\cdot m^2$
电磁能密度	w	焦[耳]每立方米	$J\cdot m^{-3}$
坡印亭矢量	S	瓦[特]每平方米	$W\cdot m^{-2}$
[直流]电阻	R	欧[姆]	$\Omega(1\Omega=1V\cdot A^{-1})$
电阻率	ρ	欧[姆]米	$\Omega\cdot m$
光强	I	瓦[特]每平方米	$W\cdot m^{-2}$
相对磁导率	μ_r	—	
折射率	n	—	
发光强度	I	坎[德拉]	cd
辐[射]出[射]度 辐[射]照度	M I	瓦[特]每平方米	$W\cdot m^{-2}$
声强级	L_I	分贝	dB
核的结合能	E_B	焦[耳]	J
半衰期	τ	秒	s

附录 IV

空气、水、地球、太阳系一些常用数据

空气和水的一些性质(在 20℃、101kPa 时)

	空气	水
密度	1.20 $kg\cdot m^{-3}$	1.00×10^3 $kg\cdot m^{-3}$
比热(c_p)	1.00×10^3 $J\cdot kg^{-1}\cdot K^{-1}$	4.18×10^3 $J\cdot kg^{-1}\cdot K^{-1}$
声速	343 $m\cdot s^{-1}$	1.26×10^3 $m\cdot s^{-1}$

有关地球的一些常用数据

密度	$5.49\times10^3 kg\cdot m^{-3}$
半径	$6.37\times10^6 m$
质量	$5.98\times10^{24} kg$
大气压强(地球表面)	$1.01\times10^5 Pa$
地球与月球间平均距离	$3.84\times10^8 m$

有关太阳系一些常用数据

星体	平均轨道半径(m)	星体半径(m)	轨道周期(s)	星体质量(kg)
太阳	5.6×10^{20}(银河)	6.96×10^8	8×10^{15}	1.99×10^{30}
水星	5.79×10^{10}	2.42×10^6	7.51×10^6	3.35×10^{23}
金星	1.08×10^{11}	6.10×10^6	1.94×10^7	4.89×10^{24}
地球	1.50×10^{11}	6.37×10^6	3.15×10^7	5.98×10^{24}
火星	2.28×10^{11}	3.38×10^6	5.94×10^7	6.46×10^{23}
木星	7.78×10^{11}	7.13×10^7	3.74×10^8	1.90×10^{27}
土星	1.43×10^{12}	6.04×10^7	9.35×10^8	5.69×10^{26}
天王星	2.87×10^{12}	2.38×10^7	2.64×10^9	8.73×10^{25}
海王星	4.50×10^{12}	2.22×10^7	5.22×10^9	1.03×10^{26}
冥王星	5.91×10^{12}	3×10^6	7.82×10^9	5.4×10^{24}
月球	3.84×10^8(地球)	1.74×10^6	2.36×10^6	7.35×10^{22}

附录 V

历年诺贝尔物理学奖获得者

年份	获 奖 者	国籍	获 奖 原 因
1901	伦琴(W. C. Röntgen)	德 国	1895 年发现 X 射线
1902	洛伦兹(A. H. Lorentz) 塞曼(P. Zeeman)	荷 兰 荷 兰	1896 年发现磁场对原子辐射现象的影响
1903	贝可勒尔(A. H. Becquerel) 皮埃尔·居里(P. Curie) 居里夫人(M. S. Curie)	法 国 法 国 法籍波兰	1896 年发现了自发放射性; 以贝克勒尔发现的辐射现象所作的研究(夫妇共同)
1904	瑞利(J. Rayleigh)	英 国	研究最重要的一些气体的密度,在这些研究中发现了氩
1905	勒纳德(P. Lenard)	德 国	研究阴极射线,1892 年把阴极射线通过金属窗引出
1906	约瑟夫·汤姆孙(J. J. Thomson)	英 国	以表彰他对气体导电的理论和实验所作的贡献,1897 年测定电子的荷质比
1907	迈克耳孙(A. A. Michelson)	美 国	对光学精密仪器及用之于光谱学与计量学研究所作的贡献
1908	李普曼(G. Lippmann)	法 国	发明应用干涉现象的天然彩色照相法
1909	马克尼(G. Marcoin) 布劳恩(C. F. Braun)	意大利 德 国	发明无线电报及其对无线电通信的贡献
1910	范德瓦尔斯(J. D. van derWaals)	荷 兰	进行有关气态和液态方程的研究
1911	维恩(W. Wien)	德 国	发现有关热辐射的定律
1912	达伦(N. G. Dalen)	瑞 典	发明自动控制的气体照明器
1913	昂内斯(H. K. Onnes)	荷 兰	研究低温物质特性并制成液氦
1914	劳厄(M. von Laue)	德 国	1912 年发现晶体的 X 射线衍射
1915	亨利·布拉格(W. H. Bragg) 劳伦斯·布拉格(W. L. Bragg)	英 国	用 X 射线研究晶体结构并提出 X 射线反射公式
1916	未颁奖		
1917	巴克拉(C. G. Barkla)	英 国	发现元素的标识伦琴辐射

续表

年份	获 奖 者	国籍	获 奖 原 因
1918	普朗克(M. Plank)	德 国	1900年发现能量子,为量子理论奠定基础
1919	斯塔克(J. Stark)	德 国	发现阴极射线中多普勒效应,以及原子光谱线在电场作用下的分裂
1920	纪尧姆(C. E. Guillaume)	法 国	发现镍钢合金的反常特性对精密计量物理学所作的贡献
1921	爱因斯坦(A. Einstein)	美籍德国	在理论物理学上的发现,特别是发现了光电效应的定律
1922	尼尔斯·玻耳(N. Bohr)	丹 麦	研究原子结构和原子辐射,提出原子结构模型
1923	密立根(R. A. Millikan)	美 国	进行基本电荷和光电效应方面的研究
1924	卡尔·西格班(K. M. G. Siegbahn)	瑞 典	发现和研究X射线光谱学
1925	夫兰克(J. Franck) 赫兹(G. Hertz)	德 国 德 国	以实验证实了量子论,并解决了电子、原子的碰撞问题
1926	佩兰(J. B. Perrin)	法 国	进行有关物质不连续结构的研究,特别是发现沉淀平衡
1927	康普顿(A. H. Compton) 查尔斯·威尔孙(C. T. R. Wilsion)	美 国 英 国	1923年发现X射线的波长经散射后有所增长的康普顿效应,发明了威尔孙云雾室
1928	里查森(O. W. Richardson)	英 国	研究热离子现象,发现了金属加热后发射的电子数和温度关系的里查森定律
1929	德布罗意(L. V. de Broglie)	法 国	1925年发现电子的波动性质
1930	拉曼(C. V. Raman)	印 度	研究光的散射,1928年发现拉曼效应
1931	未颁奖		
1932	海森伯(W. Heisenberg)	德 国	创立量子力学——矩阵力学,并推算出测不准关系式
1933	薛定谔(E. Schrodinger) 狄拉克(P. A. M. Dirac)	奥 地 利 英 国	发现原子理论的有效的新形式,准确地预测正电子的存在
1934	未颁奖		
1935	查德威克(J. Chadwick)	英 国	1932年发现中子
1936	赫斯(V. F. Hess) 安德森(C. D. Anderson)	奥地利 美 国	1911年发现宇宙射线; 1932年发现正电子
1937	戴维森(C. J. Davission) 乔治·汤姆孙(G. P. Thomson)	美 国 英 国	发现电子的晶体衍射
1938	费米(E. Fermi)	美籍意大利	用中子轰击法制成新的人工放射性元素,发现原子核吸收慢中子所引起的有关核反应

续表

年份	获奖者	国籍	获奖原因
1939	劳伦斯(E. O. Lawrence)	美国	发现回旋加速器以及利用它取得的成果,特别是对有关人工放射性元素的贡献
1940	未颁奖		
1941	未颁奖		
1942	未颁奖		
1943	斯特恩(O. Stem)	美国	发现分子束的方法,测量出质子磁矩
1944	拉比(I. I. Rabi)	美国	以共振方法测量原子核的磁性
1945	泡利(W. Pauli)	奥地利	发现泡利不相容原理
1946	布里奇曼(P. W. Bridgman)	美国	发明高压装置以及发现许多有关高压物理学方面的问题
1947	阿普顿(E. V. Appleton)	英国	研究大气高层的物理性质并发现无线电短波电离层
1948	布莱克(P. M. S. Blackett)	英国	发展了威尔孙云雾室方法,并在核子物理和宇宙辐射方面作出贡献
1949	汤川秀树(H. Yukawa)	日本	在核力理论的基础上预言介子的存在
1950	鲍威尔(C. F. Powell)	英国	研究核过程的照相乳胶记录法,并发现 π 介子
1951	考克饶夫(J. D. Cockcroft) 瓦尔顿(E. T. S. Walton)	英国 爱尔兰	发现人工加速粒子使原子核蜕变
1952	布洛赫(F. Bloch) 珀塞耳(E. Purcell)	美国 美国	发展和发现了一些有关核磁精密测量方法
1953	泽尔尼克(F. Zernike)	荷兰	提出了相衬称法,特别发明了相衬显微镜
1954	波恩(M. Born) 博特(W. Bothe)	英国 德国	进行量子力学的基本研究,特别是对波函数的统计诠释及分析宇宙辐射
1955	兰姆(W. E. Lamb) 库什(P. Kusech)	美国 美国	发现氢光谱的精细结构; 1947 年精密测定电子磁矩
1956	肖克利(W. Shockley) 巴丁(J. Bardeen) 布拉顿(W. Brattain)	美国 美国 美国	在半导体方面的研究,且发现晶体管可替代真空管作为放大器
1957	杨振宁(C. N. Yang) 李政道(T. D. Lee)	美籍华人 美籍华人	提出弱相互作用下宇称不守恒,从而使基本粒子研究获得重大发现
1958	切连科夫(P. A. Cherenkow) 夫兰克(I. M. Frank) 塔姆(I. Y. Tamm)	苏联 苏联 苏联	发现和解释切连科夫效应(高速带电粒子在透明物质中传递时会发出蓝光的现象)

续表

年份	获奖者	国籍	获奖原因
1959	西格雷(E. Segre) 张伯伦(O. Chamberlain)	美国 美国	发现反质子
1960	格拉塞(D. A. Glaser)	美国	发明气泡室
1961	霍夫斯塔特(R. Hofstadter) 穆斯保尔(R. L. Mössbauer)	美国 德国	由高能电子散射研究核子的电磁结构;实现γ射线的无反冲共振吸收
1962	朗道(L. D. Landau)	苏联	对于物质凝聚态理论的研究,特别是液氦的研究
1963	维格纳(E. P. Wigner) 迈耶夫人(M. G. Mayer) 延森(J. H. D. Jensen)	美籍匈牙利 美籍德国 德国	发现基本粒子的对称性和应用原理,分别提出核壳层模型
1964	汤斯(C. H. Townes) 巴索夫(N. G. Basov) 普罗霍罗夫(A. M. Prokhorow)	美国 苏联 苏联	分别独立制成微波激射器,导致了激光器的发展
1965	费因曼(R. P. Feynman) 施温格(J. S. Schwinger) 朝永振一郎(S. Tomonaga)	美国 美国 日本	在量子电动力学所作的基础工作,对基本粒子物理学具有深远的影响
1966	卡斯特勒(A. Kastler)	法国	发现并发展光学方法以研究原子中的赫兹共振
1967	贝特(H. A. Bethe)	美籍犹太人	核反应理论所作的贡献,特别是涉及恒星能量生成的发现
1968	阿尔瓦雷茨(L. W. Alvarez)	美国	发展氢气泡室和数据分析技术而发现许多共振态
1969	盖尔曼(M. Gell-Mann)	美籍犹太人	关于基本粒子的分类和相互作用方面的贡献,提出"夸克"粒子理论
1970	阿尔文(H. Alfven) 奈尔(L. Neel)	瑞典 法国	进行磁流体动力学方面的基本研究 进行反铁磁性和铁氧体磁性的基本研究
1971	伽博(Gabor)	英国	发明和发展了全息照相
1972	巴丁(J. Bardeen) 库伯(L. N. Cooper) 施里弗(J. R. Schrieffer)	美国 美国 美国	提出通称 BCS 理论的超导性理论
1973	江崎玲於奈(L. Esaki) 贾埃沃(I. Giaever) 约瑟夫森(B. Josephson)	日本 美国 英国	发现半导体中的"隧道效应"和超导物质 发现超导电流通过隧道阻挡层的约瑟夫森效应 理论预言穿过隧道壁垒的超导电流的性质,特别是关于约瑟夫森效应

续表

年份	获奖者	国籍	获奖原因
1974	赖尔(M. Ryle) 休伊什(A. Hewish)	英国 英国	从事射电天文学方面的开拓性研究，射电望远镜的发展 从事星体进化的物理过程的研究，发现脉冲星
1975	阿格·玻耳(A. Bohr) 莫特尔孙(B. R. Mottelson) 雷恩沃特(L. J. Rainwater)	丹麦 丹麦 美国	发现了原子核中集体运动和粒子运动之间的关系，发展了原子核机构的理论
1976	里克特(B. Richter) 丁肇中(S. C. C. Ting)	美国 美籍华人	发现一种新型的重的基本粒子 J/ψ 粒子
1977	安德森(P. W. Anderson) 莫特(N. Mott) 范弗莱克(J. Van Vleck)	美国 英国 美国	从事磁性和无序系统电子结构的基础研究
1978	卡皮查(P. L. Kapitsa) 彭齐亚斯(A. A. Penzias) 威耳孙(R. W. Wilson)	苏联 美国 美国	在低温物理学领域的基本发明和发现 发现宇宙微波背景辐射
1979	格拉肖(S. L. Glashow) 萨拉姆(A. Salam) 温伯格(S. Weinberg)	美国 巴基斯坦 美国	发展基本粒子之间的弱电统一理论，特别是预言了弱中性电流
1980	克罗宁(J. W. Cronin) 菲奇(V. L. Fitch)	美国 美国	发现中性 K 介子衰变中的宇称(CP)不守恒
1981	布隆姆贝根(N. Bloembergen) 肖洛(A. L. Schawlow) 凯·西格班(K. M. Siegbahn)	美国 美国 瑞典	对发展激光光谱学所作的贡献； 在高分辨率电子能谱学所作的贡献
1982	威尔孙(K. G. Wilson)	美国	对与相变有关的临界现象所作的理论贡献
1983	钱德拉塞卡尔(S. Chandrasekhar) 福勒(W. A. Fowler)	美国 美国	对恒星结构和演变有重要意义的物理过程的理论研究； 对宇宙中化学元素的形成有重要意义的核反应的理论和实验研究
1984	鲁比亚(C. Rubbia) 范德米尔(S. van der Meer)	意大利 荷兰	在导致发现弱相互作用的传播体 $W^{\pm}$ 和 Z^0 的大规模研究方案中所起的决定性贡献
1985	冯·克利青(K. von Klitzing)	德国	发现固体物理中的量子霍耳效应
1986	鲁斯卡(E. Ruska) 宾尼希(G. Binnig) 罗雷尔(H. Rohrer)	德国 德国 瑞士	在电光学领域做了基础性工作，并设计了第一架电子显微镜； 设计出了扫描隧道显微镜
1987	柏诺兹(J. G. Bednorz) 缪勒(K. A. Muller)	德国 瑞士	在发现陶瓷材料中的超导电性所作的重大突破

续表

年份	获奖者	国籍	获奖原因
1988	莱德曼(L. M. Lederman) 施瓦茨(M. Schwartz) 斯坦博格(J. Steinberger)	美国 美国 瑞士	在发现中微子属性以及通过μ子中微子的发现显示轻子的二重态结构所作的贡献
1989	拉姆齐(N. F. Ramsey) 德默尔特(H. G. Dehmelt) 保罗(W. Paul)	美国 美国 德国	发明了分离振荡场方法及用之于氢微波激射器及其他原子钟; 发展了离子捕集技术
1990	弗里德曼(J. I. Friedman) 肯德尔(H. Kendall) 泰勒(R. Taylor)	美国 美国 加拿大	对于电子和质子及束缚中子深度非弹性散射进行研究,通过实验首次证明了夸克的存在
1991	德纳然(P. G. de Gennes)	法国	把研究简单系统中有序现象的方法推广到更复杂的物理态,特别是液晶和聚合物
1992	夏帕克(G. Charpak)	法国	对高能物理探测器研究,开发了多丝正比计数管
1993	赫尔斯(R. A. Hulse) 泰勒(J. H. Taylor)	美国 美国	发现了一种新型的脉冲星,为研究引力开辟了新的可能性
1994	布罗克豪斯(B. N. Brockhouse) 沙尔(C. GShull)	加拿大 美国	发展了中子谱学 发展了中子衍射技术
1995	佩尔(M. L. Perl) 莱茵斯(F. Reines)	美国 美国	发现了τ轻子 检测了中微子
1996	戴维·李(D. M. Lee) 奥谢罗夫(D. D. Osheroff) 里查德森(R. C. Richardson)	美国 美国 美国	发现氦-3中的超流动性
1997	朱棣文(S. Chu) 科恩-塔诺季(C. Cohen Tannoudji) 菲利普斯(W. D. Phillips)	美籍华人 法国 美国	发明了用激光冷却和俘获原子的方法
1998	劳克林(R. B. Laughlin) 施特默(H. L. Stormer) 崔琦(D. C. Tsui)	美国 美国 美国	发现了分数量子霍尔效应
1999	霍夫特(G. Hooft) 韦尔特曼(M. J. G. Veltman)	荷兰 荷兰	解释了亚原子粒子之间电弱相互作用的量子结构
2000	阿尔费罗夫(Z. I. Alferov) 克勒默(H. Kromer) 基尔比(J. S. Kilby)	俄罗斯 美国 美国	发明了快速晶体管、激光二极管和集成电路(芯片),奠定了现代信息技术的基础

续表

年份	获奖者	国籍	获奖原因
2001	康奈尔(E. A. Cornell) 克特勒(W. Ketterle) 尔・维曼(C. E. Wieman)	德　国 美　国	“稀薄碱性原子气体的玻色爱因斯坦冷凝态的研究”和“对冷凝物的早期基础研究工作”
2002	贾科尼(R. Giacconi) 戴维斯(R. Davis) 小柴昌俊(M. Koshiba)	美籍意大利 美　国 日　本	发现宇宙X射线源,导致了X射线天文学的诞生;在“探测宇宙中微子”方面取得的成就,这一成就导致了中微子天文学的诞生
2003	阿列克谢・阿布里科索夫(A. A. Abrikosov) 维塔利・金茨堡(V. L. Ginzburg) 安东尼・莱格特(A. J. Leggett)	美籍俄罗斯 俄罗斯 美籍英国	在超导体和超流体理论上作出的开创性贡献
2004	格罗斯(D. J. Gross) 波利泽(H. D. Plitzer) 维尔切克(F. Wilczek)	美　国 美　国 美　国	1973年发现强相互作用中的渐近自由现象
2005	罗伊・格劳伯(R. J. Glauber) 约翰・霍尔(J. L. Hall) 特奥多尔・亨施(T. W. Hansch)	美　国 美　国 德　国	对光学相干的量子理论的贡献 对基于激光的精密光谱学发展作出了贡献
2006	约翰・马瑟(J. C. Mather) 乔治・斯穆特(G. F. Smoot)	美国 美国	发现了宇宙微波背景辐射的黑体形式和各向异性
2007	阿尔贝・费尔(A. Fert) 彼得・格式贝格尔(P. Günberg)	法国 德国	因巨磁电阻方面的贡献
2008	南部阳一郎(Yoichiro Nambu) 小林诚(Kobayashi Makoto) 利川敏英(Masukawa Toshihide)	美籍日本 日本 日本	发现次原子物理的对称性自发破缺机制 发现对称性破缺的来源
2009	高锟(Charles Kuen Kao) 威拉德・博伊尔(Willard Boyle) 乔治・史密斯(George E. Smith)	英国华裔 美国 美国	发明光纤电缆和电荷 耦合器件(CCD)图像 传感器
2010	安德烈・盖姆(Andre Geim) 康斯坦丁・诺沃肖洛夫(Konstantin Novoselov)	荷兰籍俄罗斯 俄罗斯和 美国双重国籍	二维空间材料石墨烯的突破性实验
2011	索尔・普尔玛特(Saul Perlmutter) 布莱恩・施密特(Brian P. Schmidt) 亚当・里斯(Adam G. Riess)	美国 美籍澳大利亚 美国	对超新星与宇宙膨胀的研究做出巨大贡献
2012	沙吉・哈罗彻(Serge Haroche) 大卫・温兰德(David J. Wineland)	法国 美国	突破性的试验方法使得测量和操纵单个量子系统成为可能

续表

年份	获 奖 者	国籍	获 奖 原 因
2013	弗朗索瓦·恩格勒特(F. Englert) 彼得·希格斯(P. Higgs)	比利时 英国	理论性发现了一种机制,有助于人类理解亚原子粒子质量的起源,最近欧洲大型强子对撞机ATLAS和CMS实验所发现的预测中的基本粒子对其进行了确认
2014	赤崎勇(Akasaki Isamu) 天野浩(Amano Hiroshi) 中村修二(Nakamura Shūji)	日本 日本 美籍日裔	发明高亮度蓝色发光二极管,带来了节能明亮的白色光源

习题答案

习题答案

第1章

1-1 C

1-2 D

1-3 A

1-4 C

1-5 $v^2 = 3x^2 + 4x$

1-6 $45°$;$\frac{v_0^2}{g}$

1-7 $15\sqrt{2}$;东北

1-8 $-A\sin\omega t$

1-9 (1)$\left[(3t+5)\boldsymbol{i}+(\frac{1}{2}t^2+3t-4)\boldsymbol{j}\right]$m;

(2)$(3\boldsymbol{i}+3.5\boldsymbol{j})$m;

(3)$(3\boldsymbol{i}+5\boldsymbol{j})\text{m}\cdot\text{s}^{-1}$;

(4)$[3\boldsymbol{i}+(t+3)\boldsymbol{j}]\text{m}\cdot\text{s}^{-1}$,$(3\boldsymbol{i}+7\boldsymbol{j})\text{m}\cdot\text{s}^{-1}$;

(5)$1\boldsymbol{j}\text{m}\cdot\text{s}^{-2}$; (6)$1\boldsymbol{j}\text{m}\cdot\text{s}^{-1}$

1-10 41.25 m; $56\ \text{m}\cdot\text{s}^{-1}$; $45\ \text{m}\cdot\text{s}^{-2}$

1-11 (1)$x-(y-3)^2=0$; (2)[4,5] m,51.3°;

(3)$4\boldsymbol{i}+2\boldsymbol{j}$ (m),$4\boldsymbol{i}+2\boldsymbol{j}$ $(\text{m}\cdot\text{s}^{-1})$;

(4)$8\boldsymbol{i}+2\boldsymbol{j}$ $(\text{m}\cdot\text{s}^{-1})$,$8\boldsymbol{i}$ $(\text{m}\cdot\text{s}^{-2})$

1-12 $\frac{g^2t}{\sqrt{v_0^2+g^2t^2}}$,$\frac{gv_0}{\sqrt{v_0^2+g^2t^2}}$

1-13 超过,400 m

1-14 (1)$17.2\ \text{m}\cdot\text{s}^{-1}$ (2)$23.0\ \text{m}\cdot\text{s}^{-1}$

1-15 (1) $\frac{h}{h-l}v_0$; (2) $\frac{l}{h-l}v_0$

1-16 4×10^5

1-17 $0.2\ \text{m}\cdot\text{s}^{-2}$,$0.36\ \text{m}\cdot\text{s}^{-2}$

1-18 0.59 s,2.06 m

1-19 $4.24\ \text{m}\cdot\text{s}^{-1}$;西偏北45°吹来.

1-20 (1) $\frac{2L}{v}$; (2) $\frac{2L}{v}\left[1-\left(\frac{u}{v}\right)^2\right]^{-1}$

第2章

2-1 C

2-2 D

2-3 B

2-4 D

2-5 $\frac{M+m}{M}a+\frac{m}{M}g$

2-6 $\frac{2}{3}E_k$

2-7 $\sqrt{\frac{2Gm_2^2}{m_1+m_2}}$

2-8 6;36

2-9 (1) $\frac{\mu_s Mg}{\cos\theta-\mu_s\sin\theta}$,$\frac{\mu_k Mg}{\cos\theta-\mu_k\sin\theta}$;

(2)$\arctan\frac{1}{\mu_s}$

2-10 (1)3.32 N,3.74 N (2)$17.0\ \text{m}\cdot\text{s}^{-2}$

2-11 100 N

2-12 $40\ \text{m}\cdot\text{s}^{-1}$;142 m

2-13 (1)$3.29\ \text{m}\cdot\text{s}^{-2}$; (2)0.51 N

(3)$a_A=3.63\ \text{m}\cdot\text{s}^{-2}$,$a_B=3.12\ \text{m}\cdot\text{s}^{-2}$,$T=0$

2-14 该点与顶点的角距离为θ,$\cos\theta=\frac{2}{3}$,亦即在球面上与球的顶点相距$\frac{1}{3}R$的一点.

2-15 (1) $\frac{(m_1-m_2)g+m_2a}{m_1+m_2}$,$\frac{(m_1-m_2)g-m_1a}{m_1+m_2}$

(2) $\frac{2g-a}{m_1+m_2}m_1m_2$

2-16 $\boldsymbol{r}=-\frac{13}{4}\boldsymbol{i}-\frac{7}{8}\boldsymbol{j}$ m

$\boldsymbol{v}=-\frac{5}{4}\boldsymbol{i}-\frac{7}{8}\boldsymbol{j}$ $(\text{m}\cdot\text{s}^{-1})$

2-17 略

2－18 (1) $\sqrt{\frac{(2\rho_2-\rho_1)gl}{\rho_2}}$； (2) $\frac{2\rho_2 l}{\rho_1}$；
(3) $\sqrt{\frac{\rho_2 lg}{\rho_1}}$

2－19 1.89×10^{27} kg

2－20 (1) $\frac{\mu l}{1+\mu}$； (2) $\sqrt{\frac{gl}{1+\mu}}$

2－21 7.3 N·s, 35°, 365 N

2－22 (1)$56\boldsymbol{i}$ N·s； (2)$-0.4\boldsymbol{i}$ m·s^{-1}；
(3)10 s

2－23 (1) $\frac{m_0 v_0}{m_0+mt}$； (2) $-\frac{m_0 v_0 m}{(m_0+mt)^2}$

2－24 11.6N

2－25 1.06×10^{-20} kg·m·s^{-1}，与 $\boldsymbol{p}_1$ 的夹角为 149°58′

2－26 7 290 m·s^{-1},8 200 m·s^{-1},都向前

2－27 必有一辆车超速

2－28 (1)1.36×10^4 N, 8.30×10^3 N；
(2)3.98×10^3 J； (3)1.96×10^4 J

2－29 $mgR\left[(1-\frac{\sqrt{2}}{2})+\frac{\sqrt{2}}{2}\mu_k\right]$,$mgR\left(\frac{\sqrt{2}}{2}-1\right)$,
$-\frac{\sqrt{2}}{2}mgR\mu_k$

2－30 12.25 m·s^{-2}

2－31 4.8 m

2－32 0.404 s； 1.32 m·s^{-1}

2－33 22 kg

2－34 $\frac{mg}{\omega}\sqrt{\pi^2+4\tan^2\theta}$,与 y 夹角 $\operatorname{arccot}\left(\frac{\pi}{2\tan\theta}\right)$

2－35 0.41 cm

2－36 $\frac{k_2}{k_1}$;$\frac{k_2}{k_1}$

2－37 $2M\sqrt{5gl}/m$

2－38 (1)0.06 m； (2)－4.2 J；
(3)0.038 m,－7.28 J

第3章

3－1 D

3－2 C

3－3 B

3－4 减小;增大

3－5 $\frac{1}{9}ml^2$;$\frac{3g}{2l}\cos\theta$

3－6 $\frac{3}{2}\sqrt{\frac{g}{l}\sin\theta}$;$\frac{3}{2}mgl\sin\theta$

3－7 (1)25.0 rad·s^{-1}； (2)39.8 rad·s^{-2}；
(3)0.628 s

3－8 (1)20.9 rad·s^{-1}，314 rad·s^{-1}，41.9 rad·s^{-2}；
(2)1.17×10^3 rad, 186 圈；
(3) 8.38 m·s^{-2}，1.97×10^4 m·s^{-2}，
1.97×10^4 m·s^{-2}，与切向夹角为 89°59′

3－9 (1)$9ma^2$，$3ma^2$； (2)$12ma^2$

3－10 (1) $\frac{3}{4}mgl$； (2) $\frac{37}{48}ml^2$； (3) $\frac{36}{37}\frac{g}{l}$

3－11 (1)$0.6\omega_0$； (2)$0.64\omega_0$

3－12 314 N

3－13 $\frac{(m_2R_2-m_1R_1)g}{(M_1/2+m_1)R_1{}^2+(M_2/2+m_2)R_2{}^2}$

3－14 10.5 rad·s^{-2}，4.59 rad·s^{-1}

3－15 (1)$v=\frac{1}{2}gt$ (2)39.2 m； (3)$T=\frac{1}{2}mg$

3－16 $\frac{2}{3}\mu_k mgR$，$\frac{3}{4}\frac{\omega R}{\mu_k g}$，$\frac{1}{2}mR^2\omega^2$，$\frac{1}{4}mR^2\omega^2$

3－17 1.48 m·s^{-1}

3－18 (1) $\frac{3g}{4l}$； (2)0，$ml\sqrt{\frac{2gl}{3}}$，$\frac{mgl}{2}$

3－19 (1) $\frac{1}{2}m_0R^2-mR^2$； (2)ω

3－20 0.496 rad·s^{-1}

3－21 5.26×10^{12} m

3－22 (1)4.95 m·s^{-1}； (2)8.67×10^{-3} rad·s^{-1}
(3)19 圈

3－23 1.1×10^{42} kg·m^2·s^{-1}，3.4%

3－24 (1)r_1v_1/r_2^2； (2) $\frac{1}{2}mv_1^2\left(\frac{r_1{}^2}{r_2{}^2}-1\right)$

3－25 (1) $\frac{4}{3}ml^2$； (2) $\frac{3}{2}\sqrt{\frac{g}{l}}\cos\theta$

3－26 (1)8.88(rad·s^{-1})； (2)94°52′

第4章

4－1 A

4－2 C

4－3 C

4－4 0;$\frac{Q}{4\pi\varepsilon_0 R}$

4－5 10^5

4－6 0

4－8 3.24×10^4 V·m^{-1},方向与 BC 夹角 33.7°

4－9 $\left(1-\frac{\sqrt{3}}{2}\right)\frac{\lambda}{2\pi\varepsilon_0 R}$

4－10 (1)2.41×10^3 V·m^{-1}；

(2)5.27×10^3 V·m^{-1}

4-11 0.72 V·m^{-1}，指向缝隙中心

4-12 (1) $\frac{q}{6\varepsilon_0}$； (2) $\frac{q}{24\varepsilon_0}$，0

4-13 $\frac{q}{2\varepsilon_0}\left(1-\frac{x}{\sqrt{x^2+R^2}}\right)$

4-14 $\frac{\sigma\pi R^2}{2\varepsilon_0}$

4-15 -5.92×10^5 C

4-16 0，3.48×10^4 V·m^{-1}，4.10×10^4 V·m^{-1}

4-17 (1)0； (2) $\frac{\lambda}{2\pi\varepsilon_0 r}$； (3)0

4-18 $\frac{\rho x}{\varepsilon_0}$，$\frac{\rho d}{2\varepsilon_0}$

4-19 $\frac{a^2\rho_0 r}{2\varepsilon_0(a^2+r^2)}$

4-20 $\frac{\rho r^3}{3\varepsilon_0 d^2}$，$\frac{\rho d}{3\varepsilon_0}$

4-21 2.0×10^{-4} N·m

4-22 6.56×10^{-6} J

4-23 $5q_e/e^2=0.68q_e$，

$\frac{q_e}{4\pi\varepsilon_0 r^2}\left(\frac{2}{a_0^2}r^2+\frac{2}{a_0}r+1\right)e^{-\frac{2r}{a_0}}$

4-24 $\frac{qq_0}{6\pi\varepsilon_0 R}$

4-26 (1) $\frac{q}{8\pi\varepsilon_0 l}\ln\frac{r+l}{r-l}$； (2) $\frac{q}{4\pi\varepsilon_0 l}\ln\frac{l+\sqrt{r^2+l^2}}{r}$

4-27 $\frac{\lambda}{2\pi\varepsilon_0 R}$，$\frac{\lambda}{2\pi\varepsilon_0}\ln 2+\frac{\lambda}{4\varepsilon_0}$

4-28 $\frac{\lambda}{2\pi\varepsilon_0}\ln\frac{R_2}{R_1}$

第5章

5-1 A

5-2 C

5-3 A

5-4 2;1.6

5-5 $\frac{\varepsilon_0 s}{4d}U^2$；$-\frac{\varepsilon_0 s}{2d}U^2$；$\frac{\varepsilon_0 s}{4d}U^2$

5-6 $\frac{1}{5}$

5-7 $\frac{q}{4\pi\varepsilon_0 r^2}$，0，$\frac{q}{4\pi\varepsilon_0 r^2}$；$\frac{q}{4\pi\varepsilon_0}\left(\frac{1}{r}-\frac{1}{R_1}+\frac{1}{R_2}\right)$，

$\frac{q}{4\pi\varepsilon_0 R_2}$，$\frac{q}{4\pi\varepsilon_0 r}$

5-8 (1)3.3×10^2 V，2.7×10^2 V；

(2)2.7×10^2 V； (3)60 V，0

5-9 0，$\frac{\lambda_1}{2\pi\varepsilon_0 r}$，0，$\frac{\lambda_1+\lambda_2}{2\pi\varepsilon_0 r}$

5-10 (1)-1.0×10^{-7} C，-2.0×10^{-7} C，2.3×10^3 V；

(2)-2.14×10^{-7} C，-0.86×10^{-7} C，

9.7×10^2 V

5-11 $\sigma_1=\sigma_4=5.0\times10^{-6}$C·m^{-2}，

$\sigma_3=-\sigma_2=-1.0\times10^{-6}$C·m^{-2}

5-12 $-q/3$

5-13 (1)1.77×10^{-10} F； (2)5.31×10^{-7} C；

(3)3×10^5 V·m^{-1}；

(4)5.31×10^{-10} F，10^5 V·m^{-1}；

(5)3.54×10^{-7} C； (6)3

5-14 (1) $\frac{Q}{4\pi\varepsilon_0\varepsilon_r r^2}$，$\frac{Q}{4\pi\varepsilon_0 r^2}$；

(2) $\frac{Q}{4\pi\varepsilon_0\varepsilon_r}\left(\frac{1}{r}+\frac{\varepsilon_r-1}{R'}\right)$，$\frac{Q}{4\pi\varepsilon_0 r}$；

(3) $\frac{Q}{4\pi\varepsilon_0\varepsilon_r}\left(\frac{1}{R}+\frac{\varepsilon_r-1}{R'}\right)$

5-15 (1)2.7×10^{-5}C·m^{-2}；

(2)2.7×10^{-5}C·m^{-2}

(3)1.8×10^{-5}C·m^{-2}；

(4)3.0×10^6V·m^{-1}，2.0×10^6V·m^{-1}

5-16 $2\pi\varepsilon_0 a$

5-17 $\frac{C_1C_2}{C_1+C_2}|U_1-U_2|$； $\frac{C_1U_1+C_2U_2}{C_1+C_2}$

5-18 (1) $\frac{Q}{4\pi r^2}$，$\frac{Q}{4\pi\varepsilon_0\varepsilon_r r^2}$，$\frac{Q}{4\pi\varepsilon_0 r^2}$

(2) $\frac{Q}{4\pi\varepsilon_0}\left[\frac{1}{R}+\frac{(\varepsilon_r-1)(b-a)}{ab\varepsilon_r}\right]$，

$\frac{Q}{4\pi\varepsilon_0}\left[\frac{1}{r}+\frac{(\varepsilon_r-1)(b-a)}{ab\varepsilon_r}\right]$，

$\frac{Q}{4\pi\varepsilon_0\varepsilon_r}\left(\frac{1}{r}+\frac{\varepsilon_r-1}{b}\right)$，$\frac{Q}{4\pi\varepsilon_0 r}$；

(3) $\frac{4\pi\varepsilon_0\varepsilon_r abR}{R(b-a)+\varepsilon_r b(a-R)}$

5-19 (1) $\frac{\lambda}{2\pi r}$，$\frac{\lambda}{2\pi\varepsilon_0\varepsilon_r r}$； (2) $\frac{(1-\varepsilon_r)\lambda}{2\pi\varepsilon_r R_1}$，$\frac{(\varepsilon_r-1)\lambda}{2\pi\varepsilon_r R_2}$

5-20 (1)1.11×10^{-2} J·m^{-3}，2.21×10^{-2} J·m^{-3}；

(2)8.88×10^{-8} J，2.65×10^{-7} J；

(3)3.54×10^{-7} J

5-21 (1)1.82×10^{-4} J；

(2)1.01×10^{-4} J，4.5×10^{-12} F

5-22 (1)3.0×10^5 V·m^{-1}，不变； (2)1.2×10^{-5} J

5-23 $\frac{3Q^2}{20\pi\varepsilon_0 R}$

5-24 233.3 pF， 3.5×10^{-7} J

第6章

6-1 C

6-2 B

6－3　C

6－4　C

6－5　$\pi r^2 B\cos\alpha$

6－6　$\dfrac{2\sqrt{2}\mu_0 I}{\pi a}$

6－7　$2\pi NIBR^2$

6－8　$\dfrac{1}{2}IBl$，垂直纸面向里

6－9　$-\dfrac{\mu_0 I\mathrm{d}l}{4\pi a^2}\boldsymbol{k}, 0, \dfrac{\mu_0 I\mathrm{d}l}{4\pi a^2}\boldsymbol{i}, -\dfrac{\mu_0\sqrt{2}I\mathrm{d}l}{16\pi a^2}\boldsymbol{k}$，

$\dfrac{\mu_0\sqrt{2}I\mathrm{d}l}{16\pi a^2}(\boldsymbol{i}-\boldsymbol{k})$

6－10　(1) $\dfrac{\mu_0 Id}{\pi(x^2+d^2)}\boldsymbol{i}$；　(2) $\dfrac{\mu_0 I}{\pi d}$

6－11　1.73×10^{-3} T，垂直纸面向外

6－12　$\dfrac{\mu_0 I}{16\pi R}(8+3\pi)$，垂直纸面向外

6－13　(1) $\dfrac{\mu_0 NIR^2}{2}\left\{\dfrac{1}{\left[R^2+\left(x+\dfrac{a}{2}\right)^2\right]^{3/2}}+\dfrac{1}{\left[R^2+\left(\dfrac{a}{2}-x\right)^2\right]^{3/2}}\right\}$

(2) $\dfrac{8\mu_0 NI}{5\sqrt{5}R}$

6－14　$\dfrac{\mu_0 I}{2\pi a}\ln\dfrac{x+a}{x}$，垂直平面向外

6－15　$\dfrac{\mu_0 NI}{4R}$，沿轴线向右

6－16　$\dfrac{\mu_0 I}{\pi^2 R}=6.37\times10^{-5}$ T，沿 x 轴

6－17　$\dfrac{\mu_0\sigma\omega}{2}\left(\dfrac{2x^2+R^2}{\sqrt{x^2+R^2}}-2x\right)$，沿 x 轴向右

6－18　(1) $\dfrac{\mu_0\lambda\pi nR^3}{(R^2+x^2)^{3/2}}$，沿 x 轴正向；

(2) $2\lambda n\pi^2 R^3$，沿 x 轴正向

6－19　(1)13 T；　(2)9.3×10^{-24} A·m^2

6－20　(1)0.24 Wb；　(2)0；　(3)0.24 Wb

6－21　2.2×10^{-6} Wb

6－22　1.0×10^{-6} Wb

6－23　$\dfrac{\mu_0 I}{2\pi a^2}r, \dfrac{\mu_0 I}{2\pi r}, \dfrac{\mu_0 I(c^2-r^2)}{2\pi r(c^2-b^2)}, 0$

6－24　(1) $\dfrac{\mu_0 NI}{2\pi r}$；　(2) $\dfrac{\mu_0 NIh}{2\pi}\ln\eta=8.0\times10^{-6}$ Wb

6－25　(1)$\mu_0 k$；　(2)0

6－26　(1) $\dfrac{\mu_0 Ir^2}{2\pi a(R^2-r^2)}$，垂直 OO' 连线向上；

(2) $\dfrac{\mu_0 Ia}{2\pi(R^2-r^2)}$，垂直 OO' 连线向上；

(3) $\dfrac{\mu_0 I(2a^2-r^2)}{4\pi a(R^2-r^2)}$，垂直 OO' 连线向下

6－27　(1) 1.39×10^{-4} N，垂直纸面向外，1.13×10^{-4} N，垂直纸面向内；

(2) 0.32 N，垂直纸面向内，0.32 N，垂直纸面向外；

(3) 0.32 N，垂直纸面向外，0.32 N，垂直纸面向内

6－28　(1)25 N，水平向左；(2)0.1 T，左倾斜 31°

6－29　(1) 8.0×10^{-4} N，向左，8.0×10^{-5} N，向右，9.2×10^{-5} N，向上，9.2×10^{-5} N，向下；

(2)7.2×10^{-4} N，向左，0

6－30　(1)0.866 N，0；　(2)4.33×10^{-2} N·m

(3)4.33×10^{-2} J

6－31　$\mu_0 I_1 I_2$，垂直 AB 向右

6－32　9.3×10^{-3} T

6－33　$\dfrac{mg}{2NLB}$

6－34　(1) $\dfrac{\mu_0 q\omega}{2\pi(R+a)}$，垂直盘面向外；

(2) $\dfrac{q\omega}{4}B(R^2+a^2)$，竖直向上

6－35　(1) 向东；　(2)6.3×10^{14} m·s^{-2}；

(3)2.98×10^{-3} m

6－36　$6.24\times10^{-14}\boldsymbol{k}$ N

6－37　3.9×10^{-2} m，0.164 m

6－38　0.101 T

6－39　597 A·m^{-1}

6－40　(1)2.5×10^{-4} T，200 A·m^{-1}；

(2)1.05 T，200 A·m^{-1}；

(3)2.5×10^{-4} T，1.05 T

6－41　4.77×10^3

6－42　(1) $\dfrac{\mu_0\mu_r I}{2\pi a}$；　(2)0

6－43　8.0 A

第 7 章

7－1　B

7－2　A

7－3　C

7－4　D

7－5　洛伦兹力；感生电场力；变化的磁场

7－6　0.4

7－7　700/π

7-8 $\dfrac{B}{\sqrt{\varepsilon_0\mu_0}}$

7-9 1.88×10^{-5} V,c 端

7-10 $\dfrac{1}{6}B\omega L^2$,b 端

7-12 $\dfrac{\pi-2}{8}BR^2\omega$,$a\to b$

7-13 π^2r^2Bv/R

7-14 1.7 V

7-15 3×10^{-6} V,顺时针方向

7-16 $\dfrac{\mu_0Iv}{\pi}\ln\dfrac{a+b}{a-b}$,左端电势高

7-17 (1) $\dfrac{\mu_0Il}{2\pi}\ln\dfrac{(a+d)b}{(b+a)d}$;

(2) $\dfrac{\mu_0l}{2\pi}\ln\dfrac{(b+a)d}{(a+d)b}\cdot\dfrac{dI}{dt}$

7-18 $By\sqrt{\dfrac{8a}{k}}$

7-19 8.89×10^{-2} V,逆时针方向

7-20 (1)2.5×10^{-4} V·m^{-1},顺时针方向;

(2)4.4×10^{7} m·s^{-2},逆时针方向

7-21 $\left(\dfrac{\sqrt{3}}{4}+\dfrac{\pi}{12}\right)R^2\dfrac{dB}{dt}$,$a\to c$

7-22 $\left(\dfrac{\pi}{6}-\dfrac{\sqrt{3}}{4}\right)R^2\dfrac{dB}{dt}$,逆时针方向

7-23 (1) $\dfrac{\mu_0N^2h}{2\pi}\ln\dfrac{b}{a}$; (2) $\dfrac{\mu_0N^2I^2h}{4\pi}\ln\dfrac{b}{a}$

7-24 $\dfrac{1}{3}N\pi a^2\omega B_0\cos\omega t$

7-26 $\mu_0\left(\dfrac{\pi r^2}{a}+d\right)\approx\mu_0d$

7-27 $\dfrac{\mu_0a}{2\pi}\ln2$

7-28 $(\mu_1S_1+\mu_2S_2)N^2/l$,$(\mu_1S_1+\mu_2S_2)N^2I^2/2$

7-29 (1) $\dfrac{\mu_0I^2}{16\pi}$; (2) $\dfrac{\mu_0}{8\pi}$

7-30 (1)2.8 A; (2)5.0×10^{-7} T

7-31 $\varepsilon k/\left(r\ln\dfrac{R_2}{R_1}\right)$

7-32 $\dfrac{qa^2v}{2(a^2+x^2)^{3/2}}$